FP de Grado Superior

Prueba de acceso

Título de Bachiller

Prueba libre

Biología

(Sevilla, junio de 2008)

FP de Grado Superior

Prueba de acceso

Título de Bachiller

Prueba libre

Biología

Editorial MAD

JUAN ANTONIO JARAMILLO SÁNCHEZ
Centro de Estudios Vector

Primera edición. Primera reimpresión, junio 2008.
Depósito Legal: SE-3153-2004 (352 páginas).

IMPRESO EN ESPAÑA.
Diseño Portada: EDITORIAL MAD, S.L.
Edita: EDITORIAL MAD, S.L.
Plg. Merka, c/B. Naves 1 y 3. 41500 ALCALÁ DE GUADAÍRA (Sevilla). Telf.: 902 452 900
ISBN: 84-665-3617-5.

PRESENTACIÓN

Los libros de esta colección constituyen un instrumento útil para la preparación de la ***Prueba de Acceso a Ciclos Formativos correspondiente a la Formación Profesional Específica de Grado Superior*** *para mayores de 19 años (art. 41 de la Ley Orgánica 2/2006, de 3 de mayo, de Educación). En nuestra web http://www.accesociclosformativos.com/ ofrecemos información detallada sobre la estructura de esta prueba.*

Al mismo tiempo, son unos textos adecuados para superar la ***Prueba libre*** *para mayores de 20 años, para la obtención del* ***Título de Bachiller*** *(art. 69 de la Ley Orgánica 2/2006, de 3 de mayo, de Educación).*

Ambas pruebas tienen como referentes generales los objetivos y contenidos del Bachillerato.

En la elaboración de los materiales se ha tenido en cuenta un aspecto fundamental en la condición de la persona que se presenta a unas pruebas de estas características: el alumno libre, es decir, aquella persona que no tiene posibilidad de asistir o recibir una orientación personal. En consecuencia, a partir de los planteamientos teóricos imprescindibles, se proponen multitud de ejercicios prácticos que, posteriormente, son resueltos de manera exhaustiva, de forma que se facilite el aprendizaje de los distintos procedimientos de resolución, consiguiendo así la preparación adecuada para lograr el éxito en el examen.

El referente para la elaboración de estos materiales han sido los diversos exámenes de las pruebas de ciclos formativos de grado superior, propuestos por las Comunidades Autónomas, a los que hemos tenido acceso, con objeto de establecer una relación adecuada entre lo que se demanda en las pruebas y lo que tiene que dominar el aspirante a superarlas.

Los autores

ÍNDICE

Tema 1

La Biología como ciencia. Conceptos básicos

Introducción

El objetivo de toda ciencia es explicar determinados fenómenos y acontecimientos intentando hallar los principios o reglas por los cuales están gobernados. Cuando dichos fenómemos pertenecen al mundo de los seres vivos, recorremos el camino de la ciencia de la **Biología**. La Biología es, pues, una rama de la ciencia que busca el orden en el mundo vivo, de ahí que deba responder a preguntas tales como: ¿qué es la vida?, ¿qué es un ser vivo? ¿cómo está organizado el mundo de los seres vivos?, y a un sinfín de preguntas más.

Es difícil dar una definición consensuada del concepto **vida**, debido fundamentalmente a que no todos los autores están de acuerdo en cuáles son sus requerimientos: simplemente macromoléculas informadoras capaces de dirigir su propia réplica, o bien estructuras celulares con metabolismo propio y capacidad de autoperpetuación. Por ello, resulta mucho más útil tratar de responder la cuestión de cómo son sus manifestaciones, esto es los seres vivos, cómo están constituidos, cuáles son sus atributos, etc.

La vida la reconocemos por un conjunto de sucesos especiales que reciben el nombre de *fenómenos vitales*, que sólo se dan en los seres vivos y son consecuencia del alto grado de organización que alcanza la materia viva.

Los seres vivos presentan una organización muy compleja y disponen de una información programada (información genética) que les permite crear réplicas de esta organización.

1. Características de los seres vivos

A pesar de la gran diversidad de formas vivas existentes, todos los seres vivos, desde los más sencillos (como son las bacterias) hasta los de organización más compleja (como los humanos), presentan características comunes. Éstas, principalmente, son:

- Están constituidos por el mismo tipo de materia. En la composición química de todos los seres vivos conocidos intervienen las mismas sustancias.

- Intercambian materia y energía con su medio para emplearlas en la edificación y mantenimiento de sus estructuras, así como en la realización de trabajo útil (por ejemplo movimientos). Este intercambio de materia y energía con el medio constituye la **función de nutrición**.

- Tienen capacidad de percibir y responder a estímulos procedentes tanto de su medio externo como del interno. Constituye la **función de relación.**

- Tienen capacidad para producir réplicas iguales de sí mismos. Es la **función de reproducción** que, junto a las funciones de nutrición y relación, constituyen las denominadas *funciones vitales*, características de todo ser vivo.

- Están formados por células. La **célula** es la unidad estructural y funcional básica de todos los seres vivos.

- Tienen capacidad de adaptación, es decir, los seres vivos pueden experimentar modificaciones favorables que les permitan aumentar las posibilidades de supervivencia en el medio. Esto es consecuencia de la capacidad que tienen de percibir y de responder a estímulos del medio.

- Tienen capacidad de evolución. El material genético, que almacena información sobre los caracteres de cada ser vivo y que éste hereda de sus progenitores, puede sufrir cambios que hacen posible que las poblaciones evolucionen a través de generaciones, adaptándose favorablemente a las nuevas condiciones del medio.

Todos los seres vivos actuales, así como las especies ya extinguidas, proceden por evolución de antecesores comunes. Esto explica que todos los seres vivos estén constituidos por los mismos tipos de sustancias.

En resumen, existe una gran diversidad de seres vivos, consecuencia de la capacidad de evolución y de adaptación; sin embargo, todos presentan la misma composición y realizan las mismas funciones vitales. La forma de llevar a cabo estas funciones varía enormemente de unos seres vivos a otros, en razón de su nivel de organización, su complejidad, el medio en el que viven y su papel en el ecosistema.

2. Organización de los seres vivos

Las características de los seres vivos, que a grandes rasgos acabamos de describir, son consecuencia del alto grado de organización alcanzado por la materia viva.

Puesto que ahora sabemos que todos los seres vivos están constituidos por elementos químicos (carbono, oxígeno, nitrógeno, fósforo, etcétera) que no son exclusivos de ellos, al estar presentes en la materia inanimada o inerte, debemos preguntarnos cómo es que la materia viva se diferencia de modo tan radical de la inerte, que también está constituida por la misma clase de elementos. ¿Por qué los organismos vivos son más que la suma de sus partes inanimadas? La respuesta a esta cuestión la encontramos en la diferente organización de los elementos que forman parten de la materia viva. Es, precisamente, de esa nueva organización alcanzada a través del proceso evolutivo de donde surgen propiedades exclusivas de los seres vivos.

A lo largo de la historia evolutiva, la materia se ha ido organizando progresivamente desde los niveles más simples hasta los más complejos. Desde las **partículas elementales** (electrones, protones, etc.) hasta lo que llamamos **biosfera** (el conjunto de todos los ecosistemas de la Tierra), podemos distinguir una jerarquía de niveles de organización de complejidad creciente. A medida que avanzamos en esta jerarquía, vamos encontrando organizaciones (sistemas organizados) cada vez más complejas, integradas por los elementos del nivel inferior, pero de las que emergen nuevas propiedades que no se manifestaban en los otros niveles.

La asociación entre partículas elementales da lugar a **átomos**. Éstos, a su vez, pueden formar **moléculas** mediante la creación de enlaces. Las moléculas pueden constituir **macromoléculas**, de gran masa molecular (proteínas, polisacáridos, ácidos nucleicos, etc.), que también pueden reunirse para formar **complejos supramoleculares** (nucleoproteínas, lipoproteínas, etc.).

El siguiente nivel de organización está ya constituido por los **orgánulos celulares** (ribosomas, mitocondrias, cloroplastos...). Éstos se producen por el ensamblaje de diversos complejos supramoleculares. De los orgánulos pasamos al **nivel celular**, a partir del cual podemos considerar que se manifiestan los atributos de la vida. La célula es la unidad estructural y funcional de todos los organismos.

Una sola célula puede constituir por sí misma un organismo, en este caso un **organismo unicelular**, o, junto con otras células, formar un **organismo pluricelular**. En este nivel pluricelular encontramos organismos con diferentes grados de diferenciación tisular, es decir, organismos sin tejidos (algas, hongos, esponjas, etcétera), organismos con escasa diferenciación (musgos), y organismos con tejidos especializados, en los que las células se han diferenciado para realizar funciones distintas. Los organismos más complejos poseen **tejidos**, que a su vez pueden asociarse formando **órganos** especializados en determinadas funciones. Los órganos pueden llegar, incluso, a constituir **sistemas de órganos** y **aparatos**.

Sin embargo, los individuos, tanto si son unicelulares como si son pluricelulares, no viven aisladamente, sino que se agrupan en **poblaciones** (grupos de individuos de una misma especie). Las poblaciones de distintas especies que habitan en un mismo área natural interaccionan dando lugar a la **comunidad** o **biocenosis**. A su vez la interacción entre la comunidad y el área que ocupan constituye el **ecosistema**, y, finalmente, el conjunto de todos los ecosistemas forma el nivel más elevado de la jerarquía, esto es, la **biosfera**.

Los niveles de organización de la materia descritos anteriormente se muestran ordenados, aumentando su complejidad, en el cuadro del esquema 1.

La materia viva es algo más que una simple reunión de sustancias (principios inmediatos), las cuales por sí mismas no presentan manifestaciones vitales; es el resultado de una **organización** que conduce a la formación de unidades de orden superior a la molécula, las células, que están dotadas de vida propia. Por ello, los niveles de organización de la materia anteriores a la célula son **niveles abióticos** (no vivos) y a partir de la célula son **niveles bióticos** (vivos).

Todos los niveles de organización bióticos se caracterizan por ser el resultado de la interacción de sus elementos constituyentes, y por requerir un aporte continuo de energía para mantener y aumentar el grado de organización alcanzado.

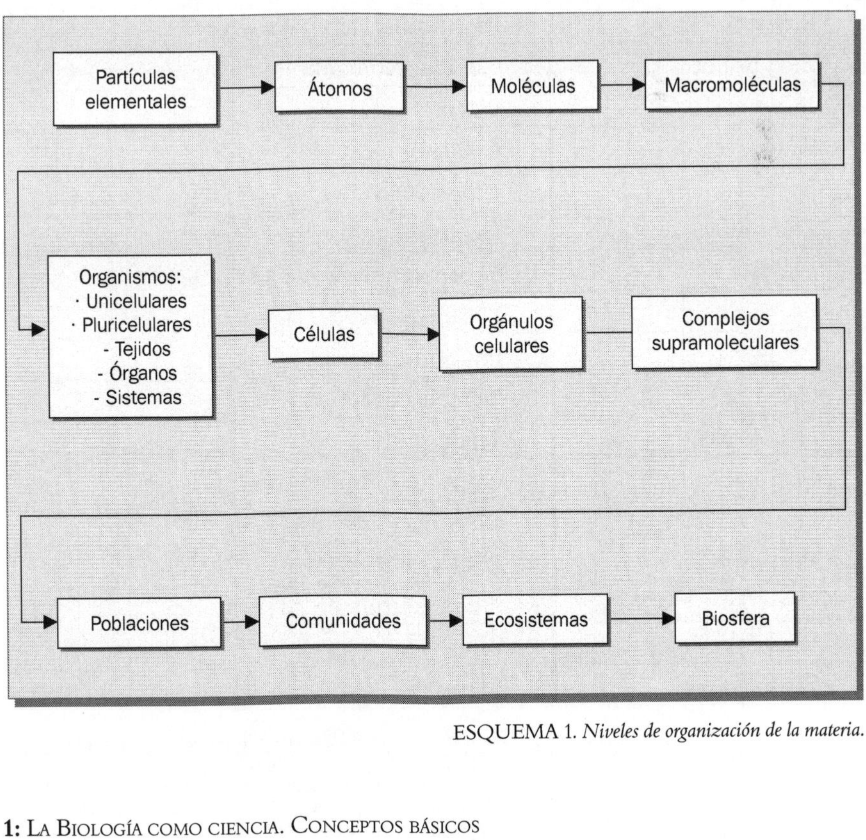

ESQUEMA 1. *Niveles de organización de la materia.*

3. La Biología como ciencia. El método científico

Puesto que la ciencia de la biología está dedicada a investigar los principios mediante los cuales está organizado el mundo vivo, resulta lógico pensar que los biólogos estructuren su investigaciones atendiendo a los distintos niveles de organización biótica mencionados anteriormente: el molecular, el celular, el nivel de organismo, y el de supraorganismo. A pesar de que en la actualidad el conocimiento que poseemos acerca del mundo de los seres vivos sea tan extenso, existiendo numerosas especialidades (ver esquema 2), los biólogos siguen llevando sus investigaciones a los diferentes niveles de organización.

La Biología, en su intento de búsqueda del conocimiento, de los principios que rigen el mundo de los seres vivos, utiliza como instrumento el llamado **método científico**. La aplicación de este método de investigación, común para todas las ciencias experimentales (físicas, químicas, biológicas, etc.), implica el paso por una serie de etapas o estadios. Estos son:

1. Planteamiento de la cuestión o problema que se va a investigar. La cuestión puede surgir como consecuencia de una observación, de experiencias anteriores, de nuevas teorías, etc.

RAMA	OBJETO DE ESTUDIO
Anatomía	Estructura de los organismos
Biofísica	Procesos físicos en los seres vivos
Bioquímica	Composición química de los seres vivos
Botánica	Plantas
Citología	Célula
Ecología	Ecosistemas
Embriología	Desarrollo de embriones
Etología	Comportamiento de los animales
Filogenia	Relaciones evolutivas entre los seres vivos
Fisiología	Funciones vitales
Genética	Herencia de los caracteres
Histología	Tejidos
Microbiología	Organismos microscópicos
Organografía	Constitución de los órganos
Paleontología	Fósiles de seres vivos
Taxonomía	Nomenclatura de los seres vivos
Virología	Virus
Zoología	Animales

ESQUEMA 2. *Principales ramas de la Biología.*

2. Formulación de una hipótesis o respuesta que intente explicar dicha cuestión. Una hipótesis es una conjetura que se propone para dar respuesta al «cómo» y al «por qué» del hecho o fenómeno. Debe cumplir los siguientes requisitos: estar libre de contradicciones y ser contrastable, es decir, que se pueda comprobar su validez.

3. Comprobación de la hipótesis y obtención de datos. Se puede realizar mediante:

   – Observación directa del hecho o fenómeno en la Naturaleza. El observador no puede intervenir en el fenómeno, es decir, puede medir los factores o variables que operan en el mismo pero no puede controlarlos.

   – Experimento controlado. Consiste en el diseño de una situación artificial en la que el investigador controla los factores o variables que intervienen, variando cada factor por separado y manteniendo los otros factores constantes.

4. Recopilación e interpretación de datos. Los datos obtenidos, tanto en la observación directa como en los experimentos controlados, se recogen en tablas, se representan gráficamente, se buscan relaciones matemáticas entre las variables que intervienen, etc. Estas técnicas facilitan la interpretación de los datos y permitirán concluir si los datos confirman la hipótesis formulada, o si por el contrario no la confirman. En este último caso será necesario revisar la hipótesis.

5. Formulación de leyes generales. En algunas ocasiones se podrá utilizar la hipótesis confirmada como base para formular leyes o teorías que coordinen los datos obtenidos, formulando un principio más o menos general.

6. La nueva teoría puede dar origen a otras cuestiones o problemas que investigar.

El método científico posibilita el progreso continuo de las ciencias. Las teorías y modelos que hoy se aceptan como válidos pueden ser reemplazados por otros mañana. Las teorías se aceptan no por ser verdaderas sino porque son las que mejor explican los hechos en cada momento.

La Biología ha avanzado y continúa avanzando gracias a que continuamente aparecen técnicas mejoradas de investigación científica, que a veces implican la utilización de instrumentos muy sofisticados, y que permiten obtener nuevas informaciones. Pero además, el progreso ha dependido de la facultad crítica, de la imaginación, intuición y profundización de los biólogos.

Por medio de estos dos instrumentos, técnica, y pensamiento, se han podido descubrir un gran número de principios fundamentales que constituyen la estructura de la moderna ciencia biológica. Entre estos principios o conceptos básicos se encuentran, la organización jerárquica del mundo vivo, la transmisión de los caracteres hereditarios, su capacidad de cambio, los genes y el código genético, las enzimas, el origen abiótico de la vida (a partir de lo inanimado), el concepto de ecosistema, y el más importante de todos, el concepto de evolución. El concepto de evolución o teoría evolutiva, puede ser considerado el hilo conductor del pensamiento biológico actual.

CUESTIONES

1. **Enumerar las funciones vitales que realizan los seres vivos.**
2. **¿Cuál es la unidad estructural y funcional básica de los seres vivos?**
3. **¿Qué es una hipótesis? ¿qué condiciones debe cumplir?**
4. **¿Qué diferencias existen entre la observación directa y la experimentación?**
5. **La unidad más simple dotada de vida propia se llama:**
   a) Molécula.
   b) Célula.
   c) Átomo.
   d) Orgánulo.
6. **El intercambio de materia y energía que todo ser vivo realiza con su medio corresponde a la función de:**
   a) Nutrición.
   b) Relación.
   c) Reproducción.
   d) Adaptación.
7. **La capacidad que tiene todo ser vivo para percibir y responder a estímulos corresponde a la función de:**
   a) Nutrición.
   b) Relación.
   c) Reproducción.
   d) Adaptación.
8. **La capacidad que tiene todo ser vivo para producir copias de sí mismo corresponde a la función de:**
   a) Nutrición.
   b) Relación.
   c) Reproducción.
   d) Adaptación.
9. **De las siguientes características, ¿cuáles son comunes a todos los seres vivos?**
   a) Están constituidos por los mismos tipos de materia.
   b) Capacidad de adaptación.

c) Capacidad de evolución.

d) Todas las anteriores.

10. Indica cuál de los siguientes niveles de organización de la materia es un nivel abiótico:

a) Población.

b) Molécula.

c) Célula

d) Ecosistema.

SOLUCIÓN A LAS CUESTIONES

1. Nutrición, relación y reproducción.

2. La célula.

3. Una hipótesis es una conjetura que se propone para dar respuesta a una cuestión o problema. Debe estar libre de contradicciones y ha de ser contrastable.

4. La observación directa se realiza en el momento y lugar en que se produce el fenómeno, y el observador no ejerce ningún control sobre el mismo. La experimentación se realiza en el laboratorio, sobre situaciones artificiales controladas por el investigador.

5. b) Célula.

6. a) Nutrición.

7. b) Relación.

8. c) Reproducción.

9. d) Todas las anteriores.

10. b) Molécula.

Tema 2

La base físico-química de la vida

Introducción

En este tema abordaremos la materia viva desde el nivel molecular, es decir, estudiaremos la estructura y función de los compuestos químicos constituyentes de los seres vivos.

El nivel molecular comprende los compuestos químicos que forman parte de los seres vivos. Este nivel de organización también se denomina nivel abiótico pues los compuestos químicos constituyentes tanto de los seres vivos como de los seres inertes poseen, con mayor o menor complejidad, estructuras semejantes (sus moléculas están formadas por átomos unidos entre sí mediante enlaces químicos).

Antes de abordar el estudio de la composición química de los seres vivos, vamos a recordar algunos conceptos fundamentales de Química.

La materia está formada por partículas elementales llamadas **átomos**. Éstos, a su vez, están constituidos por otras partículas más simples: protones, electrones, neutrones, etc.

Existen diferentes tipos de átomos y cada uno de ellos corresponde a un **elemento químico**. Los átomos de un elemento son iguales entre sí, y diferentes a los átomos de otros elementos.

En la materia, los átomos generalmente están unidos a otros átomos formando **moléculas**. La molécula está constituida por átomos, de diferentes elementos o de un mismo elemento, unidos entre sí mediante enlaces químicos.

Las moléculas caracterizan las sustancias puras, de manera que las moléculas de una sustancia pura son todas iguales entre sí, y diferentes a las moléculas de otras sustancias puras. Así, por ejemplo, la molécula de agua está formada por dos átomos de hidrógeno y uno de oxígeno, unidos entre sí por enlaces químicos; la molécula de dióxido de carbono está constituida por un átomo de carbono y dos de oxígeno, o la molécula de la sustancia pura oxígeno, que está formada por dos átomos de oxígeno unidos entre sí.

Las moléculas de algunas sustancias son enormemente grandes por estar formadas por miles, o incluso cientos de miles, de átomos unidos entre sí. Estas grandes moléculas se denominan **macromoléculas**. Suelen estar formadas por la unión de moléculas sencillas, monómeros, originando un polímero (macromolécula).

Las macromoléculas pueden unirse entre sí formando un **complejo supramolecular**.

1. Bioelementos y biomoléculas

Bioelementos

En la composición química de los seres vivos se encuentran presente solamente una parte, relativamente pequeña, de los elementos químicos de la naturaleza; son los denominados **bioelementos** o **elementos biogénicos**. Los bioelementos indispensables para todos los seres vivos son: carbono (C), hidrógeno (H), oxígeno (O), nitrógeno (N), azufre (S), fósforo (P), potasio (K), calcio (Ca), magnesio (Mg), e hierro (Fe), los animales necesitan también cloro (Cl) y sodio (Na). Los cuatro primeros son los más abundantes en la materia viva.

Los elementos C, H, O, N, S, y P se llaman **elementos plásticos** por ser los constituyentes de los principios inmediatos orgánicos.

Se denominan **oligoelementos** o **elementos vestigiales** a aquellos bioelementos necesarios para los seres vivos que se encuentran en proporciones insignificantes como: litio (Li), bario (Ba), estroncio (Sr), cobre (Cu), zinc (Zn), flúor (F), bromo (Br), arsénico (As), silicio (Si), boro (B), etc.

Biomoléculas

Los compuestos químicos que se pueden separar de los seres vivos por medios puramente físicos reciben el nombre de **principios inmediatos**, las moléculas que constituyen se llaman **biomoléculas**. La gran mayoría sólo se encuentran presentes en los seres vivos (principios inmediatos orgánicos), pero algunos también forman parte de los seres inertes (principios inmediatos inorgánicos) (esquema 1).

Los principios inmediatos orgánicos comprenden un gran número de compuestos que se clasifican en cuatro grandes grupos: **carbohidratos**, **lípidos**, **proteínas** y **ácidos nucleicos**.

Los principios inmediatos inorgánicos son **el agua** y **las sales minerales**.

- **Principios inmediatos**
  - Principios inmediatos inorgánicos
    - Agua
    - Sales minerales
  - Principios inmediatos orgánicos
    - Carbohidratos o glúcidos
    - Lípidos
    - Proteínas
    - Ácidos nucleicos

ESQUEMA 1. *Clasificación de los principios inmediatos.*

2. Principios inmediatos inorgánicos

2.1. El agua y su importancia biológica

El agua es el compuesto químico más abundante en los seres vivos, aproximadamente un 75% de la materia viva es agua (en el hombre el 60%, en las medusas del 95% al 99%). En los organismos el agua se renueva sin cesar, de tal forma que existe un continuo aporte y eliminación de la misma, permaneciendo prácticamente constante (salvo ligeras oscilaciones) la cantidad de agua en cada ser vivo. Además, en el interior de todos los organismos se produce agua como consecuencia de determinadas reacciones metabólicas (combustión de carbohidratos y grasas, etc.).

La importancia del agua para los seres vivos estriba en las numerosas funciones que desempeña como consecuencia de las peculiares propiedades que presenta el agua, entre las que podemos destacar:

- Su gran poder como disolvente posibilita que la mayoría de los principios inmediatos, tanto orgánicos como inorgánicos, se encuentren disueltos en agua, permitiendo, además de su transporte, que en su seno se realicen reacciones químicas entre ellos propias de la actividad vital. Además en muchas reacciones bioquímicas el agua interviene directamente como reactivo.

- Su capacidad para disociarse en iones H^+ y OH^- permite que el pH del medio interno de los organismos permanezca constante gracias al efecto amortiguador de determinadas sales minerales disueltas en el agua. (El pH es una magnitud que mide la acidez o basicidad de una disolución, depende de la concentración de iones H^+). Si como consecuencia del metabolismo celular se originan productos ácidos (los ácidos son sustancias que al disolverse en agua producen iones H^+), la concentración de iones H^+ tiende a aumentar pero los iones de la sal amortiguadora reaccionan con los iones H^+ permitiendo que la concentración de los mismos, y por tanto el pH, permanezca constante. (En la sangre humana esta acción amortiguadora la realiza principalmente el bicarbonato sódico).

- Su elevado calor específico impide que el calor producido en las reacciones exotérmicas destruya las células, ya que la elevación de temperatura del agua, al recibir la misma cantidad de calor, es menor que la de cualquier sustancia que tenga menor calor específico.

- Su elevado calor latente de vaporización le confiere un gran poder refrigerante (para evaporarse el agua de la superficie de un cuerpo se necesita extraer una gran cantidad de calor de éste, disminuyendo la temperatura del mismo). El hombre y otros mamíferos regulan su temperatura corporal mediante la evaporación del sudor.

- Su reducida viscosidad favorece el desplazamiento de órganos que intervienen en la locomoción. Por ejemplo, el líquido sinovial (que contiene una gran proporción de agua), de las articulaciones móviles de los vertebrados actúa como lubricante favoreciendo el desplazamiento de un hueso sobre otro y evitando el rozamiento entre ellos.

- Su anómala dilatación. La densidad de los líquidos aumenta gradualmente al disminuir su temperatura alcanzando su valor máximo a la temperatura de congelación; el agua es el único líquido que alcanza el valor máximo de densidad a una temperatura superior a la de congelación, concretamente a 4 °C; por debajo de esta temperatura su densidad disminuye (dilatación anómala del agua). Esta propiedad exclusiva del agua provoca que la congelación de ríos y lagos durante el invierno comience por la superficie, formándose una capa de hielo que impide la pérdida de calor del agua situada debajo de dicha capa y por tanto la congelación de toda la masa de agua, posibilitando unas condiciones favorables para la vida en dichos ríos y lagos.

2.2. Sales minerales

Las principales sales minerales presentes en los organismos son: cloruros, fosfatos, sulfatos, carbonatos y bicarbonatos de sodio, potasio, amonio, calcio y magnesio.

Las sales minerales además de desempeñar en los seres vivos una función plástica (formación de estructuras esqueléticas), realizan funciones fisiológicas muy importantes debido a:

- La actividad osmótica; la regulación de las proporciones de agua y sales minerales en el organismo permite mantener constante la presión osmótica de sus células.

- Las acciones específicas de sus iones, fundamentalmente de los iones sodio (Na^+), potasio (K^+) y calcio (Ca^{2+}) que regulan la actividad de determinados órganos (como el corazón); unos iones favorecen la actividad y otros la paralizan (acciones antagónicas), una proporción determinada de unos y otros iones permiten el funcionamiento correcto de esos órganos.

- El efecto amortiguador de ciertas sales sobre disoluciones ácidas o básicas permite controlar el pH de los líquidos orgánicos.

3. Carbohidratos

3.1. Concepto de carbohidrato

Los **carbohidratos** o **hidratos de carbono**, también llamados **glúcidos**, son compuestos de carbono, hidrógeno y oxígeno, encontrándose estos dos últimos elementos en la misma proporción que en el agua. Los hidratos de carbono comprende los **azúcares** o **sacáridos** (sabor dulce) y las sustancias directamente derivadas de ellos.

3.2. Clasificación de los carbohidratos

Los carbohidratos se clasifican en: **osas** o **monosacáridos** y **holósidos** u **ósidos** (esquema 2).

Los monosacáridos son azúcares sencillos, sus moléculas contienen de tres a ocho átomos de carbono, se clasifican a su vez en: **triosas**, **tetrosas**, **pentosas**, **hexosas**, **heptosas** y **octosas** según tengan respectivamente 3, 4, 5, 6, 7 y 8 átomos de carbono.

Los holósidos se forman por polimerización (unión) de moléculas de monosacáridos, se clasifican en **oligosacáridos** y **polisacáridos** según estén formados respectivamente por pocas o muchas moléculas de monosacáridos. Entre los oligosacáridos los más importantes son los **disacáridos**, formados por polimerización de dos moléculas de monosacáridos.

Carbohidratos o glúcidos
- Osas o monosacáridos
  - Triosas
  - Tetrosas
  - Pentosas (ribosa, desoxirribosa)
  - Hexosas (glucosa, fructosa)
  - Heptosas
  - Octosas
- Ósidos
  - Oligosacáridos → Disacáridos (sacarosa, lactosa)
  - Polisacáridos (celulosa, almidón, glucógeno)

ESQUEMA 2. *Clasificación de los carbohidratos.*

3.2.1. *Monosacáridos u osas*

Su fórmula general es $C_nH_{2n}O_n$, dónde n puede tomar los valores comprendidos entre 3 y 8, ambos inclusive. Químicamente son polialcoholes en los que se sustituye un grupo funcional alcohol por un grupo funcional aldehído o por un grupo funcional cetónico, originándose respectivamente los **polihidroxialdehídos** o **aldosas** y las **polihidroxicetonas** o **cetosas**.

Los monosacáridos más importantes son las triosas, las pentosas y las hexosas. Entre las triosas destacan el **gliceraldehído** (que es una aldosa) y la **dihidroxicetona** (que es una cetosa). Las principales pentosas son la **ribosa**, la **desoxirribosa** (aldosas) y la **ribulosa** (cetosa); las dos primeras forman parte de los ácidos nucleicos y la tercera desempeña un papel importante en la fotosíntesis. Las hexosas más importantes son la **glucosa**, la **galactosa** (aldosas) y la **fructosa** (cetosa); la primera se encuentra en la uva, la miel, en muchas frutas y en la sangre, la tercera se encuentra asociada a la anterior en la miel y las frutas, y la segunda forma parte del azúcar de la leche.

Generalmente los monosacáridos (a partir de las pentosas) presentan una estructura cíclica tridimensional, además muchos de ellos poseen un carbono asimétrico (sus cuatro enlaces están unidos a radicales diferentes) por lo que presentan isomería óptica. En la figura 1 representamos las perspectivas de las estructuras de los dos isómeros de la glucosa (α-glucosa y β-glucosa). Los anillos están representados en un plano horizontal. Los seis átomos de carbono de la molécula se han numerado; el carbono 1 es el asimétrico, en la α-glucosa el grupo hidroxilo (grupo –OH, característico de los alcoholes) del carbono 1 está al mismo lado que los de los carbonos 2 y 4, mientras que en la β-glucosa está en el lado contrario.

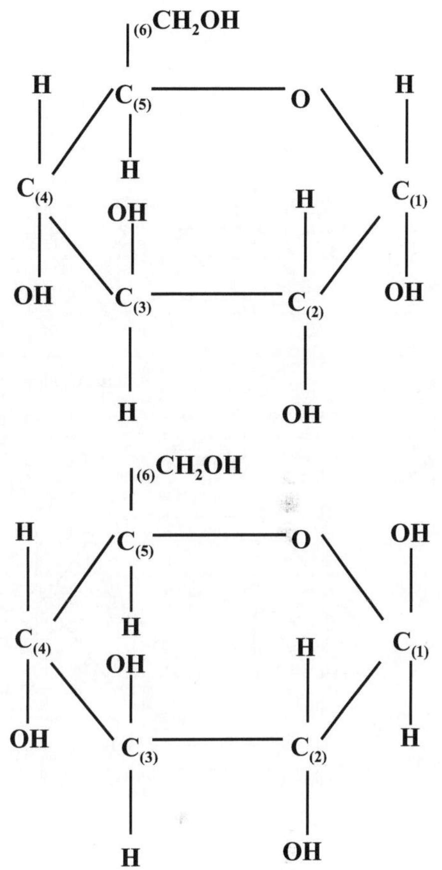

FIGURA 1. *Isómeros ópticos de la glucosa.*

3.2.2. *Disacáridos o diholósidos*

Su fórmula general es $C_{n+1}H_{2n}O_n$; resultan de la polimerización de dos moléculas de monosacáridos. Los más importantes son los derivados de las hexosas, cuya reacción de polimerización podemos esquematizar:

$$2C_6H_{12}O_6 \underset{\text{hidrólisis}}{\overset{\text{polimerización}}{\rightleftharpoons}} C_{12}H_{22}O_{11} + H_2O$$

Esta reacción es reversible, es decir, un disacárido por incorporación de una molécula de agua (**hidrólisis**) da lugar a dos moléculas de monosacáridos.

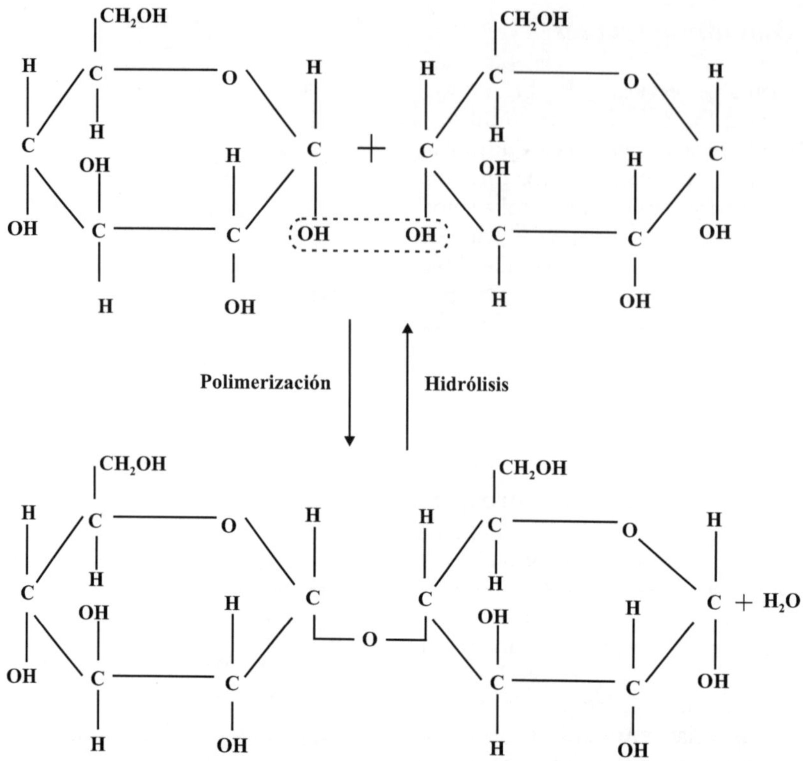

FIGURA 2. *Enlace O-glucosídico.*

La unión entre las dos moléculas de monosacárido se realiza a través de un enlace de tipo covalente denominado **enlace O-glucosídico**. Dicho enlace se establece por reacción entre dos grupos hidroxilo de moléculas distintas, con pérdida de una molécula de agua (figura 2).

Los disacáridos más importantes son: la **sacarosa**, la **lactosa**, la **maltosa**, y la **celobiosa**. La sacarosa o azúcar común es el azúcar de caña o de remolacha, está formada por polimerización de una molécula de glucosa y otra de fructosa. La lactosa es el azúcar de la leche, se forma por polimerización de una molécula de glucosa y otra de galactosa. La maltosa y la celobiosa se obtienen por hidrólisis parcial de dos polisacáridos, el almidón y la celulosa respectivamente, el primero está formado por dos moléculas de α-glucosa y el segundo por dos de β-glucosa.

3.2.3. Polisacáridos o poliholósidos

Su fórmula general es $(C_6H_{10}O_5)_n{\cdot}H_2O$, resultan de la polimerización de un gran número de moléculas de monosacáridos (entre 300 y 5000) por lo que son compuestos macromoleculares. La reacción de polimerización la podemos esquematizar:

$$nC_6H_{12}O_6 \underset{\text{hidrólisis}}{\overset{\text{polimerización}}{\rightleftarrows}} (C_6H_{10}O_5)_n{\cdot}H_2O + (n-1)H_2O$$

Esta reacción también se puede llevar a cabo hacia la izquierda (hidrólisis); la hidrólisis parcial origina moléculas de oligosacáridos, mientras que la hidrólisis total da lugar a monosacáridos.

Los principales polisacáridos son: la **celulosa**, el **almidón** y el **glucógeno**.

La celulosa forma la membrana celular de las células vegetales, su hidrólisis origina como producto intermedio la celobiosa y como producto final la glucosa. El almidón se sintetiza en los cloroplastos de las células vegetales a partir de la glucosa formada durante la fotosíntesis, representa la principal reserva alimenticia de las plantas. El glucógeno se forma en el hígado de los animales a partir de la glucosa, es la reserva alimenticia de los mismos. Tanto el almidón como el glucógeno forman por hidrólisis parcial maltosa y por hidrólisis total glucosa.

3.3. Propiedades y funciones de los carbohidratos

Los monosacáridos y los disacáridos son sustancias solubles en agua, cristalizan y tienen sabor dulce (por lo que se les denomina azúcares), los polisacáridos son insolubles en agua, o forman soluciones coloidales, no cristalizan y son insípidos.

Los carbohidratos desempeñan en los seres vivos principalmente dos tipos de funciones: energética y plástica.

- **Función energética**. La glucosa constituye para los seres vivos la principal fuente energética, su oxidación durante la respiración celular proporciona al organismo la energía que necesita para realizar su actividad vital. El almidón y el glucógeno, al producir glucosa fácilmente por hidrólisis, representan las principales reservas energéticas vegetales y animales respectivamente.

- **Función plástica**. Algunos polisacáridos desempeñan funciones plásticas, pues forman parte de las estructuras esqueléticas. Así, por ejemplo: la celulosa forma la membrana celular, la **quitina** y **pectina** (que aunque no responden a la fórmula general de los polisacáridos, pueden considerarse dentro de este grupo por su semejanza estructural con la celulosa), la primera es el principal componente del esqueleto de los artrópodos y de la membrana celular de los hongos, mientras que la pectina forma, junto con la celulosa, la membrana celular de los vegetales. Además la ribosa y la desoxirribosa son uno de los componentes básicos de las ácidos nucleicos (ARN y ADN, respectivamente).

4. Lípidos

4.1. Concepto de lípido

Los **lípidos** son compuestos de carbono, hidrógeno y oxígeno (este último en una proporción muy pequeña), pudiendo contener además fósforo, nitrógeno y azufre. Comprenden un grupo de sustancias muy variadas cuyas únicas características comunes son las siguientes:

- Son sustancias untosas al tacto y de aspecto graso.

- Son insolubles en agua y otros disolventes polares.

- Son solubles en disolventes orgánicos (apolares).

4.2. Clasificación de los lípidos

Los lípidos se clasifican en dos grupos: **saponificables** e **insaponificables** (esquema 3).

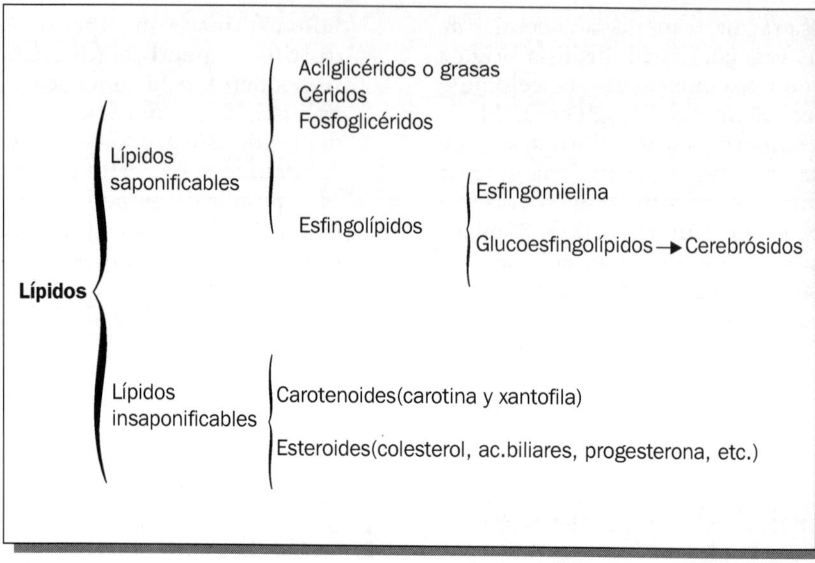

ESQUEMA 3. *Clasificación de los lípidos.*

4.2.1. Lípidos saponificables

Los lípidos saponificables, como indica su nombre, son aquellos que pueden sufrir saponificación. La **saponificación** consiste en la hidrólisis de un éster originando un ácido carboxílico (ácido graso en el caso de un lípido) y un alcohol. Este proceso es reversible, denominándose **esterificación** (formación de éster) a la reacción en sentido contrario:

$$\text{Éster} + \text{Agua} \underset{\text{esterificación}}{\overset{\text{saponificación}}{\rightleftharpoons}} \text{Ác. carboxílico} + \text{Alcohol}$$

Por consiguiente, los lípidos saponificables son ésteres de un alcohol y un ácido graso. En función del tipo de alcohol, estos lípidos se clasifican en **acilglicéridos** o **grasas**, **céridos**, **fosfoglicéridos** y **esfingolípidos** (esquema 3).

■ Acilglicéridos o grasas

También conocidos como **glicéridos**, **grasas simples** o **grasas neutras**. Son ésteres de la **glicerina** (propanotriol) con una, dos o tres moléculas de **ácidos grasos**; estos ácidos siempre tienen con un número par de átomos de carbono. Los ácidos grasos que dan lugar a las grasas son muy numerosos y entre ellos destacan: el **butírico** (tiene 4 átomos de carbono), el **palmítico** (16 átomos de carbono), el **esteárico** (18 átomos de carbono) y el **oleico** (18 átomos de carbono); en este último los dos átomos centrales están unidos entre sí por doble enlace (es insaturado).

El número de moléculas de ácidos grasos que forman la molécula de los acilglicéridos permite clasificarlos en tres grupos: **monoacilglicéridos**, con una molécula de ácido graso; **diacilglicérido**, con dos moléculas de ácidos grasos, y **triacilglicéridos**, con tres moléculas de ácidos grasos.

La reacción de esterificación-saponificación para los triacilglicéridos es la siguiente:

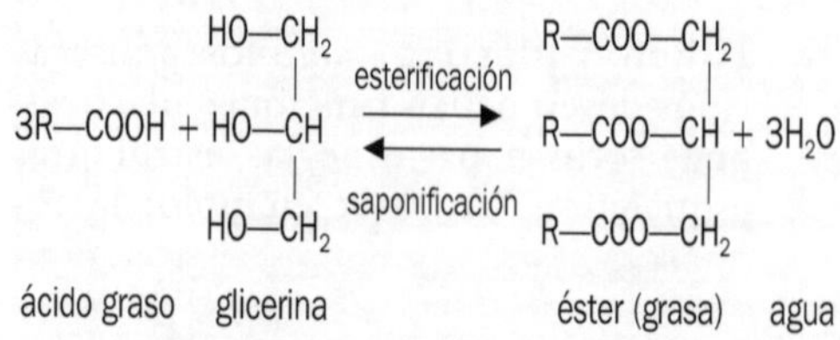

Las grasas son sustancias untosas al tacto, menos densas que el agua, insolubles en ella y solubles en disolventes orgánicos (alcohol, acetona, éter, cloroformo, etc.). Son líquidas o sólidas con un punto de fusión bajo; clasificándose según este criterio en: **aceites** (líquidas), **mantecas** (sólidas que funden por debajo de los 42 °C) y **sebos** (sólidas y funden por encima de los 42 °C).

■ Céridos

También llamados **ceras**, son ésteres de monoalcoholes (poseen un solo grupo funcional hidroxilo) con ácidos grasos, químicamente se diferencian de las grasas en que en éstas el alcohol que interviene es la glicerina que es un trialcohol (posee tres grupos funcionales hidroxilo).

■ Fosfoglicéridos

También conocidos como **fosfolípidos** o **fosfátidos**. Son ésteres en cuya composición, además de ácidos grasos y glicerina, entra el ácido fosfórico y un alcohol o un aminoalcohol. Los más importantes son la **lecitina**, que abunda en la yema de huevo, y la **cefalina**, que se encuentra en el cerebro.

Los fosfoglicéridos tienen un comportamiento **anfipático**, ya que sus moléculas presentan simultáneamente una zona hidrófila y otra lipófila. La primera corresponde a la parte de la molécula donde se encuentra el ácido fosfórico y el alcohol (o el aminoalcohol), mientras que la segunda corresponde a la parte donde se sitúan los ácidos grasos.

El comportamiento hidrófilo se debe a la polaridad del ácido fosfórico, ya que éste puede liberarse fácilmente de un protón y establecer enlaces del tipo puente de hidrógeno con las moléculas de agua y con otros grupos polares (hidrófilos). El carácter lipófilo se debe a las cadenas hidrocarbonadas de los ácidos grasos, pues los grupos metileno ($-CH_2-$) y los grupos metilo terminales ($-CH_3$) de estas cadenas son apolares y actúan como grupos lipófilos capaces de formar enlaces de Van der Waals con otros grupos o moléculas lipófilos.

El comportamiento anfipático de los fosfoglicéridos determina que sus moléculas se dispongan en una doble capa, en la que las zonas lipófilas de ambas capas quedan enfrentadas entre sí (figura 3).

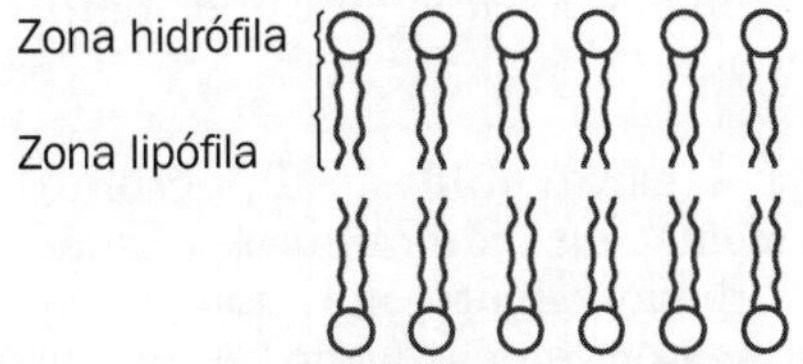

FIGURA 3. *Disposición de las moléculas de fosfoglicérido en una doble capa.*

Los fosfoglicéridos son los principales componentes de la doble capa lipídica de las membranas celulares.

■ Esfingolípidos

Son sustancias en cuya composición entra la ceramida, que es un éster que deriva de un aminoalcohol, la esfingosina, y un ácido graso. Al igual que los fosfoglicéridos, tienen comportamiento anfipático y también son componentes de las membranas celulares. Los esfingolípidos junto con los fosfoglicéridos constituyen los denominados **lípidos de membrana**. Los esfingolípidos, en general, se encuentran en las membranas en menor proporción que los fosfoglicéridos; esta proporción aumenta considerablemente en las membranas de las neuronas.

Entre los esfingolípidos destacan la **esfingomielina**, que abunda en las vainas de mielina que recubren los axones de las neuronas, y los **glucoesfingolípidos** o **glucolípidos**, en los que los glúcidos forman parte de su composición. Entre los glucoesfingolípidos se encuentran los **cerebrósidos**, que abundan en las membranas de las neuronas y en las vainas de mielina de los axones.

4.2.2. Lípidos insaponificables

Los lípidos insaponificables son aquellos que no tienen ácidos grasos en su composición, tampoco son ésteres y, por tanto, no sufren saponificaciones. Entre estos lípidos destacan los carotenoides y los esteroides.

Los **carotenoides** o **lipocromos** básicamente son hidrocarburos (compuestos de carbono e hidrógeno) aunque algunos poseen átomos de oxígeno en muy pequeña proporción. Son pigmentos amarillos, anaranjados y rojos que dan coloración a determinados órganos de animales y plantas. Los más importantes son la **carotina**, de color anaranjado, se encuentra en la zanahoria, tomate, etc., y la **xantofila**, de color amarillo, se encuentra en la yema del huevo, la mantequilla, y es responsable de la coloración amarilla de hojas y flores. La carotina y xantofila se encuentran asociadas a la clorofila en los cloroplastos de las células vegetales. La **vitamina A** es un derivado de la carotina, su estructura química corresponde a media molécula de carotina.

Los **esteroides** son sustancias en cuya composición entra el **esterano** (hidrocarburo saturado formado por tres anillos hexagonales y uno pentagonal), algunos tienen un grupo funcional alcohol denominándose **esteroles**. Los principales esteroides son: la **colesterina** o **colesterol**, que se encuentra en la bilis, en el cerebro y forma parte de la membrana plasmática de las células; los **ácidos biliares** que forman parte de la bilis, la **ergosterina**, presente en los vegetales y que origina la **vitamina** $\mathbf{D_2}$ por ruptura de su molécula; las **hormonas sexuales** como la **progesterona** y la **testosterona**; y las **hormonas de la corteza suprarrenal** como la **corticosterona**.

4.3. Funciones de los lípidos

Los lípidos desempeñan en los seres vivos importantes funciones, entre las que destacan:

- **Función energética**. Las grasas representan para los seres vivos una fuente de energía, recurren a ella cuando no poseen suficientes cantidades de carbohidratos, su oxidación proporciona mayor cantidad de energía que estos. El exceso de grasas es almacenado como sustancia de reserva (semillas, tejido adiposo, etc.).

- **Función plástica**. Muchos lípidos como los fosfoglicéridos, los glucolípidos y esteroides como el colesterol constituyen determinadas estructuras de los organismos como las membranas plasmática y nuclear, de orgánulos citoplasmáticos como el retículo endoplasmático, mitocondrias, etc.

- **Función protectora y aislante**. Las ceras por su consistencia e insolubilidad en agua, protegen e impermeabilizan la superficie de hojas, tallos y frutos de las plantas; en los animales las ceras elaboradas por las glándulas sebáceas de la piel y del conducto auditivo externo, desempeñan el mismo papel. Las grasas que en los animales se deposita debajo de la piel constituye para ellos un aislante térmico.

- **Función digestiva**. Los ácidos biliares provocan la emulsión de las grasas procedentes de la alimentación posibilitando la acción de enzimas digestivas como la lipasa, que provoca la descomposición de las grasas, y permite su absorción a través del intestino delgado.

- **Función reguladora**. Pues, como se ha visto antes, muchas hormonas son esteroides y algunas vitaminas provienen de carotenoides y esteroides.

5. Proteínas

5.1. Concepto y propiedades de las proteínas

Las **proteínas** también llamadas **prótidos** o **sustancias proteicas** son compuestos macromoleculares de carbono, hidrógeno, oxígeno y nitrógeno, frecuentemente contienen también azufre; algunas tienen fósforo, y en raras ocasiones hierro, cobre, magnesio, yodo, etcétera.

Entre las propiedades de las proteínas destacan:

- La **especificidad**: las proteínas son sustancias específicas, es decir, cada especie animal o vegetal sintetiza sus propias proteínas, diferentes de las otras especies. Incluso en una misma especie hay diferencias, más o menos significativas, entre las proteínas de sus distintos individuos; a esto se deben los casos de incompatibilidad o rechazo en transfusiones sanguíneas, injertos o trasplantes. Por el contrario los carbohidratos y los lípidos son sustancias comunes a todos los seres vivos o a grandes grupos de ellos.

- La **solubilidad**: muchas proteínas son solubles en agua mientras que otras sólo lo son en disoluciones salinas, formando disoluciones coloidales (debido al enorme tamaño de sus moléculas). Las disoluciones obtenidas coagulan a temperaturas superiores a 70ºC, o al ser tratadas con ácidos, alcohol, etc. En muchos casos esta coagulación es irreversible, denominándose este fenómeno **desnaturalización** de la proteína.

5.2. Aminoácidos

Las proteínas se descomponen por hidrólisis originándose sustancias sencillas denominadas **aminoácidos**. Los aminoácidos son, pues, los componentes elementales de las proteínas. En la constitución de las proteínas entran únicamente veinte aminoácidos diferentes, la diferencia entre las distintas proteínas que existen estriba en el número de aminoácidos de cada clase que forman la molécula y en el orden en que se disponen en la misma, de ahí el elevadísimo número de proteínas diferentes existentes y por tanto su especificidad.

Químicamente los aminoácidos se caracterizan por tener un grupo funcional **amino** ($-NH_2$) y otro **ácido** ($-COOH$) al que también se llama grupo funcional **carboxilo**. Su fórmula general es:

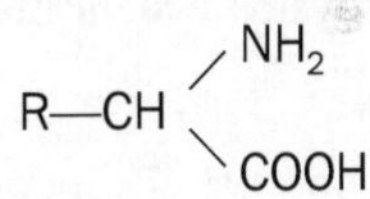

donde R es un radical que varía según el aminoácido de que se trate; puede tener estructura lineal o cíclica; contener átomos de azufre, nitrógeno, etc.; presentar un segundo grupo carboxilo, otros grupos aminos, además de grupos alcohol, etc.

El grupo amino puede estar unido al mismo átomo de carbono que el grupo carboxilo o a otro átomo de carbono del radical. El grupo amino le da un carácter básico mientras que el grupo carboxilo le confiere carácter ácido por lo que los aminoácidos son **anfóteros** (sustancias que se comportan como ácidos cuando se encuentran en un medio básico y como bases si están en medio ácido).

5.3. Péptidos. Enlace peptídico

El carácter anfótero de los aminoácidos les posibilita que puedan combinarse entre sí originando los **péptidos** que son cadenas de aminoácidos. La combinación de dos aminoácidos se lleva a cabo por reacción del grupo carboxilo de uno con el grupo amino del otro formando un **dipéptido** y desprendiéndose una molécula de agua:

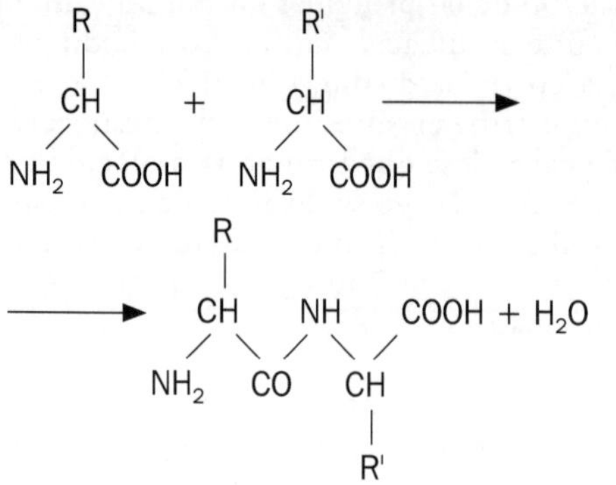

La unión entre los dos aminoácidos (–CO–NH–) se realiza a través de un enlace de tipo covalente denominado **enlace peptídico**.

Como se observa el dipéptido formado es también un anfótero, pudiéndose esta combinación repetir indefinidamente formándose **tripéptidos**, **tetrapéptidos** y, en general **polipéptidos**.

Las cadenas polipeptídicas son zigzagueantes presentando ramificaciones laterales de distinta longitud correspondientes a los radicales de los diferentes aminoácidos que los forman. Uno de sus extremos es siempre un grupo amino (extremo N-terminal), mientras que el otro lo forma un grupo carboxilo (extremo C-terminal).

5.4. Clasificación de las proteínas

En función de su composición, las proteínas se clasifican en dos grupos: **holoproteínas** y **heteroproteínas** (esquema 4).

5.4.1. Las holoproteínas o proteínas estrictas

Están constituidas únicamente por polipéptidos. En función de su estructura espacial se distingue entre dos tipos de holoproteínas: **globulares** o **esferoproteínas** y **fibrilares** o **escleroproteínas**.

■ Holoproteínas globulares

Tienen forma prácticamente esférica debido al alto grado de plegamiento que presentan las cadenas polipeptídicas que constituyen sus moléculas. Son solubles en agua y en disoluciones polares, formando disoluciones coloidales.

Entre las holoproteínas globulares más importantes se encuentran:

- Las **albúminas**, como la ovoalbúmina de la clara de huevo, la lactoalbúmina de la leche, la seroalbúmina del suero sanguíneo, etc.
- Las **globulinas**, algunas asociadas a las anteriores como la ovoglobulina, la lactoglobulina, la seroglobulina, etc.
- Las **protaminas** y las **histonas**; estos dos tipos de proteínas suelen ir asociados a los ácidos nucleicos formando los nucleoproteidos.

■ Holoproteínas fibrilares o filamentosas

Son sólidas e insolubles en agua y de aspecto filamentoso (sus cadenas polipeptídicas no sufren grandes plegamientos). Se encuentran principalmente en los animales y su función es plástica o estructural. Entre las holoproteínas fibrilares destacan:

- Los **colágenos** son resistentes al estiramiento y se presentan en forma de haces de fibras en los tejidos conjuntivo, cartilaginoso y óseo.
- Las **queratinas** forman la capa córnea de la piel de los vertebrados, así como pelos, plumas, escamas, pezuñas, cuernos, etc.

- La **miosina** constituye las miofibrillas de las células musculares participando activamente en su contracción.

- Las **elastinas** son elásticas y aparecen en tendones, vasos sanguíneos, pulmones, dermis de la piel, etc.

5.4.2. Las heteroproteínas

Llamadas también **proteidos**, están formadas por asociación de una proteína estricta (denominada **grupo proteico**) con otra sustancia no proteica y, generalmente, de estructura micromolecular (llamado **grupo prostético**). Atendiendo a la naturaleza del grupo prostético las heteroproteínas se clasifican a su vez en:

1. **Glucoproteidos**. El grupo prostético es un complejo formado por moléculas de ácido sulfúrico y de un carbohidrato como glucosa, galactosa, etc. Entre los glucoproteidos destacan **las mucinas** que proporcionan cualidades lubricantes a mucosas, líquido sinovial, etc; también son glucoproteidos algunas hormonas así como las inmunoglobulinas, etc.

2. **Lipoproteidos**. El grupo prostético está constituido por ácidos grasos. Algunos lipoproteidos forman parte de la membrana plasmática, otros se encargan de transportar lípidos por los medios líquidos de los organismos.

3. **Fosfoproteidos**. El grupo prostético está constituido fundamentalmente por ácido ortofosfórico. Ejemplos de este tipo de heteroproteínas se encuentran en **el caseinógeno** que se encuentra en la leche y a él se debe la coagulabilidad de ésta, y la **vitelina** que se presenta en la yema del huevo.

4. **Cromoproteidos**. El grupo prostético es un pigmento orgánico; generalmente se trata de diferentes derivados de la **porfina**, que les confiere colores característicos. Entre los cromoproteidos más importantes se encuentran:

   - **La hemoglobina**, presente en la sangre de los vertebrados y a la que da color rojo. Su grupo proteico es la **globina** (que es una albúmina), el grupo prostético es el **hemo** (derivado de la porfina que lleva un átomo de hierro). Mientras que la globina es diferente según la especie animal, el hemo es idéntico para todas. La función de transporte de oxígeno que realiza la sangre se debe a que el átomo de hierro del hemo es capaz de combinarse con una molécula de oxígeno originándose la **oxihemoglobina**, esta reacción es reversible pudiendo la oxihemoglobina transformarse en hemoglobina y liberar la molécula de oxígeno.

   - **La hemocianina**, se encuentra en la sangre de muchos invertebrados, desempeña la misma función respiratoria que la hemoglobina en la sangre de los vertebrados. La diferencia principal entre la hemocianina y la hemoglobina es que el grupo prostético de aquella no es un derivado de la porfina y contiene cobre en vez de hierro.

   - **La clorofila**, se encuentra en los cloroplastos de las células de las plantas verdes (a las que da ese color) desempeñando un importantísimo papel en la fotosíntesis, pues la energía lumínica es captada por la clorofila para utilizarse después en la síntesis de materia orgánica. El grupo proteico no es una proteína sino un alcohol y su grupo prostético es un derivado de la porfina muy parecido al hemo, pero contiene magnesio en vez de hierro.

- **Los citocromos**, su grupo prostético es muy parecido al hemo, pero su átomo de hierro es capaz de captar un electrón para después liberarlo; debido a esta propiedad, los citocromos intervienen en la cadena de transporte electrónico durante la fase final de la respiración celular.

5. **Los nucleoproteidos**. El grupo proteico es una protamina o una histona y su grupo prostético es un ácido nucleico.

Proteínas
- Holoproteínas
  - Globulares (esferoproteínas)
    - Albúminas
    - Globulinas
    - Protaminas
    - Histonas
  - Fibrilares (escleroproteínas)
    - Colágeno
    - Queratinas
    - Miosina
    - Elastinas
- Heteroproteínas
  - Glucoproteidos
  - Lipoproteidos
  - Fosfoproteidos
  - Cromoproteidos
    - (Hemoglobina, hemocianina, clorofila, citocromos)
  - Nucleoproteidos

ESQUEMA 4. *Clasificación de las proteínas en función de su composición.*

5.5. Niveles estructurales de las proteínas

La estructura de una proteína viene determinada por la secuencia de aminoácidos que forman sus cadenas polipeptídicas y por la disposición de éstas en el espacio.

En las proteínas se distinguen cuatro niveles estructurales que se denominan: **estructura primaria**, **estructura secundaria**, **estructura terciaria** y **estructura cuaternaria**, cada una de las cuales determina la disposición espacial del nivel estructural anterior.

5.5.1. Estructura primaria

Es la secuencia de aminoácidos, desde el extremo N-terminal hasta el extremo C-terminal, en las cadenas polipeptídicas de una determinada proteína, es decir, qué aminoácidos la componen y en qué orden se encuentran. Los aminoácidos forman una cadena en zigzag situando sus radicales alternativamente a uno y otro lado de la misma.

El análisis de la estructura primaria de un gran número de proteínas ha permitido descubrir el hecho de que proteínas con funciones similares tienen una estructura primaria muy parecida, así por ejemplo, las hemoglobinas de diferentes especies de animales difieren muy poco en sus estructuras primarias.

5.5.2. Estructura secundaria

Es la distribución espacial de la estructura primaria. Se conocen tres tipos de estructuras secundarias: la α-**hélice**, la β y la **hélice del colágeno**.

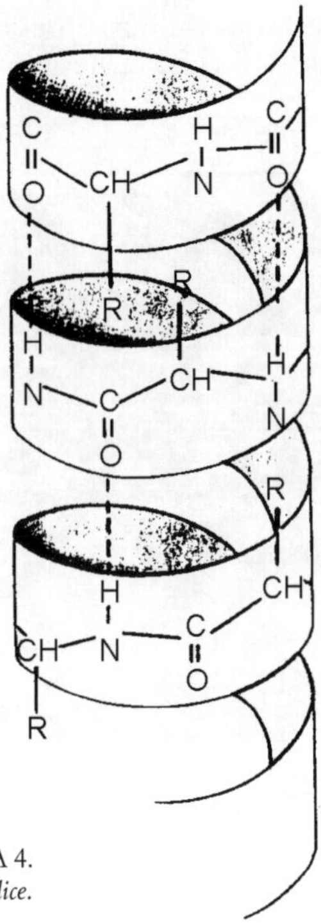

FIGURA 4.
Configuración α-hélice.

En la configuración α-**hélice** (figura 4) la cadena peptídica se dispone a modo de tirabuzón debido a la rotación que experimenta a nivel del carbono α de cada uno de los aminoácidos que la forman, (el carbono α de un aminoácido es aquel que está enlazado con el grupo amino y el grupo carboxilo), quedando enfrentados los grupos –CO y –NH correspondientes a vueltas contiguas de la hélice y estableciéndose entre ellas enlaces del tipo puente de hidrógeno que proporciona estabilidad a la configuración.

La configuración β (figura 5) está formada por dos o más cadenas polipeptídicas dispuestas paralelamente de manera que los -CO y –NH, correspondientes a cadenas contiguas quedan enfrentados, estableciéndose entre ellas enlaces de puente de hidrógeno que mantienen unidas las distintas cadenas que forman esta estructura. Las cadenas se disponen en un plano plegado en zig-zag, actuando como líneas de pliegues aquellas que unen los carbonos α de cadenas paralelas, por lo que a esta configuración también se le denomina de **lámina plegada**.

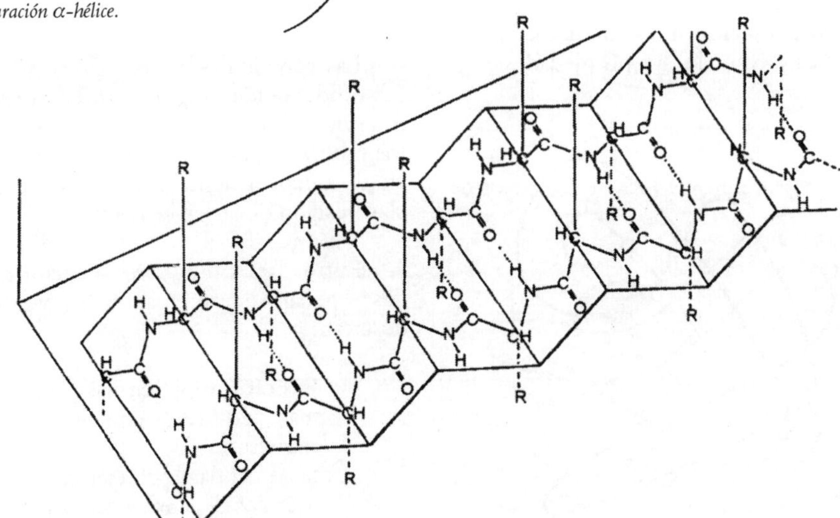

FIGURA 5. *Configuración β o de lámina plegada.*

El colágeno tiene una configuración helicoidal especial, su estructura secundaria la forman tres hélices enrolladas a modo de una cuerda de tres cabos; estas hélices difieren de la α-hélice en que son más alargadas, es decir, la distancia entre las vueltas consecutivas es mayor que en la configuración α-hélice.

5.5.3. Estructura terciaria

Se presenta cuando la estructura secundaria sufre plegamientos, a modo de un hilo apelotonado, originándose una configuración prácticamente esférica como ocurre en las denominadas proteínas globulares (figura 6). Frecuentemente estas proteínas presentan una estructura secundaria de tipo α -hélice en los tramos rectos y del tipo β en los plegamientos.

La estabilidad de esta estructura se debe a enlaces entre los radicales de los aminoácidos de las cadenas polipeptídicas, estos enlaces generalmente son de tipo puente de hidrógeno (enlace débil), presentándose también enlaces bisulfuro, –S–S– (enlace fuerte, de tipo covalente entre dos grupos sulfhidrilos, -SH). La desnaturalización de la proteína se debe a la ruptura de estos enlaces, de manera que la proteína pierde su estructura espacial característica y, con ello, sus propiedades.

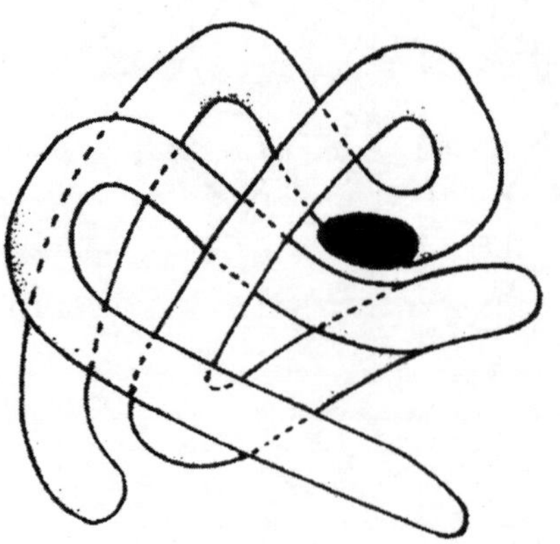

FIGURA 6. *Estructura terciaria de una proteína.*

5.5.4. Estructura cuaternaria

Se presenta en proteínas formadas por dos o más cadenas polipeptídicas asociadas, como por ejemplo, la hemoglobina constituida por la unión de cuatro globinas y cuatro grupos hemo (figura 7). Enlaces puente de hidrógeno y bisulfuro proporcionan estabilidad a la estructura cuaternaria.

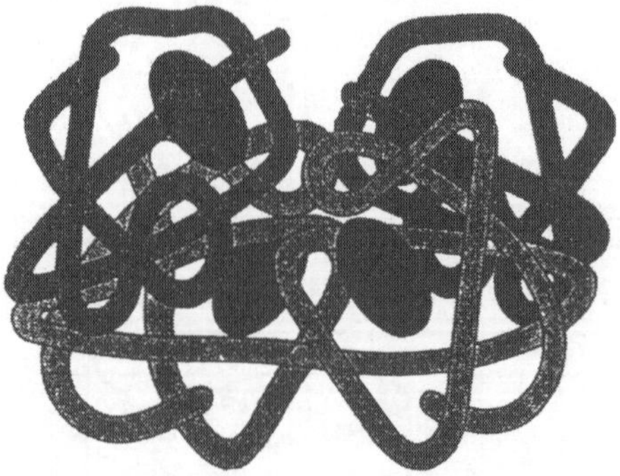

FIGURA 7. *Estructura cuaternaria de una proteína.*

5.6. Importancia biológica de las proteínas

Las proteínas son las sustancias químicas fundamentales de los seres vivos ya que intervienen activamente en la mayoría de los procesos vitales; algunos de estos se han citado anteriormente cuando se abordó la clasificación de las proteínas.

Entre las numerosas funciones que desempeñan las proteínas en los organismos destacan:

- **Función plástica**: las proteínas forman parte de la gran mayoría de las estructuras de los seres vivos tanto a nivel celular (por ejemplo, los lipoprótidos de la membrana plasmática) como a nivel de tejidos, proporcionándole cualidades diversas como:

rigidez (por ejemplo la colágena de los tejidos conjuntivo, cartilaginoso y óseo o la queratina del tejido epidérmico), fluidez (las mucinas de las mucosas, saliva, bilis, líquido sinovial, etc.), contractibilidad (como la actina y la miosina del tejido muscular), etcétera.

- **Función reguladora**: pues la totalidad de las enzimas (sustancias reguladoras de las reacciones químicas que se verifican en los seres vivos) son proteínas así como un gran número de hormonas (sustancias que regulan y coordinan las actividades funcionales del organismo); además, debido al carácter anfótero de los polipéptidos, las proteínas desempeñan un papel amortiguador regulando el pH del organismo.

- **Función de transporte**: proteínas como los lipoproteídos se encargan del transporte de lípidos, la hemoglobina y la hemocianina del transporte de oxígeno, los citocromos del de electrones, etcétera.

Además, la clorofila realiza la **captación de la energía lumínica** durante la fotosíntesis, o las inmunoglobulinas constituyen los anticuerpos que realizan **funciones de defensa**, etcétera.

6. Ácidos nucleicos

6.1. Ácidos nucleicos: concepto y significado biológico. Tipos

Los ácidos nucleicos son polímeros formados por la unión de numerosas (a veces cientos de miles) unidades elementales llamadas **nucleótidos**. Estas sustancias fueron descubiertas en el núcleo de las células y presentan carácter ácido, de ahí la denominación de "ácidos nucleicos"; en su composición únicamente intervienen los elementos carbono, hidrógeno, oxígeno, nitrógeno y fósforo.

Cada nucleótido está formado por la unión de tres sustancias de composición química relativamente sencilla: el ácido fosfórico, una pentosa y una base orgánica nitrogenada. La pentosa únicamente puede ser la ribosa o la desoxirribosa; cada macromolécula de un ácido nucleico sólo puede estar constituido por una sola clase de estas pentosas, lo que determina los dos tipos de ácidos nucleicos existentes: el **ácido ribonucleico** o ARN (la pentosa es la ribosa) y el **ácido desoxirribonucleico** o ADN (la pentosa es la desoxirribosa).

Las bases orgánicas nitrogenadas presentes en los ácidos nucleicos son cinco: **adenina** (A), **guanina** (G), **citosina** (C), **timina** (T), **uracilo** (U), las dos primeras son **púricas** (derivan de la purina) y las tres últimas son las **pirimidínicas** (derivan de la pirimidina). En el ADN no aparece nunca el uracilo, mientras que en el ARN nunca se presenta la timina.

Los ácidos nucleicos son las sustancias de mayor importancia biológica ya que son los portadores y ejecutores de la **información genética** de cada ser vivo, es decir, las instrucciones que conducen a que cada organismo presente unos **caracteres** propios y otros comunes a su especie; esta información se transmite de los progenitores a su descendencia e indica cómo ha de ser cada biomolécula del individuo y en que momento ha de sintetizarse.

La función portadora o de transferencia y ejecución de la información genética establece la diferencia funcional entre el ADN y el ARN.

- El ADN ejerce la función portadora; de su composición y estructura química depende el contenido de la información genética. El ADN se localiza principalmente en el núcleo de la célula, concretamente en los cromosomas, pero también se encuentra en las mitocondrias y en los cloroplastos; todas las células de un organismo pluricelular almacenan la misma información genética, pues el ADN de cada una de ellas se ha formado por **replicación** (copia) de las moléculas de ADN de la célula germen de la que provienen.

– El ARN ejerce las funciones de transferencia de la información genética y ejecución de las instrucciones que contienen, esta información viene dada a través de **mensajes genéticos** consistentes en las secuencias específicas de aminoácidos correspondientes a las distintas proteínas del organismo vivo, entre ellas las enzimas que controlan y regulan las reacciones metabólicas. El ARN es el encargado tanto de recibir el mensaje genético del ADN, como de llevarlo hasta los ribosomas, lugar donde también ejecutará sus instrucciones realizando la síntesis de una proteína específica; este proceso será abordado con mayor detalle más adelante. El ARN es sintetizado tomando como modelo o molde un fragmento de ADN y se localiza tanto en el núcleo como en el citoplasma (fundamentalmente en los ribosomas) de las células.

6.2. Nucleótidos. Versatilidad funcional de los nucleótidos

Como se ha mencionado anteriormente los nucleótidos están formados por la unión de una pentosa (la ribosa o la desoxirribosa), una base nitrogenada y ácido fosfórico. Si la pentosa es la ribosa, el nucleótido se denomina **ribonucleótido** y **desoxinucleótido**, si es la desoxirribosa.

La ribosa y la desoxirribosa, que determinan el tipo de ácido nucleico (ARN y ADN respectivamente) son dos monosacáridos de composición similar a la de la glucosa (al igual que ella son aldosas); la desoxirribosa tiene un grupo alcohol (–OH) menos que la ribosa y por consiguiente un átomo menos de oxígeno, de ahí su nombre. La estructura de sus moléculas, representadas en perspectiva, se muestra en la figura 8.

Las moléculas de las bases nitrogenadas, cuyos nombres también se citaron antes, tienen la estructura de un anillo hexagonal (en el caso de la pirimidínicas) o de un doble anillo formado por un hexágono y un pentágono con dos vértices comunes (caso de las púricas); los vértices de estos anillos están ocupados por átomos de carbono (unos) y por átomos de nitrógeno (otros). (Ver figura 9).

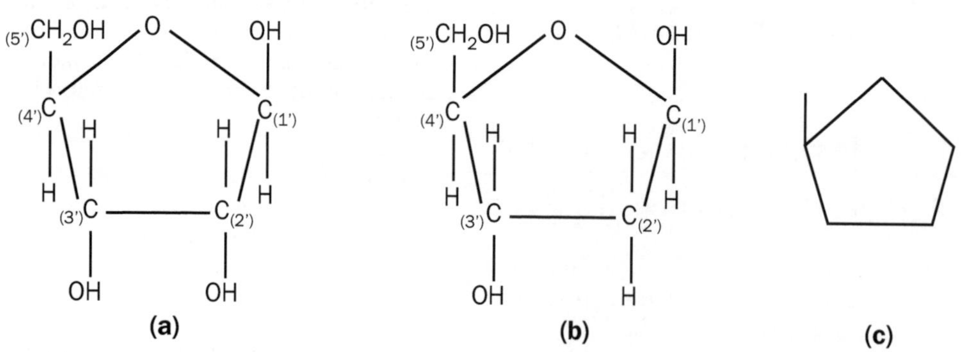

FIGURA 8. *Estructura de la molécula de ribosa (a) y de desoxirribosa (b). Representación esquemática de una u otra (c).*

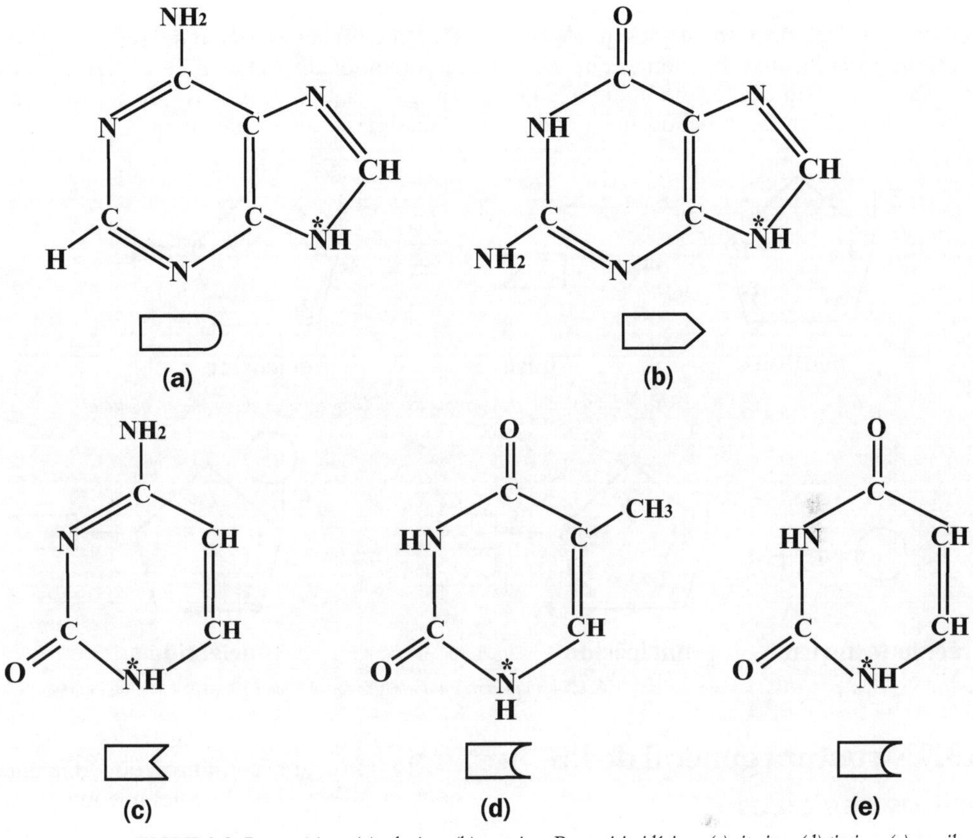

FIGURA 9. *Bases púricas: (a) adenina, (b) guanina. Bases pirimidínicas: (c) citosina, (d) timina, (e) uracilo. Debajo de cada una se ofrece su representación esquemática.*

La unión de una pentosa (ribosa o desoxirribosa) con una de las bases nitrogenadas origina un complejo que se denomina **nucleósido** (figura 10); dicha unión se establece mediante un enlace de tipo covalente entre el átomo de carbono que ocupa el vértice 1' de la molécula pentosa (que pierde el grupo OH) y un átomo de nitrógeno que ocupa el vértice marcado con * de la molécula de la base nitrogenada (que pierde un átomo de hidrógeno), formándose también una molécula de agua (al unirse el grupo OH con el átomo de hidrógeno). De las bases nitrogenadas, la timina no se combina con la ribosa, ni el uracilo con la desoxirribosa, de ahí que la primera no se presente en el ARN ni la segunda en el ADN.

Al unirse un nucleósido con el ácido fosfórico (H_3PO_4) se forma un nucleótido (figura 11), la conexión se establece a través de un enlace covalente entre el átomo de carbono que ocupa la posición 5' de la molécula de la pentosa que constituye el nucleósido (desprendiéndose el grupo OH) y la molécula de ácido fosfórico (la cual pierde un átomo de hidrógeno), formándose además una molécula de agua (al unirse el grupo OH con el átomo de hidrógeno). Los nucleótidos presentan carácter ácido debido a que el ácido fosfórico aún tiene dos átomos de hidrógeno, que en disolución acuosa puede desprender en forma de iones H^+.

Los nucleótidos son componentes elementales de importancia fundamental para los seres vivos, pues los ácidos nucléicos cuyas importantísimas funciones que desempeñan ya se han citado, son polímeros de nucleótidos. Además, muchos nucleótidos entran en la composición de muchas coenzimas (como la NAD, el ATP y ADP, la coenzima A, etc.) y vitaminas que actúan como coenzimas (como la vitamina B_2).

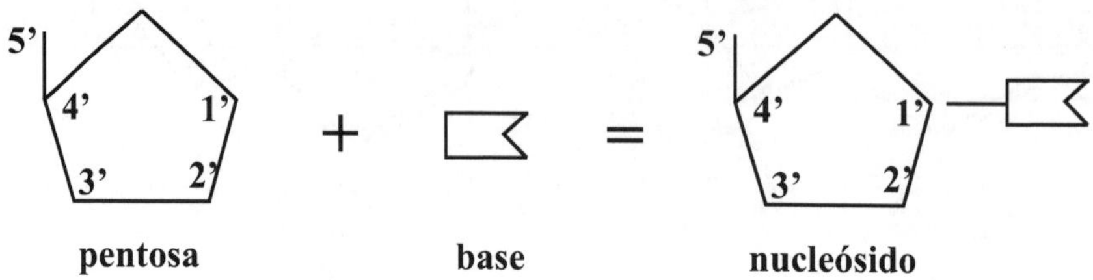

FIGURA 10. *La unión de una pentosa con una base nitrogenada origina un nucleósido.*

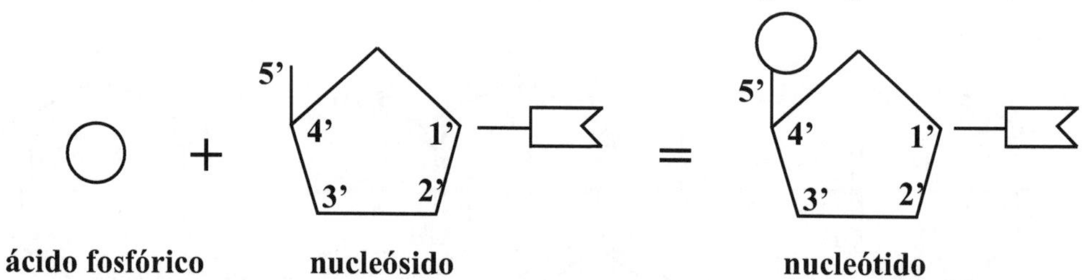

FIGURA 11. *La unión de un nucleósido con el ácido fosfórico da lugar a un nucleótido.*

6.3. Estructura general de los ácidos nucleicos

Los nucleótidos que constituyen la molécula de un ácido nucleico se sitúan consecutivamente uno tras otro formando una cadena lineal, cuyos eslabones son moléculas de ácido fosfórico y pentosa dispuestas alternativamente; de cada una de estas últimas cuelga la molécula de base nitrogenada.

La unión entre cada par de nucleótidos contiguos se realiza mediante un enlace covalente entre la molécula de ácido fosfórico de un nucleótido y el carbono 3' de la pentosa del nucleótido siguiente (figura 12); para ello el ácido fosfórico pierde un átomo de hidrógeno y la pentosa un grupo OH (que estaba unido al carbono 3'). Se trata, pues, de un enlace de tipo éster fosfórico, denominado **enlace nucleotídico**.

El átomo de hidrógeno que aún le queda a cada molécula de ácido fosfórico confiere a los ácidos nucleicos carácter ácido.

La estructura constituye otra diferencia entre el ARN y el ADN, pues mientras que el primero está formado por una sola cadena (monocatenario) como la descrita anteriormente, el segundo está constituido por dos (bicatenario), de longitud mucho mayor que la cadena del ARN; no obstante existen excepciones (algunos virus presentan ARN bicatenario).

En la estructura bicatenaria (típica del ADN), las dos cadenas de nucleótidos (**filamentos** o **hebras**) se disponen paralelas, con las bases nitrogenadas enfrentadas a las de la otra entre las que se establecen conexiones (figura 13); este doble filamento tiene el aspecto de una escalera en las que las barandillas están formadas por la sucesión de moléculas de ácido fosfórico y pentosa de una y otra cadena, y cada peldaño lo constituyen dos moléculas de bases nitrogenadas (cada una de una cadena) unidas entre sí por enlaces de puente de hidrógeno (enlace mucho más débil que el covalente). El enfrentamiento de las bases nitrogenadas siempre se lleva a cabo entre una púrica y una otra pirimidínica, concretamente entre la adenina y la timina (o el uracilo si se trata de ARN) o entre la guanina y la citosina, por lo que la secuencia de nucleótidos de un filamento determina la del otro (**filamentos complementarios**).

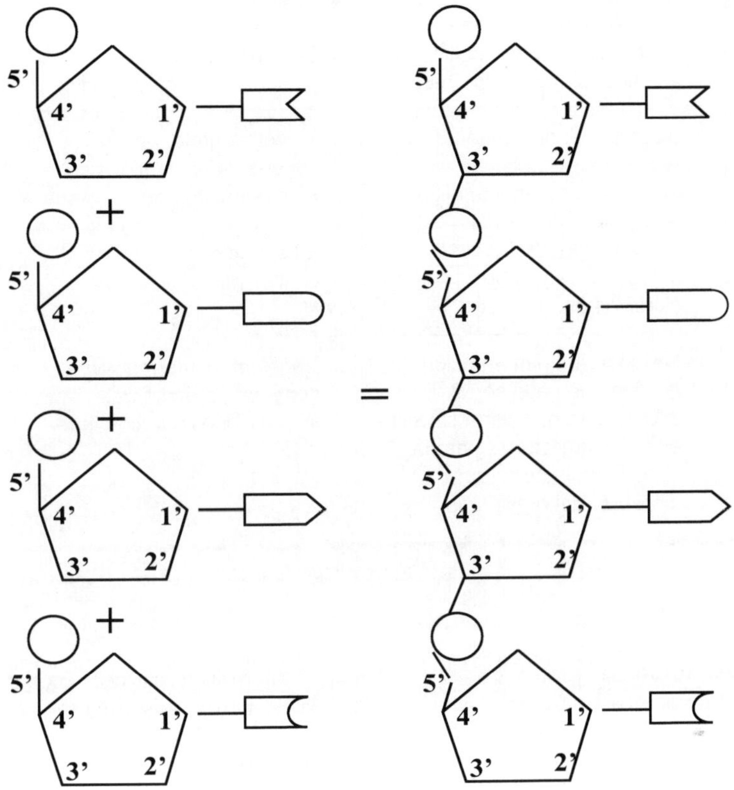

FIGURA 12. *Unión entre nucleótidos para formar una cadena (estructura monocatenaria).*

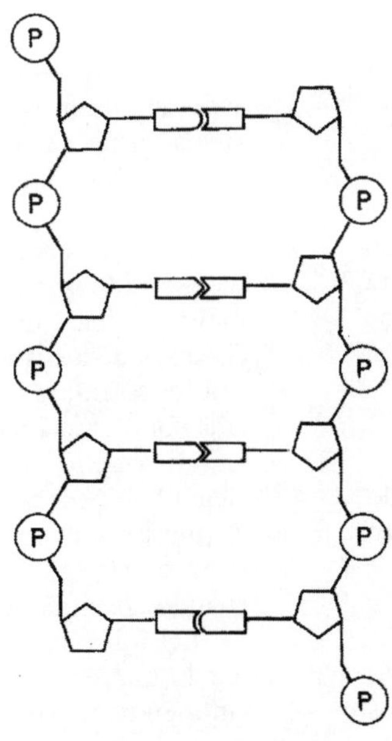

FIGURA 13. *Estructura bicatenaria.*

	ADN	ARN
Composición	• Ácido fosfórico. • Pentosa: desoxirribosa. • Base orgánica: adenina, guanina, citosina y timina.	• Ácido fosfórico. • Pentosa: ribosa. • Base orgánica: adenina, guanina, citosina y uracilo.
Estructura	• Bicatenaria: dos cadenas de nucleótidos enrolladas formando una doble hélice.	• Monocatenaria: una sola cadena de nucleótidos de menor longitud que la del ADN.
Localización	• En el núcleo, en las mitocondrias y en los cloroplastos.	• En el núcleo y en el citoplasma.
Funciones	• Portador de la información genética de cada ser vivo. La información que porta consiste en las instrucciones para la síntesis de las distintas proteínas del organismo.	• Transferir la información genética y ejecutar las instrucciones que contiene.

ESQUEMA 5. *Características de los dos tipos de ácidos nucleicos.*

En el esquema 5 resumimos las características de los dos tipos de ácidos nucleicos (ADN y ARN), y se muestran las analogías y diferencias entre ellos.

Los ácidos nucleicos, al igual que las proteínas, pueden presentar cuatro niveles estructurales:

- **Estructura primaria**: Es la secuencia de nucleótidos de una hebra del ácido nucleico (en el caso de configuración bicatenaria la secuencia de la otra hebra es la complementaria). El ácido nucleico se muestra en esta estructura como un filamento más o menos ondulado.

- **Estructura secundaria**: Es la disposición en el espacio del doble filamento del ácido nucleico, estos se enrollan uno sobre otro formando una doble hélice (figura 14).

- **Estructura terciaria**: Es la disposición en el espacio de la doble hélice cuando se asocia con proteínas; se conocen dos tipos de estructuras terciarias: el collar de perlas y la estructura cristalina.

El **collar de perlas** se presenta cuando el ácido nucleico se asocia con histonas, recibe este nombre (también el de estructura arrosariada) por su aspecto, pues se presenta como una sucesión de partículas interconectadas entre sí (figura 15).

El conjunto formado por un **octómero** (constituido por ocho histonas) y el fragmento de ácido nucleico en contacto con él (asociado a sus histonas) se denomina **nucleosoma**; la otra histona (representada por un rectángulo) está asociada a los extremos de los fragmentos de ácido nucleico que conectan un nucleosoma con el anterior y el posterior. Esta estructura la presenta el ADN de los cromosomas cuando la célula no se encuentra en fase de división constituyendo la cromatina, por lo que el collar de perlas se conoce también como fibra de cromatina.

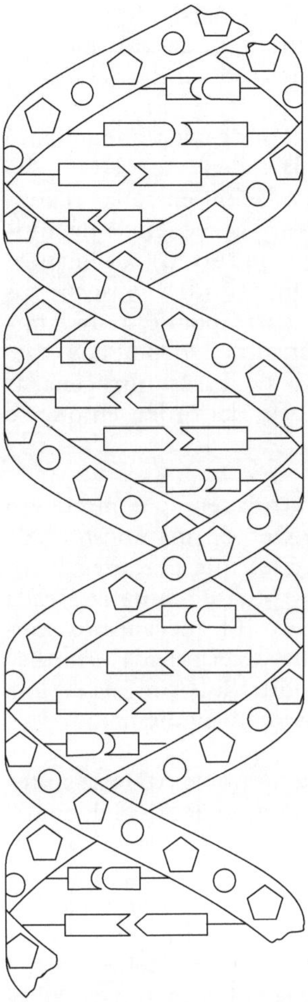

FIGURA 14. *Doble hélice de la estructura secundaria de un ácido nucleico.*

La **estructura cristalina** se presenta cuando el ácido nucleico se asocia con protaminas. Al igual que en el collar de perlas, la doble hélice del ácido nucleico se devana sucesivamente de una protamina a otra (figura 16), consiguiéndose un mayor grado de empaquetamiento debido a que las fuerzas de unión del ácido nucleico con las protaminas son mayores que con las histonas. Esta estructura la presenta el ADN de los cromosomas en las células reproductoras como, por ejemplo, los espermatozoides.

- **Estructura cuaternaria**: Es la disposición del collar de perlas en el espacio al plegarse sobre sí mismo. Sobre la configuración de la estructura cuaternaria se han formulado dos hipótesis: la **hipótesis del solenoide** (figura 17), que considera esta estructura como un arrollamiento del collar de perlas sobre un eje constituido por un polímero de histonas, y la **hipótesis de la superperla**, que supone una sucesión de superperlas, cada una de ellas formada por condensación del collar de perlas al arrollarse sobre sí mismo. Este nivel estructural se manifiesta en el ADN de los cromosomas en presencia de ciertos iones metálicos como Ca^{2+}, Mg^{2+}, etc.

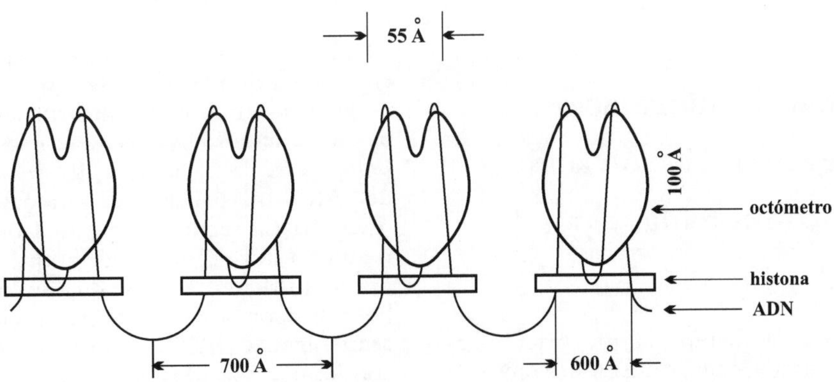

FIGURA 15. *Estrucutra de collar de perlas.*

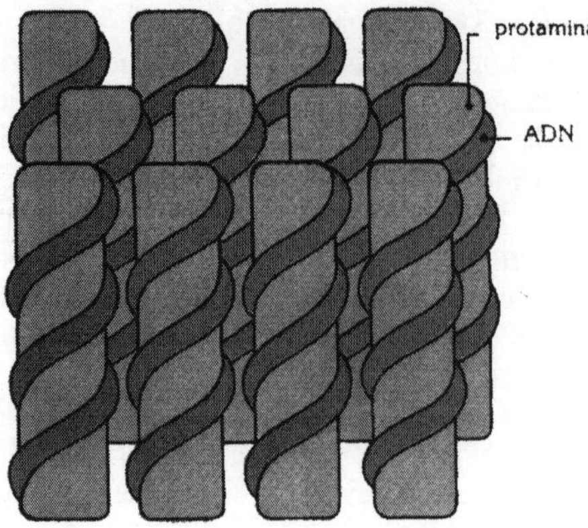

FIGURA 16. *Estructura cristalina.*

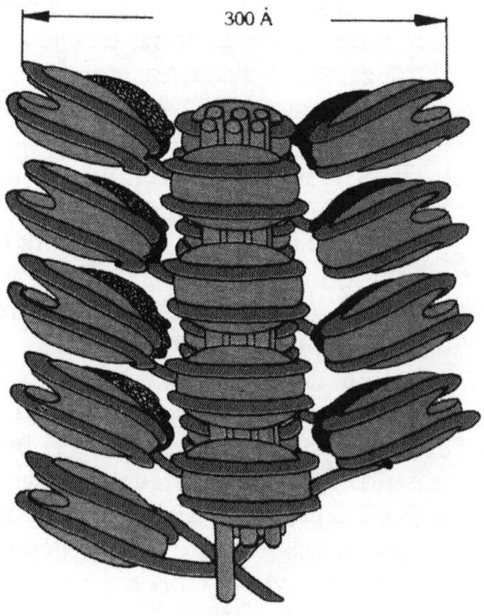

FIGURA 17. *Hipótesis del solenoide.*

6.4. Flujo de información biológica: la relación ácido nucleico-proteína. Tipos de ARN

Como ya sabemos, la información genética almacenada por el ADN es recogida en forma de "mensajes genéticos" por el ARN que realiza la síntesis de proteínas específicas. El contenido de cada mensaje genético (secuencia de aminoácidos de una determinada proteína) depende de la secuencia de nucleótidos de un fragmento determinado de la cadena de ADN, existiendo pues una relación entre la secuencia de nucleótidos y la secuencia de aminaácidos (**código genético**), de manera que cada trío de nucleótidos consecutivos de la secuencia corresponde a un aminoácido determinado, dependiendo éste del trío concreto de bases nitrogenadas de los nucleótidos y del orden en que se suceden.

El ADN controla en qué momento y lugar ha de poner de manifiesto cada información genética que porta, es decir, cuándo y dónde se ha de sintetizar cada proteína específica. El mecanismo mediante el cual una determinada información genética conduce a la síntesis de una proteína específica es la siguiente:

Sobre un fragmento de ADN se sintetiza en el núcleo un tipo de ARN denominado **ARN-mensajero** (ARN-m), según el modelo de un determinado mensaje genético, es decir, la secuencia de nucleótidos (y por tanto de bases nitrogenadas) del ARN-m es complementaria de la secuencia de nucleótidos del fragmento de ADN que contiene dicho mensaje genético; este proceso se denomina **transcripción** (el mensaje genético se ha transcrito del ADN al ARN-m). El ARN-m emigra al citoplasma donde se adosa a la superficie de los ribosomas para allí formar cadenas de aminoácidos cuya secuencia se corresponde con la secuencia de nucleótidos del ARN-m, proceso denominado **traducción** (la secuencia de nucleótidos se traduce a una secuencia de aminoácidos). Los aminoácidos son conducidos a los ribosomas por otro tipo de ARN, el **ARN-transferente** (ARN-t) que se combina con los aminoácidos para transportarlos y colocarlos en los lugares de ARN-m que les corresponde. (Estos procesos serán estudiados con más detalle en el tema 6 “Transferencia de la información”).

El ARN-m está constituido por un solo filamento, presenta estructura primaria, por lo que su forma es filamentosa. El ARN-t que al igual que el ARN-m es sintetizado en el núcleo por el ADN de donde emigra al citoplasma, está formado por un solo filamento muy corto (entre 70 y 90 nucleótidos) que presenta zonas con estructura primaria y otras zonas con estructura secundaria, debido a que el filamento se pliega sobre sí originando una doble cadena (figura 18); tiene forma de hoja de trébol, y se encuentra disuelto en el citoplasma por lo que también se le llama **ARN-soluble** (ARN-s).

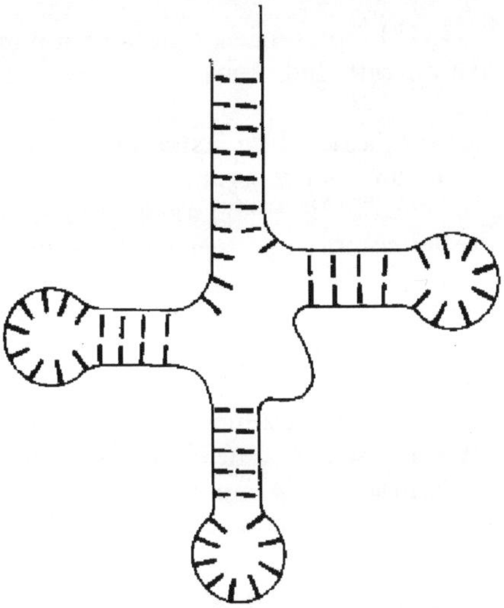

FIGURA 18. *ARN-transferente.*

Existe un tercer tipo de ARN, el **ARN- ribosómico** (ARN-r), formado por un solo filamento bastante largo, presenta estructura primaria, secundaria y se cree que también terciaria debido a que se encuentra asociado a proteínas. A pesar de encontrase exclusivamente en los ribosomas (de ahí su nombre) no interviene en la síntesis de proteínas, su función solamente es estructural (plástica).

7. Estado físico de los componentes moleculares de la materia viva

Las sustancias que constituyen la materia viva pueden encontrarse en los tres estados físicos: sólido, líquido y gaseoso.

7.1. Estado sólido

Todas las sustancias que constituyen estructuras esqueléticas y de protección se encuentran en estado sólido. La celulosa, el almidón, la quitina, la pectina, los depósitos de sebo, las ceras, el colágeno y la queratina son ejemplos de sustancias orgánicas que se presentan en estado sólido; mientras que los minerales insolubles (fosfato de calcio y carbonato de calcio) que forman parte de huesos, conchas y caparazones, lo son de sustancias inorgánicas.

7.2. Estado líquido

En la materia viva, el estado líquido está constituido por disoluciones de diversos solutos en agua. En función del tamaño de las partículas dispersas en el agua se distinguen dos tipos de disoluciones: disoluciones verdaderas y disoluciones coloidales.

7.2.1. Disoluciones verdaderas

Las disoluciones verdaderas son aquellas en las que el tamaño de las partículas de la fase dispersa (soluto) es inferior a 10^{-9} metros. Los solutos son sustancias de masa molecular no muy elevada (sales minerales, monosacáridos, disacáridos, aminoácidos, etc.).

Las características de las disoluciones verdaderas que más relevancia tienen en el campo de la Biología son las siguientes:

- La **difusión**. Consiste en la distribución uniforme de las partículas del soluto en la fase dispersante (disolvente), hasta formar una disolución de concentración homogénea.

  Cuando dos disoluciones de distinta concentración se encuentran separadas por una membrana permeable, con el tiempo, ambas disoluciones igualan su concentración. Las membranas permeables son aquellas que pueden ser atravesadas, libremente, tanto por las moléculas del disolvente como por las del soluto; por ello, la difusión permite que las concentraciones de una y otra disolución terminen por igualarse.

- La **ósmosis**. Consiste en el paso de las moléculas del agua (disolvente) a través de una membrana semipermeable que separa dos disoluciones de distinta concentración, hasta igualar las concentraciones de ambas disoluciones. Las membranas semipermeables son aquellas que se dejan atravesar por el agua pero no permiten el paso de las partículas del soluto.

  En este tipo de membranas ocurre, por un lado, que las partículas del soluto, que tienden a atravesar la membrana sin conseguirlo, ejercen sobre ella una determinada presión, tanto mayor cuanto más concentrada sea la disolución. La diferencia entre la presión ejercida por la disolución más concentrada y la ejercida por la más diluida, es la denominada **presión osmótica**.

  Por otro lado, el agua atraviesa la membrana en ambos sentidos, pero la cantidad de agua que pasa de la disolución más diluida a la más concentrada es mayor que la que pasa en sentido contrario. El resultado neto es que el agua pasa hasta igualar la concentración de ambas con una velocidad igual y de signo contrario a la presión osmótica.

- El **grado de acidez** o **pH**. La acidez o basicidad de una disolución se expresa mediante el pH. El pH es un número que guarda relación con la concentración de iones hidrógeno, H^+, o más correctamente, con la concentración de iones hidronio, H_3O^+ (en realidad, los iones hidrógeno no pueden existir libres como tales y en disoluciones acuosas se combinan con el agua formando iones hidronio).

  El pH se define como:

  $$pH = -\log[H_3O^+]$$

  $[H_3O^+]$ representa la concentración molar de iones hidronio.

  La escala de pH es el conjunto de valores que puede alcanzar el pH de una disolución. Éstos son todos los números reales comprendidos en 0 y 14. El valor 7 ($pH = 7$) corresponde a una disolución neutra; los valores superiores a 7 ($pH > 7$) corresponden a disoluciones básicas; y los valores inferiores a 7 ($pH < 7$) corresponden a disoluciones ácidas. Mientras más se aproxime el pH a sus valores extremos, 0 o 14, tanto más ácida o básica, respectivamente, es la disolución.

7.2.2. Disoluciones coloidales

Las disoluciones o dispersiones coloidales son aquellas en las que el tamaño de las partículas de la fase dispersa está comprendido entre 10^{-9} metros y $2 \cdot 10^{-7}$ metros. Las partículas dispersas pueden ser macromoléculas (masa molecular superior a 10.000) o micelas (partículas formadas por la agrupación de cientos o miles de moléculas pequeñas).

Las disoluciones coloidales pueden presentarse en dos estados, en forma de **sol** o estado líquido, y en forma de **gel** o estado semisólido. Una disolución en estado de sol puede pasar al de gel por pérdida de parte del agua que contiene; generalmente, este proceso es reversible y está influido por numerosos factores (pH, temperatura, presión, concentración salina, etc.).

Entre las propiedades de las disoluciones coloidales destacan las siguientes:

- Elevada viscosidad. Es consecuencia del elevado tamaño de las partículas dispersas. Evidentemente, la viscosidad aumenta al pasar de sol a gel.

- Elevado poder adsorbente. La **adsorción** (no confundir con absorción) es la atracción que ejerce la superficie de un sólido sobre las moléculas de un líquido o de un gas.

7.3. Estado gaseoso

En la materia viva raramente se encuentran sustancias en estado gaseoso. Las sustancias gaseosas que intervienen en el metabolismo celular (oxígeno, dióxido de carbono, amoniaco, etc.) no se encuentran en forma libre en el interior del organismo, se hallan unidas a proteínas transportadoras, disueltas en los líquidos biológicos, o se consumen nada más introducirse en el organismo.

EJERCICIOS RESUELTOS

1. La estructura representada en el esquema es la fórmula general de un aminoácido. En el caso de la glicina, R es –H; en el caso de la alamina, R es $-CH_3$; y en el caso de la serina, R es $-CH_2OH$.

```
        NH2
        /
R — CH
        \
        COOH
```

a) Escriba la fórmula del tripéptido glicina-alamina-serina.

b) ¿Qué tipo de enlace se ha establecido entre ellos?

c) ¿En qué orgánulo ocurre fundamentalmente este enlace en una célula?

Solución:

a) La unión entre los aminoácidos se lleva a cabo por reacción entre el grupo carboxilo de uno de los aminoácidos (con pérdida del grupo OH) y el grupo amino del aminoácido siguiente (con pérdida de un hidrógeno). Por consiguiente, la fórmula del tripéptido glicina-alamina-serina es:

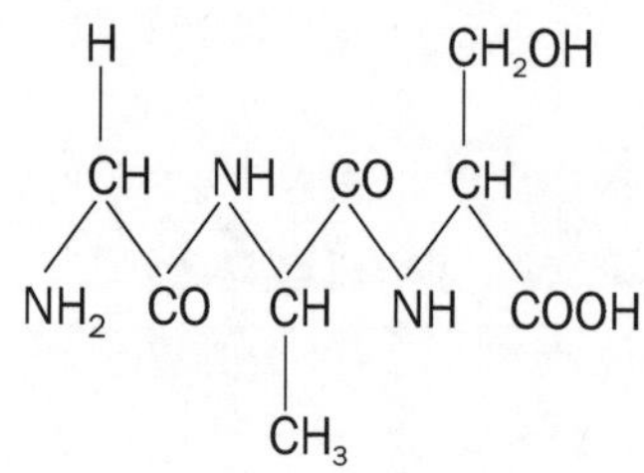

b) Enlace peptídico.

c) En los ribosomas.

2. Una de las cadenas de un fragmento de ADN tiene la siguiente secuencia de nucleótidos:

T-A-C-C-A-G-T-T-G-A-C-G-T-A-G

Donde las letras son las iniciales de las bases nitrogenadas correspondientes a los nucleótidos (A = adenina, C = citosina, G = guanina y T = timina).

¿Cuál será la secuencia de nucleótidos de la cadena complementaria?

Solución:

Las dos cadenas que constituyen el ADN están unidas a través de las bases nitrogenadas; dicha unión se lleva a cabo entre la adenina y la timina, o entre la citosina y la guanina, por lo que a la adenina y a la citosina de una cadena le corresponden la timina y la guanina, respectivamente, en la cadena complementaria, y viceversa.

Por lo tanto, la secuencia de nucleótidos de la cadena complementaria a la dada es:

A-T-G-G-T-C-A-A-C-T-G-C-A-T-C

3. **En un fragmento de ADN bicatenario el 30% de los nucleótidos que lo forman tienen como base nitrogenada la adenina. Calcular el porcentaje de nucleótidos de cada una de las restantes bases nitrogenadas.**

Solución:

Como el enfrentamiento de las bases nitrogenadas de una y otra cadena se lleva a cabo entre la adenina y la timina o entre la citosina y la guanina, el número de adeninas será igual al de timinas y el de citosinas igual al de guaninas.

Por lo tanto, cada 100 nucleótidos, 30 serán también de timina; el resto (100 – 30 – 30 = 40) serán de citosina y de guanina, es decir, 20 de cada una de éstas.

Luego en el fragmento de ADN, el 30% de los nucleótidos tendrán como base nitrogenada la timina, el 20% la citosina y el 20% la guanina.

CUESTIONES Y EJERCICIOS

1. ¿Cómo se denominan los elementos químicos que constituyen la materia viva? Cita los cuatro más abundantes.
2. ¿Cuál es la sustancia pura más abundante en los seres vivos?
3. Qué sustancia es la principal fuente de energía para los seres vivos?
4. ¿En qué grupo de principios inmediatos orgánicos incluirías la celulosa? ¿Qué función desempeña?
5. Cita dos funciones que desempeñen las grasas en los seres vivos.
6. Son compuestos macromoleculares formados por polimerización de aminoácidos. ¿A qué nos estamos refiriendo?
7. ¿Cómo se denominan los enlaces que mantienen unidos a los aminoácidos en las cadenas polipeptídicas?
8. ¿En qué consiste la desnaturalización de una proteína?
9. ¿En qué grupo de principios inmediatos orgánicos incluirías a la hemoglobina? ¿Qué función desempeña?
10. Son compuestos macromoleculares formados por polimerización de nucleótidos. ¿A qué nos estamos refiriendo?
11. Los nucleótidos están constituidos por tres sustancias sencillas. Enuméralas.
12. ¿Cómo se denomina la pentosa que está presente en el ARN? ¿Y la del ADN?
13. ¿Qué función desempeña el ADN en los seres vivos? ¿Y el ARN?
14. La secuencia de nucleótidos de una de las cadenas de un fragmento de ADN es la siguiente:

    A-A-C-T-C-G-T-G-C-A-C-G-G-A-T

    Escribe la secuencia de nucleótidos de la otra cadena.
15. En un fragmento de ADN bicatenario, constituido por 520 nucleótidos, hay 125 citosinas. Calcula el número de cada una de las restantes bases nitrogenadas presentes en ese fragmento de ADN.
16. La proporción de guanina en un fragmento de ADN bicatenario es 0,3. Determinar la proporción de las demás bases nitrogenadas.
17. De las siguientes sustancias, indica cuál no es un principio inmediato orgánico:

    a) Glúcido.

    b) Lípido.

c) Proteína.

d) Agua.

18. Los monosacáridos, disacáridos y polisacáridos son:

a) Hidratos de carbono.

b) Lípidos.

c) Proteínas.

d) Ácidos nucleicos.

19. Los componentes elementales de las proteínas son:

a) Monosacáridos.

b) Glicerina.

c) Aminoácidos.

d) Nucleótidos.

20. Indica cuál no es una función esencial de las proteínas:

a) Energética.

b) Plástica.

c) Reguladora.

d) Transporte.

21. Los componentes elementales de los ácidos nucleicos son:

a) Monosacáridos.

b) Glicerina.

c) Aminoácidos.

d) Nucleótidos.

22. Señala la característica que no corresponde al ADN:

a) La pentosa que lo constituye es la desoxirribosa.

b) Entre sus bases nitrogenadas nunca se encuentra el uracilo.

c) Su estructura es monocatenaria.

d) Es el portador de la información genética.

23. Indica cuál de las siguientes moléculas se relaciona de forma más característica con la reserva energética en células vegetales:

a) Glucógeno.

b) Almidón.

c) Vitaminas.

d) Celulosa.

24. La estructura primaria de las proteínas está relacionada con:

a) La secuencia de bases nitrogenadas a lo largo de la cadena.

b) Los grupos prostéticos asociados a las mismas.

c) La secuencia de α-hélices a lo largo de la proteína.

d) La secuencia de aminoácidos desde el extremo N-terminal hasta el extremo C-terminal.

25. Respecto a los distintos tipos de proteínas podemos afirmar que:

a) Las holoproteínas son aquellas que por hidrólisis dan aminoácidos más un grupo no proteico.

b) Las escleroproteínas o proteínas filamentosas son insolubles en agua.

c) La función de las proteínas es básicamente energética.

d) El colágeno es una proteína globular.

26. Las grasas son:

a) Moléculas reguladoras.

b) Moléculas inestables.

c) Acilglicéridos.

d) Una variante de proteína.

27. El enlace entre dos monosacáridos se denomina:

a) Glucosídico.

b) Covalente.

c) Peptídico.

d) Puente de hidrógeno.

28. Las sales minerales en los seres vivios:

a) Neutralizan la acción enzimática.

b) Facilitan la solubilidad de los glúcidos.

c) Provocan fenómenos osmóticos.

d) Sacian la sed.

29. El enlace peptídico se forma:

a) Entre el grupo NH_2 y COOH de dos aminoácidos.

b) Entre un ácido graso y un alcohol.

c) Entre dos monosacáridos.

d) Entre dos nucleótidos.

30. El agua es un excelente regulador térmico debido a su:

a) Elevada tensión superficial.

b) Carácter dipolar.

c) Naturaleza líquida.

d) Elevado calor específico.

31. ¿Cuál de estos bioelementos es un oligoelemento?

a) N.

b) Fe.

c) C.

d) O.

32. Una molécula que tiene afinidad por el agua se denomina:

a) Lipófoba.

b) Hidrófila.

c) Hidrófoba.

d) Lipófila.

33. La fructosa es:

a) Un monosacárido.

b) Un disacárido.

c) Un polisacárido.

d) Un heterósido.

34. La miosina es:

a) Una enzima.

b) Un metabolito intermedio esencial.

c) Una proteína de la fibra muscular.

d) Un componente de los ácidos grasos.

35. ¿Cuál de estas moléculas no forma parte del ARN?

a) Uracilo.

b) Guanina.

c) Citosina.

d) Timina.

SOLUCIÓN A LAS CUESTIONES Y EJERCICIOS

1. Bioelementos o elementos biogénicos. Carbono, hidrógeno, oxígeno y nitrógeno.

2. El agua.

3. La glucosa.

4. Glúcidos. Plástica o estructural.

5. Energética y aislante o protectora.

6. Las proteínas.

7. Enlaces peptídicos.

8. En la pérdida de su estructura espacial característica.

9. Proteína. Transporte de oxígeno en la sangre.

10. Los ácidos nucleicos.

11. Ácido fosfórico, una pentosa y una base orgánica nitrogenada.

12. ARN: ribosa. ADN: desoxirribosa.

13. ADN: portadora de la información genética.

ARN: transferencia y ejecución de las instrucciones contenidas en la información genética.

14. T-T-G-A-G-C-A-C-G-T-G-C-C-T-A.

15. 135 adeninas, 125 guaninas y 135 timinas.

16. Citosina, 0,3; timina, 0,2; y adenina, 0,2.

17. d) Agua.

18. a) Hidratos de carbono.

19. c) Aminoácidos.

20. a) Energética.

21. d) Nucleótidos.

22. c) Su estructura es monocatenaria.

23. b) Almidón.

24. d) La secuencia de aminoácidos desde el extremo N-terminal hasta el extremo C-terminal.

25. b) Las escleroproteínas o proteínas filamentosas son insolubles en agua.

26. c) Acilglicéridos.

27. a) Glucosídico.

28. c) Provocan fenómenos osmóticos.

29. a) Entre el grupo NH_2 y COOH de dos aminoácidos.

30. d) Elevado calor específico.

31. b) Fe.

32. b) Hidrófila.

33. a) Un monosacárido.

34. c) Una proteína de la fibra muscular.

35. d) Timina.

Tema 3

La célula: estructura y organización

Introducción

En este tema iniciamos el estudio de la materia viva desde el nivel celular. El nivel celular es el primer nivel de organización biótico de la materia (únicamente se presenta en los seres vivos). Comprende la materia viva organizada en unidades elementales dotadas de vida propia denominadas células.

Debido al pequeño tamaño de las células, su descubrimiento y estudio está en estrecha relación con los avances tecnológicos que la Humanidad ha ido experimentando. El perfeccionamiento paulatino de los microscopios y de las técnicas de observación ha proporcionado una visión cada vez más detallada de la célula. La célula, que en un principio fue considerada como un saco lleno de jugos, hoy día se concibe como una organización muy compleja cuyas estructuras más íntimas sólo han podido ser desveladas en las últimas décadas gracias a la utilización del microscopio electrónico.

La **Citología** es la rama de la Biología que estudia las células.

1. La célula

1.1. La teoría celular

La primera descripción de células la realizó Robert Hooke en 1665. Al examinar con el microscopio una fina lámina de corcho, Hooke observó que estaba formada por multitud de pequeñas cavidades a las que denominó **células** por recordarle la estructura de las celdillas ("cellulas" en latín) de un panal. Estas mismas estructuras se observaron al examinar con el microscopio muestras de otros tejidos vegetales. Más adelante se descubrió la existencia de células libres (organismos unicelulares) al observar gotas de agua procedente de charcas. Posteriormente se comprobó que los tejidos animales también estaban formados por células.

Todos estos descubrimientos, y muchos más realizados en épocas posteriores, condujeron a que en 1838 y 1839 Schleiden y Schwann formularan la **teoría celular**, donde se establece que todos los seres vivos están constituidos por células. La célula es la **unidad anatómica** y **funcional** de todos los organismos; unidad anatómica, pues todos los seres vivos están formados por células (o por una sola); unidad funcional, ya que la actividad vital de un organismo es la resultante de las actividades vitales de las células que lo constituyen. Además la célula es el elemento más sencillo dotado de vida propia por lo que se califica de organismo elemental.

La teoría celular se fundamenta actualmente en los siguientes hechos:

- La existencia de organismos pluricelulares constituidos por numerosas células, y de organismos unicelulares formados por una sola célula que realiza todas las funciones vitales.

- Toda célula procede de otra célula originándose por reproducción celular. Todas las células de un organismo pluricelular provienen de divisiones (reproducciones) sucesivas de una única célula denominada "célula germen".

- En los seres pluricelulares cada una de sus células posee vida propia, todas crecen y se nutren individualmente; este hecho se refleja en el "cultivo de células y tejidos" (células o tejidos separados de un organismo pluricelular a las que se proporcionan nutrientes, se reproducen y crecen originando nuevas células o tejidos iguales a ellos).

1.2. Morfología y estructura general de las células

Las células, cuando están libres, tienden a adoptar una forma más o menos esférica, pero cuando están asociadas, formando tejidos, presentan formas muy diversas: planas, poliédricas, prismáticas, fusiformes, alargadas, estrelladas, etc. (figura 1).

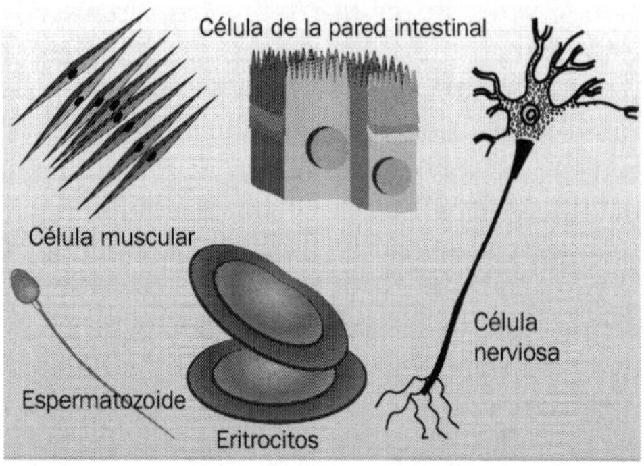

FIGURA 1. *Las células presentan morfologías muy variadas.*

El tamaño de las células es muy pequeño, suele oscilar entre 0'1 y 100 micrometros (μm). La micra o micrometro es la millonésima parte del metro, o lo que es lo mismo, la milésima parte del milímetro:

$$1 \text{ m} = 1\,000\,000\,\mu\text{m}$$
$$1 \text{ mm} = 1\,000\,\mu\text{m}$$

La célula tiene una estructura extraordinariamente complicada (figuras 2 y 3); a grandes rasgos está formada por una fina y delicada envoltura que recibe el nombre de **membrana plasmática**, y su contenido el de **protoplasma**; todas las células vegetales y algunas animales poseen una segunda envoltura más externa, rígida y resistente, llamada **membrana de secreción**.

En el protoplasma se destaca un corpúsculo, el **núcleo**, también llamado **carioplasma** o **protoplasma nuclear**, al resto del protoplasma se le denomina **citoplasma**.

En el citoplasma se distinguen una serie de estructuras que reciben la denominación genérica de **orgánulos protoplasmáticos**, estos se encuentran inmersos en un líquido más o menos viscoso al que se le llama **citoplasma fundamental** o **hialoplasma**; también se pueden observar acumulaciones de sustancias producidas por la célula como consecuencia de su actividad que reciben el nombre de **formaciones deutoplasmáticas** y el de **vacuolas** las cavidades donde se acumulan.

El núcleo es un órgano autónomo (posee vida propia) dentro de la célula, pues todo núcleo se origina por la división de otro núcleo; también son autónomos orgánulos protoplasmáticos como las mitocondrias, el complejo de Golgi y el citocentro.

FIGURA 2. *Estructura de la célula animal.*

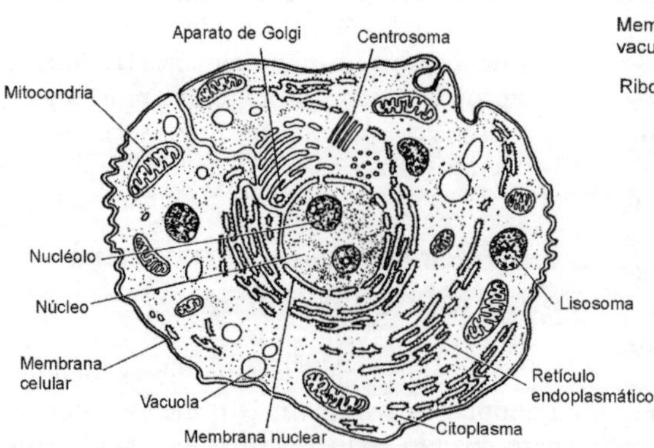

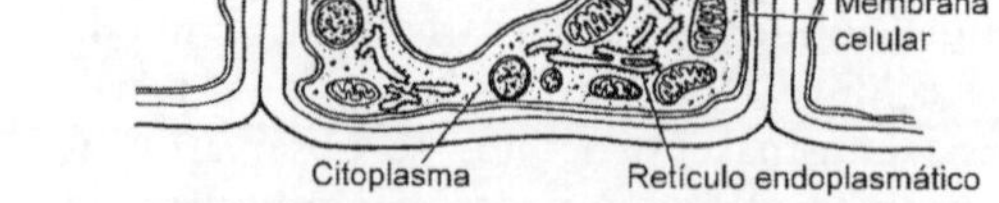

FIGURA 3. *Estructura de la célula vegetal.*

1.3. Célula procariota; célula eucariota

En función de la complejidad de su estructura se distinguen dos tipos de células: la **célula eucariota** y la **célula procariota**. La célula eucariota presenta estructuras muy diferenciadas y su núcleo está delimitado por una **membrana nuclear**. La célula procariota, generalmente mucho más pequeña, presenta estructuras poco diferenciadas, su núcleo no tiene embrana nuclear y carece de determinados orgánulos protoplasmáticos.

Estos dos tipos de células determinan en los organismos dos niveles de organización celular: la **organización procariótica** o **protocítica** (célula procariota) y la **organización eucariótica** o **metacítica** (célula eucariota). Pertenecen al primer nivel de organización las bacterias, y al segundo todos los seres pluricelulares y la mayoría de los unicelulares.

Los virus no son organismos celulares y presentan unas estructuras mucho más sencillas que las de la célula procariota (figura 4), por lo que no se los incluye en la organización procariota, constituyen un nivel propio (algunos autores los han considerado en un nivel intermedio entre el molecular y el celular).

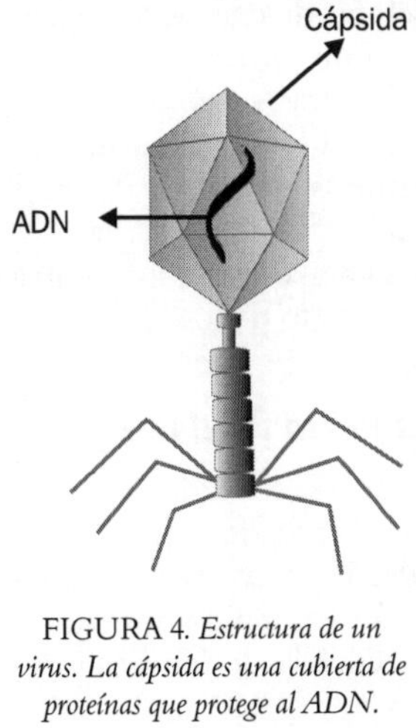

FIGURA 4. *Estructura de un virus. La cápsida es una cubierta de proteínas que protege al ADN.*

1.4. Concepto de compartimentación celular

La célula no puede considerarse como el resultado de la reunión de unas estructuras, que realizan funciones determinadas, algunas de ellas autónomas (como las mencionadas anteriormente); sino como una organización, enormemente compleja y permanente, alcanzada como resultado de un proceso evolutivo en el que de un protoplasma primitivo muy poco diferenciado se ha llegado a un protoplasma que presenta estructuras muy complejas. Este proceso de evolución hacia la célula típica se conoce como **compartimentación celular,** pues en un protoplasma primitivamente uniforme, en mayor o menor grado, se han diferenciado una serie de "compartimentos" (estructuras) que realizan actividades diversas controladas y coordinadas por la propia célula. Los niveles de organización celular anteriormente citados constituyen sendas etapas en esa evolución.

2. Membrana plasmática. Membranas de secreción

El citoplasma de la célula está envuelto por una fina y delicada lámina denominada **membrana plasmática**.

Todas las células vegetales y algunas animales presentan además otra envoltura más externa, que por haberse formado con secreciones de la propia célula (a través del complejo de Golgi) recibe el nombre de **membrana de secreción**.

2.1. La membrana plasmática

La membrana plasmática delimita la célula de su medio externo permitiendo el paso de sustancias a través de ella. La membrana plasmática, en algunas zonas, se continúa con la membrana del retículo endoplasmático, de esta manera el retículo endoplasmático constituye otra vía de comunicación de la célula con el exterior.

Desde el punto de vista químico, la membrana plasmática está constituida, fundamentalmente, por proteínas y lípidos. También intervienen oligosacáridos, aunque en una proporción muy pequeña, que forman complejos, tanto con los lípidos (glucolípidos), como con las proteínas (glucoproteidos). Estos oligosacáridos sólo se observan en la superficie exterior de la membrana.

Los lípidos que integran la membrana son fosfolípidos y esteroides, fundamentalmente. Estos lípidos, debido a su carácter anfipático, se disponen formando una doble capa molecular (bicapa lipídica) en la que las zonas lipófilas quedan enfrentadas entre sí.

Las proteínas son de tipos muy diversos, la mayoría tienen como función el transporte de sustancias a través de la membrana plasmática, y se distribuyen intercaladas en la bicapa lipídica. En función de su localización se clasifican en:

- **Periféricas,** situadas en las superficies de la doble capa de lípidos.

- **Integrales,** atraviesan todo el espesor de la membrana sobresaliendo por ambos lados de la doble capa de lípidos, en la cara externa de la membrana suelen ir asociados a oligosacáridos.

Las proteínas se encuentran intercaladas entre los lípidos formando un "mosaico" en el que las proteínas pueden desplazarse, por lo que a este modelo de membrana se le denomina **mosaico fluido** (figura 5).

La membrana plasmática recibe el nombre de **membrana unitaria**, pues su estructura es la misma en todas las células y en todos los orgánulos celulares que presentan membranas.

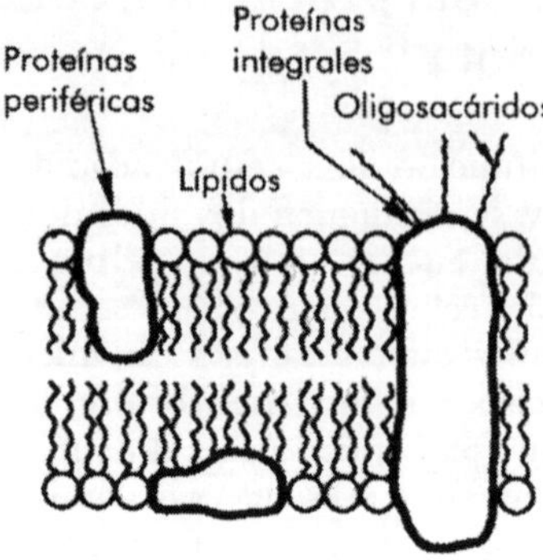

FIGURA 5. *Estructura de la membrana plasmática.*

En algunas células la membrana plasmática es doble, es decir, está formada por dos hojas de membrana unitaria separadas por un espacio que oscila entre 200 y 1.000 Å (1 Å = 10^{-10} m).

2.2. Membranas de secreción

2.2.1. La matriz extracelular

La membrana de secreción de las células animales, se denomina **matriz extracelular** o **glucocálix**, está constituida por una gruesa capa de glucoproteidos que confiere cierta rigidez a la célula.

Las células de ciertos tejidos especializados en funciones protectora y sostén depositan, además, otras sustancias que proporcionan a estos tejidos la consistencia necesaria, como ejemplos podemos destacar: fosfatos en el esqueleto de los vertebrados, carbonatos en los caparazones de los moluscos, quitina en el esqueleto de los artrópodos, etc.

2.2.2. La pared celular

La membrana de secreción de las células vegetales es muy gruesa y consistente, y presenta gran contenido de celulosa, por ello también recibe la denominación de **pared celular**.

La pared celular de las células jóvenes consiste en una envoltura gelatinosa muy fina en la que la sustancia que predomina es la pectina; finalizado el período de crecimiento comienza a engrosarse la pared celular, al ir fijándose sucesivas capas de celulosa a la primitiva membrana de pectina que va siendo paulatinamente desplazada hacia el exterior, quedando al final a modo de frontera de células vecinas.

La pared celular es atravesada por un gran número de conductos, denominados punteaduras, que permiten la comunicación de la célula con el exterior (figura 6).

Con bastante frecuencia la pared celular experimenta modificaciones al impregnarse con sustancias determinadas; entre estas transformaciones podemos citar: la "suberificación", que se produce por impregnación de "suberina" transformando la pared celular en corcho; la "lignificación", impregnación de "lignina" que aumenta considerablemente la rigidez de la pared celular; la "mineralización" impregnación de sales minerales, como carbonatos, sílice, oxalatos, etc.

3. El citoplasma

El citoplasma es la parte de la célula comprendido entre la membrana plasmática y el núcleo. Está constituido por una masa semilíquida llamada **citoplasma fundamental** o **hialoplasma** (por su aspecto transparente), en el que se encuentran inmersos una serie de formaciones, los **orgánulos protoplasmáticos**, cuyo conjunto recibe el nombre de **morfoplasma**.

3.1. El hialoplasma

El hialoplasma, también llamado **citosol**, está constituido por una disolución coloidal formada por un gran número de principios inmediatos diversos, su viscosidad es muy variable ya que puede pasar del estado de sol al de gel, y viceversa. (En el estado de sol la disolución coloidal presenta una gran fluidez, mientras que en el de gel adquiere cierta consistencia).

Muchas células libres muestran en su hialoplasma dos zonas claramente diferenciables: una interior, muy fluida, en la que se encuentran los orgánulos y el núcleo, denominada **endoplasma;** y otra exterior, envolviendo a la anterior, más consistente, el **ectoplasma**. En realidad el ectoplasma es la capa superficial de la disolución coloidal que forma el hialoplasma en estado de gel.

En el seno del hialoplasma se llevan a cabo muchas reacciones metabólicas, aunque otras sólo se realizan en el interior de los orgánulos, además las variaciones de su viscosidad provocan en su interior corrientes, llamadas **ciclosis**, que facilitan el transporte de sustancias y, en algunas células, permite la formación de pseudópodos (prolongaciones del cuerpo celular que posibilitan el desplazamiento de la célula).

■ Las vacuolas

Son vesículas muy grandes que contienen líquido y están rodeadas de una membrana.

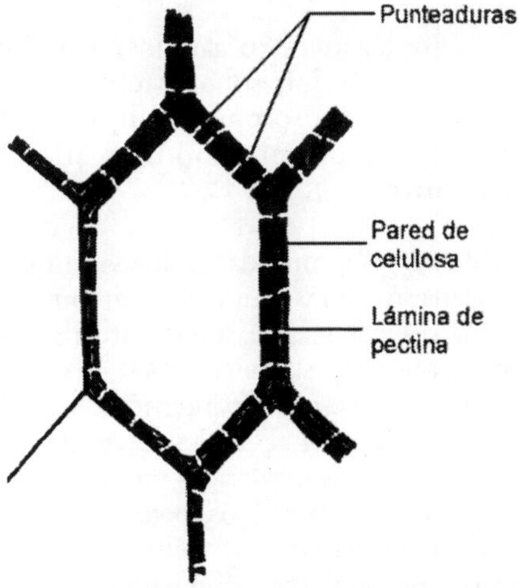

FIGURA 6. *Composición de la pared celular.*

Son características de las células vegetales. Su número y su tamaño varían según el tipo de célula y las fases de su desarrollo. Cuando la célula, es inmadura contiene gran cantidad de pequeñas vacuolas; cuando crece la célula, las vacuolas aumentan su tamaño y se unen entre sí formando una gran vacuola que ocupa casi todo el contenido de la célula.

La composición del contenido de las vacuolas varía según la planta y el estado de la célula. Su principal componente es el agua, pero puede contener aceites y otras sustancias (azúcares, proteínas, etc.).

Las vacuolas se forman por unión de vesículas que proceden del Aparato de Golgi. Sus *funciones* son, principalmente:

- Almacenar sustancias nutritivas: semillas de judías, guisantes;
- Contener productos tóxicos de desechos;
- Contener pigmentos;
- Poseer actividades digestivas;
- Aumentar el tamaño de las células.

3.2. El morfoplasma

Las formaciones (orgánulos) más importantes de la célula son: **retículo endoplasmático**, **ribosomas**, **complejo de Golgi**, **lisosomas**, **mitocondrias**, **plastos** y **citocentro**.

Además determinadas células animales presentan estructuras filamentosas originadas a expensas del hialoplasma, son las **citofibrillas** (microfilamentos), su función es la de sostén, constituyendo el esqueleto interno de la célula que las presenta (citoesqueleto); en algunos casos son fibras especializadas en la transmisión de impulsos nerviosos, como es el caso de las **neurofibrillas** de las células nerviosas; en otros casos son fibras contráctiles, como las **miofibrillas** de las células musculares.

3.2.1. El retículo endoplasmático

Es una red de túbulos y vesículas aplanadas, llamadas **cisternas**, intercomunicadas; las cisternas se disponen formando capas concéntricas al núcleo, que guardan entre sí cierta equidistancia (figura 7).

Este sistema reticular está formado por una membrana con la misma estructura que la membrana plasmática, que presenta continuidades con la lámina externa de la doble membrana nuclear y con la membrana plasmática, por lo que se establece comunicación entre el espacio intermedio de las dos láminas de la membrana nuclear y el interior del retículo endoplasmático, y entre éste y el exterior de la célula.

En la mayoría de las células el retículo endoplasmático lleva adosado un gran número de ribosomas, denominándose en estos casos **retículo endoplasmático granular** o **rugoso**; en otras carece de ribosomas adosados, **retículo endoplasmático agranular** o **liso**.

La función del retículo endoplasmático rugoso en las células es la de almacenamiento y transporte de proteínas. En el retículo endoplasmático liso se lleva a cabo la síntesis de lípidos.

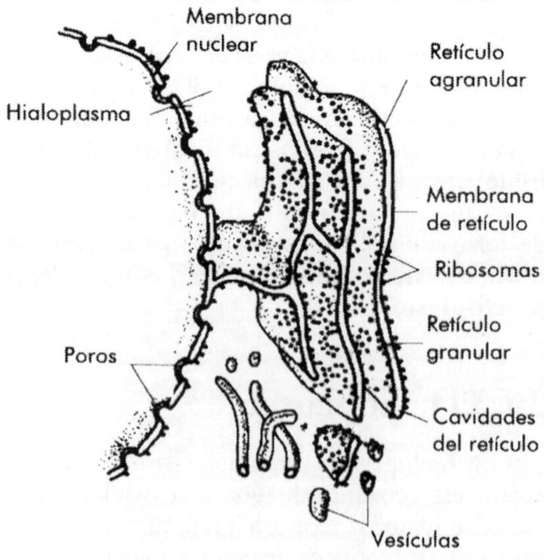

FIGURA 7. *Retículo endoplasmático.*

3.2.2. Los ribosomas

Son gránulos constituidos por proteínas asociadas a ARN que se encuentran dispersos por el hialoplasma o adosados al retículo endoplasmático. Cada ribosoma está formado por dos subunidades de diferente tamaño adosadas.

Los ribosomas intervienen en la síntesis de proteínas asociándose a la molécula de ARN-mensajero (ARN-m) y traduciendo su secuencia de nucleótidos en una secuencia de aminoácidos. Esta asociación se realiza a través de la subunidad de menor tamaño del ribosoma que contacta con unos 25 ó 30 nucleótidos del ARN-m.

La traducción de una cadena de ARN-m la realiza un grupo de ribosomas, cuyo número oscila entre 5 y 40 (según la longitud de la cadena), cada uno de los cuales se fija al fragmento de ARN-m que traduce; estas agrupaciones así formadas de ribosomas reciben el nombre de **polisomas** o **polirribosomas** (figura 8). Las proteínas quedan libres en el hialoplasma cuando son sintetizadas por polisomas dispersos en él, o atraviesan la membrana del retículo endoplasmático depositándose en su interior cuando lo son por ribosomas adosados a esta estructura.

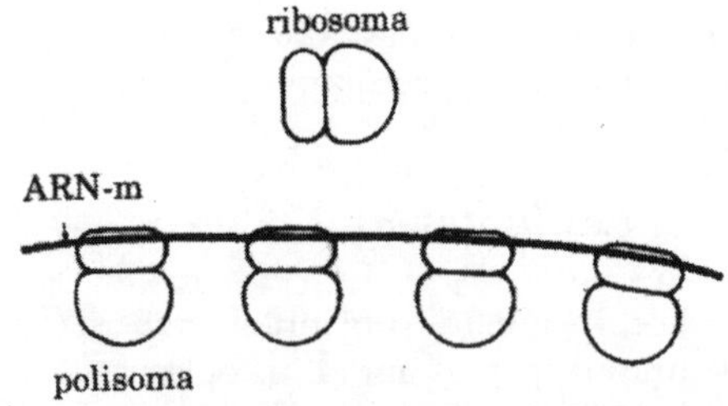

FIGURA 8. *Ribosomas traduciendo una molécula de ADN-m.*

3.2.3. El complejo de Golgi

También llamado "aparato de Golgi", es un conjunto de unidades estructurales denominadas **dictiosomas** situadas próximas al núcleo y en muchas ocasiones rodeando al citocentro.

Cada dictiosoma está constituido por un apilamiento de entre 4 y 10 saquitos discoidales, llamados **cisternas de Golgi**, formadas por una membrana similar a la plasmática en cuyo interior se almacenan determinadas sustancias; de la periferia de estas cisternas se desprenden por gemación pequeños gránulos, **vesículas de Golgi**, que contienen la sustancia almacenada (figura 9).

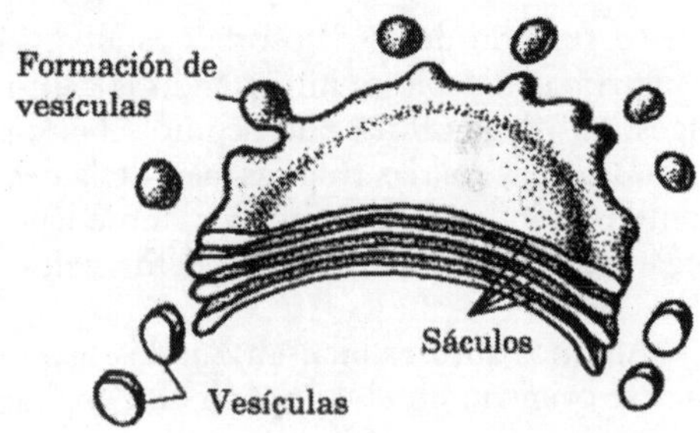

FIGURA 9. *Estructura de un dictiosoma.*

Las vesículas de Golgi se dispersan por el hialoplasma y permanecen en él, o emigran hacia el exterior de la célula vertiendo allí las sustancias que almacenan e incorporándose su membrana a la membrana plasmática, con lo que ésta aumenta su superficie. En muchas ocasiones las vesículas de Golgi, o las cisternas completas, originan vacuolas al aumentar su contenido.

El complejo de Golgi desempeña en la célula una función secretora (procesa y empaqueta productos secretorios de la célula), de ahí el gran desarrollo que alcanza este órgano en las células glandulares. En las células vegetales, la secreción de polisacáridos (celulosa y pectina) a través de las vesículas de Golgi contribuye a la formación de la pared celular.

Basándose en similitudes morfológicas y en las funciones complementarias que realizan el retículo endoplasmático y el complejo de

Golgi, algunos investigadores consideran éste como una parte especializada del primero.

3.2.4. Los lisosomas

Son pequeños orgánulos que se encuentran dispersos por el hialoplasma de las células animales, cada uno formado por una membrana del tipo de la plasmática, recubierta interiormente por una gruesa capa de glucoproteidos que impide que sea atacada por las enzimas que contiene.

La función de los lisosomas es albergar las enzimas hidrolasas impidiendo la "autodigestión" de la célula, pues, como sabemos, estas enzimas son las responsables de la descomposición de los principios inmediatos orgánicos en sus componentes elementales.

Algunos autores piensan que los lisosomas se originan en el complejo de Golgi, es decir, son vesículas golgianas que contienen enzimas hidrolasas procedentes del retículo endoplasmático y almacenadas en las cisternas de Golgi.

3.2.5. Las mitocondrias

También llamadas **condriosomas**, son orgánulos que se encuentran en gran número por todo el hialoplasma cuyo conjunto recibe el nombre de **condrioma**; presentan formas variadas que oscilan entre la esferoidal y la filamentosa, siendo la más común la de un orgánulo elipsoideo cuyo aspecto se asemeja al de un cacahuete. Las mitocondrias crecen por alargamiento de sus extremos y se dividen por estrangulamiento.

Cada mitocondria está formada por una envoltura denominada **membrana mitocondrial** que delimita un espacio interior llamado **matriz**; de la membrana parten prolongaciones, a modo de tabiques incompletos, que dividen a la matriz en cámaras comunicadas, estas prolongaciones son las llamadas **crestas mitocondriales** (figura 10). La membrana mitocondrial está formada por dos hojas, cada una con la misma estructura que la membrana plasmática, es por tanto una doble membrana, su hoja interna presenta invaginaciones que constituyen la crestas mitocondriales. La matriz contiene numerosas sustancias en disolución, entre ellas proteínas, lípidos, ARN, iones metálicos y variadas enzimas.

En las mitocondrias se localizan todas las enzimas que intervienen tanto en el "ciclo de Krebs" como en la "cadena respiratoria", por lo que estas etapas de la respiración celular se desarrollan en el interior de estos orgánulos, concretamente en la matriz se realiza el "ciclo de Krebs" y en las crestas mitocondriales la "cadena respiratoria", que culmina con la

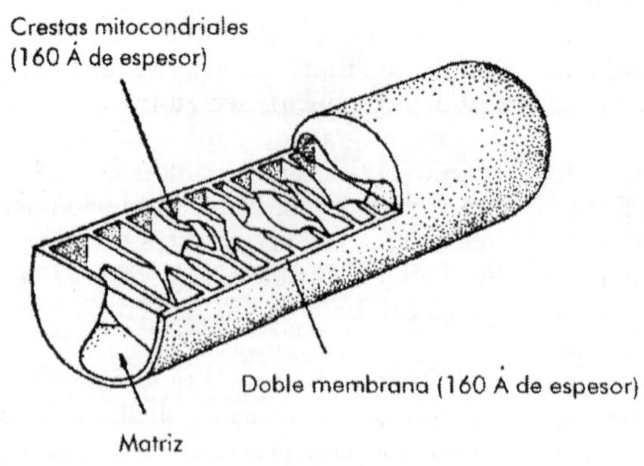

FIGURA 10. *Sección longitudinal de una mitocondria.*

fijación de la energía liberada en los procesos respiratorios mediante el ATP (fosforilación oxidativa). Además de estas importantísimas funciones en la respiración celular, la mitocondrias intervienen en la síntesis de lípidos y proteínas (pues contienen ribosomas en su interior), fundamentalmente enzimas, necesarias para que la célula desarrolle su actividad vital.

3.2.6. Los plastos

Son orgánulos exclusivos de las células de los organismos autótrofos fotosintéticos, se distinguen tres clases de plastos: **leucoplastos**, **cromoplastos** y **cloroplastos**.

- Los leucoplastos son pequeños orgánulos incoloros que se encuentran en las células vegetales privadas de la luz, como los tubérculos, donde elaboran los granos de almidón que almacenan en su interior.

- Los cromoplastos son plastos que presentan determinadas coloraciones (amarillo, anaranjado, rojo oscuro) por contener carotinoides (xantofila y carotina); se encuentran en las células de los órganos de los vegetales que presentan estas coloraciones (flores, frutos, raíces, etc.).

  Los cromoplastos se forman a partir de los leucoplastos que incorporan carotinoides, aunque también se pueden originar a partir de cloroplastos que pierden poco a poco la clorofila, como es el caso de aquellos frutos que pierden su color verde al madurar, como por ejemplo el tomate.

- Los cloroplastos son los plastos más importantes, pues en ellos se realiza la fotosíntesis, son generalmente de color verde debido a la clorofila que contienen, aunque a veces este color puede quedar enmascarado por la xantofila y la carotina que siempre acompañan a la clorofila en estos orgánulos.

Los cloroplastos de ciertos organismos inferiores (como determinadas algas) presentan formas y estructuras que pueden diferir con la especie, sin embargo, los cloroplastos de las plantas superiores tienen forma elipsoidal (figura 11) y están constituidos por una envoltura formada por una membrana doble, denominada **membrana plastidial** (cada hoja con la estructura típica de la membrana plasmática), su hoja interna (membrana plastidial interna), a diferencia de las mitocondrias, no se prolonga por el interior.

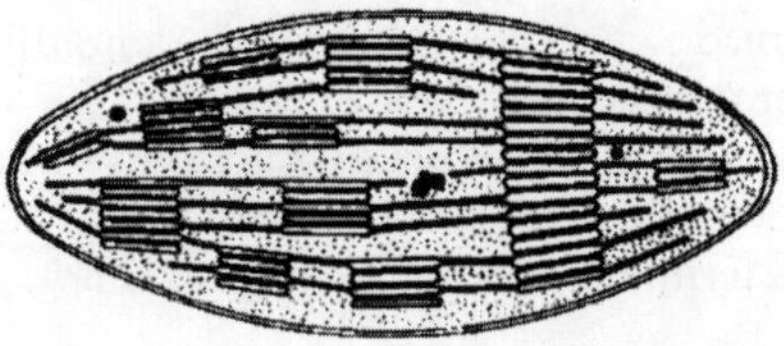

FIGURA 11. *Cloroplasto.*

En el interior aparecen un gran número de vesículas planas intercomunicadas entre sí, llamadas **tilacoides**, donde se localiza la clorofila. Los tilacoides pueden ser de dos tipos: **tilacoides de grana**, son pequeños y aparecen agrupados formando apilamientos denominados **granas**; y **tilacoides de estroma** o **lamelas**, son de gran tamaño y sobre ellos se asientan los granas. El espacio que queda libre está ocupado por el llamado **estroma**, constituido por una disolución coloidal de glúcidos, proteínas (enzimas), coenzimas (ATP y ADP), sales minerales, etc.

Los cloroplastos se originan a partir de pequeños leucoplastos que crecen y diferencian en su interior la clorofila.

En los cloroplastos se realiza la "función clorofílica" en todas sus fases: la "fase luminosa" se desarrolla en los tilacoides (único lugar del cloroplasto donde se localiza la clorofila), mientras que la "fase oscura" se lleva a cabo en el estroma.

3.2.7. El citocentro

También llamado **centrosoma** es un orgánulo exclusivo de las células animales que se localiza próximo al núcleo. Está formado por un pequeño cilindro denominado **centriolo**, aunque frecuentemente suele presentar dos centriolos orientados perpendicularmente uno respecto al otro, formando lo que se denomina un **diplosoma**. Alrededor del centriolo o diplosoma se encuentra un material transparente ocupando una zona esferoidal, que recibe el nombre de **centrosfera** o **esfera atractiva**, que a su vez está rodeada por una corona formada por delgados filamentos orientados en dirección radial, denominada **áster** o **astrosfera**. Cada centriolo está constituido por nueve grupos de dos o tres microtúbulos que dispuestos en forma de empalizada determinan un cilindro (figura 12).

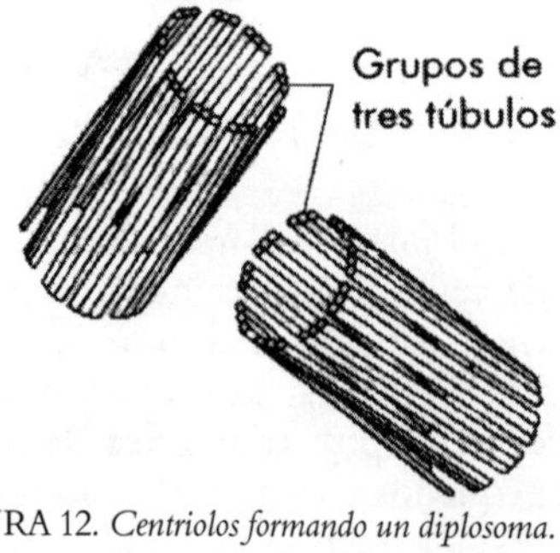

FIGURA 12. *Centriolos formando un diplosoma.*

El citocentro desempeña un importante papel durante la división celular, pues dirige el movimiento de los cromosomas mediante el "huso acromático" que forma.

El centriolo es una estructura que también aparece en las células que presentan órganos vibrátiles (cilios y flagelos), constituyendo el llamado "gránulo basal" de cada cilio o flagelo. Por todo ello, el centriolo, que además es una estructura autónoma (todo centriolo procede de la duplicación de otro ya existente), está considerado como el **centro cinético de la célula**, tanto para los movimientos de los cromosomas en la división del núcleo como para la actividad motriz de los orgános vibrátiles.

4. El núcleo

El núcleo es el órgano más importante de la célula pues contiene el ADN que además de almacenar la información genética dirige el funcionamiento celular.

Todas las células tienen núcleo. Las células eucariotas muestran un núcleo claramente delimitado que resulta fácil de observar al microscopio; sin embargo las células procarióticas no muestran un núcleo visible (por lo que en un principio fueron consideradas como células sin núcleo) ya que al carecer de membrana nuclear el contenido nuclear se encuentra disperso con el resto del protoplasma.

4.1. Constitución del núcleo

El núcleo está constituido por: la **membrana nuclear**, el **nucleoplasma**, uno o varios **nucleolos,** y el **retículo nuclear** o los **cromosomas** según la fase del ciclo vital en que se encuentre la célula.

- La membrana nuclear es la envoltura que delimita el núcleo de la célula eucariota, su función es regular el intercambio de todo tipo de sustancias entre el núcleo y el citoplasma.

  La membrana nuclear es doble, es decir, es un par de membranas, una exterior a la otra, y de igual composición y estructura que la membrana plasmática. En algunos lugares la membrana exterior se continúa con la interior formándose así poros que comunican el núcleo con el hialoplasma; en otros lugares se continúa con la membrana del retículo endoplasmático permitiendo de esta manera la comunicación entre el espacio intermedio de las dos membranas y los canales del retículo endoplasmático (figura 13). Cada una de las membranas que forman la doble membrana nuclear tiene 75 Å de espesor, el espacio intermedio oscila entre 100 y 300 Å, por lo tanto el espesor de la membrana nuclear varía entre 250 y 450 Å).

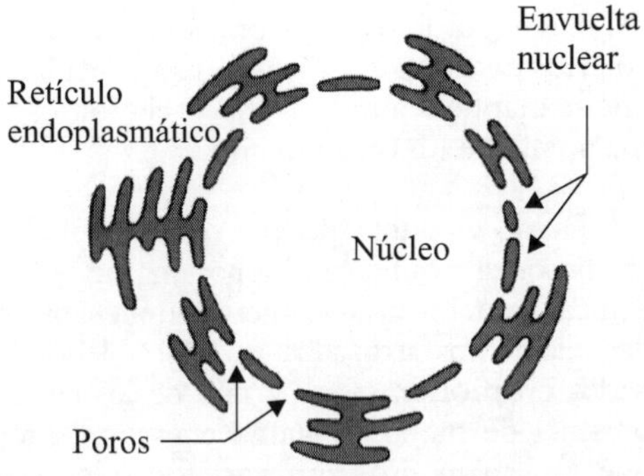

FIGURA 13. *Estructura de la membrana nuclear.*

La continuidad existente entre la membrana nuclear y la membrana del retículo endoplasmático, así como entre ésta y la membrana plasmática, permite que las tres membranas mencionadas sean consideradas conjuntamente como un **sistema complejo de membranas protoplasmáticas**.

Las continuidades en las membranas anteriormente expuestas y la uniformidad de estructura y composición de todas las membranas presentes en las células (plasmática, nuclear, retículo endoplasmático, mitocondrias, etc.), fundamentan la hipótesis, bastante probable, que afirma que todas las membranas de la célula provienen de invaginaciones producidas, a través de un proceso evolutivo, en la primitiva membrana que envolvía superficialmente la célula (figura 14).

- El nucleoplasma, también llamado **jugo nuclear**, es el medio en el que se hallan inmersos los nucleolos y el retículo nuclear (o los cromosomas); está constituido por: agua, sales minerales, nucleótidos, ARN, proteínas, lípidos y glúcidos formando una disolución coloidal.

- Los nucleolos son masas esféricas que se muestran muy visibles al microscopio óptico. Contienen concentraciones elevadas de ARN y proteínas. Experimentan cambios cíclicos durante la división del núcleo: desaparecen al principio de la división y reaparecen al final de la misma.

- Retículo nuclear y cromosomas son las denominaciones correspondientes a las dos estructuras diferentes que puede presentar la sustancia que los constituye, su principal componente es la **cromatina**, que es un nucleoproteido formado por la asociación del ADN con protaminas, histonas y otras proteínas.

El retículo nuclear se manifiesta cuando el núcleo no está en período de división (núcleo en reposo), es una especie de trama que recorre el núcleo en las tres direcciones del espacio en la que la cromatina se presenta en forma de gránulos dispersos (granos de cromatina).

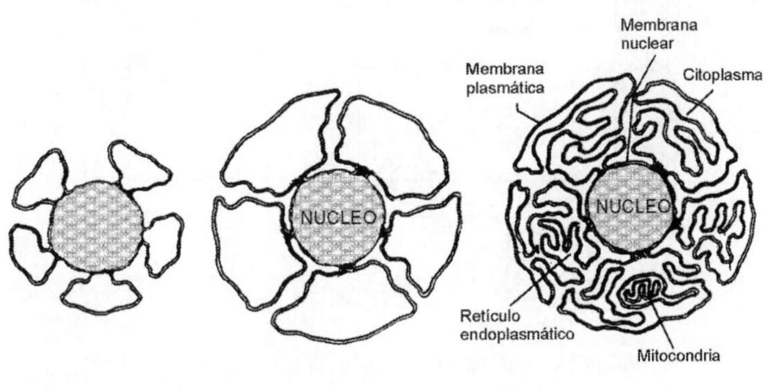

FIGURA 14. *Transformaciones de la membrana plasmática en un posible proceso evolutivo de la célula.*

Los cromosomas se forman, cuando el núcleo inicia el proceso de división, por condensación del retículo nuclear al sufrir deshidrataciones y un mayor arrollamiento sobre sí. Cuando acaba la división del núcleo, los cromosomas experimentan un esponjamiento y desaparecen paulatinamente formándose el retículo nuclear.

4.2. Los cromosomas

Son formaciones que tienen formas diversas, se puede observar una amplia gama que va desde la esferoidal a la filamentosa. Presentan un estrangulamiento llamado **constricción primaria** (figura 15) con un gránulo en su interior, el **centrómero** (a través del centrómero se fija el cromosoma al filamento de huso acromático durante la división del núcleo); esta zona confiere una mayor flexibilidad al cromosoma permitiendo que se doble (sobre todo cuando el cromosoma es largo) adquiriendo configuraciones de L, J, V, etc. (figura 16).

La constricción primaria, que puede estar situada en el centro del cromosoma o en cualquier otro punto que no coincida con un extremo, divide al cromosoma en dos partes o **brazos**; los brazos pueden presentar otros estrangulamientos (**constricciones secundarias**) que no contienen centrómeros (cada cromosoma tiene un único centrómero), y en ocasiones adelgazamientos muy pronunciados que afectan a una amplia zona del brazo, por lo que el cromosoma muestra en estos casos un extremo, llamado **satélite**, que se mantiene unido al resto del cromosoma mediante un finísimo hilo.

Desde el punto de vista estructural, los cromosomas están formados por una envoltura llamada **matriz,** en cuyo interior se encuentran dos filamentos arrollados en hélice denominados **cromonemas,** cada uno de los cuales presenta de tramo en tramo engrosamientos que se llaman **cromómeros,** formados por pequeños arrollamientos del propio filamento sobre sí mismo. Los cromonemas no presentan la misma composición química a lo largo de su recorrido, estando formados por ADN en los cromómeros y por proteínas en los tramos situados entre dos cromómeros. La matriz cuya composición y estructura se desconocen, algunos investigadores creen que es una sustancia que recubre homogéneamente los cromonemas rellenando los huecos que quedan entre las espiras, otros piensan que la matriz forma parte de los cromonemas enrollándose en hélice a la vez que éste.

Los cromosomas son las formaciones más importantes de la célula ya que contienen el ADN, que como sabemos es el portador de la información genética del organismo.

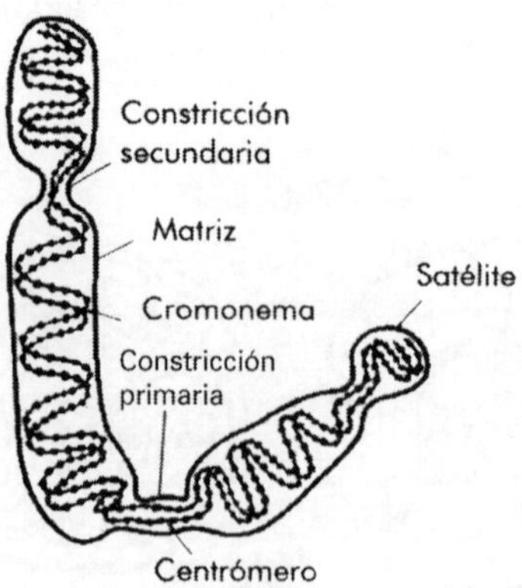

FIGURA 15. *Estructura del cromosoma.*

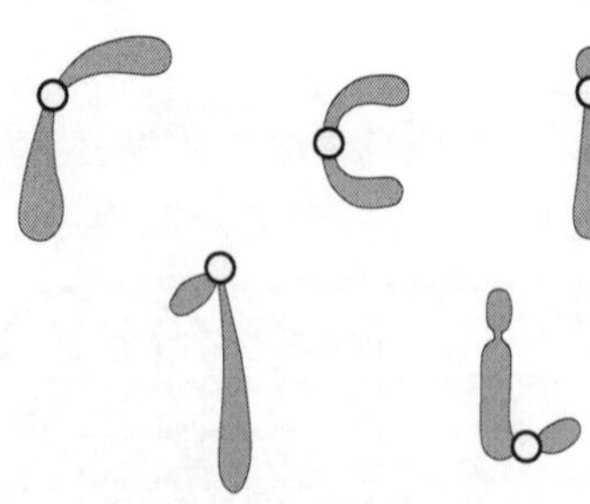

FIGURA 16. *Tipos de cromosomas en función de la posición del centrómero.*

Entre las características de los cromosomas podemos destacar:

- Las células de cada especie animal o vegetal tiene un número de cromosomas fijo y constante (**ley de la constancia numérica de los cromosomas**); en el caso del hombre este número es 46.

- El número de cromosomas de las especies con reproducción sexual es siempre par, además estos cromosomas son iguales dos a dos, presentando las células dos **guarniciones cromosómicas** iguales, cada una procedente de un progenitor. Cada par de cromosomas iguales se dice que son **homólogos** (uno de otro).

- Los cromosomas son estructuras permanentes de la célula que se conservan individualmente a través de las generaciones (**teoría de la individualidad de los cromosomas**); puesto que los cromosomas no se originan "de novo" ni por regeneración de un trozo, sino por duplicación (copia exacta) de otro ya existente.

Estas características pueden justificarse a partir de los siguientes hechos: Durante el proceso de división del núcleo (mitosis) se produce la duplicación de los cromosomas obteniéndose dos dotaciones cromosómicas completas e idénticas, cada una de ellas pasará posteriormente a formar parte del núcleo de las células hijas. Los gametos, células reproductoras de los organismos con reproducción sexual, se originan mediante un proceso de división llamado meiosis, que difiere de la mitosis en que no se produce duplicación de los cromosomas de la célula madre, sino que estos se reparten de tal manera que los cromosomas de una de las células hijas son los homólogos de los de la otra; por lo tanto los gametos son células (las únicas) con un número de cromosomas igual a la mitad del que corresponde a su especie, tiene una sola guarnición de cromosomas (**número haploide de cromosomas**). Todas las células se forman por divisiones mitóticas (mitosis) sucesivas de una célula germen, formada, o por mitosis de una célula de su progenitor en el caso de reproducción asexual, o por fusión de dos gametos cada uno de un progenitor en el caso de reproducción sexual.

CUESTIONES

1. **¿Cómo se denomina la teoría que considera la célula como la unidad anatómica y fisiológica de todos los seres vivos?**

2. **¿Entre qué dos estructuras de tipo membranoso está situado el citoplasma?**

3. **Enumerar dos funciones básicas de la membrana plasmática.**

4. **El denominado modelo de «mosaico fluido» ¿a qué modelo de estructura corresponde?**

5. **La cubierta rígida que rodea a la membrana plasmática de las células vegetales ¿cómo se denomina?**

6. **Los orgánulos citoplasmáticos como los ribosomas, las mitocondrias, las vacuolas, etc. se mueven en el interior del citoplasma. ¿Cuál crees que es la causa de estos movimientos?**

7. **¿Qué ocurrirá si se rompen las membranas de los lisosomas de una célula?**

8. **La sustancia contenida en los cloroplastos que es capaz de captar la energía luminosa, ¿cómo se denomina?**

9. **Cita, para cada una de las funciones que se relacionan a continuación, los orgánulos o estructuras celulares donde se llevan a cabo:**

   a) Respiración celular.

   b) Secreción de distintas sustancias.

   c) Síntesis de proteínas.

   d) Transporte y almacenamiento de proteínas.

   e) Formación del huso acromático durante la división celular.

   f) Almacenar la información genética.

   g) Albergar las enzimas digestivas.

   h) Almacenar sustancias producidas o no por la célula.

10. **Enumera los orgánulos y estructuras del citoplasma que tienen membrana.**

11. **Las células animales presentan algunas estructuras diferentes a las de las células vegetales. Enumera las estructuras que únicamente están presentes en uno y otro tipo de célula.**

12. **Enumera las diferencias entre las células procariotas y eurocariotas.**

13. ¿Qué nivel de organización celular determinan las células procariotas? ¿Y las eucariotas?

14. a) Si tuvieras que teñir un cromosoma, qué usarías, ¿un colorante ácido o básico? Justifica la elección.

b) Si tuvieras que marcar radiactivamente los ribosomas, ¿qué suministrarías a la célula, monosacáridos o aminoácidos radiactivos? Razona la respuesta

15. El conocimiento de la existencia de la célula se remonta:

a) Al siglo XIX.

b) Al siglo XVIII.

c) Al siglo XVII.

d) Al siglo XVI.

16. La parte de la Biología que estudia las células se denomina:

a) Histología.

b) Fisiología.

c) Citología.

d) Morfología.

17. ¿Qué orgánulos del citoplasma de la célula son los encargados de sintetizar las proteínas?

a) Cloroplastos.

b) Citocentro.

c) Ribosomas.

d) Mitocondrias.

18. ¿Qué orgánulos del citoplasma intervienen durante la mitosis formando el «huso acromático»?

a) Cloroplastos.

b) Citocentro.

c) Ribosomas.

d) Mitocondrias.

19. ¿En qué orgánulos del citoplasma se realiza la fotosíntesis?

a) Cloroplastos.

b) Citocentro.

c) Ribosomas.

d) Mitocondrias.

20. ¿En qué orgánulos del citoplasma se realiza la respiración celular?

a) Cloroplastos.

b) Citocentro.

c) Ribosomas.

d) Mitocondrias.

21. ¿Cuáles de los siguientes orgánulos citoplasmáticos no se encuentran en las células animales?

a) Mitocondrias.

b) Plastos.

c) Ribosomas.

d) Retículo endoplasmático.

22. ¿Cuáles de los siguientes orgánulos citoplasmáticos no se encuentran en las células vegetales?

a) Aparato de Golgi.

b) Vacuolas.

c) Lisosomas.

d) Ribosomas.

23. La sustancia constituida por ADN que forma los cromosomas se denomina:

a) Adenina.

b) Cromatina.

c) Mielina.

d) Actina.

24. En las células vegetales existen unos orgánulos con clorofila que se llaman:

a) Membranas.

b) Vacuolas.

c) Cloroplastos.

d) Mitocondrias.

25. ¿En qué componente de la célula se encuentra almacenada la información genética?

a) En la membrana plasmática.

b) En el núcleo.

c) En el citoplasma.

d) En la membrana nuclear.

26. El número de cromosomas de la especie humana es:

a) 46.

b) 48.

c) 45.

d) 47.

27. Las células que no poseen un núcleo bien definido (carecen de membrana nuclear) son:

a) Los virus.

b) Las eucariotas.

c) Las procariotas.

d) Las vegetales.

28. La red de filamentos y microtúbulos de citosol se denomina:

a) Retículo endoplasmático.

b) Complejo de Golgi.

c) Citoesqueleto.

d) Retículo nuclear.

29. Los fosfolípidos son uno de los componentes más importantes:

a) De las membranas.

b) Del citosol.

c) Del nucleoplasma.

d) Del citoesqueleto.

30. La cromatina es un material genético que:

a) Se encuentra en el núcleo y en los ribosomas.

b) Químicamente está formado por ADN y polisacáridos.

c) Se condensa en forma de cromosomas.

d) Ninguna de las anteriores.

SOLUCIÓN A LAS CUESTIONES

1. Teoría celular.

2. Entre la membrana plasmática y la membrana nuclear.

3. Delimitar la célula de su medio externo y permitir el transporte de sustancias a través de ella.

4. La membrana plasmática.

5. Pared celular.

6. Las ciclosis: corrientes que se producen en el seno del hialoplasma, provocadas por cambios de viscosidad de éste.

7. Se producirá la destrucción de la célula ya que las enzimas digestivas que contienen los lisosomas provocarían la autodigestión de la célula.

8. Clorofila.

9. a) Mitocondrias, b) Complejo de Golgi, c) Ribosomas, d) Retículo endoplasmático, e) Citocentro, f) Cromosomas, g) Lisosomas, h) Vacuolas.

10. Retículo endoplasmático, complejo de Golgi, lisosomas, mitocondrias, plastos y vacuolas.

11. Células animales: lisosomas y citocentro; células vegetales: pared celular y plastos.

12. Células procariotas:

- Menor tamaño que las células eucariotas.
- Estructuras poco diferenciadas (carecen de membrana nuclear y prácticamente no tienen orgánulos celulares).

Células eucariotas:

- Mayor tamaño.
- Alto nivel de complejidad.
- Estructuras muy diferenciadas (presentan orgánulos celulares variados que realizan diferentes funciones).

13. Células procariotas: organización protocítica (o procariótica).

Células eucariotas: organización metacítica (o eucariótica).

14. a) Colorante básico, pues uno de los constituyentes de los cromosomas es el ADN, que es un ácido. Como los ácidos tienen afinidad química hacia las bases, el colorante básico se fijará al cromosoma.

b) Aminoácidos radiactivos, pues en los ribosomas se sintetizan las cadenas polipéptidas de las proteínas a partir de los aminoácidos.

15. c) Al siglo XVII.

16. c) Citología.

17. c) Ribosomas.

18. b) Citocentro.

19. a) Cloroplastos.

20. d) Mitocondrias.

21. b) Plastos.

22. c) Lisosomas.

23. b) Cromatina.

24. c) Cloroplastos.

25. b) En el núcleo.

26. a) 46.

27. c) Las procariotas.

28. c) Citoesqueleto.

29. a) De las membranas.

30. c) Se condensa en forma de cromosomas.

Tema 4

Fisiología celular

Introducción

La Fisiología es la parte de la Biología que estudia los procesos implicados en las diferentes funciones vitales que realizan los seres vivos.

La teoría celular establece que la célula es la unidad fisiológica, además de la unidad morfológica, de todos los seres vivos. La actividad vital de los organismos unicelulares se debe a la única célula que lo constituyen. Asimismo, la actividad vital de los organismos pluricelulares no es nada más que la manifestación de las acciones coordinadas de sus células.

1. Nutrición de la célula

La célula, como todo ser vivo, necesita intercambiar materia y energía con el medio externo para poder desarrollar su actividad vital.

Mediante la nutrición la célula construye nuevas estructuras, repone los materiales consumidos y obtiene la energía que necesita para mantener todas sus actividades vitales.

Las moléculas pequeñas que la célula intercambia con su medio atraviesan la membrana plasmática por procesos de transporte pasivo (difusión simple o facilitada) o de transporte activo. Sin embargo, las grandes moléculas o las partículas complejas, que por su tamaño no pueden atravesar la membrana, pasan al interior de la célula, o salen de ella mediante procesos de endocitosis y exocitosis, respectivamente.

1.1. Paso de sustancias a través de la membrana

La membrana plasmática delimita la célula y a través de ella se realiza el intercambio de materia entre el interior de la célula y su medio externo. Este intercambio de materia está controlado por procesos bioquímicos que ocurren en la membrana.

El paso de sustancias a través de la membrana se lleva a cabo mediante dos mecanismos (esquema 1):

- El transporte pasivo.
- El transporte activo.

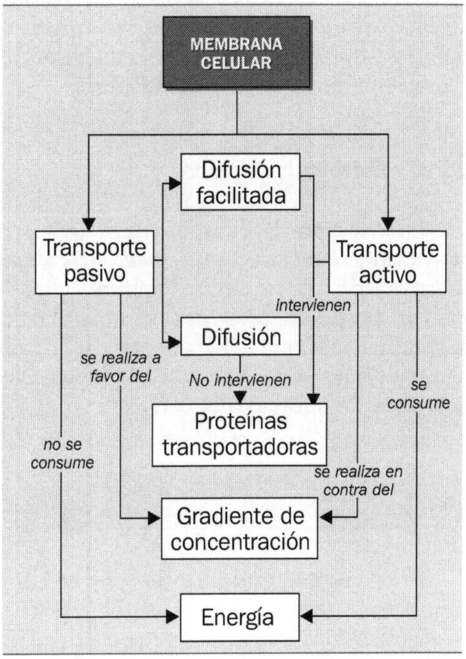

ESQUEMA 1. *Paso de sustancias a través de la membrana.*

1.1.1. Transporte pasivo: difusión simple y facilitada

Se basa en el fenómeno físico de la difusión y no requiere un aporte de energía por parte de la célula. La **difusión** consiste en el movimiento de las moléculas *a favor de un gradiente de concentración*, es decir, las moléculas se mueven espontáneamente de las zonas en las que se encuentran más concentradas a las zonas en las que su concentración es menor. De esta manera las sustancias cuya concentración sea mayor en el exterior de la célula que en su interior, tenderán a entrar en la célula; en caso contrario tenderán a salir.

La velocidad con la que una sustancia se difunde a través de la membrana depende de la diferencia de concentración a uno y otro lado de la membrana, y de las características de sus moléculas. Sin embargo, algunas sustancias como monosacáridos, aminoácidos, etc., se difunden a través de la membrana con mayor velocidad que la que sería previsible por sus características. Esto es debido a que sus moléculas se expanden ayudadas por una «proteína transportadora». Esta forma de transporte pasivo se denomina **difusión facilitada**.

1.1.2. Transporte activo

En este tipo de transporte, las sustancias atraviesan la membrana *en contra de un gradiente de concentración*. Las moléculas, unidas a proteínas transportadoras presentes en la membrana, se mueven en contra del gradiente gracias a un aporte de energía por parte de la célula. Dicha energía es suministrada por el ATP.

1.2. Endocitosis y exocitosis

El proceso de **endocitosis** consiste en la invaginación y estrangulamiento de la membrana plasmática, formándose una vesícula (vesícula endocítica) que engloba en su interior las partículas capturadas (figura 1). De esta forma, las partículas del medio entran en las células envueltas en una porción de la membrana.

La pinocitosis y la fagocitosis son dos casos particulares de endocitosis. La **pinocitosis** consiste en la ingestión de líquidos y sustancias disueltas, mediante la formación de vesículas muy pequeñas. La **fagocitosis** es la ingestión de partículas de gran tamaño, organismos vivos o restos celulares, mediante la emisión de pseudópodos que al fusionarse dan lugar a una gran vesícula o vacuola (vacuola de fagocitosis o fagosoma), que encierra las partículas capturadas.

La **exocitosis** es el proceso contrario a la endocitosis, es decir, las vesículas procedentes del citoplasma, al establecer contacto con a membrana plasmática, se fusionan con ésta vertiendo su contenido al exterior. La secreción de sustancias elaboradas en el complejo de Golgi, que estudiamos en el tema anterior, se realiza mediante exocitosis.

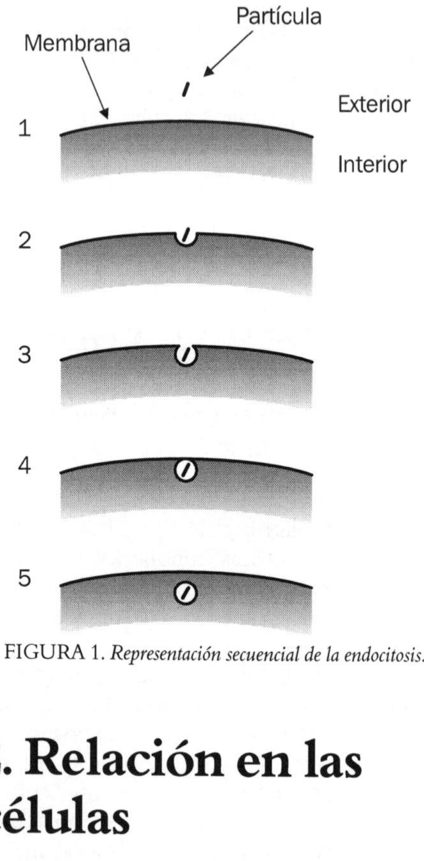

FIGURA 1. *Representación secuencial de la endocitosis.*

2. Relación en las células

Básicamente, decimos que una célula puede relacionarse con su medio interno y con el externo, porque es capaz de percibir y reaccionar ante estímulos procedentes de ambos medios. Esta capacidad permite a los organismos unicelulares actuar sobre su medio, y a las células de los organismos pluricelulares coordinar sus acciones.

Todas las células son sensibles o excitables frente a determinados cambios ambientales que actúan como estímulos. Estos estímulos pueden ser de muy diversa índole, como por ejemplo: contactos y choques mecánicos, cambios de temperatura, de luminosidad, de concentración de sustancias químicas, cambios eléctricos, etc.

Por otro lado, también son muy variables las formas de reaccionar a los estímulos. Estas respuestas pueden manifestarse en forma de cambios químicos en el protoplasma celular, segregando una determinada sustancia, dividiéndose, y más frecuentemente, con el movimiento. Las respuestas motrices son las más generalizadas, e implican la transformación de energía química (ATP) en energía mecánica; por ello serán tratadas más detalladamente.

A los movimientos que implican el desplazamiento de toda la célula y que son provocados por excitantes externos se les llama también **taxis** o **tactismos**. Estos pueden ser positivos, si están orientados hacia el lugar de origen del estímulo, o negativos, cuando el movimiento se produce alejándose de la fuente del estímulo. Dependiendo del estímulo que los provoque reciben los siguientes nombres: quimiotaxis, fototaxis, geotaxis (la gravedad).

Otros movimientos son los siguientes:

- **Movimientos intracelulares**. Consisten en movimientos o corrientes citoplásmicas. Es muy frecuente en algas.
- **Movimiento contráctil**. Aunque todas las células poseen la propiedad de contraerse, algunas están especializadas en esta función por haber diferenciado en su citoplasma unas estructuras especiales llamadas "miofibrillas", tal es el caso de las células musculares.
- **Movimiento pulsátil**. Lo realizan algunos protozoos ciliados que poseen vacuolas pulsátiles.
- **Movimiento ameboide o por pseudópodos**. Los pseudópodos son prolongaciones citoplásmicas pasajeras, características de células que carecen de membranas rígidas, y que por lo tanto pueden experimentar deformaciones. Parece que este tipo de desplazamiento obedece a una corriente citoplásmica que se proyecta hacia el pseudópodo.

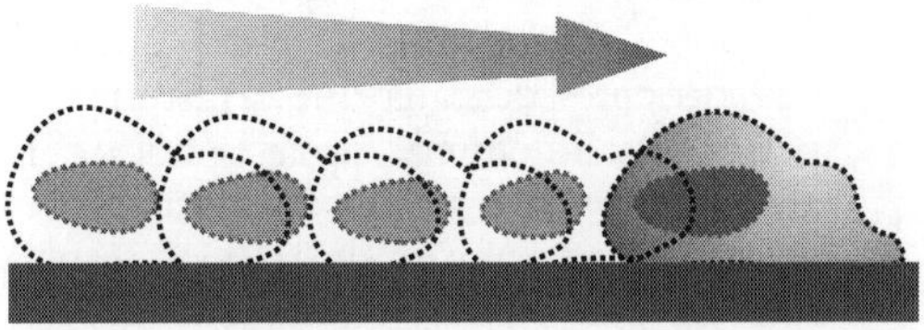

FIGURA 2. *Movimiento ameboide mediante pseudópodos.*

Es característico de las amebas, de ahí su nombre. Estas son capaces de emitir pseudópodos para establecer puntos de apoyo, a la vez que recogen otros, lo cual les permite desplazarse (figura 2).

- **Movimiento vibrátil**. Lo realizan las células dotadas de órganos vibrátiles: *cilios* y *flagelos*. Estos órganos se asemejan a pelos extremadamente delgados que emergen de la periferia de la célula y poseen una especie de centriolo en su base denominado *gránulo basal*. Éste provoca un movimiento de vibración en el pelo que, al actuar a modo de remo, permite a la célula desplazarse en un medio acuático.

La diferencia entre los cilios y los flagelos estriba en que los primeros son cortos y los presenta la célula en gran número, mientras que los segundos son largos y se presentan en número escaso (figura 3).

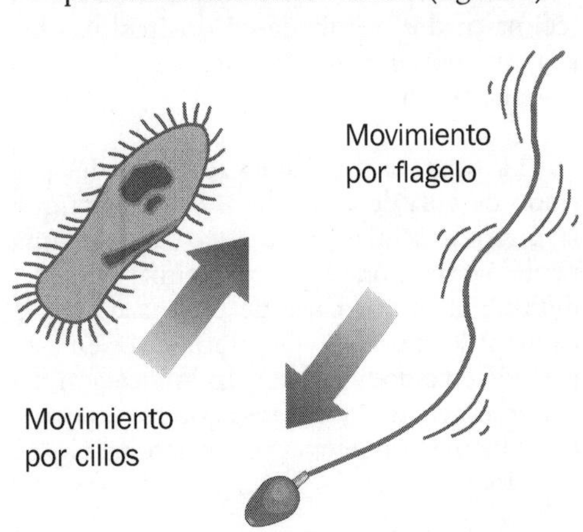

FIGURA 3. *Movimiento vibrátil.*

Los cilios y flagelos, además de la función locomotora (protozoos flagelados y ciliados), pueden desempeñar otras funciones en las células, como producir corrientes de agua que arrastran las partículas alimenticias hacia la boca del animal, o pueden provocar la expulsión de partículas extrañas de las vías respiratorias que tapizan, como sucede en el epitelio vibrátil que recubre las vías respiratorias de muchos animales.

3. Reproducción de la célula

Toda célula procede de otra célula; es decir, se ha originado por división de otra célula. La división celular es el mecanismo de reproducción de los organismos unicelulares. En los pluricelulares permite su crecimiento (aumento del número de células), la regeneración de las células y tejidos y la formación de las células sexuales (gametos).

3.1. División celular. La mitosis

Mediante la división celular, una célula (célula madre) se divide en dos (células hijas), que portan la misma información genética que la célula madre.

La figura 4 representa un ciclo del periodo de vida de una célula. Se observa que la división celular representa tan sólo una pequeña fracción del ciclo celular ya que, durante la mayor parte de éste, la célula se encuentra en periodo de interfase. Es en este periodo cuando tiene lugar la duplicación del material genético y del resto de los elementos celulares (mitocondrias, aparato de Golgi, centriolos, etc.).

La división celular implica a su vez dos procesos que están secuenciados: la **mitosis** o división del núcleo, durante la cual se realiza un reparto equitativo del material genético; y la **citocinesis** o división del citoplasma, con un reparto más o menos equitativo del material y estructuras del citoplasma.

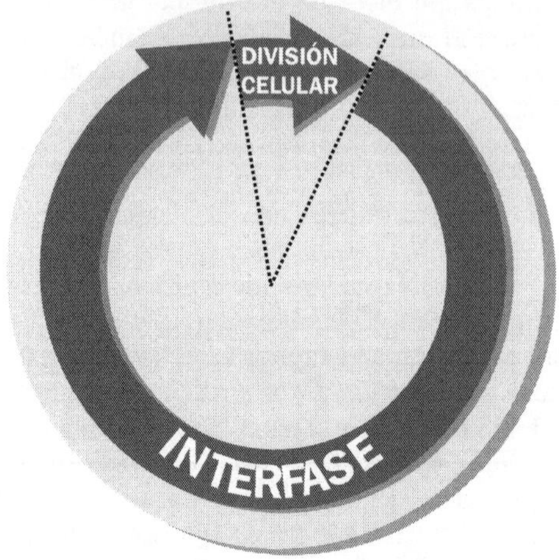

FIGURA 4. *Ciclo celular.*

3.1.1. Mitosis

La mitosis, también llamada **cariocinesis**, es un proceso muy complejo cuya función es asegurar que el material genético replicado quede repartido exactamente entre las dos células hijas, de manera que la información genética se transmita sin variación de unas células a otras.

La división mitótica del ciclo celular eucariótico es tan complicada mecánicamente que requiere la utilización de una maquinaria muy compleja. Esta maquinaria constituye el llamado aparato mitótico.

Tradicionalmente, y con fines descriptivos, se distingue una serie de etapas o fases en la división mitótica. Esto no quiere decir que exista una separación real entre las mismas, ya que estas se suceden rápidamente sin que sea posible establecer límites precisos entre ellas. Sin embargo, cada una de ellas viene caracterizada por los siguientes pasos fundamentales (figura 5):

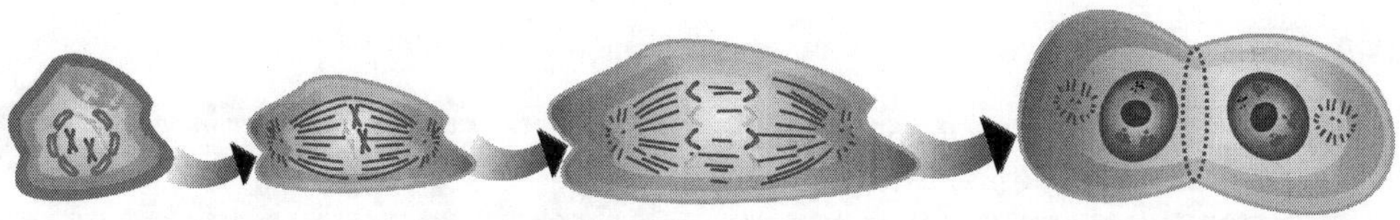

FIGURA 5. *Fases de la mitosis.*

A) Profase

1. **Condensación de los cromosomas**. La cromatina, que se halla difusa en la interfase, se condensa lentamente formando cromosomas bien definidos, cuyo número exacto es una característica que depende de la especie a la cual pertenezca. En cada uno de estos cromosomas pueden distinguirse dos cromátidas hermanas unidas por un punto específico llamado centrómero.

2. **Desaparición del nucléolo**. Durante esta fase empieza a descondensarse el nucléolo para ir desapareciendo progresivamente.

3. **Formación del huso mitótico**. El foco para la formación del huso está marcado en la mayoría de los animales por los centriolos. El par de centriolos original de la célula madre, duplicado durante la interfase, da lugar a dos pares, cada uno de los cuales pertenece a un centro mitótico que constituye el foco de la disposición radial de los microtúbulos(componentes principales del huso mitótico), el áster. Los dos ásteres se colocan juntos y próximos a la envoltura nuclear.

   Al final de la profase, los haces de microtúbulos que interaccionan entre los dos ásteres se alargan, y parecen que empujan a los dos centros separándolos. De esta manera, el huso queda constituido como una estructura bipolar.

   En células vegetales, carentes por tanto de centriolos, los filamentos del huso parten de dos zonas más densas del citoplasma, donde se localiza el centro organizador de microtúbulos.

B) Prometafase

1. **Desintegración de la membrana nuclear**. La envoltura nuclear se rompe dando lugar a fragmentos de membrana indiferenciables.

2. **Penetración del huso en el área nuclear.**

3. **Formación de los cinetocoros**. En las dos caras de los centrómeros se desarrollan unas estructuras llamadas cinetocoros, que quedan unidas a un conjunto de microtúbulos llamados fibras cinetocóricas. Estas fibras que irradian en dirección opuesta desde cada lado del cromosoma, interaccionan con las fibras del huso mitótico, ocasionándose movimientos agitados en los cromosomas.

C) Metafase

Formación de la placa metafásica. Tras los movimientos anteriores, los centrómeros de todos los cromosomas quedan dispuestos en un plano constituyendo la placa metafásica. Al parecer son las fibras cinetocóricas las responsables de la colocación de los cromosomas a una distancia media de los dos polos del huso, y de su orientación; los ejes longitudinales forman ángulo recto con el eje del huso. Cada cromosoma se mantiene en tensión, debido a su unión a fibras del huso de sentido opuesto.

D) Anafase

Separación de los cinetocoros apareados de cada cromosoma. Esto permite que cada cromátida hermana sea arrastrada lentamente hacia un polo del huso. Todas las cromátidas se desplazan a la misma velocidad. A medida que las cromátidas se acercan a los polos se va produciendo el acortamiento de las fibras cinetocóricas. Casi simultáneamente se alargan las fibras del huso, separándose aun más los polos del huso mitótico.

E) Telofase

1. **Reaparición de la membrana nuclear y los nucléolos**. Se forma una nueva membrana nuclear alrededor de cada grupo de cromátidas hijas.

2. **Descondensación de los cromosomas**. Cuando las cromátidas hijas llegan a los polos, desaparecen totalmente las fibras cinetocóricas, y la cromatina condensada se expande. En este momento las cromátidas constituyen el material hereditario que formará parte de cada célula hija; la mitosis ha concluido.

3.1.2. Citocinesis

Una vez repartido el material hereditario, se divide el citoplasma. Este proceso difiere en animales y vegetales. En los primeros, se origina el llamado surco de segmentación, como resultado del desplazamiento hacia dentro de la membrana celular de la zona central (figura 6). Este surco, que es perpendicular al eje del huso y que está situado entre los núcleos hijos se va volviendo gradualmente más profundo hasta contactar con los restos del huso mitótico. Esta especie de puente puede permanecer durante un tiempo antes de que ocurra su ruptura final. De esta forma se obtendrán dos células hijas completas y separadas.

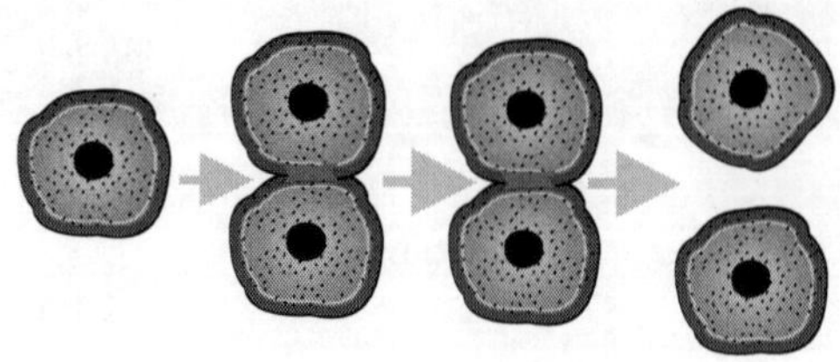

FIGURA 6. *Citocinesis por estrangulamiento.*

En los vegetales, debido a que la pared celulósica no permite el estrangulamiento, la citocinesis ocurre mediante la formación de un tabique de separación entre las dos células hijas llamado fragmoblasto, y que procede de la fusión de vesículas del aparato de Golgi (figura 7).

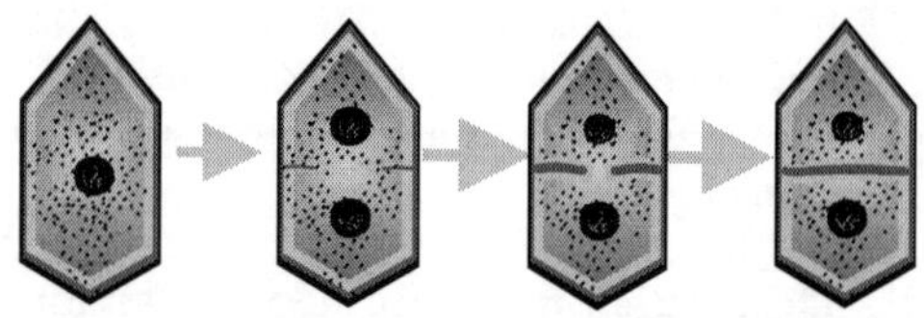

FIGURA 7. *Citocinesis por formación de tabique.*

Como se dijo antes, el reparto del citoplasma de la célula madre no tiene por qué ser igualitario. En función de esto, se distinguen tres tipos de división celular: binaria, desigual y múltiple.

■ División binaria o bipartición

El citoplasma de la célula madre se reparte equitativamente entre las células hijas. Como resultado se originan dos células hijas del mismo tamaño (figura 8).

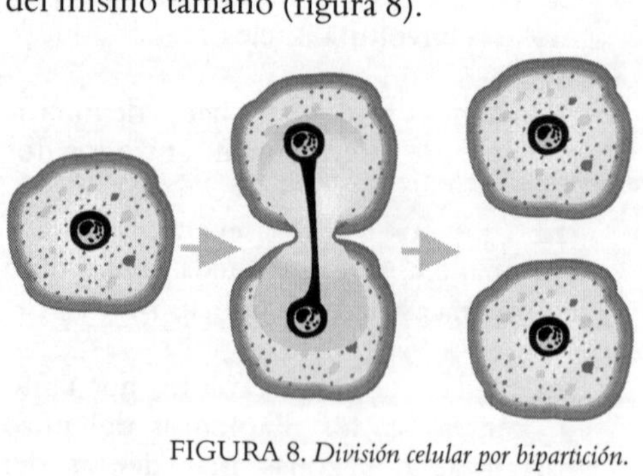

FIGURA 8. *División celular por bipartición.*

■ División desigual o gemación

Uno de los núcleos hijos emigra hacia la periferia de la célula. Al llegar a ella se deforma la membrana formándose una especie de yema o verruga que contiene un núcleo hijo y una pequeña porción de citoplasma. Como resultado se originan dos células de tamaños muy diferentes (figura 9).

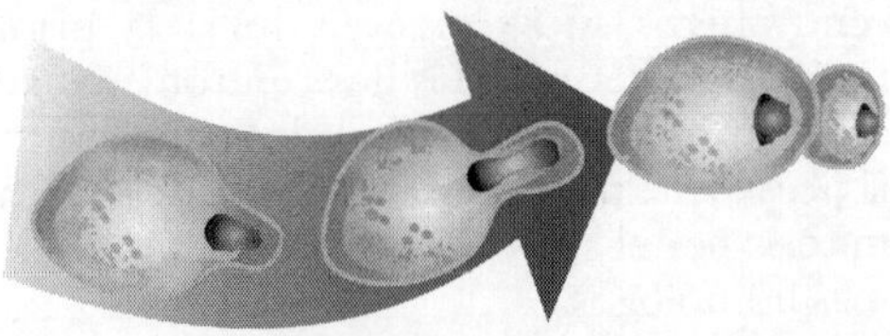

FIGURA 9. *División celular por gemación.*

■ División múltiple o endógena

El núcleo de la célula madre experimenta varias mitosis sucesivas sin llegar a realizarse ninguna citocinesis. Una vez que se ha originado un número más o menos grande de núcleos hijos, alrededor de cada uno de ellos se forma una membrana plasmática que engloba una porción de citoplasma. Por último, la membrana plasmática de la célula madre se rompe liberando a las células hijas (figura 10).

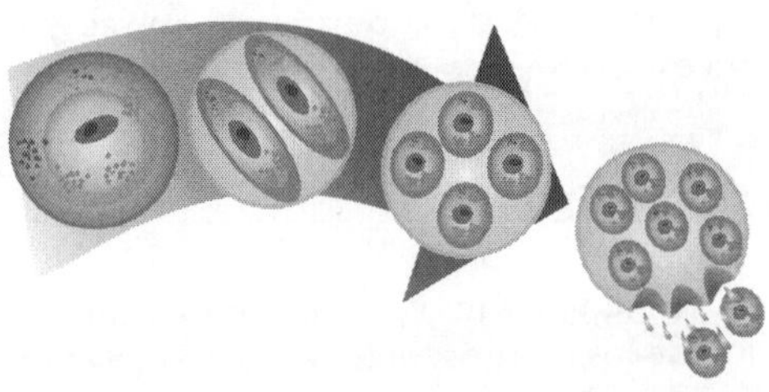

FIGURA 10. *División múltiple.*

3.2. Meiosis

La meiosis es la sucesión de dos divisiones celulares consecutivas, cuyo objeto es reducir a la mitad el número de cromosomas de las células sexuales o gametos, respecto de sus células originales (gametogonia o célula madre de gametos). Esto se consigue porque cada célula se divide dos veces, mientras que sus cromosomas se duplican una sola vez.

Las dos divisiones reciben respectivamente el nombre de Meiosis I y Meiosis II. Entre ambas divisiones se da una interfase muy breve, en la que no tiene lugar la síntesis de ADN. En la interfase que precede a la meiosis I, sí tiene lugar la duplicación de ADN, siendo esta interfase muy similar a la interfase mitótica (ver figura 11).

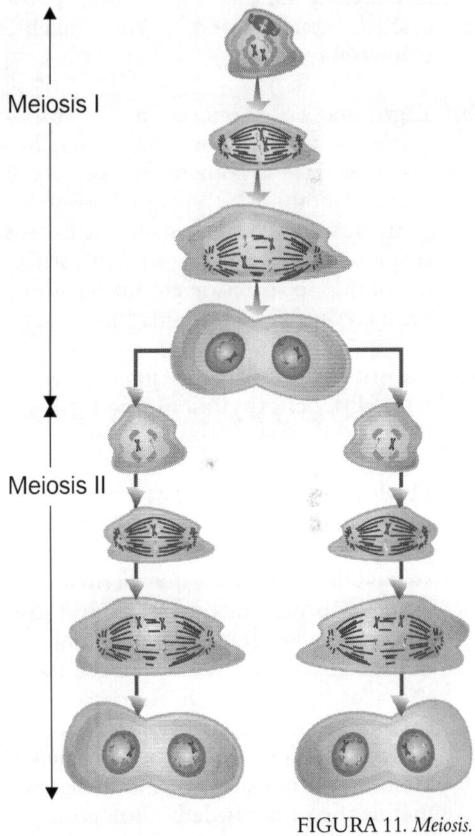

FIGURA 11. *Meiosis.*

Cuando se fusionen los núcleos de los gametos haploides, tras la fecundación, se recuperará de nuevo la dotación diploide. Mediante la reducción del número de cromosomas de los gametos, se evita que la dotación cromosómica se duplique, y aumente en sucesivas generaciones, dando lugar a zigotos tetraploides, octaploides, etcétera.

3.2.1. Meiosis I

Aquí también es posible distinguir las fases características de la mitosis, aunque presenta mayor complejidad.

■ Profase I

Puede subdividirse en cinco etapas:

a) **Leptotena.** En esta fase se inicia el proceso de condensación y enrollamiento cromosómico.

b) **Zigotena.** Se caracteriza por la disposición por pares de los cromosomas homólogos. Este fenómeno de asociación lateral denominado "sinapsis" posibilita el intercambio de segmentos entre los cromosomas homólogos (entrecruzamiento). A los pares de cromosomas que están en sinapsis se les llama "bivalentes".

c) **Paquitena.** Aquí tiene lugar el acortamiento y engrosamiento de los bivalentes.

d) **Diplotena.** Durante esta fase, se separan los dos cromosomas homólogos por la zona del centrómero; no así las cromátidas hermanas que permanecen juntas por su centrómero común. Sin embargo la separación no es total, ya que se mantienen zonas de contacto llamadas "quiasmas". El número de estos es variable, pero generalmente oscila entre dos y tres. Los quiasmas pueden establecerse entre cada una de las cromátidas de cada par de homólogos.

e) **Diacinesis.** La condensación y el enrollamiento son tan patentes que los cromosomas aparecen ya como cuerpos densos y gruesos. Los bivalentes sólo presentan uno o dos puntos terminales de contacto, y la membrana nuclear y los nucléolos han desaparecido.

Al final se forman también las fibras del huso, al mismo tiempo que empiezan a formarse los microtúbulos cinetocóricos.

■ Metafase I

Los bivalentes interaccionan con las fibras del huso mitótico por medio de sus centrómeros, y se mueven hacia la placa metafásica, llevando los dos centrómeros de cada par de homólogos en lados opuestos de la placa. Esta metafase se distingue de la de la mitosis por el apareamiento de los cromosomas homólogos.

■ Anafase I

Se produce la emigración de cada uno de los pares de cromosomas homólogos hacia los polos opuestos del huso. Estos llevan las dos cromátidas de cada cromosoma. Esto sucede a la vez que los quiasmas se van deslizando hacia los extremos de los cromosomas homólogos. A diferencia de la anafase mitótica, los centrómeros no se dividen. Como consecuencia del sobrecruzamiento de las dos cromátidas que posee cada cromosoma, una conserva su naturaleza parental (materna o paterna) inicial, y la otra es mixta (recombinada).

■ Telofase I

A medida que va finalizando la migración de los cromosomas homólogos, van reapareciendo alrededor de estos la membrana nuclear, rodeando a cada conjunto, mientras que las fibras del huso van desapareciendo. Es entonces cuando la célula madre se divide en dos células hijas (citocinesis). Los cromosomas experimentan una ligera descondensación, y entran en una breve interfase, en la que no tiene lugar la síntesis de ADN. Las células están ya listas para la nueva división.

3.2.2. Meiosis II

Se trata de un proceso muy similar a la mitosis, y en el que vuelven a repetirse sus cuatro fases.

En la Profase II, de duración muy breve desaparecen las membranas nucleares y se forman dos nuevos husos, orientados perpendicularmente al primero. En la Metafase II, los cromosomas están unidos a las fibras del huso a través de sus centrómeros, formando la placa metafásica. Al comienzo de la Anafase II, se dividen los centrómeros, y se convierten en cromosomas las cromátidas hermanas. Finaliza el proceso con la Telofase II, simultánea a la citocinesis, y originándose cuatro células con una dotación haploide, y que contienen segmentos paternos y maternos.

La Meiosis I, que se había iniciado con 2n cromosomas duplicados en cada célula, termina con dos células que tienen "n" cromosomas cada una. La Meiosis II finaliza con cuatro células con "n" cromosomas sencillos, no duplicados.

El fenómeno de la meiosis proporciona a los gametos una gran variabilidad en cuanto a la información genética que porta, pues la segregación de los cromosomas que forman cada par de homólogos se realiza al azar, por lo que la composición de la única guarnición de cromosomas que porta un gameto es aleatoria. Además, debido al entrecruzamiento, los cromosomas que porta cada par de gametos originado tras la segunda división presentarán diferencias de uno a otro.

La gran variabilidad respecto a la información que puede portar un gameto, sumado a que durante la fecundación se una a otro gameto que generalmente procede de otro individuo de su misma especie, para completar la información genética del descendiente, hace que las especies que se reproducen sexualmente presenten una gran variabilidad de individuos en sus poblaciones y, como consecuencia de esto, una mayor capacidad de evolución.

CUESTIONES

1. **¿Qué finalidad tienen los procesos de nutrición celular?**
2. **Enumerar algunos factores que influyen en la difusión de las moléculas a través de la membrana plasmática.**
3. **¿En qué fase del ciclo celular se produce la duplicación del material genético?**
4. **Una célula tiene 8 cromosomas iguales dos a dos; ¿cómo es esa célula?**
5. **Una célula que tiene 20 cromosomas se divide por mitosis. ¿Cuántas células origina y cuántos cromosomas tiene cada una de ellas?**
6. **Una célula que tiene 16 cromosomas se divide por meiosis. ¿Cuántas células origina y cuántos cromosomas tiene cada una de ellas?**
7. **Sabiendo que el número de cromosomas de la especie humana es 46, ¿cuántos cromosomas tendrán los gametos humanos (óvulos y espermatozoides)?**
8. **En un cultivo de células humanas que se encuentran en período de división celular, se analiza la cantidad de ADN en muestras de estas células tomadas a distintos tiempos. El resultado se expresa en la gráfica siguiente:**

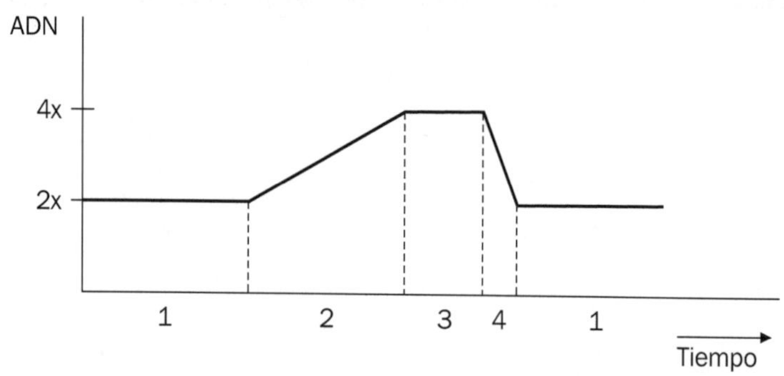

¿Cuál es la razón de la variación observada en la cantidad de ADN por célula? Razone la respuesta refiriéndose a cada una de las fases del ciclo.

9. **El transporte contra gradiente y consumo de energía a través de la membrana celular se denomina:**

   a) Transporte pasivo.

   b) Endocitosis.

   c) Ingestión.

   d) Transporte activo.

10. La endocitosis permite a la célula:

a) Capturar macromoléculas.

b) Expulsar sustancias desechables.

c) Dividirse.

d) Retener líquidos.

11. Una célula se dice que es diploide si:

a) Después de la división, las dos células hijas no se separan.

b) La célula posee dos núcleos.

c) La célula tiene dos nucleolos.

d) En la célula están presentes los dos cromosomas homólogos de cada pareja.

12. ¿Cuántas mitosis se tienen que producir para que de una célula se originen 16?

a) 4.

b) 8.

c) 15.

d) 10.

13. ¿Durante qué fase de la mitosis se produce la separación de las cromátidas hermanas de cada cromosoma?

a) Telofase.

b) Profase.

c) Anafase.

d) Metafase.

14. ¿En qué tipo de división celular se producen células haploides a partir de una célula diploide?

a) En la mitosis.

b) En la meiosis.

c) En ambas.

d) En ninguna de las dos.

15. La meiosis es un mecanismo de división celular que origina:

a) Células con la mitad de cromosomas.

b) Células con el doble de cromosomas.

c) Células con el mismo número de cromosomas.

d) Células sin cromosomas.

16. Respecto al ciclo celular puede afirmarse que:

a) Durante la interfase el metabolismo queda reducido al mínimo.

b) Durante la fase de mitosis se produce la duplicación del ADN.

c) Concluye con la cariocinesis y la citocinesis.

d) La interfase es el período más corto del ciclo.

17. Señala la afirmación incorrecta sobre la división celular como proceso en el que:

a) Atendiendo al tipo de célula, vegetal o animal, puede formarse un tabique de separación o un surco de segmentación.

b) Si la división es mitótica, no se produce reducción del número de cromosomas.

c) Comprende la cariocinesis y la citocinesis.

d) Siempre se produce la aparición del centriolo que se divide para dar lugar a la formación del huso mitótico.

18. Los cromosomas que se emparejan en la metafase meiótica, se llaman:

a) Cromosomas sexuales.

b) Heterocromosomas.

c) Cromosomas deletéreos.

d) Cromosomas homólogos.

19. La meiosis es:

a) Una fase del ciclo menstrual.

b) La reproducción de la célula típica.

c) Un tipo de reproducción asexual.

d) La reproducción celular que origina células reproductoras.

SOLUCIÓN A LAS CUESTIONES

1. Construir nuevas estructuras celulares, reponer los materiales consumidos y obtener la energía que necesita la célula para mantener todas sus actividades vitales.

2. La diferencia de concentración a uno y otro lado de la membrana y las características de las moléculas (tamaño, carga eléctrica, polaridad, solubilidad de las moléculas en los lípidos de la membrana, etc.).

3. En la interfase.

4. Diploide.

5. Dos células con 20 cromosomas cada una.

6. Cuatro células con 8 cromosomas cada una.

7. 23.

8. Los tramos 1, 2 y 3 corresponden a la interfase del ciclo celular, mientras que el tramo 4 corresponde a la fase de división celular. Al principio de la interfase (tramo 1) aún no se ha producido la duplicación del material genético (ADN). Durante el tramo 2 se produce la duplicación de material genético (al final del tramo la cantidad de ADN se ha duplicado, respecto al principio de la interfase). El tramo 3 corresponde al final de la interfase. Durante el tramo 4 se produce la división celular, la célula madre se divide en dos células hijas recibiendo, cada una, una copia del material genético duplicado.

9. d) Transporte activo.

10. a) Capturar macromoléculas.

11. d) En la célula están presentes los dos cromosomas homólogos de cada pareja.

12. a) 4.

13. c) Anafase.

14. b) En la meiosis.

15. a) Células con la mitad de cromosomas.

16. c) Concluye con la cariocinesis y la citocinesis.

17. d) Siempre se produce la aparición del centriolo que se divide para dar lugar a la formación del huso mitótico.

18. d) Cromosomas homólogos.

19. d) La reproducción celular que origina células reproductoras.

Tema 5

Metabolismo celular

Introducción

En el interior de las células se llevan a cabo un gran número de reacciones químicas. En unas se provoca la descomposición de principios inmediatos que lo integran produciéndose materia y energía que se emite al exterior, mientras que en otras se elaboran los principios inmediatos a partir de materia y energía procedentes del exterior, reponiendo así las pérdidas sufridas. Por ello podemos decir que los seres vivos son "sistemas en equilibrio dinámico". Por el contrario los seres inertes son "sistemas estáticos", tienen una composición material permanente y cuando por la acción del medio sufren transformaciones químicas, cambian de naturaleza y nunca pueden volver a recuperar su composición primitiva.

1. Concepto de metabolismo. Tipos

El conjunto de reacciones químicas que se llevan a cabo en el interior de las células, recibe el nombre de **metabolismo**. Los procesos de asimilación (elaboración de principios inmediatos) se denominan **anabolismo**, y los de desasimilación (descomposición de los principios inmediatos) **catabolismo**.

Atendiendo a su finalidad podemos distinguir dos tipos de procesos metabólicos: plásticos y energéticos.

- El **metabolismo plástico** tiene como misión el incremento de la masa orgánica (crecimiento) y la reparación de las pérdidas materiales que experimenta la célula en su actividad vital. Coincide en gran parte con el anabolismo.

- El **metabolismo energético** tiene por finalidad proporcionar a la célula la energía que necesita para su actividad vital. Coincide en gran parte con el catabolismo. La **respiración** es la última fase del metabolismo energético, y durante la misma se produce la oxidación de la materia orgánica (glucosa, fundamentalmente) liberando la energía química que contiene para que pueda ser utilizada por la célula.

2. Las enzimas

2.1. Concepto de biocatálisis. Biocatalizadores

En Química se designa con el término **catalizador** a toda sustancia que activa una determinada reacción química, o provoca un aumento o disminución de la velocidad de la reacción, quedando inalterada al final de la misma. La acción del catalizador se denomina **catálisis**. Igualmente se definen los **biocatalizadores** como aquellas sustancias que realizan tales acciones, **biocatálisis**, en las reacciones químicas que se llevan a cabo en los seres vivos.

Los biocatalizadores permiten que las reacciones químicas se realicen a la temperatura corporal del organismo, posibilitando el control de las mismas, evitando la destrucción de la célula por el calor desprendido en ellas y permitiendo el aprovechamiento de esta energía liberada.

Clásicamente, se han considerado tres tipos de biocatalizadores: las enzimas o fermentos, las vitaminas y las hormonas.

Las enzimas son los biocatalizadores por excelencia, regulan y controlan todas las reacciones metabólicas. Las vitaminas son sustancias que únicamente pueden ser sintetizadas por las plantas, pero son necesarias para los animales. La importancia vital de muchas de las vitaminas para los animales se debe a que actúan como coenzimas o forman parte de ellas y al no poder ser sintetizadas por estos organismos es necesario que la tomen con la alimentación para poder construir con ellas las enzimas en las que actúan. La función que ejercen las vitaminas en las plantas es de tipo enzimático. Por todo lo expuesto, actualmente no se considera que haya una separación estricta entre enzimas y vitaminas.

Las hormonas desempeñan un papel fisiológico importantísimo, pues controlan y coordinan las funciones del organismo.

Las hormonas y las vitaminas serán estudiadas más ampliamente en los temas 11 y 8, respectivamente.

2.2. Enzimas: concepto y características

Las enzimas se definen como los catalizadores biológicos de las reacciones químicas que se realizan en la célula.

También suelen definirse las enzimas como biocatalizadores autógenos de acción concreta. En esta definición se recogen las dos características que las diferencian de los otros tipos de biocatalizadores (vitaminas y hormonas): son **sustancias autógenas**, es decir, cada organismo elabora las suyas para su propio uso; y su **especificidad**, ya que cada enzima ejerce su acción sobre una sustancia (sustrato) concreta o sobre un determinado tipo de enlace presente en un grupo de sustancias con cierta similitud química; tal relación entre enzima y sustrato ha sido comparada con la relación existente entre una llave y su cerradura.

Otra característica de las enzimas, al igual que de los demás biocatalizadores, es la reducida cantidad que se necesita para transformar una cantidad de sustrato elevada; además, después de realizar su acción permanecen inalteradas (no se gastan).

En cuanto a su composición, todas las enzimas que se conocen son proteínas.

Las enzimas solamente actúan cuando la temperatura del sustrato está dentro de los límites de la vida, siendo la óptima 40ºC; también requieren un pH, dentro de un intervalo, óptimo que depende del tipo de enzima y sustrato.

Algunas enzimas requieren para su acción combinarse con determinadas sustancias denominadas **activadores,** mientras que al combinarse con otras, llamadas **inhibidores**, cesan su acción.

2.3. Clasificación de las enzimas

Atendiendo a la función de la reacción que catalizan las enzimas se clasifican en dos grandes grupos: **hidrolasas** y **desmolasas** (las enzimas se nombran añadiendo el sufijo **–asa** a la raíz del nombre de la reacción química o del sustrato sobre la que actúan).

2.3.1. Hidrolasas

También llamadas **enzimas hidrolíticas**, catalizan las reacciones de hidrólisis de los principios inmediatos, es decir, descomposición en sus componentes elementales. Estas reacciones se producen en los procesos digestivos. Entre las enzimas hidrolíticas más importantes se encuentran los siguientes grupos:

- **Carbohidrasas**: hidrolizan los carbohidratos; comprenden dos grupos: **poliasas**, descomponen los polisacáridos reduciéndolos a disacáridos (ejemplos: la amilasa y la celulasa que actúan respectivamente sobre el almidón y la celulosa); y las **oliasas**, desdoblan los disacáridos en dos moléculas de monosacáridos (ejemplos: la sacarasa, la lactasa, la maltasa, etc.).

- **Esterasas**: hidrolizan los ésteres, las principales son: las **lipasas**, que desdoblan las grasas en glicerina y ácidos grasos (saponificación), y las **fosfatasas**, que separan el ácido fosfórico de los fosfátidos o de los ácidos nucleicos, recibiendo el nombre de **nucleotidasas** las que actúan sobre este último sustrato.

- **Amidasas**: provocan la ruptura de los enlaces carbono-nitrógeno, entre ellas destacan las **proteasas** que actúan rompiendo los enlaces peptídicos; las proteasas se clasifican en dos grupos: las **proteinasas**, que actúan sobre las proteínas descomponiéndolas en péptidos, y las **peptidasas,** que desdoblan los péptidos en aminoácidos.

2.3.2. Desmolasas

Catalizan las reacciones en las que se produce la desintegración de los componentes elementales de los principios inmediatos liberándose una gran cantidad de energía; como estas reacciones se desarrollan en el proceso de respiración celular, las desmolasas reciben también el nombre de **enzimas respiratorias**.

Entre las desmolasas destacan los siguientes grupos:

- **Deshidrogenasas**: separan del sustrato pares de átomos de hidrógeno ionizándolos (al ionizarse cada átomo de hidrógeno desprende un electrón), se produce la oxidación del sustrato (reacción de oxidación es aquella en la que se produce una pérdida de electrones). Esquemáticamente:

$$\text{Sustrato} - H_2 \xrightarrow{\text{Deshidrogenasa}} \text{Sustrato oxidado} + 2H^+ + 2e^-$$

Los iones hidrógeno (protones, H^+) serán incorporados por otra sustancia que se reducirá (reacción de reducción es aquella en la que se produce una ganancia de electrones; para incorporar un átomo de hidrógeno además de un H^+ es necesario captar un electrón).

- **Oxidasas**: captan electrones del sustrato y los transfieren al oxígeno ionizándolo (cada átomo de oxígeno capta dos electrones al ionizarse):

$$O_2 + 2e^- \xrightarrow{\text{Oxidasa}} 2O^{2-}$$

Los iones oxígeno (O^{2-}) se combinan con los iones hidrógeno (H^+), desprendidos por una deshidrogenasa, para formar agua:

$$O^{2-} + 4H^+ \longrightarrow H_2O$$

- **Descarboxilasas**: separan anhídrido carbónico (CO_2) de determinados ácidos orgánicos formados en el proceso respiratorio:

$$R - COOH \xrightarrow{\text{Descarboxilasa}} R - H + CO_2$$

Otras enzimas actúan como auxiliares de las desmolasas, como las **transferasas;** estas transfieren grupos funcionales de un sustrato a otro, en ellas destacan las **transfosforilasas,** que transfieren grupos fosfatos; las **hidratasas** que incorporan al sustrato moléculas de agua (hidratación); las **isomerasas,** que transforman algunas moléculas en un isómero determinado de la misma; etcétera.

Tanto las hidrolasas como las desmolasas son enzimas que catalizan reacciones de descomposición de sustancias en otras más simples; las reacciones de síntesis (formación de sustancias complejas a partir de sustancias más simples) son catalizadas por enzimas que reciben el nombre de **ligasas** o **sintetasas**.

2.4. Coenzimas

Todas las enzimas conocidas, como ya se mencionó anteriormente, tienen naturaleza proteica, muchas son proteidos (heteroproteínas) denominándose **apoenzima** y **coenzima** a sus grupos proteico y prostético respectivamente, y **holoenzima** a la enzima completa.

El grupo proteico (apoenzima) es muy variable de unas enzimas a otras y determina, sus aminoácidos de unión, concretamente, la especificidad de la enzima respecto al sustrato.

El grupo prostético (coenzima) que recibe también el nombre de **cofactor**, pues sin él la enzima no puede desempeñar su función, puede estar constituido sólo por un ion metálico o por una determinada molécula orgánica de estructura micromolecular; la naturaleza del cofactor determina la especificidad de la enzima respecto a la reacción química en la que interviene (tipo de enlace sobre el que actúa).

Actualmente se utiliza el término **coenzima** únicamente para designar a aquellos grupos prostéticos que, por estar débilmente unidos al grupo proteico, pueden separase fácilmente de él. Generalmente las coenzimas no son específicas para cada apoenzima; una determinada coenzima puede unirse a distintas apoenzimas para realizar la misma acción sobre distintos sustratos. Muchas vitaminas desarrollan su actividad actuando como coenzimas.

Un gran número de sustancias, de composición química muy variada, actúan como coenzimas, entre las que destacan por las reacciones metabólicas en las que intervienen:

- **La nicotinamida-adenina-dinucleótido**, abreviadamente NAD, su molécula la forman dos nucleótidos unidos por los grupos fosfatos y cuyas bases nitrogenadas son la nicotinamida (es la vitamina P-P o antipelagrosa) y la adenina. Es la coenzima más frecuente de las deshidrogenasas, su función es captar los iones hidrógeno y los electrones desprendidos de los sustratos por la acción de estas enzimas; en este proceso, la coenzima se transforma en $NADH_2$ (reacción de reducción) hasta que posteriormente recupere su composición primitiva al ceder el par de protones y de electrones a las coenzimas de la cadena de transporte de protones y electrones.
- Los derivados de **la profirina ferruginada**, de composición similar al grupo prostético hemo de la hemoglobina pero en los que el átomo de hierro es capaz de captar un electrón pasando de ion férrico (Fe^{3+}) a ferroso (Fe^{2+}) y viceversa al perderlo; por lo que las enzimas que utilizan este factor intervienen en la cadena de transporte de protones y electrones en la respiración celular anteriormente aludida, y en cuanto a su composición son los citocromos.
- El **adenosín-trifosfato**, ATP, es una coenzima, que interviene en la transferencia de energía, a la cual dedicaremos el próximo apartado.
- La **coenzima A**, está constituida por un nucleótido unido a una vitamina del complejo B, posee la capacidad de poder desprenderse del grupo sulfhídrilo (–SH) que posee con liberación de bastante cantidad de energía, desempeñando un papel similar al ATP. Interviene como cofactor en las reacciones catabólicas de lípidos y en el proceso respiratorio.

2.5. El ATP: vector de energía

La materia orgánica contiene energía química en los enlaces de sus moléculas. Cuando estos enlaces se rompen durante el catabolismo se libera la energía que contienen; al contrario, cuando la célula sintetiza los principios inmediatos durante el anabolismo necesita aportar energía para formar nuevos enlaces químicos.

La energía que necesita la célula para sus reacciones de anabolismo proviene de reacciones de catabolismo, fundamentalmente de las que se producen durante la respiración celular. La transferencia de energía entre unas y otras reacciones la realiza un compuesto denominado **adenosin-trifosfato** (abreviadamente **ATP**).

El ATP es un nucleótido en el que la pentosa es la ribosa, la base nitrógenada la adenina y lleva tres moléculas de ácido fosfórico unidas entre sí. Su actividad se basa en su capacidad para desprenderse de una molécula de ácido fosfórico, con lo que se transforma en **adenosín-difosfato** o **ADP**, y se libera (en la ruptura del enlace) una gran cantidad de energía. Igualmente, el ADP puede retornar a ATP incorporando otra molécula de ácido fosfórico, para lo que necesita absorber una cantidad equivalente de energía.

La energía que se libera en las reacciones de catabolismo es captada por el ADP para incorporar una molécula de ácido fosfórico y transformarse en ATP; este proceso se denomina **fosforilización**:

$$\text{ADP} + \text{P} + \text{energía} \rightarrow \text{ATP}$$

Esta energía almacenada en el ATP es utilizada por la célula en aquellos procesos en los que se necesite un aporte de energía. Para ello el ATP se desprende de una molécula de ácido fosfórico transformándose en ADP y liberando la energía que contiene; este proceso se denomina **desfosforilización**:

$$\text{ATP} \rightarrow \text{ADP} + \text{P} + \text{energía}$$

Por tanto, el ATP permite el acoplamiento entre las reacciones de catabolismo y de anabolismo, de manera que la energía liberada en las primeras se almacena en él para ser liberada posteriormente en las segundas. Debido a esta función de transferencia de energía, el ATP recibe la denominación de «vector de energía de los seres vivos».

2.6. Mecanismo de acción enzimática

La forma de realizarse la acción catalizadora es la siguiente: en primer lugar, la enzima se combina con el sustrato formando un complejo con él; a continuación provoca la reacción correspondiente en el sustrato transformándolo en unos productos para, finalmente, separarse de ellos recobrando su estado inicial y pudiendo realizar nuevamente su acción sobre otra molécula de sustrato (esto explica la escasa cantidad de enzima necesaria para transformar gran cantidad de sustrato).

Los detalles íntimos del mecanismo de acción enzimática aún no se conocen, pero las investigaciones realizadas confirman que la acción catalizadora la realiza sólo una pequeña parte de la cadena polipeptídica de las enzimas. Esta parte de la cadena que recibe el nombre de **centro activo** de la enzima, está formada por muy pocos aminoácidos, nunca superan la docena, denominados **aminoácidos catalíticos,** ya que son los que realizan la acción catalítica propiamente dicha durante la reacción en la que interviene la enzima; deben situarse muy próximos, ya que actúan sobre puntos determinados de la molécula de sustrato; aunque generalmente se encuentran muy distanciados en la cadena polipeptídica (estructura primaria), logran su proximidad gracias a plegamientos que presenta la molécula de la enzima (estructura terciaria).

Para que el centro activo pueda realizar su función es necesario que la encima se fije previamente al sustrato; esta actividad la realizan los llamados **aminoácidos de unión** o **fijación** al establecer enlaces débiles, por afinidad química, entre sus radicales y determinados grupos del sustrato; a estos aminoácidos es debida la especificidad de la enzima respecto al sustrato (de ellos depende que la enzima se fije o no a un determinado sustrato).

Una vez la enzima sujeta al sustrato, el centro activo debe establecer contacto con aquellos puntos de la molécula del sustrato sobre los que tiene que actuar, y para ello la enzima cambia parcialmente su forma; esta actividad la realizan los **aminoácidos estructurales** (establecen enlaces que mantienen estable la estructura terciaria), modificando su acción en la medida necesaria.

2.7. Regulación de la actividad enzimática

Las células son capaces de regular y reajustar sus reacciones químicas para responder a determinados estímulos de su medio, manteniendo de esta forma estados de equilibrio.

Dado que las reacciones metabólicas vienen determinadas por la acción enzimática, dichos estados de equilibrio podrán ser mantenidos, regulando o controlando esa actividad mediante la alteración de las propiedades catalizadoras de las enzimas. También se puede controlar la acción de las enzimas regulando su tasa de síntesis, como se verá en el próximo tema al estudiar el modelo del operón.

La actividad de todas las enzimas es susceptible a las variaciones de numerosos parámetros del medio: tienen un pH óptimo característico, una concentración de sustrato adecuada, incluso a veces necesitan la presencia de determinados iones metálicos, o de moléculas orgánicas, para su actividad.

Sin embargo, además de esta capacidad común de reacción ante modificaciones procedentes del medio, algunas enzimas poseen propiedades que les confieren específicamente papeles reguladores del metabolismo. Estas formas, mucho más especializadas, se denominan **enzimas reguladoras**. Existen dos tipos principales de enzimas reguladoras:

1. Las enzimas **alostéricas**, cuya actividad catalítica es modulada por la unión no covalente de un metabolito específico a un centro de la enzima distinto del sitio activo.

2. Las enzimas **interconvertibles**; son moduladas covalentemente. Se presentan en formas activas e inactivas interconvertibles por la acción de otras enzimas, las enzimas **auxiliares**.

Ambos tipos de enzimas son responsables de las alteraciones en el estado metabólico de la célula o del tejido, en un intervalo de tiempo relativamente corto.

Además, cabe decir que existe un mecanismo de control enzimático muy poco conocido, basado en su degradación o proteolisis de la propia enzima, por otra que posee actividad proteolítica.

■ Enzimas alostéricas

Existe una sola forma de enzima que es capaz de recoger información del medio a través de los llamados "efectores" o moduladores, los cuales se unen a la molécula de la enzima.

Los efectores pueden ser moléculas distintas al sustrato, frecuentemente son el producto final de una secuencia de reacciones en las que la enzima alostérica interviene en alguna de sus etapas (normalmente la primera), o bien puede ocurrir que el mismo sustrato actúe también como modulador. En estos casos, la enzima cuenta con dos o más centros de unión al sustrato, y su modulación depende de cuántos de estos centros estén ocupados. No obstante, una gran parte de las enzimas alostéricas pueden ser moduladas, tanto por su sustrato como por otros efectores distintos.

Estos efectores pueden también ser clasificados en positivos, si estimulan la velocidad de la reacción catalizada, o en negativos o inhibidores, si inhiben dicha reacción. Además, una misma enzima alostérica, puede poseer varios moduladores positivos, y varios negativos, cada uno de ellos unidos a un centro específico de la enzima.

3. Metabolismo de carbohidratos, grasas y proteínas

3.1. Respiración y fermentación

La respiración se define como la fase oxidativa del catabolismo, a través de la cual los seres vivos obtienen la energía que necesitan para realizar su actividad vital; por lo que puede considerarse el "mecanismo del metabolismo energético de los seres vivos".

Todos los seres vivos necesitan realizar la respiración, ya que la energía potencial química que se libera durante la misma es la única que pueden utilizar para realizar sus actividades. Los organismos fotosintéticos captan la energía luminosa del exterior, pero ésta sólo es utilizada para convertirla en energía química mediante la síntesis de materia orgánica; para realizar las demás actividades utilizan la energía procedente de la desintegración de esa materia orgánica durante la respiración.

En el transcurso de la respiración, la materia orgánica (material respiratorio) se oxida y se deshidrogena perdiendo electrones y protones (H^+), que son aceptados por otra sustancia reduciéndose e hidrogenándose (recuérdese que una sustancia se oxida cuando pierde electrones y se reduce cuando los gana); por lo que la respiración es un proceso redox (oxidación-reducción). Este proceso se produce a través de una larga serie de reacciones en las que los productos intermedios transportan los electrones y protones hasta un aceptor final; de esta manera la energía química contenida en el material respiratorio no se libera de una vez, sino de forma fragmentada en las sucesivas reacciones redox intermedias, lo que impide la destrucción de la célula por la liberación instantánea de una gran cantidad de energía, y posibilita un mejor aprovechamiento de la misma.

En las reacciones químicas que se producen en el transcurso de la respiración intervienen un gran número de enzimas del tipo desmolasas, y otras auxiliares de éstas. El transporte de electrones y protones corre a cargo de coenzimas entre las que destacan: la nicotinamida-adenina-dinucleótido (NAD), la nicotinamida-adenina-dinucleótido- fosfato (NADP), la falvin-adenina-dinucleótido (FAD), y los citocromos. Otras coenzimas actúan como activadores de determinadas sustancias para que puedan intervenir en el proceso respiratorio como por ejemplo la coenzima A (CoA) que activa al ácido acético. La coenzima adenosín-difosfato (ADP) capta gran parte de la energía liberada en las reacciones exotérmicas del proceso respiratorio transformándose en adenosín-trifosfato (ATP) (otra parte de la energía se pierde y es emitida al exterior en forma de calor); en los enlaces del ATP queda almacenada la energía captada, la cual es liberada nuevamente, al transformarse en ADP, donde y cuando la célula la necesite para desarrollar su actividad.

En función de la participación o no del oxígeno libre en el proceso respiratorio, se distinguen dos tipos de respiración, que respectivamente son: la **respiración aerobia** u **oxibiótica** y la **respiración anaerobia** o **anoxibiótica**. En la respiración aerobia se produce la oxidación completa del material respiratorio, quedando éste transformado en materia inorgánica cuyo contenido energético es escaso; el oxígeno es el aceptor final de electrones y protones, por lo que se reduce originando agua. En la respiración anaerobia la oxidación del material respiratorio es incompleta, de manera que las moléculas de éste se escinden en dos o más fragmentos, de los cuales unos quedan más oxidados y otros más reducidos que el material respiratorio de partida, es decir, tanto el dador como el aceptor final de electrones y protones son sustancias orgánicas que se originan del propio material respiratorio como productos intermedios durante el proceso de la respiración. Por tanto, en la respiración anaerobia se desarrollan "procesos oxidorreductores intramoleculares", por lo que también se denomina **respiración intramolecular**. El rendimiento energético en la respiración aerobia es considerablemente mayor que en la anaerobia, debido a que en ésta los productos reducidos que se obtienen son sustancias orgánicas que aún conservan una parte importante de energía potencial química.

Se denomina **fermentación** a la descomposición de la materia orgánica provocada por organismos saprógenos, principalmente anaerobios. Las fermentaciones son consecuencia de la respiración anaerobia de los microorganismos que las producen, ya que éstos toman del exterior materia orgánica utilizándola como material respiratorio; los productos finales del proceso respiratorio son devueltos nuevamente al medio.

La interpretación respiratoria de las fermentaciones se debe a Pasteur, quien, al estudiar la fermentación alcohólica de la glucosa demostró que los microorganismos causantes de la misma, cuando se encuentran en ausencia de oxígeno, realizan la fermentación alcohólica (descomposición de la glucosa en alcohol etílico y desprendiéndose anhídrido carbónico), mientras que en presencia de oxígeno libre no realizan dicha fermentación, sino que descomponen la glucosa liberando agua y anhídrido carbónico como consecuencia de la respiración aerobia.

La respiración anaerobia no es exclusiva de los microorganismos causantes de las fermentaciones puesto que prácticamente todos los seres vivos, excepto los animales homeotermos, pueden realizarla durante un tiempo más o menos largo cuando permanecen en ausencia de oxígeno. Incluso los animales homeotermos, cuando como consecuencia de un trabajo muscular intenso sus músculos no reciben el aporte de oxígeno necesario, se realiza en ellos la fermentación láctica de la glucosa.

Los organismos que únicamente pueden vivir en medios carentes de oxígeno sólo realizan la respiración anaerobia, se denominan **anaerobios obligados**; mientras que los que pueden vivir tanto en presencia de oxígeno como en ausencia de él, realizan respiración aerobia o anaerobia dependiendo de la presencia o no de oxígeno en el medio donde se encuentran, reciben el nombre de **anaerobios facultativos**. Ejemplos de organismos anaerobios obligados lo constituyen ciertas bacterias como las que provocan la fermentación butírica de los carbohidratos o las causantes del tétanos, así como los gusanos intestinales (entre ellos las tenias). Ejemplos de organismos anaerobios facultativos son los hongos unicelulares que provocan la fermentación alcohólica de la glucosa, o bacterias como las que producen la fermentación láctica, las que provocan la putrefacción de las proteínas, etc.

Los procesos bioquímicos que se desarrollan durante las respiraciones aerobia y anaerobia (fermentaciones), dependen en cierta medida del tipo de sustrato que se utilice como material respiratorio. Algunos de estos procesos bioquímicos serán abordados en los apartados siguientes, correspondientes al catabolismo de los distintos principios inmediatos orgánicos.

3.2. Metabolismo catabólico y anabólico de los carbohidratos

En los procesos anabólicos que conducen a la síntesis de los carbohidratos pueden distinguirse dos fases: la elaboración de la glucosa, y la obtención de polímeros (polisacáridos) a partir de la glucosa o de otras hexosas derivadas de ésta.

a) La elaboración de la glucosa a partir de componentes minerales sólo la pueden realizar los organismos autótrofos; los procesos que conducen a la misma (fotosíntesis) serán estudiados al final del tema. Sin embargo, las células de los organismos heterótrofos pueden sintetizar glucosa a partir de un componente orgánico, el ácido pirúvico, que se obtiene como producto del catabolismo de la glicerina, ácidos grasos, aminoácidos y de la propia glucosa. La síntesis de la glucosa a partir del ácido pirúvico es un proceso, denominado **gluconeogénesis**, que comprende una serie de reacciones enzimáticas que se inician en el interior de las mitocondrias y continúan en el hialoplasma.

b) La síntesis de los polisacáridos a partir de la glucosa requiere la intervención de enzimas, y de activadores que transfieran la energía necesaria para que se lleven a cabo las reacciones químicas que constituyen este proceso. Estas enzimas y activadores dependen del polisacárido que se vaya a sintetizar (glucógeno en los animales y almidón o celulosa en los vegetales), pero en todos los casos el proceso se inicia con la fosforilización de la glucosa (unión de una molécula de ácido fosfórico a la glucosa), pues únicamente las moléculas de glucosa fosforilizada son capaces de unirse entre sí para formar un polisacárido.

El glucógeno en los animales y el almidón en los vegetales constituyen las reservas energéticas de estos organismos (la celulosa únicamente desempeña función estructural). Cuando necesitan disponer de ellas, estos polisacáridos son catabolizados con la intervención de enzimas carbohidrasas, transformándose en glucosa, de la que obtienen la energía mediante una serie de reacciones catabólicas que se desarrollan durante la respiración y la fermentación.

La sangre de los mamíferos contiene glucosa en una proporción que ha de mantenerse constante (un gramo de glucosa por cada litro de sangre), ya que toda variación de la misma provoca trastornos en el organismo. Un aumento de la proporción de glucosa en la sangre, ocasionada por ejemplo, por la absorción de los alimentos después de la digestión, es contrarrestado por el proceso anabólico de la **glucogenogénesis** (síntesis de glucógeno a partir de la glucosa). Por el contrario, la disminución de la proporción de glucosa en la sangre, ocasionada, por ejemplo, por un consumo de glucosa por las células para obtener energía, es contrarrestada por el proceso catabólico de la **glucogenolisis** (descomposición del glucógeno en glucosa).

Todas las células pueden contener glucógeno, pero las células musculares y sobre todo las células hepáticas, son las que preferentemente lo almacenan. Por ello, los músculos y principalmente el hígado, son los órganos que coordinados por ciertas hormonas, fundamentalmente la insulina y la adrenalina, controlan el contenido de glucosa en la sangre. La presencia de la insulina provoca en estos órganos la glucogenogénesis, mientras que la adrenalina provoca la glucogenolisis.

3.2.1. Catabolismo de la glucosa: Ruta aerobia y anaerobia

La glucosa es el material respiratorio más importante para todos los seres vivos. La mayor parte de la energía que utiliza la célula proviene del catabolismo de la glucosa.

La degradación total de la glucosa, que se lleva a cabo mediante la respiración aerobia, responde a la siguiente ecuación general:

$$C_6H_{12}O_6 + 6O_2 \longrightarrow 6CO_2 + 6H_2O + 686\ \frac{\text{kcal}}{\text{mol}}$$

Esta reacción global no se desarrolla de golpe, sino a través de un largo y complicado proceso metabólico que tiene lugar en el seno de las mitocondrias, donde se localizan las enzimas responsables del mismo, y que son básicamente deshidrogenasas, descarboxilasas y oxidasas. En este proceso podemos distinguir tres fases: **glucólisis**, **ciclo de Krebs** y **cadena respiratoria**.

a) **Glucólisis**. Esta fase se desarrolla fuera de las mitocondrias, en el seno del hialoplasma; en ella no interviene el oxígeno, por lo que es común a la respiración aerobia y a la anaerobia.

   Durante la glucólisis cada molécula de glucosa se desdobla en dos moléculas de ácido pirúvico mediante una compleja cadena de reacciones metabólicas de las que destacaremos solamente las de mayor interés.

   Empieza el proceso con la fosforilización de la glucosa por incorporación a su carbono 6 de una molécula de ácido fosfórico que le cede un ATP, formándose glucosa 6-fosfato:

$$\text{glucosa} + \text{ATP} \longrightarrow \text{glucosa 6-fosfato} + \text{ADP}$$

A través de una cadena de reacciones, por cada molécula de glucosa 6-fosfato se forman dos moléculas de 3-fosfogliceraldehído; cada una de las cuales se transforma en ácido pirúvico a través de otra cadena de reacciones. En el transcurso de la misma, y por la intervención de una deshidrogenasa, se desprenden dos átomos de hidrógeno que quedan ionizados en $2H^+$ y $2e^-$ y se libera cierta cantidad de energía que es captada por un ADP para incorporar el ácido fosfórico que se desprende del 3-fosfogliceraldehído y transformarse en ATP.

En resumen, la glucólisis se puede esquematizar mediante la siguiente reacción global:

$$\underset{\text{(glucosa)}}{C_6H_{12}O_6} \longrightarrow \underset{\text{(ácido pirúvico)}}{2CH_3\text{—}CO\text{—}COOH} + 4H^+ + 4e^-$$

A partir del ácido pirúvico el catabolismo de la glucosa puede seguir dos caminos o rutas metabólicas diferentes: una aerobia, que conduce al ciclo de Krebs (respiración aerobia), y otra anaerobia que conduce a las fermentaciones (respiración anaerobia).

b) **Ciclo de Krebs**. Llamado también ciclo del **ácido cítrico** o **ciclo de los ácidos tricarboxílicos** porque se inicia y termina con la formación de una molécula de dicho ácido, que posee tres grupos carboxilo (—COOH). El ciclo de Krebs tiene lugar en la matriz de las mitocondrias, pues allí se encuentran las enzimas que intervienen en el mismo.

Para que el ácido pirúvico obtenido en la glucólisis pueda entrar en el ciclo de Krebs, ha de transformarse en ácido acético, para ello pierde un átomo de carbono en forma de CO_2, dos átomos de hidrógeno (gracias a la acción de una deshidrogenasa) que se ionizan en $2H^+$ y $2e^-$, e incorporar una molécula de agua:

$$\underset{\text{(ácido pirúvico)}}{CH_3\text{–}CO\text{–}COOH} + H_2O \longrightarrow \underset{\text{(ácido acético)}}{CH_3\text{–}COOH} + CO_2 + 2H^+ + 2e^-$$

El ácido acético es activado mediante su unión a la coenzima A tranformándose en acetil-coenzima A (acetil CoA), el cual reacciona con una molécula de ácido oxalacético y se forma ácido cítrico, liberándose la coenzima A que lo activaba.

Con el ácido cítrico se inicia el ciclo de Krebs, que consiste en una cadena de reacciones en las que unos ácidos orgánicos se van transformando en otros, hasta volver a regenerarse el ácido oxalacético, según se muestra en el esquema de la figura 1:

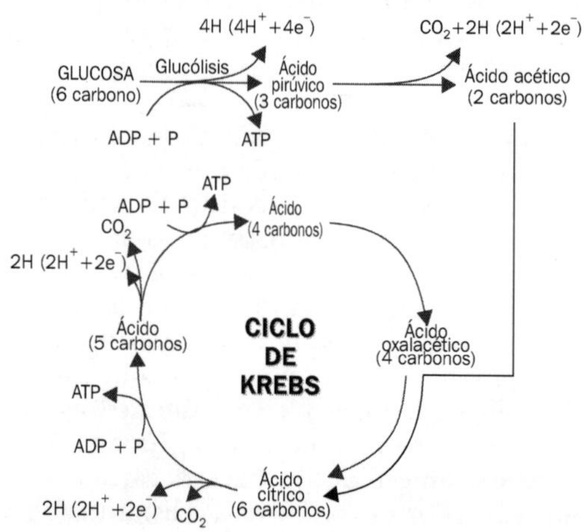

FIGURA 1. *Esquema de la glucólisis y del ciclo de Krebs.*

Como puede observarse, por cada molécula de ácido pirúvico que transformada en ácido acético ingresa en el ciclo, se desprenden:

- Dos moléculas de CO_2 gracias a la acción de las descarboxilasas.

- Ocho átomos de hidrógeno por la acción de las deshidrogenasas (NADP, NAD y FAD), que se ionizan en $8H^+$ y $8e^-$.

- Se libera energía en forma de ATP.

c) **Cadena respiratoria**. También llamada **cadena de transporte electrónico**, pues los electrones liberados en las dos fases anteriores por las hidrogenasas, son recogidos por enzimas oxidasas y van pasando de una a otra. La cadena de transporte electrónico se lleva a cabo en las crestas mitocindriales, que es donde se localizan las oxidasas que intervienen en dicho transporte: NAD, FAD, citocromos y citocromoxidasas.

Las citocromoxidasas incorporan los electrones al oxígeno (el oxígeno es el aceptor final de electrones, lo que caracteriza a la respiración aerobia), con lo cual éste puede ionizarse y en consecuencia ser activado. Cada cuatro electrones activan una molécula de oxígeno (dos electrones por cada átomo):

$$\frac{1}{2}O_2 + 2e^- \longrightarrow O^{2-}$$

El oxígeno ionizado muestra una gran afinidad por los H^+, y al unirse con ellos forma agua:

$$2H^+ + O^{2-} \longrightarrow H_2O$$

Durante el transporte de electrones por la cadena de oxidasas se libera una gran cantidad de energía que va siendo captada por moléculas de ADP que incorporan ácido fosfórico y se transforman en ATP. Este acoplamiento se conoce con el nombre de fosforilización oxidativa. Sin embargo parte de la energía que se libera lo hace en forma de calor y no es aprovechable, mientras que la que ha quedado acumulada en forma de ATP es fácilmente utilizable por el organismo para desarrollar su actividad vital.

La cadena respiratoria se muestra en el esquema 1.

El rendimiento energético total de las tres fases que integran la ruta aerobia del catabolismo de la glucosa es el siguiente: por cada molécula de glucosa se forman 38 ATP a partir de ADP, lo cual supone la incorporación de otros tantos enlaces ricos en energía. El nivel energético asignado a cada enlace varía, según los autores, entre 7 y $12\frac{\text{kcal}}{\text{mol}}$, lo que hace un total de entre 266 y 456 kcal por cada mol de glucosa, que quedan acumuladas. La diferencia hasta las $686\frac{\text{kcal}}{\text{mol}}$ de la reacción global, representa la energía que se libera en forma de calor. Es decir, por cada mol de glucosa se almacena entre 266 y 456 kcal en forma de ATP y se desprende entre 420 y 230 kcal en forma de calor.

■ Ruta anaerobia

Como se dijo antes, al final de la glucólisis el ácido pirúvico puede dar lugar a una vía metabólica diferente a la del ciclo de Krebs, es la vía metabólica de las fermentaciones que se desarrolla en ausencia de oxígeno (ruta anaerobia). Los H^+ y los electrones que se desprenden se ven obligados a unirse a otros aceptores distintos del oxígeno, por lo que no se forma agua.

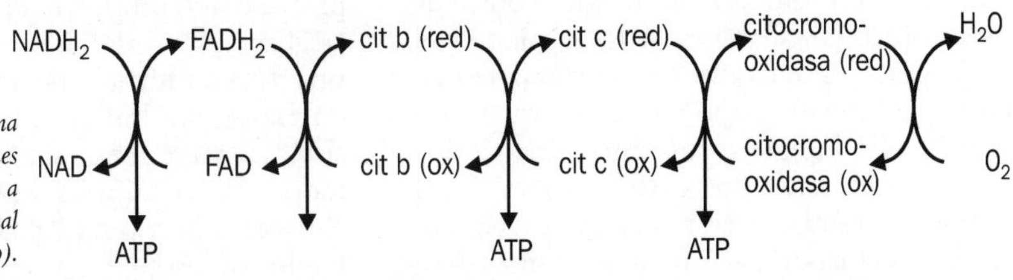

ESQUEMA 1. *Cadena respiratoria: los electrones pasan de una coenzima a otra hasta el aceptor final (el oxígeno).*

Los tipos de fermentaciones más corrientes son la **fermentación alcohólica** y la **fermentación láctica**:

a) **Fermentación alcohólica.** En ella el ácido pirúvico se descarboxila (desprendiendo una molécula de CO_2) pasando a acetaldehído, el cual actúa como aceptor de hidrógenos y se reduce a alcohol etílico:

$$CH_3—CO—COOH \longrightarrow CH_3—CHO + CO_2$$
(ácido pirúvico) (acetaldehído)

$$CH_3—CHO + NADH_2 \longrightarrow CH_3—CH_2OH + NAD$$
(acetaldehído) (alcohol etílico)

b) **Fermentación láctica.** En ella el ácido pirúvico es el aceptor de hidrógenos reduciéndose a ácido láctico:

$$CH_3—CO—COOH + NADH_2 \longrightarrow CH_3—CHOH—COOH + NAD$$
(ácido pirúvico) (ácido láctico)

3.3. Metabolismo catabólico y anabólico de las grasas

En el catabolismo de las grasas ha de producirse, en primer lugar, la hidrólisis de las mismas. Ésta se realiza por la acción de las enzimas lipasas que las desdoblan en glicerina y ácidos grasos.

La glicerina se transforma fácilmente en 3-fosfogliceraldehído incorporándose así al catabolismo de la glucosa.

Los ácidos grasos se oxidan totalmente mediante un proceso conocido como **β-oxidación**, consistente en lo siguiente: el ácido graso es activado por la coenzima A, que se le une al grupo funcional carboxilo (-COOH). Luego se produce una deshidrogenación entre los carbonos α y β (el carbono α es el anterior al grupo carboxilo, es decir, el carbono al que se une este grupo; el carbono β es el anterior al carbono α), a la que sigue la incorporación de una molécula de agua, y una nueva deshidrogenación que da lugar a la formación de un compuesto cetónico. La fijación de una nueva molécula de coenzima A en el carbono β de dicho compuesto, provoca la escisión del mismo entre los carbonos α y β, formándose acetilcoenzima A y quedando un resto de ácido graso activado, pero con dos carbonos menos respecto al de partida.

El resto del ácido graso activado sigue el mismo proceso y cada vez que esto ocurre se libera una molécula de acetil-coenzima A, que sigue su catabolismo incorporándose al "ciclo de Krebs", mientras que los hidrógenos que se desprenden se ionizan e ingresan en la "cadena respiratoria". Como los ácidos grasos siempre tienen un número par de átomos de carbono, su oxidación total se lleva a cabo por sucesivas β-oxidaciones.

Lynen ha representado esquemáticamente la β-oxidación mediante una hélice en la que cada vuelta corresponde a la separación de un acetilcoenzima A y de cuatro átomos de hidrógeno que son recogidos por deshidrogenasas (FAD y NAD) (figura 2).

El anabolismo de las grasas se produce por la unión de sus componentes elementales: glicerina y ácidos grasos, que provienen de la absorción de los alimentos después de la digestión, o pueden obtenerse a partir de otros compuestos orgánicos. Los organismos heterótrofos obtienen estos compuestos de una manera u otra, mientras que los autótrofos sólo los pueden obtener a partir de compuestos orgánicos sintetizados por ellos.

La síntesis de las grasas se produce en la propia pared intestinal donde se ha absorbido la glicerina y los ácidos grasos, formándose una fina emulsión de grasas que ingresan en el sistema linfático, de donde pasarán al sistema sanguíneo que las distribuirá por todo el organismo, las grasas no utilizadas se almacenarán como sustancias de reserva en el tejido adiposo.

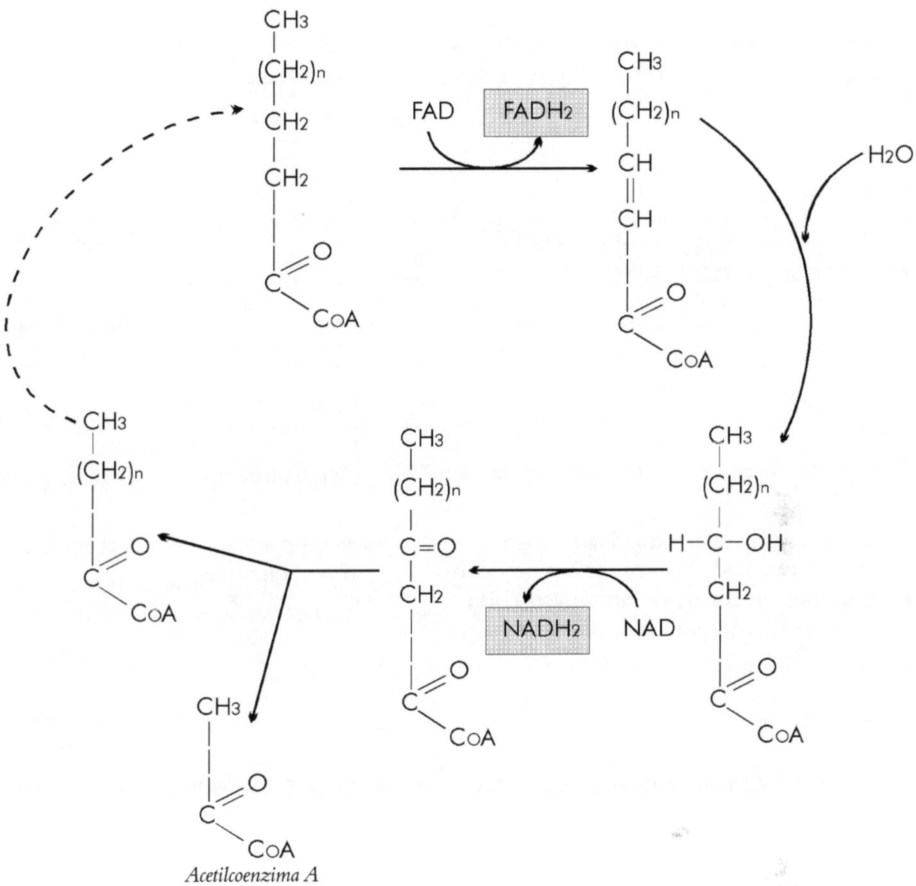

FIGURA 2. *Esquema del proceso de β-oxidación.*

Como se ha indicado antes, los componentes elementales de las grasas, glicerina y ácidos grasos, pueden formarse a partir de otros compuestos orgánicos. Así, la glicerina puede obtenerse a partir del 3-fosfogliceraldehído mediante un proceso inverso al de su catabolismo, mientras que los ácidos grasos se forman a partir de ácido acético, que al unirse a la coenzima A se transforma en acetilcoenzima A, y mediante el proceso inverso a la β-oxidación da lugar a los ácidos grasos.

3.4. Metabolismo catabólico y anabólico de las proteínas

El catabolismo de las proteínas es un proceso complicado en el que hay que distinguir dos fases absolutamente independientes. La primera consiste en la descomposición de la proteína hasta la completa liberación de sus aminoácidos integrantes, se trata de un proceso comparable a la digestión que las proteínas sufren en el tubo digestivo de los animales, pues se debe a la acción de enzimas hidrolíticas (proteinasas y pectidasas endocelulares). La segunda fase consiste en la desintegración de los aminoácidos mediante procesos oxidativos. Entre los mecanismos de oxidación de los aminoácidos destacamos la **transaminación** y la **desasimilación oxidativa**.

La transaminación consiste en el traspaso del grupo amino (—NH_2) de un aminoácido a un α-cetoácido (un α-cetoácido es un ácido orgánico que tiene un grupo cetónico,

—CO—, en el carbono α) que lo acepta, de manera que un aminoácido se degrada para permitir que otro se forme. Estas reacciones son catalizadas por enzimas transaminasas:

$$\text{aminoácido}_1 + \alpha\text{-cetoácido}_2 \longrightarrow \alpha\text{-cetoácido}_1 + \text{aminoácido}_2$$

Ejemplo:

$$\text{Ch}_3 - \text{CHNH}_2 - \text{COOH} + \begin{array}{l} \text{CH}_2\text{—CO—COOH} \\ | \\ \text{CH}_2\text{—COOH} \end{array} \longrightarrow \text{Ch}_3 - \text{CO} - \text{COOH} + \begin{array}{l} \text{CH}_2\text{—CHNH}_2\text{—COOH} \\ | \\ \text{CH}_2\text{—COOH} \end{array}$$

(Alamina) (Ac. α-cetoglutámico) (Ácido pirúvico) (Ácido glutámico)

La desasimilación oxidativa consiste en la liberación directa de los grupos amino de los aminoácidos en forma de amoniaco (NH_3), reacción catalizada por enzimas deshidrogenasas específicas, con intervención del NAD u otras coenzimas:

$$\text{aminoácido} \longrightarrow \alpha\text{-cetoácido} + NH_3$$

Ejemplo:

$$CH_3\text{—}CHNH_2\text{—}COOH + H_2O + NAD \longrightarrow CH_3\text{—}CO\text{—}COOH + NH_3 + NADH_2$$

Respecto al anabolismo de las proteínas nos ocuparemos aquí únicamente de la formación de aminoácidos, la síntesis de las proteínas a partir de los aminoácidos será estudiada en el tema siguiente.

Cada aminoácido posee su propia vía de obtención, que además puede variar según el tipo de célula que la sintetiza. Esta característica hace que un estudio completo de la síntesis de los aminoácidos sea enormemente complejo, por lo que únicamente daremos sólo unas ideas básicas.

Los vegetales, principalmente los autótrofos, pero también la mayoría de los heterótrofos, sintetizan todos y cada uno de los aminoácidos a expensas de los carbohidratos y de las sales minerales del suelo. Los animales pueden sintetizar ciertos aminoácidos, pero existen otros que las células animales no son capaces de obtener y que, por tanto, deben ser ingeridos; a estos aminoácidos se les denomina "esenciales" o "indispensables". Los aminoácidos esenciales no pueden ser elaborados por los animales debido a que éstos no pueden sintetizar el esqueleto carbonoso de tales aminoácidos. Los aminoácidos no esenciales pueden obtenerse mediante el proceso de transaminación, entre un aminoácido y un cetoácido, descrito anteriormente.

4. Nutrición autótrofa en vegetales: fotosíntesis

La nutrición autótrofa se caracteriza porque partiendo de sustancias inorgánicas e incorporando a las mismas energía libre, es sintetizada la materia orgánica.

Los elementos básicos de la materia orgánica son el carbono, el oxígeno, el hidrógeno y el nitrógeno; estos elementos son obtenidos por los vegetales autótrofos, del anhídrido carbónico, de los nitratos y del agua que incorporan del medio.

Como consecuencia de lo anteriormente expuesto, en el anabolismo autótrofo se pueden distinguir dos tipos fundamentales: el del carbono (a partir del CO_2) y el del nitrógeno (a partir de los iones nitratos, NO^-_3). El del hidrógeno y el del oxígeno (a partir del H_2O) es simultáneo con el del carbono.

Con el anabolismo del carbono (al que acompaña siempre el hidrógeno y el oxígeno) se forman monosacáridos, glicerina y ácidos grasos. Con el del nitrógeno se forma amoniaco (NH_3), y como el radical amino ($—NH_2$) se combina con alguna de las sustancias orgánicas de carácter ácido obtenidas en el anabolismo del carbono, se forman aminoácidos.

La formación de los principios inmediatos orgánicos más complejos a partir de estos compuestos elementales (monosacáridos, glicerina, ácidos grasos y aminoácidos) se lleva a cabo mediante procesos semejantes a los del anabolismo heterótrofo que fueron estudiados en el apartado anterior.

4.1. Fotosíntesis del carbono

La **fotosíntesis**, también llamada **función clorofílica** porque tiene lugar en presencia de la clorofila que se localiza en los cloroplastos de las plantas verdes, es el proceso de nutrición por el cual las plantas verdes, a partir de anhídrido carbónico y agua, y con la incorporación de energía luminosa, logran obtener azúcares y otras sustancias orgánicas con desprendimiento de oxígeno (figura 3).

La reacción global de este proceso referida a la glucosa es:

$$6CO_2 + 6H_2O + \text{Energía luminosa} \longrightarrow C_6H_{12}O_6 + 6O_2$$

Durante mucho tiempo se pensó que el oxígeno que se desprende en este proceso, procedía del CO_2. Actualmente con la utilización del isótopo ^{18}O se ha demostrado que el O_2 desprendido proviene de las moléculas de agua.

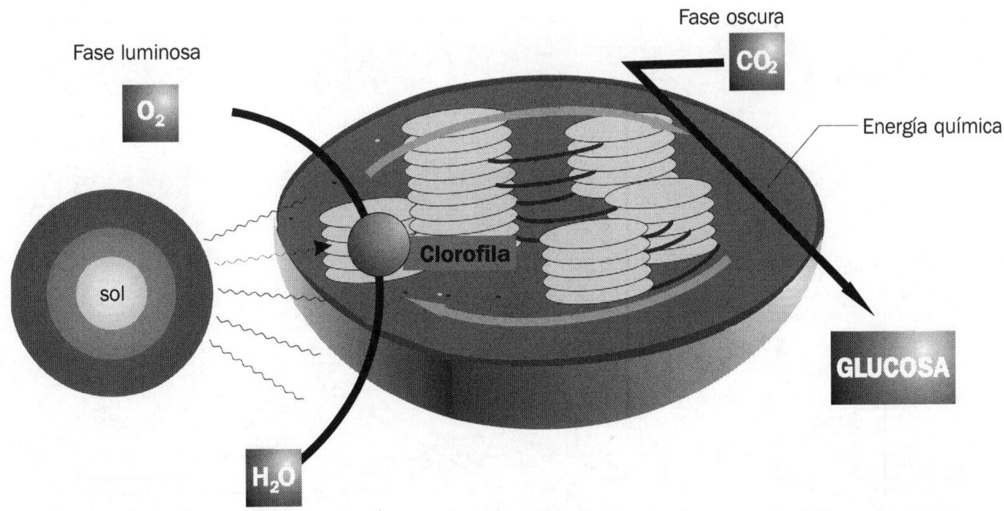

FIGURA 3. *Esquema global de la fotosíntesis del carbono.*

En la fotosíntesis del carbono se distinguen dos fases: **fase luminosa** y **fase oscura**.

A) **Fase luminosa**. Llamada así porque necesita la presencia de la luz para llevarse a cabo. Esta fase tiene lugar en los grana de los cloroplastos (en ellos se localiza la clorofila), durante la misma se produce la "fotolisis" del agua, sin que aún intervenga el anhídrido carbónico.

Existen dos tipos de clorofila: "**a**" y "**b**"; ambas son capaces de absorber un fotón (cuanto de luz), con lo que pasan a un estado excitado liberando un electrón. El electrón liberado al encontrarse en un nivel energético superior, es inestable y tiende a volver a su nivel, para lo que tiene que liberar la energía adicional absorbida. El electrón procedente de la clorofila b actúa sobre el agua descomponiéndola en H^+ y OH^- (fotolisis). El H^+, junto con el electrón procedente de la clorofila a, reduce al NADP, que pasa a $NADPH_2$; el componente oxidante OH–, previo paso por una etapa de peróxido de hidrógeno (H_2O_2), se convierte en H_2O y O_2 que es expulsado al exterior, y devuelve los electrones a la clorofila b; ésta los utiliza para recuperar su estado normal y transfiere el exceso de energía a la clorofila a, que deja igualmente de estar excitada y, por tanto, en condiciones de absorber un nuevo fotón. En la figura 4 mostramos un esquema de este proceso.

La transferencia de electrones entre la clorofila b y la clorofila a se realiza por medio de un sistema redox formado por los citocromos y acoplado a un sistema de fosforilización que conduce a la producción de ATP a partir de ADP y ácido fosfórico (fosforilización fotosintética o fotofosforilización).

En resumen durante la fase luminosa se produce la fotofosforilización y la fotolisis del agua, cuyos H^+ se utilizan para la reducción del NADP.

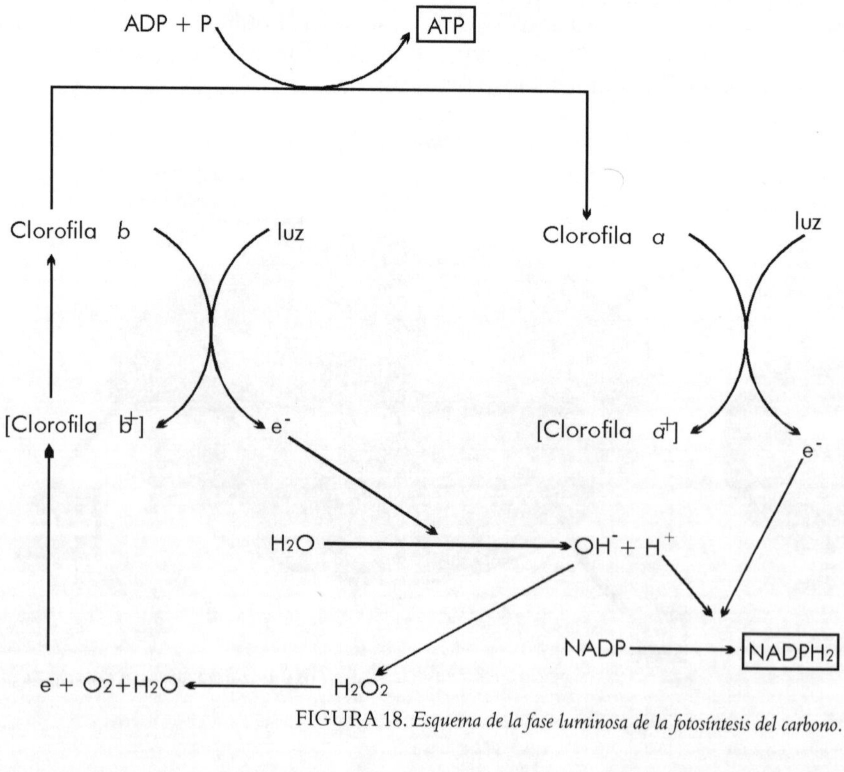

FIGURA 18. *Esquema de la fase luminosa de la fotosíntesis del carbono.*

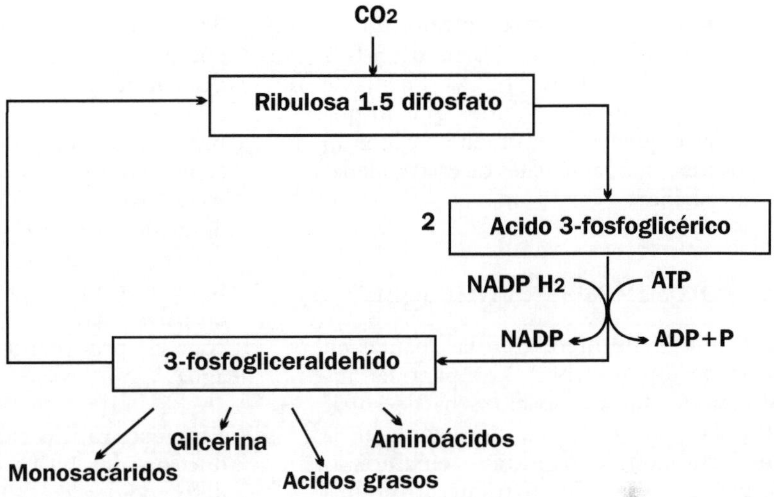

ESQUEMA 2.
Ciclo de Calvin.

B) **Fase oscura**. Se realiza sin la presencia de la luz y no interviene la clorofila. Esta fase se desarrolla en el estroma de los cloroplastos y durante la misma se produce la fijación del CO_2 y su reducción gracias a los H^+ que aporta el $NADPH_2$, utilizándose para ello la energía química del ATP obtenida en la fase luminosa.

El CO_2 es incorporado a la ribulosa 1-5 difosfato, formándose dos moléculas de ácido 3-fosfoglicérico, de acuerdo con la siguiente reacción catalizada por una enzima llamada carboxidismutasa:

$$\begin{array}{l} CH_2O{-}P \\ | \\ C{=}O \\ | \\ CHOH + CO_2 + H_2O \\ | \\ CHOH \\ | \\ CH_2O{-}P \end{array} \longrightarrow 2\ \begin{array}{l} {}^*COOH \\ | \\ CHOH \\ | \\ CH_2O{-}P \end{array}$$

(Ribulosa 1–5 difosfato) (ácido 3–fosfoglicérico)

(El carbono marcado con el asterisco es el que proviene del CO_2)

Así pues, el primer compuesto orgánico formado en la fotosíntesis a expensas del CO_2 es el ácido 3-fosfoglicérico.

El segundo paso es la formación de 3-fosfogliceraldehído como consecuencia de la reducción del ácido 3-fosfoglicérico por el $NADPH_2$ y con el aporte energético del ATP, que al pasar a ADP libera la energía necesaria para ello:

$$\begin{array}{l} COOH \\ | \\ CHOH + NADPH_2 + ATP \\ | \\ CH_2O{-}P \end{array} \longrightarrow \begin{array}{l} CHO \\ | \\ CHOH + H_2O + NADP + ADP + P \\ | \\ CH_2O{-}P \end{array}$$

(ácido 3–fosfoglicérico) (3–fosfogliceraldehído)

El 3-fosfogliceraldehído origina de nuevo ribulosa 1-5 difosfato, estableciéndose con ello un ciclo cerrado que recibe el nombre de ciclo de Calvin y en el cual, según lo dicho, se pueden distinguir tres fases: 1ª, fase de carboxilización, en la que el CO_2 se incorpora a la ribulosa 1-5 difosfato para formar ácido 3-fosfoglicérico; 2ª, fase de reducción, en la que este último ácido, por la acción del $NADPH_2$ y con la intervención energética del ATP se reduce a 3-fosfogliceraldehído; y 3ª, fase de recuperación, durante la cual parte del 3-fosfogliceraldehído se convierte en ribulosa 1-5 difosfato (esquema 2).

La formación de monosacáridos, glicerina y ácidos grasos a partir de 3-fosfogliceraldehído se realiza mediante procesos muy complicados, por lo que en el esquema 3 solamente se indican los pasos fundamentales de estas cadenas metabólicas.

4.2. Fotosíntesis del nitrógeno

El nitrógeno ingresa en las plantas en forma de nitratos (NO_3^-), y para ser incorporado a los aminoácidos ha de sufrir un proceso de reducción consistente en la transformación de los nitratos en amoniaco. Este proceso es de naturaleza fotoquímica, y se desarrolla de forma semejante a la fotosíntesis del carbono. Su reacción global es:

$$HNO_3 + 4H_2O \longrightarrow NH_3 + 3H_2O + 2O_2$$

También aquí se distingue una **fase luminosa** y otra **oscura**.

A) **Fase luminosa**. En ella la clorofila, al excitarse por la captación de un fotón, desprende electrones de alto nivel energético. Al mismo tiempo se produce la fotolisis del agua que proporciona los electrones que irán a neutralizar la clorofila y durante su recorrido ceden energía que es captada por un ADP para incorporar una molécula de ácido fosfórico y pasar a ATP. Los electrones cedidos por la clorofila son recogidos por la ferredoxina y cedidos en parte a un NADP que también recoge H^+ procedentes de la fotolisis del agua.

B) **Fase oscura**. En ella se produce la reducción del NO_3^- con los electrones desprendidos de la clorofila en la fase anterior; esta reducción comprende dos etapas:

a) Transformación de los nitratos (NO_3^-) en nitritos (NO_2^-) por la acción de la enzima nitratorreductasa, que actúa transportando los dos electrones recogidos por el NADP al NO_3^-, activando un átomo de oxígeno que forma así una molécula de agua al unirse con dos H^+ procedentes del $NAPH_2$.

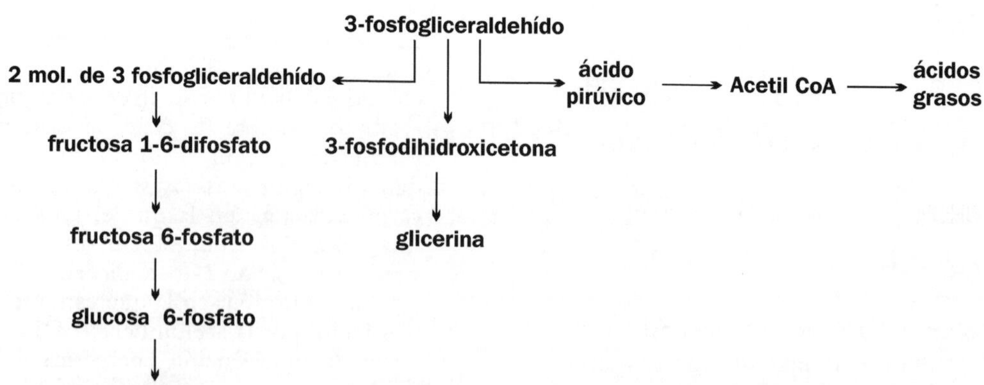

ESQUEMA 3. *Pasos fundamentales en la formación de monosacáridos, glicerina y ácidos grasos, a partir del 3-fosfogliceraldehído.*

b) Transformación de los nitritos (NO_2^-) en amoniaco (NH_3) por la intervención de la enzima nitritorreductasa, que actúa transportando sobre el NO_2^- seis electrones retenidos por la ferredoxina, los cuales activan los dos átomos de oxígeno, que junto con cuatro H^+ procedentes de la fotolisis del agua, forman dos moléculas de H_2O. El nitrógeno de los nitritos pasa a $NH^=$ uniéndose entonces con otros dos H^+, procedentes de la fotolisis del agua, para formar NH_3.

El amoniaco formado se combina con el ácido glutámico formando glutamina, cuyo grupo amino ($-NH_2$) puede ser transferido a a-cetoácidos formándose de esta manera los aminoácidos (transaminación).

La fotosíntesis del nitrógeno en sus dos fases, luminosa y oscura, se recoge en el esquema 4.

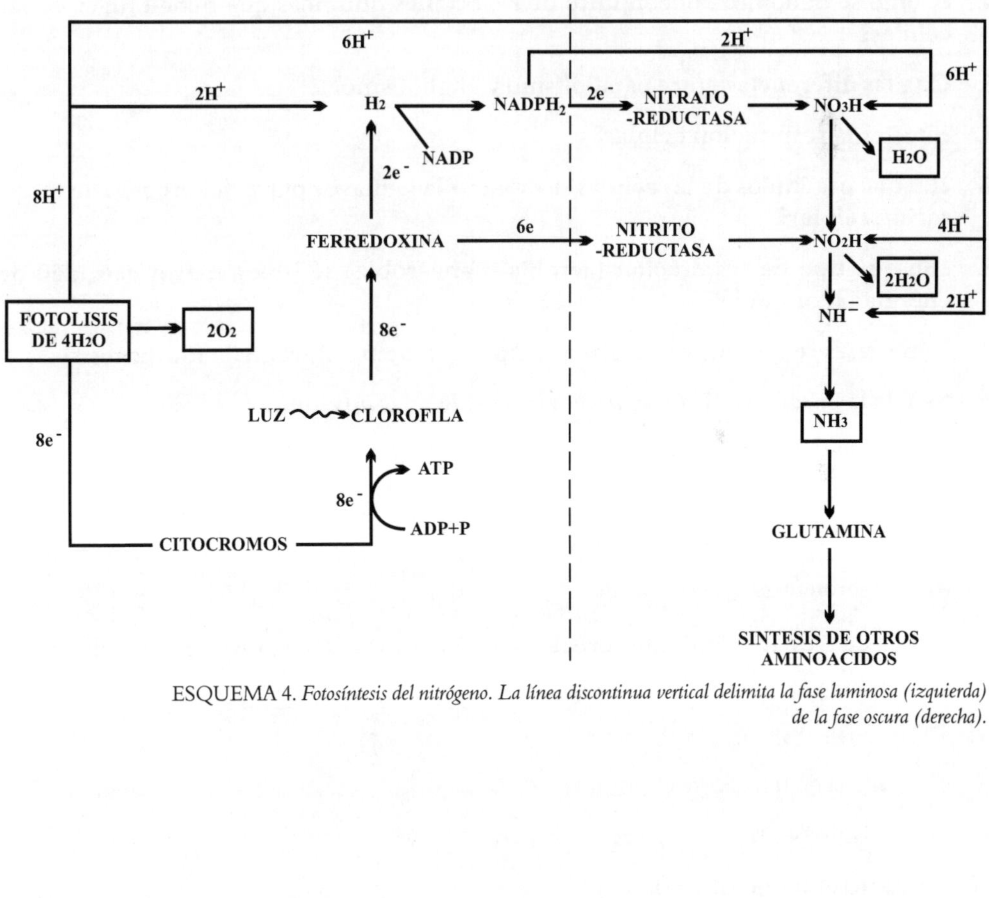

ESQUEMA 4. *Fotosíntesis del nitrógeno. La línea discontinua vertical delimita la fase luminosa (izquierda) de la fase oscura (derecha).*

CUESTIONES

1. **Enumera los tres tipos de biocatalizadores que existen.**
2. **¿Qué tipo de biocatalizadores son los que con su acción activan las reacciones químicas que se producen en un ser vivo?**
3. **Son sustancias activas sintetizadas por las plantas y que los animales necesitan ingerir en dosis muy pequeñas. ¿A qué nos estamos refiriendo?**
4. **¿Cómo se denomina el conjunto de reacciones químicas que tienen lugar en las células?**
5. **Cita las diferencias entre catabolismo y anabolismo.**
6. **¿Qué es la respiración celular?**
7. **¿En qué orgánulos de las células se desarrolla la mayor parte del proceso de respiración celular?**
8. **¿En qué tipo de respiración (aerobia o anaerobia) se libera mayor cantidad de energía? ¿Por qué?**
9. **¿Qué gases se consume y se libera, respectivamente, durante la fotosíntesis?**
10. **Señala la característica que no corresponde a las enzimas:**
    a) Son sintetizadas únicamente por las plantas.
    b) Son sustancias específicas.
    c) Tras su acción permanecen inalteradas.
    d) Son proteínas.
11. **Indica cuál de los siguientes procesos no corresponde a la respiración celular:**
    a) Glucólisis.
    b) Ciclo de Calvin.
    c) Cadena de transporte electrónico.
    d) Ciclo de Krebs.
12. **Respecto al metabolismo:**
    a) Sólo presentan metabolismo las células animales.
    b) A partir de las moléculas orgánicas sencillas se sintetizan otras más complejas.
    c) Todas las reacciones del metabolismo están reguladas por enzimas.
    d) Las moléculas orgánicas complejas se descomponen en otras más sencillas.

13. Señala la afirmación más correcta acerca de la fotosíntesis:

a) Todas las fases se realizan exclusivamente en presencia de la luz solar.

b) Durante la fotosíntesis tiene lugar la fotolisis del agua, proceso en que se libera oxígeno.

c) Todas las reacciones tienen lugar en el estroma del cloroplasto.

d) El ciclo de Krebs es una fase de la fotosíntesis.

14. En la respiración aerobia, el aceptor final del H^+ y e^-:

a) Es un compuesto inorgánico, como el NO_2.

b) Es un compuesto inorgánico, como el O_2.

c) Es un compuesto orgánico sencillo.

d) Es el agua.

15. En general, la glucosa se oxida para producir:

a) ATP.

b) CO_2.

c) CO_2 y H_2O.

d) CO_2 y acetil-coenzima A.

16. La fosforilación oxidativa tiene lugar:

a) En el citosol.

b) En la matriz micondrial.

c) En el cloroplasto.

d) En la membrana mitocondrial interna.

17. La fotofosforilación se desarrolla:

a) En el estroma.

b) En la membrana tilacoidal.

c) En la membrana plastidial.

d) En las mitocondrias.

18. En la formación de una molécula de glucosa por fotosíntesis, se consumen:

a) $6CO_2$, 6ATP, 6NADPH + H^+.

b) $6CO_2$, 18ATP, 12NADPH + H^+.

c) $6CO_2$, 6ATP, 18NADPH + H^+.

d) $6CO_2$, $6H_2O$.

19. El papel del agua en la fotosíntesis es:

a) Suministrar H^+ y e^-.
b) Cooperar con los cloroplastos.
c) Evitar que se seque.
d) Mantener viva la planta.

20. Las enzimas que catalizan reacciones de transferencia electrónica son las:

a) Oxidasas y transferasas.
b) Deshidrogenasas y oxidadasas.
c) Hidrolasas.
d) Ligasas.

21. Las levaduras pueden sobrevivir en ausencia de oxígeno porque:

a) No respiran.
b) No realizan respiración aerobia.
c) Sólo necesitan dióxido de carbono.
d) Son aerobios esctrictos.

22. La etapa de la respiración celular, llamada ciclo de Krebs, tiene lugar:

a) En la membrana de los tilacoides.
b) En las crestas mitocondriales.
c) En el estroma plastidial.
d) En la materia mitocondrial.

23. ¿Qué es una coenzima?

a) Una sustancia orgánica que se une a la enzima.
b) La parte proteica de la enzima.
c) Una sustancia inorgánica que activa la enzima.
d) Iones inorgánicos que se unen al componente proteico de la enzima.

24. Aerobiosis quiere decir que el metabolismo se realiza en:

a) Presencia de oxígeno.
b) Presencia de CO_2.
c) Ausencia de oxígeno.
d) Presencia de nitrógeno.

25. El sustrato inicial del ciclo de Krebs es:

a) La glucosa.
b) El ácido láctico.
c) El oxígeno.
d) El acetil-CoA.

SOLUCIÓN A LAS CUESTIONES

1. Enzimas o fermentos, vitaminas y hormonas.
2. Las enzimas.
3. Las vitaminas.
4. Metabolismo.
5. El catabolismo comprende reacciones de descomposición en las que se libera energía, mientras que el anabolismo implica reacciones de síntesis en las que se consume energía.
6. El proceso a través del cual las células obtienen la energía que necesitan para su actividad vital.
7. En las mitocondrias.
8. En la respiración aerobia, pues en ésta se produce la degradación total de la glucosa transformándose en materia mineral y liberándose toda la energía que contiene. Mientras que en la respiración anaerobia la degradación de la glucosa es parcial, obteniéndose como productos otras sustancias orgánicas que aún conservan parte de energía.
9. Se consume dióxido de carbono y se libera oxígeno.
10. a) Son sintetizadas únicamente por las plantas.
11. b) Ciclo de Calvin.
12. c) Todas las reacciones del metabolismo están reguladas por enzimas.
13. b) Durante la fotosíntesis tiene lugar la fotolisis del agua, proceso en el que se libera oxígeno.
14. b) Es un compuesto inorgánico, como el O_2.
15. c) CO_2 y H_2O.
16. d) En la membrana mitocondrial interna.
17. b) En la membrana tilacoidal.
18. d) $6CO_2$, $6H_2O$.
19. a) Suministrar H^+ y e^-.
20. b) Deshidrogenasas y oxidadas.
21. b) No realizan respiración aerobia.
22. d) En la matriz mitocondrial.
23. a) Una sustancia orgánica que se une a la enzima.
24. a) Presencia de oxígeno.
25. d) El acetil-CoA.

Tema 6

Genética molecular: la transferencia de la información

Introducción

La **Genética molecular** estudia las moléculas que contienen información biológica y los procesos bioquímicos de su transmisión y manifestación.

En el tema 2, donde se estudiaron los ácidos nucleicos, ya hicimos mención de las distintas transferencias o flujos a los que está sujeta la información genética. No obstante, es imprescindible que conozcamos más detalladamente los mecanismos moleculares que intervienen en esas transferencias.

Por supuesto, hoy día se conocen otros flujos diferentes a los mencionados en el tema 2, como es el caso de la retrotranscripción o síntesis de ADN a partir de ARN, llevada a cabo por algunos organismos víricos, como por ejemplo el virus del "SIDA", y la síntesis de ARN a partir de ADN. Sin embargo, dada su escasa frecuencia y particularidad consideramos que no deben ser abordadas aquí.

1. La síntesis de ADN

Los resultados de los estudios y experimentos realizados acerca de la replicación o síntesis de ADN permiten afirmar en la actualidad los siguientes hechos fundamentales:

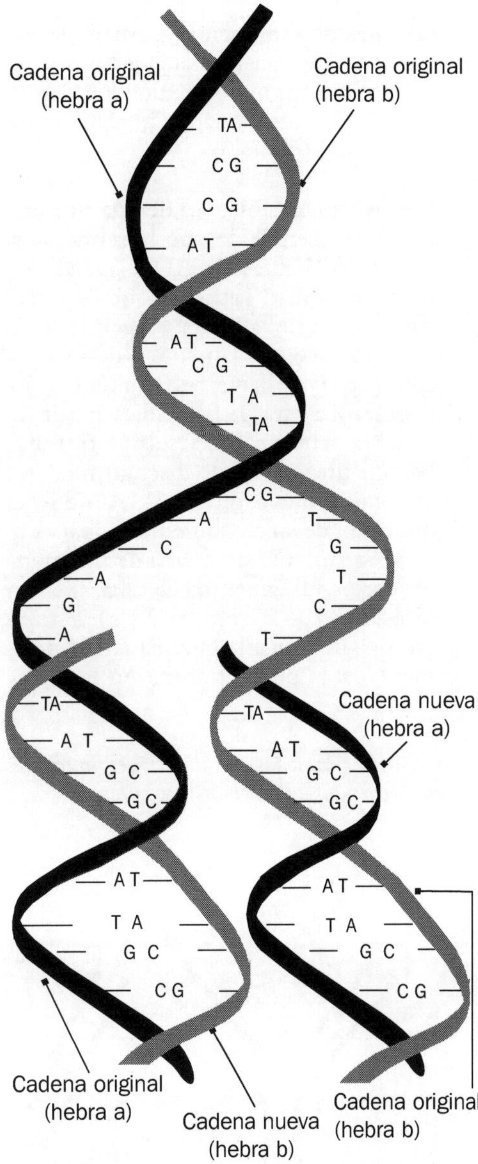

FIGURA 1. *Replicación semiconservativa del ADN.*

1. El hecho de que la replicación acontece siguiendo el modelo semiconservativo postulado por Watson y Crick. Según este modelo, la replicación de la doble hélice de ADN conlleva la replicación de cada una de las hebras, para formar nuevas hebras complementarias, dando lugar a la formación de dos moléculas hijas de ADN dúplex portadoras de una hebra del ADN del progenitor, y otra hebra de nueva síntesis (figura 1).

2. La existencia de una región concreta de replicación, que se desplaza a lo largo de la hélice paterna de ADN, y que debido a su estructura en forma de "Y" se denomina horquilla de replicación (figura 2). La separación de las cadenas comienza en unos puntos concretos denominados

orígenes de replicación, a partir de los cuales se forman las llamadas burbujas de replicación, que se extienden dando lugar a las mencionadas horquillas de replicación (figura 3).

3. La estructura asimétrica de esta horquilla, consecuencia de que la replicación de las dos hebras de ADN sucede de manera distinta. La hebra que se sintetiza a partir de la hebra progenitora 3' → 5', lo hace rápidamente y de manera continua, y se llama hebra guía o conductora. La otra, la formada a partir de la hebra patrón 5' → 3' se sintetiza más lentamente y de modo discontinuo, y se denomina hebra retardada. Aunque la dirección de su crecimiento global es 5' → 3', se sintetiza en forma de fragmentos cortos," fragmentos de Okazaki", en dirección 3' → 5' (figuras 2 y 3). Esto es así, debido a que la enzima ADN polimerasa sólo puede trabajar en la dirección 3' → 5'.

NOTA: *todas las direcciones anteriores están referidas a las hebras progenitoras.*

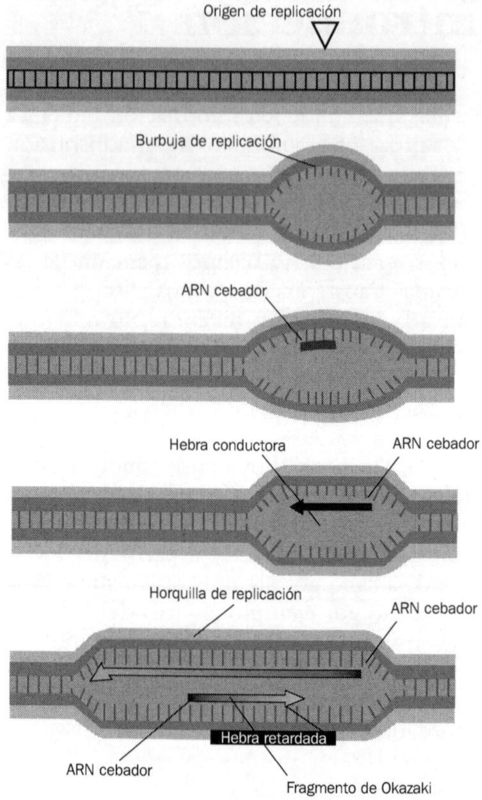

FIGURA 3. Las cadenas comienzan a separarse en el origen de replicación, formándose una burbuja de replicación, que se extiende dando lugar a la horquilla de replicación.

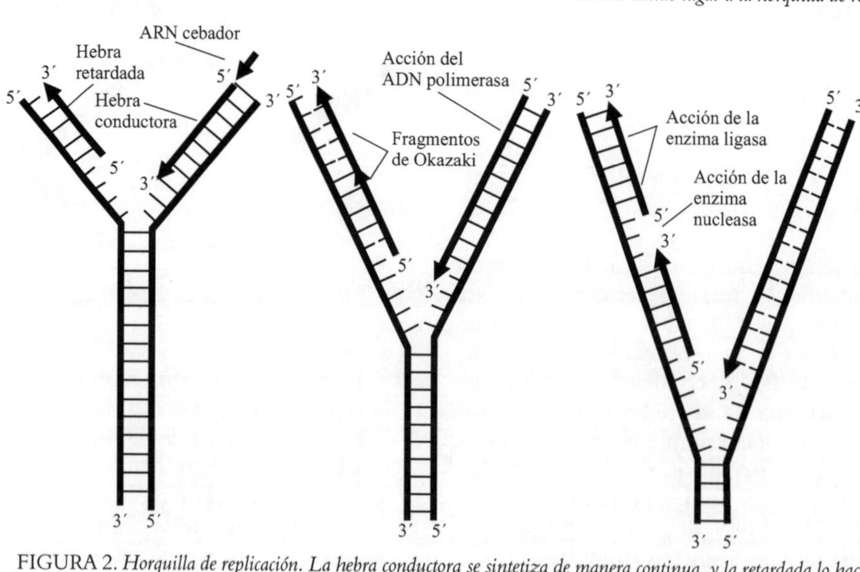

FIGURA 2. *Horquilla de replicación. La hebra conductora se sintetiza de manera continua, y la retardada lo hace discontinuamente en forma de fragmentos cortos (fragmentos de Okazaki).*

4. Presencia de cadenas cebadoras de ARN. Las ADN polimerasas, enzimas encargadas de leer la secuencia de cada una de las cadenas de ADN, y de elaborar dos copias con secuencias complementarias, no son capaces de empezar una nueva cadena de nucleótidos uniendo entre sí dos nucleótidos trifosfato, ya que necesitan el extremo 3'-OH libre de una cadena de polinucleótidos sobre la que adicionar nuevos nucleótidos. Esta hebra preexistente a la que se añaden los nucleótidos, recibe el nombre de hebra iniciadora o cebadora (figuras 2 y 3). El mecanismo de su síntesis implica la intervención de una ARN polimerasa que utiliza ribonucleótidos trifosfatos como precursores.

5. La intervención o acción conjugada de varios enzimas, en las distintas etapas de la replicación:

   – Helicasa: enzima encargada de la apertura de la doble hélice.

   – Girasas y topoisomerasas: facilitan el desenrollamiento de la doble hélice eliminando las tensiones generadas por la torsión de las dos hebras al desenrollarse.

   – ARN y ADN polimerasas.

   – Ligasa: lleva a cabo la unión de los distintos fragmentos de la hebra retardada.

Todos estos hechos pueden ser ordenados en la siguiente secuencia de acontecimientos:

1.1. Etapas de la replicación

Estas etapas corresponden al estudio de la replicación en un organismo procariótico, más concretamente *Escherichia coli*. En la figura 4 se ilustra con dibujos cada una de estas etapas:

1. Reconocimiento del origen o punto de iniciación de la duplicación del ADN.

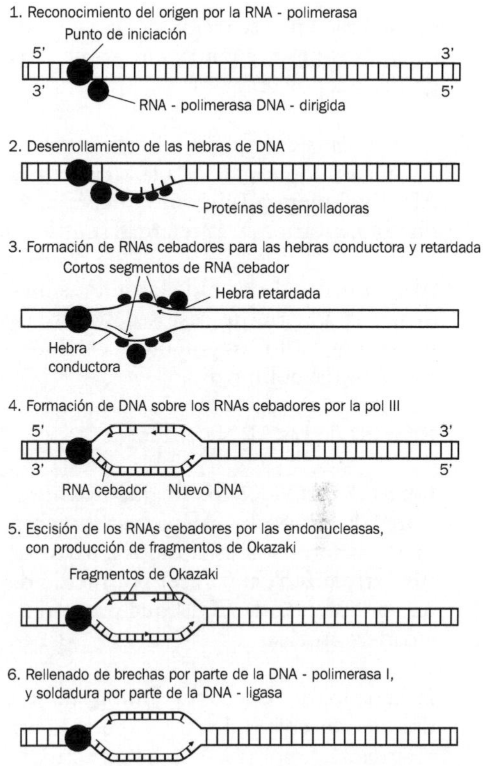

FIGURA 4. *Etapas de la replicación.*

Para este cometido se requiere al menos una proteína iniciadora específica, encargada tal vez de dar la señal de partida a una ARN-polimerasa-ADN para que comience a producir el ARN cebador de las nuevas cadenas.

La transferencia de la información

2. Desenrollamiento y apertura de la doble hélice.

   Antes de que actúen las enzimas replicadores, es necesario que la doble hélice se abra y desenrolle, de modo que las dos hebras resulten accesibles a la replicación.

   Esta apertura, que implica la ruptura de los puentes de hidrógeno que unen las bases púricas y pirimidínicas complementarias, y que sigue un mecanismo similar a la apertura de una cremallera es catalizada por la acción de la helicasa. Además de este enzima intervienen las girasas y topoisomerasas.

3. Formación de pequeños fragmentos de ARN cebadores, gracias a la acción de la ARN polimerasa (uno en la hebra conductora, y varios en la retardada).

4. Alargamiento de las cadenas nuevas mediante la adición de restos desoxirribonucleótidos a los fragmentos cebadores, por la ADN polimerasa.

5. Retirada de los ARN cebadores.

   Una vez formados los fragmentos anteriores de ADN, los ARN que sirvieron de iniciadores son escindidos a partir de sus extremos 5', al parecer por medio de una polimerasa de ADN que posee actividad exonucleasa.

6. Rellenado de huecos y unión de los fragmentos cortos de ADN (en la hebra retardada).

   Los huecos son rellenados con desoxirribonucleótidos complementarios de la secuencia molde, por la acción de la ADN polimerasa.

   La unión de los restos terminales 5' y 3' es catalizada por el enzima ADN ligasa.

1.2. Mecanismo de corrección de errores replicativos. Capacidad autocorrectora de la ADN polimerasa

La capacidad de corrección de errores depende por un lado de la capacidad autocorrectora de la ADN polimerasa y por otro de la intervención de un mecanismo reparador post-replicativo llevado a cabo por un complejo multienzimático.

La ADN polimerasa, además de polimerizar es capaz de autocorregir, ya que después de cada proceso de polimerización vuelve hacia atrás antes de incorporar el nucleótido siguiente, y si detecta un error en el apareamiento, elimina el último nucleótido adicionado, por medio de su actividad exonucleasa, volviendo a colocar el nucleótido adecuado.

A pesar de este mecanismo corrector, se ha calculado que se cometen errores de apareamiento cuya frecuencia es uno por cada 10 millones de bases. Con el objeto de aumentar la precisión de este sistema, existe en las células una maquinaria enzimática que corrige los posibles errores cometidos por la ADN polimerasa en el ADN recién sintetizado. Esta corrección se realiza de la siguiente manera (figura 5):

- En primer lugar tiene lugar la detección del nucleótido mal emparejado. El sistema corrector debe reconocer la cadena recién sintetizada donde se encuentra el error, y distinguirla de la cadena molde. Esto es posible, porque aunque ambas cadenas son complementarias; la cadena molde tiene metilada las adeninas de las secuencias GATC, y la cadena nueva no, durante un período de tiempo. En este intervalo el complejo multienzimático corrector recorre las hebras de ADN y descubre los posibles errores en la cadena que todavía no está metilada.
- Seguidamente se elimina el nucleótido incorrecto mediante una endonucleasa que corta el segmento en el lugar donde se encuentra este nucleótido.
- Finalmente se genera la secuencia correcta. La ADN polimerasa rellena el hueco utilizando como molde la cadena parental complementaria, y la ligasa une el extremo 3' del nuevo segmento al extremo 5' de hebra nueva.

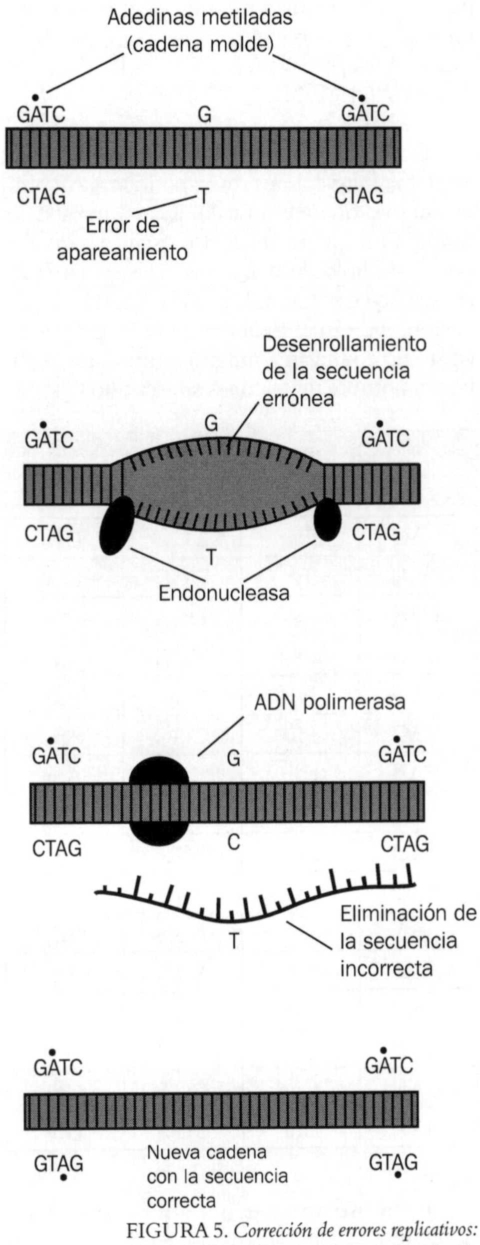

FIGURA 5. *Corrección de errores replicativos: una vez detectado el error, se elimina el nucleótido mal apareado y se genera la secuencia correcta.*

La acción combinada de estos dos sistemas reparadores permite que sólo se cometa un error por cada diez mil millones de bases, asegurando así la precisión y exactitud de la transmisión de la información hereditaria.

2. El concepto de gen y códigos genéticos

Por código genético entendemos el conjunto de reglas que permiten traducir el lenguaje escrito en nucleótidos a secuencias de aminoácidos. Pero ¿en qué consiste el lenguaje cifrado del ADN? Sabemos que una molécula de ADN es una sucesión de nucleótidos, que éstos están formados por ácido fosfórico, desoxirribosa y una base nitrogenada, y que tales componentes son universales, es decir, están presentes en los ácidos nucleicos de todos los organismos vivos.

De ahí que resulte obvio suponer que las diferencias entre los ADN de los individuos no pueden radicar más que en las proporciones y orden en el cual se suceden los pares de bases púricas y pirimidínicas. Pero ¿cuál es el tamaño de las unidades del código? Partiendo del hecho de que las proteínas contienen veinte tipos de aminoácidos, y de que el alfabeto de ADN sólo dispone de 4 símbolos (4 bases distintas), es necesario buscar la forma de producir 20 combinaciones (20 aminoácidos) con 4 elementos (4 bases) solamente. Es obvio que el tamaño de esta clave debe ser superior a uno, ya que con 4 bases no podemos formar 20 combinaciones. Si tomamos 4 bases de dos en dos, se pueden producir $4 \times 4 = 16$ combinaciones, por lo que evidentemente una clave de dos símbolos resulta también insuficiente. Las 4 bases tomadas en grupos de tres, permiten especificar teóricamente $4 \times 4 \times 4 = 64$ aminoácidos distintos por tanto una clave de tres bases es practicable para codificar a los 20 aminoácidos. Los resultados experimentales apoyan esta hipótesis, es decir, que es un conjunto de tres bases lo que determina la codificación de un aminoácido. Es más, ya sabemos qué grupos de tres bases determinan cada aminoácido, o lo que es lo mismo, ya podemos descifrar la clave genética contenida en la secuencia de nucleótidos del ADN (esquema 1).

A cada uno de los grupos de tres bases es a lo que llamamos triplete o codón. Puesto que el número de combinaciones de bases posibles (64), excede al número de aminoácidos (20), es lógico suponer que un mismo aminoácido pueda estar codificado por tripletes distintos. Esto es así realmente, por lo que se dice que el código es degenerado. Este hecho es muy importante, ya que permite reducir el posible efecto perjudicial de la mutaciones génicas (cambios en la secuencia de bases del ADN).

En el código genético que mostramos en el esquema 1, los colores corresponden al ARNm, de ahí que figure el uracilo (U) en lugar de la timina (T). Los aminoácidos están designados por el símbolo de tres letras (ver esquema 2), el asterisco corresponde a los colores de terminación, indican el final del mensaje genético y como no codifican a ningún aminoácido, reciben el nombre de codones sin sentido.

	U		C		A		G	
	Codón	Aminoác.	Codón	Aminoác.	Codón	Aminoác.	Codón	Aminoác.
U	UUU	Phe	UCU	Ser	UAU	Tyr	UGU	Cys
	UUC	Phe	UCC	Ser	UAC	Tyr	UGC	Cys
	UUA	Leu	UCA	Ser	UAA	*	UGA	*
	UUG	Leu	UCG	Ser	UAG	*	UGG	Trp
C	CUU	Leu	CCU	Pro	CAU	His	CGU	Arg
	CUC	Leu	CCC	Pro	CAC	His	CGC	Arg
	CUA	Leu	CCA	Pro	CAA	Gln	CGA	Arg
	CUG	Leu	CCG	Pro	CAG	Gln	CGG	Arg
A	AUU	Ile	ACU	Thr	AAU	Asn	AGU	Ser
	AUC	Ile	ACC	Thr	AAC	Asn	AGC	Ser
	AUA	Ile	ACA	Thr	AAA	Lys	AGA	Arg
	AUG	Met	ACG	Thr	AAG	Lys	AGG	Arg
G	GUU	Val	GCU	Ala	GAU	Asp	GGU	Gly
	GUC	Val	GCC	Ala	GAC	Asp	GGC	Gly
	GUA	Val	GCA	Ala	GAA	Glu	GGA	Gly
	GUG	Val	GCG	Ala	GAG	Glu	GGG	Gly

ESQUEMA 1. *Código genético.*

Por otro lado, se sabe que los codones tienen carácter universal, pues especifican al mismo aminoácido en la mayoría de los seres vivientes (existen algunas excepciones), la importancia de este hecho radica en sus posibles implicaciones evolutivas.

Pero, ¿qué es un gen y qué relación tiene con las proteínas y el código genético?

Denominamos gen a aquel fragmento o secuencia específica del ADN portador de la información necesaria para la síntesis de una cadena polipeptídica. Fueron los resultados obtenidos en el estudio de la hemoglobina humana los que obligaron a rectificar la hipótesis original de "un gen, una proteína", por la anteriormente expuesta.

Se conocen muchas hemoglobinas humanas que están alteradas, como por ejemplo, la hemoglobina "S", presente en los enfermos de anemia falciforme.

La hemoglobina normal es la hemoglobina "A". Pues bien, ambas hemoglobinas sólo difieren en un aminoácido de la cadena beta de la hemoglobina (la hemoglobina anormal lleva valina en lugar de glutámico en la posición 6 de la cadena beta). Hay mutantes que difieren en los aminoácidos de la cadena alfa, y no en los de la cadena beta, por lo cual estas cadenas deben estar codificadas por genes distintos.

De aquí se deduce que la función de un gen es determinar la secuencia de aminoácidos de una cadena polipeptídica. Puesto que hay proteínas constituidas por una sola cadena polipéptica; en estos casos sí es válida la afirmación de "un gen, una proteína". La secuencia de nucleótidos de un gen y la secuencia de una cadena polipeptídica son colineales.

Una secuencia lineal de nucleótidos (no ramificada) del gen, "triplete", determina un aminoácido específico, de manera que una alteración en la secuencia de nucleótidos del gen tiene como consecuencia una alteración en la secuencia de aminoácidos de la cadena polipeptídica en la posición correspondiente.

Es necesario aclarar que existen secuencias de ADN que no son utilizadas para la codificación de proteínas o cadenas polipeptídicas. Tal es el caso de la secuencias portadoras de la información necesaria para la síntesis de determinados tipos de ARN, como son el ARN ribosómico y el ARN transferente; estas secuencias nunca se traducen, y el de las secuencias intrónicas (secuencias intercaladas en los ARN mensajeros que no codifican para la síntesis de proteínas, y que por tanto deben ser eliminadas).

Conocida la clave genética y el producto de su lectura, urge averiguar cuáles son los mecanismos o procesos que hacen posible que la información cifrada en el ADN sea, primero transcrita al ARN mensajero, y posteriormente traducida en una secuencia de aminoácidos para formar cadenas polipeptídicas.

Aminoácidos	Símbolos de tres letras	Símbolos de una letra
Alanina	Ala	A
Arginina	Arg	R
Asparagina	Asn	N
Acido aspártico	Asp	D
Cisteína	Cys	C
Glutamina	Gln	Q
Acido glutámico	Glu	E
Glicocola	Gly	G
Histidina	His	H
Isoleucina	Ile	I
Leucina	Leu	L
Lisina	Lys	K
Metionina	Met	M
Fenilalanina	Phe	F
Prolina	Pro	P
Serina	Ser	S
Treonina	Thr	T
Triptófano	Trp	W
Tirosina	Tyr	Y
Valina	Val	V

ESQUEMA 2. *Símbolos empleados para representar cada aminoácido.*

3. Síntesis de proteínas

La síntesis de las proteínas conlleva dos flujos informativos; en primer lugar, la transcripción o transferencia de la información del ADN al ARN, y en segundo lugar, la traducción o flujo del ARNm a las proteínas.

3.1. Transcripción

Durante el proceso de transcripción se copia la información del ADN en el lenguaje del ARN mediante la síntesis de una molécula de ARN a partir de sus precursores, los ribonucleótidos trifosfatos. Este proceso de síntesis no se inicia al azar, sino que su comienzo tiene lugar en unas regiones específicas llamadas "promotores". Además de indicar dónde debe empezar la síntesis indican cuál de las dos hebras de ADN debe ser transcrita.

Es la enzima ARN polimerasa, formada por distintas subunidades polipeptídicas, la encargada de reconocer estas regiones, y de catalizar la unión de los ribonucleótidos fosfatos. Para la síntesis sólo se utiliza por tanto una de las cadenas del ADN patrón, llamada por ello cadena con sentido. Esta cadena se fabrica utilizando el principio de complementariedad de bases y en la dirección 3' → 5' de la cadena con sentido, pero debido a que en el ARN no se encuentra la timina se utiliza el uracilo como base complementaria de la adenina. (Ver figura 6).

Así pues, la secuencia del ADN CTAAGCA, se transcribirá en el ARN como GAUUCGU. La enzima ARN polimerasa, a diferencia de la ADN polimerasa, no necesita cadenas cebadoras (iniciadores), pero carece de la capacidad correctora característica de ésta.

La energía que se requiere para la formación de los enlaces fosfodiéster entre los ribonucleótidos, se obtiene en la hidrólisis de los ribonucleótidos trifosfato, ya que cada uno de estos proporciona un ribonucleótido monofosfato que se incorpora a la cadena de ARN, un grupo pirofosfato, y energía.

La ARN polimerasa continuará adicionando ribonucleótidos hasta que se encuentre con la señal de terminación, al parecer la secuencia TTTT en procariotas, y la secuencia TTATTT en eucariotas. Esta señal marca el final de la síntesis del ARN, cuyo resultado es la liberación de una sola hebra de ARN, y la reasociación de las dos cadenas de ADN.

El proceso de terminación en eucariotas implica, además, la adición en el extremo 3' del ARN de una cola de poli-A, formada por unos 150 o 200 ribonucleótidos de adenina. Dependiendo del tipo de ARN sintetizado (ARNr, ARNt, o ARNm) y de si la célula a la que pertenece es procariótica o eucariótica, ocurrirán distintas transformaciones que constituyen el denominado proceso de maduración. Estas modificaciones consisten básicamente en la eliminación de secuencias intermedias.

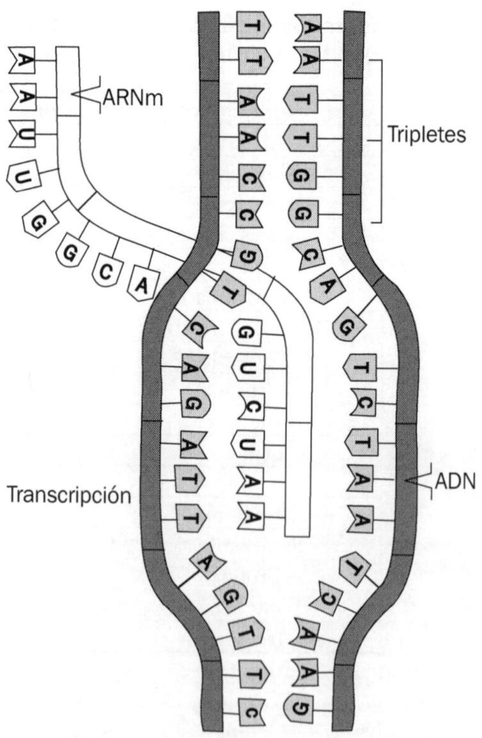

FIGURA 6. *Transcripción de un fragmento de ADN.*

Los cortes en los transcritos primarios, tanto en los precursores de los ARNm, como en los precursores de los ARNr y ARNt, son realizados con la intervención de una enzima específica, la ribonucleoproteína pequeña nuclear; la unión entre los fragmentos generados con la ayuda de ligasas.

En el caso de células eucarióticas, en las que existe un núcleo diferenciado, todas estas modificaciones post-transcripcionales son llevadas a cabo en el núcleo.

3.2. Traducción

De todos los ARN sintetizados mediante el proceso de transcripción, son los ARNm los responsables de transportar hasta los ribosomas los mensajes escritos en el ADN (genes), para que puedan traducirse al idioma de las proteínas.

Los ribosomas constituyen una especie de cadena de montaje en la que es llevada a cabo la lectura de las secuencias de bases de los ARNm a secuencias de aminoácidos de los proteínas. Ya tenemos, pues, los mensajes que van a ser traducidos, los ARNm, y el soporte físico, los ribosomas, pero no tenemos los aminoácidos que han de ser ordenados para formar una cadena polipeptídica.

Debido a que no existe reconocimiento directo aminoácido-codón del ARNm, al no existir relación química directa, se requiere la intervención de otro tipo de moléculas: los "ARNt".

Los ARNt son los ARN encargados de establecer las correspondencias entre tripletes del ARNm y los aminoácidos, ya que son capaces de unirse por un lado a los aminoácidos, y por otro a los codones.

La molécula de ARNt presenta forma de trébol debido a que se dispone en cuatro brazos que están formados por dobles cadenas de ARN enfrentadas (figura 7). Tres de estos brazos tienen en sus extremos un lazo o bucle debido a que sus nucleótidos no están apareados con puentes de hidrógeno.

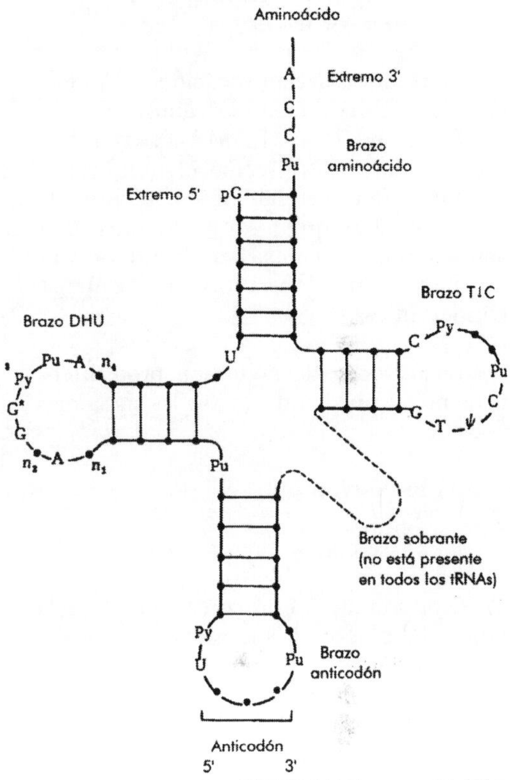

FIGURA 7. *Estructura del ARNt.*

Es precisamente el brazo que no tiene asa, y que presenta siempre en una de sus cadenas el triplete CCA, el que está unido al aminoácido a nivel de la adenina. El bucle o asa del brazo opuesto posee un triplete cuya secuencia es complementaria de alguno de los codones del ARNm, y que se denomina por ello "anticodón". Cada molécula de ARNt es específica para cada aminoácido, de manera que según el anticodón que posea, portará un aminoácido u otro de los que existen en el citoplasma. La fijación de un determinado aminoácido al triplete CCA del ARNt, exige la activación de dicho aminoácido por una molécula de ATP, que pasa a AMP, y la intervención del enzima aminoacil- ARNt sintetasa. Esta enzima es específica para cada aminoácido:

$$\text{aa} + \text{ATP} + \text{enzima} \rightarrow$$
$$\rightarrow \text{aa-AMP-enzima} + \text{P} + \text{P}$$

Activado así el aminoácido, se puede unir al ARNt liberándose entonces tanto el enzima como el AMP. El complejo aminoácido- ARNt recibe el nombre de complejo de transferencia, y constituye la única forma en que los aminoácidos pueden ser transportados, para unirse posteriormente entre sí hasta formar las cadenas polipeptídicas.

En el proceso de traducción, propiamente dicho, se pueden distinguir las siguientes fases:

A) Iniciación

Esta fase consiste en la formación del llamado complejo de iniciación (figura 8). Este complejo está constituido por la unión del ARNm, la subunidad menor del ribosoma, factores proteicos de iniciación, y un ARNt cargado con el aminoácido formil-metionina, cuyo anticodón es complementario del triplete de iniciación AUG, por ello todas las proteínas recién sintetizadas poseen metionina en su extremo N-terminal; posteriormente este aminoácido puede ser eliminado en otras etapas. La energía que se necesita para la formación de este complejo es suministrada por la hidrólisis del GTP.

Al final de esta etapa son liberados los factores de iniciación y se produce el acoplamiento de la subunidad mayor del ribosoma, para formar el ribosoma completo funcional dotado de dos sitios de fijación: el sitio "P" o peptidil que estará ocupado originalmente por el ARNt cargado con la metionina, y el sitio "A" o aminoacil, que será ocupado por el segundo ARNt cargado con su correspondiente aminoácido, y cuyo anticodón es complementario del codón que sigue al de iniciación AUG.

B) Elongación

Durante esta etapa tiene lugar la unión de los sucesivos aminoácidos que se van adicionando a la cadena polipeptídica creciente (la cadena crece desde su extremo amino al carboxilo). Esto ocurre de la siguiente manera:

En primer lugar, se transfiere la formilmetionina al grupo amino del aminoácido que ocupa el locus "A" mediante la formación de un enlace peptídico que es catalizado por el enzima peptidil transferasa. Ahora en el locus "A" hay un dipéptido unido a un ARNt. El ARNt que ocupaba el lugar "P", y que está descargado debido a que ha transferido la formil-metionina, sale del ribosoma, pasando el peptidil-ARNt del locus "A" al locus "P". De esta forma el locus "A" queda vacío y disponible para otro ARNt cargado. Es entonces cuando el ARNm se desplaza un triplete con respecto al ribosoma (ver figura 9).

C) Terminación

Este proceso de elongación continúa repitiéndose hasta que aparece uno de los codones sin sentido o de terminación (UAA, UAG, UGA) que no son afines a ningún aminoacil ARNt. La célula no posee ningún ARNt capaz de reconocer estos tripletes. Al quedar vacío el locus "A", se activa una enzima, la peptidil transferasa, cuya misión es separar la cadena polipeptídica del ARNt mediante la hidrólisis del enlace entre el péptido y el ARNt; existe un factor proteico llamado factor de terminación, que se une al triplete de terminación. El resultado es la liberación de la cadena polipeptídica desde el ribosoma al citoplasma. (Ver figura 10).

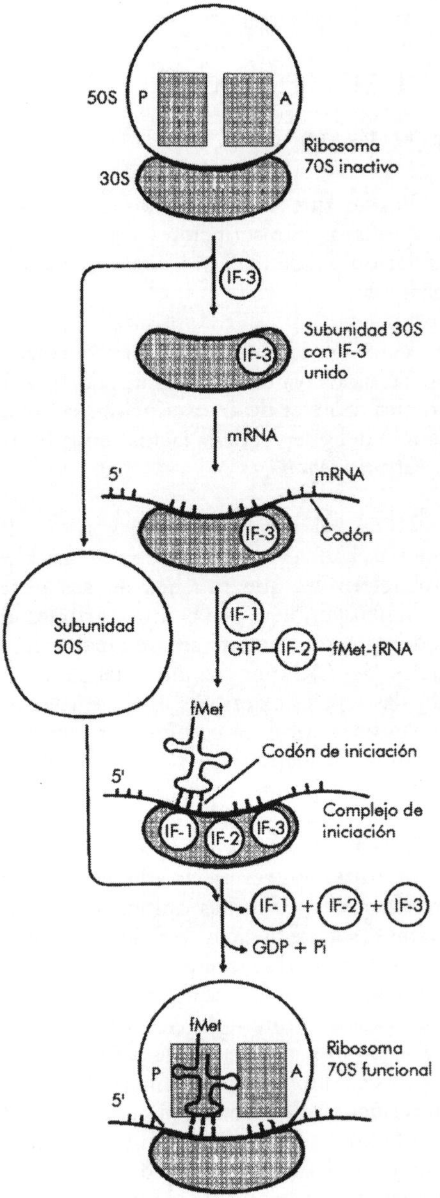

FIGURA 8. *Traducción: fase de iniciación.*

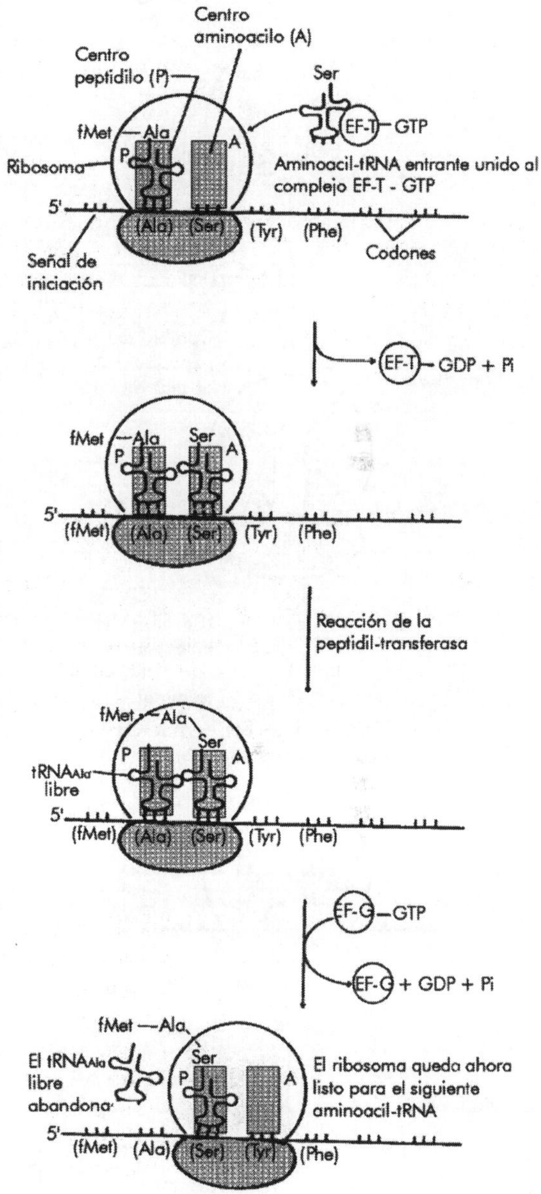

FIGURA 9. *Traducción: fase de elongación.*

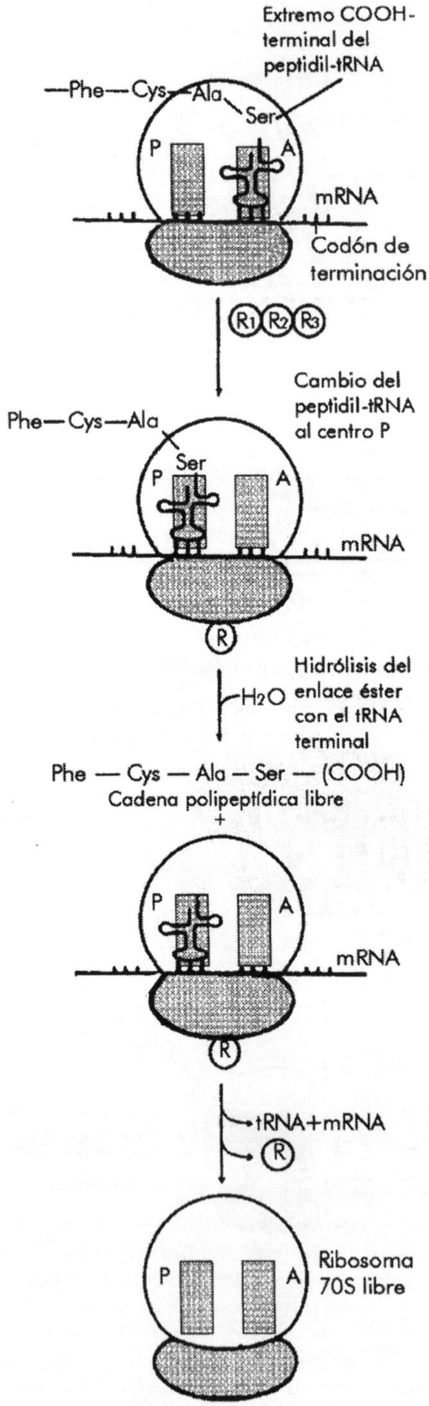

FIGURA 10. *Traducción: fase de terminación.*

4. Control de la expresión genética: el modelo del operón

Puesto que la síntesis proteica ocurre en dos etapas: transcripción y traducción, su regulación puede realizarse interviniendo en una u otra.

Uno de los estudios más detallados realizados acerca del control de la expresión genética, a nivel de transcripción, es el del modelo del operón de la lactosa en la bacteria *Escherichia coli*.

E. coli, al igual que la mayoría de las bacterias, habita en ambientes muy variables; esto determina que muchos de sus genes funcionen también a tasas muy variables, de modo que sólo sintetizan cantidades apreciables de ARNm, cuando reciben determinadas señales exteriores. Estas señales son transmitidas por unos compuestos especiales llamados "inductores". Así por ejemplo, *E. coli*, produce grandes cantidades de tres enzimas diferentes implicadas en el metabolismo de la lactosa: β-galactosidasa, permeasa, y transacetilasa, en respuesta a la presencia de lactosa en el medio. Las cantidades de estas enzimas son reducidas considerablemente cuando la bacteria crece en un medio pobre en lactosa. La lactosa actúa como inductor, estimulando la unión de la ARN polimerasa al promotor del gen de la β-galactosidasa y, consecuentemente, la iniciación de la transcripción. El aumento de la cantidad de ARNm tiene como resultado un incremento proporcional de la enzima β-galactosidasa. Pero también sabemos que los tres genes que determinan las otras dos enzimas están situados juntos, consecutivamente, y son transcritos en una misma molécula de ARNm, es decir, un mismo ARNm lleva la información para la síntesis de la β-galactosidasa, la permeasa, y la transacetilasa. Por eso, al añadir la lactosa al medio de cultivo de *E. coli*, aumentan los niveles de las tres enzimas en la misma proporción. Pues bien, es al conjunto de genes transcrito en un mismo ARNm, a lo que llamamos "operón"; en nuestro caso, operón de la lactosa.

Dentro de este operón se pueden distinguir distintas regiones:

- **Región del promotor:** es la secuencia de nucleótidos del operón a la que se une la ARN polimerasa para iniciar la transcripción.
- **Región del operador:** es el lugar de unión del "represor" (proteína que actúa inhibiendo la transcripción), está situada cerca del comienzo del gen de la β-galactosidasa.
- **Región de los genes estructurales:** secuencias de los genes de las tres enzimas, β-galactosidasa, permeasa, y transacetilasa, situados en ese orden.

Junto al comienzo del operón, existe otra región, la región del gen "regulador", responsable de la codificación de la proteína represora. Parece que el represor impide de alguna forma la unión de la ARN polimerasa y el promotor, quizás simplemente porque constituya un impedimento físico. La regulación de un promotor por un represor recibe el nombre de regulación negativa. Sin embargo, el operón de la lactosa está sometido a una regulación positiva, debido a que la lactosa actúa como inductor de la transcripción de los genes estructurales. Si se añade al medio, el azúcar se une al represor impidiendo que ésta se una al operador. Entonces la ARN polimerasa se une a su promotor, produciendo ARNm. Al eliminar la lactosa, el represor vuelve a ser capaz de unirse al operador, e impedir la transcripción (figura 11).

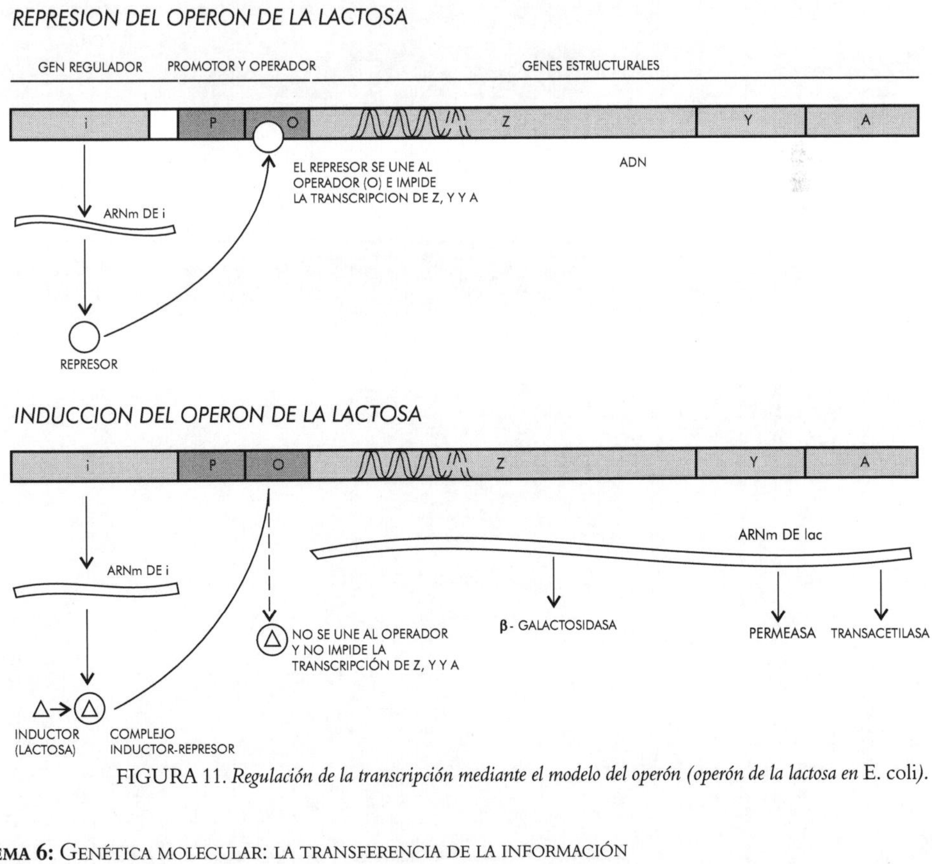

FIGURA 11. *Regulación de la transcripción mediante el modelo del operón (operón de la lactosa en* E. coli*).*

Así pues, podemos afirmar que el mecanismo de control del operón contribuye al ahorro de energía y materiales celulares, ya que las enzimas son sintetizadas sólo cuando se necesitan realmente, y cuando los productos finales ya no están presentes en cantidades excesivas. Además, este sistema permite que las células sean sensibles a su medio, es decir, pueden recibir información del mismo modificando sus respuestas en función de dicha información, lo cual hace posible el mantenimiento del estado de equilibrio.

CUESTIONES

1. **¿Qué característica del ADN permite que la información genética de la célula madre sea heredada por las células hijas?**

2. **¿Por qué la replicación del ADN se dice que es semiconservativa?**

3. **¿Cuántas etapas tiene el flujo de la información desde el ADN a las proteínas y cómo se denomina cada una de ellas?**

4. **¿Cuántos tipos de ARN intervienen en la síntesis de las proteínas y cómo se denomina cada uno de ellos?**

5. **A partir del fragmento de ADN siguiente: 5' CGGACATTTTTCCTCAAACAT 3'. Escriba ordenadamente:**

   a) La serie codónica transcrita (de primero a último codón) del ARNm correspondiente.

   b) La serie anticodónica (de primero a último anticodón) de los ARNt correspondientes.

   c) El polipéptido que puede ser traducido (de primero a último aa) de acuerdo con el código genético siguiente:

Aminoácido	**Codón**
Met (metionina)	AUG
Phe (fenilamina)	UUU
Glu (ácido glutámico)	GAG/GAA
Lys (lisina)	AAA
Cys (cisteína)	UGU
Pro (prolina)	CCG

6. **Indica cuál es el anticodón que corresponde al codón ACG:**

   a) TGC.

   b) UGC.

   c) GAC.

   d) GCA.

7. **De la replicación del ADN se puede afirmar:**

   a) La molécula de ADN existente que se replica da lugar a otra molécula de ADN nueva.

   b) Sólo se produce la transcripción si las cadenas de ADN se han replicado antes.

   c) La molécula resultante de la replicación posee una cadena vieja de la molécula preexistente y una nueva.

d) La replicación de una de las cadenas es retardada, porque no comienza a replicarse hasta que acaba de hacerlo la otra cadena.

8. El término "replicación" significa:

a) La capacidad del ADN de hacer copias idénticas de su molécula.

b) La separación de una pareja de cromosomas homólogos.

c) La capacidad del ADN de hacer copias complementarias de ARN.

d) La síntesis de una cadena peptídica a partir de una molécula de ARN mensajero.

9. La replicación del ADN es:

a) Conservativa.

b) Semiconservativa.

c) Dispersiva.

d) Conjugativa.

10. Que las moléculas de ADN se replican de modo semiconservativo significa:

a) Que la doble hélice se separa y cada cadena sirve de molde para la síntesis de una nueva cadena complementaria.

b) Que el resultado son dos moléculas hijas idénticas a la original, una la progenitora y otra de nueva síntesis.

c) Que el resultado son dos moléculas hijas idénticas a la original que contienen una cadena progenitora y otra de nueva síntesis.

d) Que es el proceso fundamental para la transferencia de la información genética de padres a hijos.

11. La copia de una porción de una de las cadenas de ADN en ARN se llama:

a) Replicación.

b) Traducción.

c) Transcripción.

d) Duplicación.

SOLUCIÓN A LAS CUESTIONES

1. La capacidad de autorreplicarse.

2. Porque una de las hebras de cada molécula hija formaba parte de la molécula madre.

3. Dos: transcripción y traducción.

4. Dos: ARN mensajero y ARN transferente.

5. a) 5' AUG UUU GAG GAA AAA UGU CCG 3'

b) UAC AAA CUC CUU UUU ACA GGC

c) Met-Phe-Glu-Glu-Lys-Cys-Pro

6. b) UGC.

7. c) La molécula resultante de la replicación posee una cadena vieja de la molécula preexistente y una nueva.

8. a) La capacidad del ADN de hacer copias idénticas de su molécula.

9. b) Semiconservativa.

10. c) Que el resultado son dos moléculas hijas idénticas a la original que contienen una cadena progenitora y otra de nueva síntesis.

11. c) Transcripción.

Tema 7

Nivel orgánico. Organismos unicelulares y pluricelulares

Introducción

El nivel orgánico comprende la materia viva organizada en unidades individuales aisladas (individuos concretos) que reciben el nombre de **organismos**; cualquier ser vivo es un organismo. Este nivel abarca a todos los seres vivos.

1. Organismos unicelulares y pluricelulares

La célula, que como ya sabemos es una unidad elemental dotada de vida propia, puede presentarse aislada constituyendo un organismo completo (**organismo unicelular**), o agrupada con otras células, con las que coordina su actividad, para formar un todo orgánico unitario, es decir, un organismo (organismo pluricelular) produciéndose la pérdida de la autonomía de las células que no pueden vivir aisladas como organismos independientes.

1.1. Organismos unicelulares

Los organismos unicelulares pueden presentar los dos tipos de organización a nivel celular: procariótica y eucariótica; es decir, están constituidos por una célula procariota o por una célula eucariota. Todas las funciones vitales del organismo las realiza su única célula, para ello presenta una estructura de gran complejidad (en el caso de célula eucariota), desarrollando una gran diversidad de orgánulos (las células de los organismos pluricelulares al estar especializados en realizar funciones concretas, desarrollan enormemente determinadas estructuras mientras que atrofian otras).

Todos los organismos del "Reino Monera", tanto las **bacterias** (figura 1) como las **cianofíceas**, son unicelulares, con organización, a nivel celular, procariótica. Dentro del "Reino Protista", son organismos unicelulares todos los **protozoos**, y algunas **algas** presentan a nivel celular organización eucariótica.

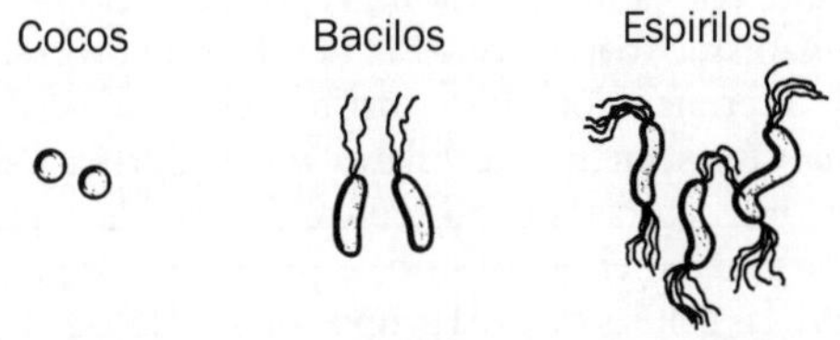

FIGURA 1. *Tipos de bacterias.*

Los virus son los organismos que presentan la mayor simplificación estructural que se conoce, carecen de enzimas y por tanto de metabolismo, por lo que son parásitos obligados; la única función vital que realizan es la reproducción, para lo cual utilizan el material y las enzimas de las células que parasitan. Algunos autores creen que en el proceso evolutivo, los virus preceden a los organismos celulares, pero el hecho de que únicamente pueden desarrollar su ciclo vital parasitando células, hace que sea más lógico pensar que estos organismos hayan surgido después de haber evolucionado la vida celular sobre la Tierra; en este sentido diversos investigadores consideran que los virus proceden de bacterias que se han adaptado a la vida parásita intracelular por una extraordinaria transformación de su tamaño y de su metabolismo.

1.2. Organismos pluricelulares. Concepto de especialización celular

Los organismos pluricelulares están constituidos por numerosas células, que presentan organización eucariótica.

Todas las células de un organismo pluricelular se originan por divisiones sucesivas de una única célula-germen formada a partir de uno o dos organismos (progenitores) de la misma especie, y por consiguiente portan la misma información genética, heredada de los progenitores. A medida que las células se multiplican experimentan un proceso de diferenciación concordante con la información genética que porta el organismo; como consecuencia de este proceso de diferenciación, que consiste en la creación de nuevas estructuras celulares o transformación de estructuras ya existentes, las células que constituyen el organismo se presentan en grupos, las células de cada grupo son morfológica y funcionalmente iguales entre sí pero diferentes a las de otros grupos, cada uno de estos grupos constituye un **tejido**, que se define como un conjunto de células morfológicamente iguales que realizan la misma función.

Por lo expuesto anteriormente podemos decir que los organismos pluricelulares se caracterizan por presentar un cierto grado de **especialización celular**, es decir, todas sus células están especializadas en realizar actividades muy concretas de manera que la actividad del organismo no es suma de las actividades de cada una de sus células, sino el resultado de un proceso de integración coordinada de las actividades de sus células.

La especialización celular conduce a que todas las funciones vitales del organismo pluricelular se repartan entre sus células de manera que cada grupo de células realiza una función determinada, o actividades concretas que coordinadas con la de otros grupos de células conducen a que se realice esa función. Mientras mayor sea el grado de especialización celular de un organismo, más eficazmente llevará a cabo sus funciones.

Las células, al especializarse en actividades concretas, pueden dejar de realizar, en menor o mayor medida, dependiendo de su grado de especialización, algunas funciones vitales; las células nerviosas son un ejemplo de células altamente especializadas que no tienen capacidad de reproducirse. Pero en ningún caso desaparece en las células, por muy especializadas que estén, la "función de nutrición"; por ello, los organismos pluricelulares necesitan disponer de un "sistema de transporte" que suministre a cada célula del organismo los materiales que necesita y retire los desechos que produce; el aparato circulatorio en los animales y los vasos conductores en las plantas constituyen el sistema de transporte en estos organismos.

Como se dijo antes, la actividad de un organismo pluricelular es la consecuencia de múltiples actividades coordinadas de sus células, por esto, los organismos pluricelulares necesitan disponer de "sistemas de coordinación"; el sistema nervioso en los animales y el sistema hormonal en animales y vegetales realizan esta función.

En resumen, los organismos pluricelulares presentan, en mayor o menor grado, especialización celular que permite la distribución del trabajo fisiológico del organismo entre todas sus células, para lo que disponen de sistemas de coordinación que regulan, coordinan y controlan todas las actividades de sus células y de un sistema de transporte que las abastece.

Ciertos organismos unicelulares se presentan agrupados formando los denominados **cenobios**, en los que todas las células, originadas por divisiones de una célula inicial, son iguales estructuralmente, no existiendo, por tanto, especialización celular, realizando cada célula todas sus funciones vitales sin ningún tipo de coordinación con las demás células, por consiguiente un cenobio no puede ser considerado como un organismo pluricelular, sino como meras agrupaciones de organismos unicelulares.

Sin embargo, los cenobios representan un paso hacia la constitución de un organismo pluricelular; la familia de las algas "volvocáceas" presentan una serie de cenobios donde se puede observar paso a paso este proceso de evolución: los cenobios de las especies menos desarrolladas están formados por un número pequeño de células iguales que realizan sus funciones vitales independientemente unas de otras, pero se unen ordenadamente dando una forma específica

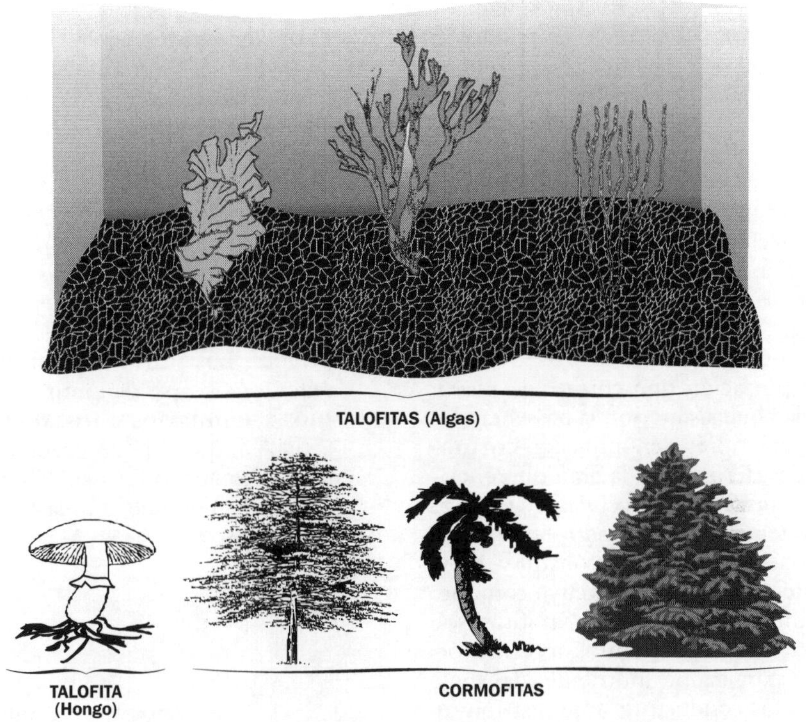

FIGURA 2. *Niveles de organización vegetal: tipo talo y tipo cormo.*

al conjunto; las especies más desarrolladas están constituidas por un gran número de células en las que se aprecia cierta especialización celular, encontrándose dos tipos de células, unas han perdido la capacidad de reproducirse y las otras son encargadas de la reproducción, por lo que estas especies son algo más que un simple cenobio.

Lo anteriormente expuesto permite suponer que los organismos pluricelulares se han constituido a partir de organismos unicelulares.

2. Organización vegetal

2.1. Características generales

Los vegetales pluricelulares están integrados por células con menor o mayor grado de especialización, como mínimo se diferencian dos tipos de células: **células vegetativas**, encargadas de la nutrición, y **células germinativas**, encargadas de formar gametos o esporas para la reproducción. Además en la mayoría de los vegetales sus células vegetativas se presentan diferenciadas en grupos formando tejidos que realizan diferentes funciones.

En los vegetales se distinguen, en función de su complejidad, dos tipos de organización: **organización tipo talo** y **organización tipo cormo** (figura 2).

La organización talo, de menor complejidad, la presentan los vegetales inferiores denominados **talofitos**, se caracterizan por que las células vegetativas no presentan diferenciación alguna, forman una masa de estructura celular homogénea denominada **talo**, por lo que no existen tejidos, ni vasos conductores ni órganos diferenciados. El vegetal crece por divisiones de sus células en un solo plano formando filamentos o láminas de una sola capa de células, que en muchas ocasiones se entrelazan y sueldan, formando "falsos tejidos". Los vegetales talofitos son las algas pluricelulares y los hongos, viven en medios acuáticos o saturados de humedad, por lo que no necesitan crear tejidos protectores que protejan al vegetal de la desecación, ni vasos conductores, ya que los nutrientes llegan directamente a todas sus células.

La organización tipo cormo, de mayor complejidad que la anterior, la presentan los vegetales superiores denominados **cormofitos**, se caracterizan por la gran diferenciación que presentan sus células vegetativas formando tejidos especializados en diferentes funciones; estos tejidos constituyen órganos: **raíces**, **tallos** y **hojas** cuyo conjunto se denomina **cormo**. Los cormofitos son vegetales terrestres, por tanto, necesitan órganos que extraigan los nutrientes del suelo (raíces), vasos conductores que distribuyan los nutrientes a todas sus células, tejidos protectores que les preserven de la desecación, tejidos de sostén que les den la rigidez necesaria para erguirse en el aire, etc.

2.2. Organización histológica de los vegetales

En los vegetales superiores se presentan diferentes tipos de tejidos, que ponen de manifiesto la relación existente entre la estructura del mismo y la función que realizan en el vegetal. Estos tejidos son:

- **Tejidos meristemáticos** o **meristemos**. Están formados por células indiferenciadas, pequeñas, con un gran núcleo y sin vacuolas; como son las únicas células del vegetal capaces de dividirse, los demás tejidos se forman a partir de los meristemos por lo que también reciben la denominación de **tejidos embrionarios** o **formadores**.

Están localizados en las zonas de crecimiento del vegetal, o sea, en los extremos de raíces y tallos para provocar el crecimiento en longitud de estos órganos, y en el interior de los mismos, que provocan su crecimiento en grosor. Los meristemos de los extremos de raíces y tallos se llaman **meristemos primarios** o **terminales** (figura 3), son activos desde las primeras fases embrionarias del vegetal, lo forman células jóvenes. Los situados en el interior de tallos y raíces se denominan **meristemos secundarios** o **intercalares**, son activos después de un período de reposo, por lo que lo forman células adultas que no han perdido aún la capacidad de reproducirse.

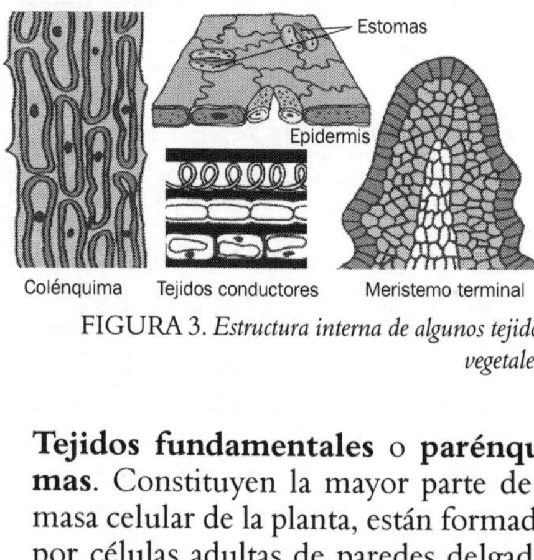

FIGURA 3. *Estructura interna de algunos tejidos vegetales.*

- **Tejidos fundamentales** o **parénquimas**. Constituyen la mayor parte de la masa celular de la planta, están formados por células adultas de paredes delgadas, adosadas entre sí.

Existen diferentes tipos de parénquimas con funciones distintas: **Parénquima clorofílico** o **asimilador**, se localiza en las hojas y en la periferia de los tallos verdes, su función es realizar la fotosíntesis, por lo que sus células contienen un gran número de cloroplastos. **Parénquima de reserva**, sus células acumulan en vacuolas sustancias orgánicas (azúcar, almidón, proteínas, grasas). **Parénquima acuífero**, es una variedad del anterior, sus células acumulan agua, es característico de las plantas adaptadas a un clima seco (plantas crasas). **Parénquima aerífero**, formado por células irregulares que dejan espacios entre sí, por donde circula el aire necesario para la respiración, se presenta en las plantas acuáticas.

- **Tejidos de sostén**. Constituyen el esqueleto del vegetal, dándole rigidez y consistencia. Según las células que lo formen existen dos variedades de tejidos de sostén: el **colénquima** (figura 3), formado por células vivas, poliédricas, con gruesas membranas de celulosa que les confiere una gran resistencia a la vez que flexibilidad y elasticidad; y el **esclerénquima**, formado por células muertas, con membranas, aún más gruesas, impregnadas de lignina (lignificadas).

- **Tejidos conductores**. Forman el sistema vascular del vegetal (figura 3), su función es distribuir la savia por todo el vegetal. Está integrado por dos tipos de tejidos: el **tejido leñoso**, también llamado **xilema** o **leño**, formado por células muertas, cilíndricas muy alargadas, con membranas lignificadas, su función es conducir la savia bruta desde las raíces a las hojas; y el **tejido liberiano** que también se denomina **floema** o **leptoma**, formado por células vivas, de membranas finas atravesadas por numerosos poros, su función es conducir la savia elaborada desde las hojas al resto del vegetal.

- **Tejidos protectores**. Recubren exteriormente el vegetal protegiéndolo de la desecación y el desgaste mecánico, se presenta en dos variedades: el **tejido epidérmico** (figura 3), formado por una sola capa de células vivas, pequeñas, prismáticas, con membrana exterior generalmente impregnada de cutina (cutinizadas) que la impermeabilizan del agua y con **estomas** intercalados entre ellas; y el **tejido suberoso**, formado por células muertas, con membranas impregnadas de suberina (suberizadas).

El tejido epidérmico recubre las partes verdes del vegetal, (hojas y raíces o tallos jóvenes) mientras que el suberoso recubre raíces y tallos de más de un año.

Los estomas están constituidos por dos pequeñas células arriñonadas, enfrentadas por su lado cóncavo, dejando entre ellas un espacio libre que se puede cerrar (figura 4), actúan a modo de válvulas que permiten el intercambio gaseoso entre el vegetal y el medio exterior.

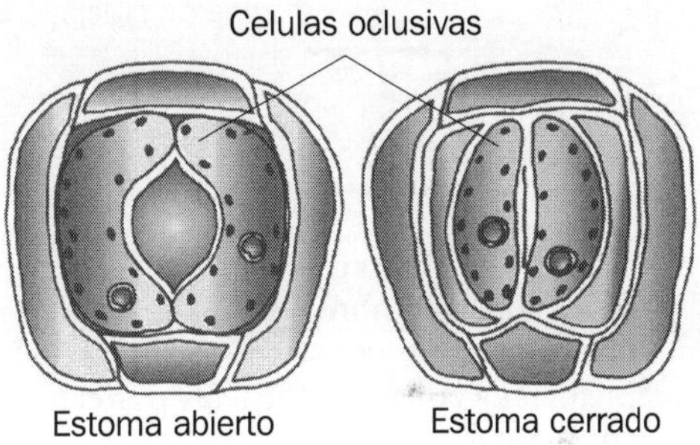

FIGURA 4. *Estoma.*

2.3. Estructura del cormo: raíz, tallo y hojas

2.3.1. La raíz

La raíz es el órgano, generalmente subterráneo, a través del cual se fija el vegetal al suelo y a través de ella absorbe el agua y las sales minerales, pudiendo asimismo acumular sustancias de reserva. Tiene geotropismo positivo, por lo que crece verticalmente hacia abajo.

La raíz comprende, desde su extremo hasta el tallo, las siguientes partes (figura 5):

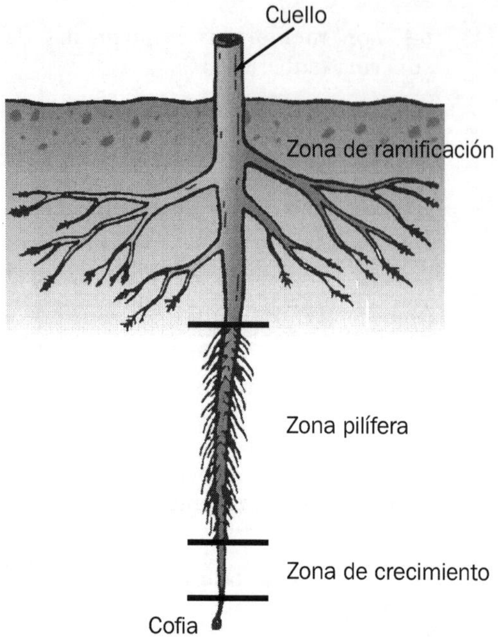

FIGURA 5. *Partes de la raíz.*

- La **cofia** o **pilorriza**, es una especie de capuchón que cubre el extremo de la raíz protegiendo el meristemo terminal de la misma. La cofia está formada por células cutinizadas.

- La **zona de crecimiento** presenta una longitud constante y sometida a un continuo desarrollo.

- La **zona pilífera**, cubierta de los denominados **pelos radicales**, a través de los cuales se produce la absorción; los pelos radicales presentan mayor longitud cuanto más arriba están situados, los inferiores se forman a partir de la zona anterior y los superiores caen conforme se engrosa la región siguiente.

- La **zona de ramificación**, recubierta de tejido suberoso; en ella se forman las raíces secundarias, que presentan las mismas partes que las descritas hasta ahora para la raíz principal.

- El **cuello**, región de transición con el tallo.

En un corte transversal de las raíces jóvenes a nivel de la zona pilífera se aprecian dos regiones: la **corteza** y el **cilindro central**. La corteza está formada por tres capas concéntricas: la **epidermis**, formada por una sola capa de células; algunas de ellas presentan prolongaciones que constituyen los pelos radicales; el **parénquima cortical**, formado por varias capas de células grandes y redondeadas; y la **endodermis**, que delimita interiormente la corteza y está formada por una sola capa de células con paredes más o menos lignificadas. El cilindro central comprende el **periciclo**, formado por una capa de células, a partir de las cuales se originan las raíces secundarias; la **médula** o **parénquima medular**, formada por varias capas de células que rellenan la parte central de la raíz, en la que se intercalan los haces de **vasos leñosos y liberianos** alternadamente.

En las raíces de más de un año aparecen otros tejidos interpuestos entre los anteriores: el **tejido suberoso** sustituye a la epidermis; la **felodermis**; y los vasos **leñosos** y **liberianos secundarios** que forman capas anuales concéntricas.

2.3.2. El tallo

El tallo es el órgano encargado de mantener la planta erguida sobre el suelo; a través de él circula la savia bruta desde las raíces a las hojas y la savia elaborada de las hojas al resto del vegetal. Tiene geotropismo negativo por lo que crece verticalmente hacia arriba, en sentido opuesto a la raíz, y en él se insertan las hojas.

Exteriormente en el tallo se puede distinguir (figura 6):

- La **yema apical** o **terminal**, situada en el extremo superior del tallo, está cubierta por numerosas hojitas que protegen el meristemo terminal que provoca el crecimiento en longitud del tallo.

- Los **nudos**, son regiones, generalmente algo engrosadas, de donde parten las hojas.

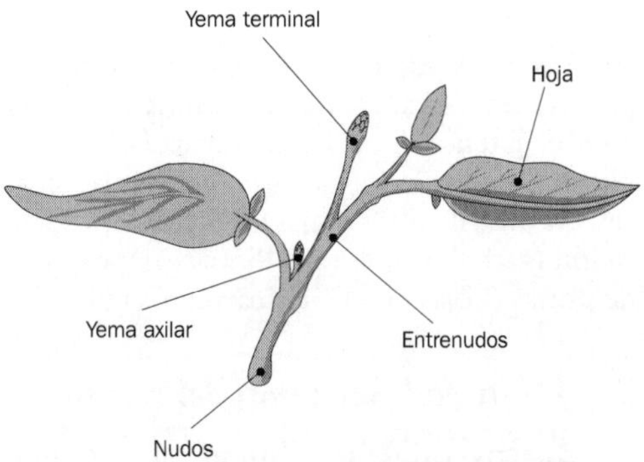

FIGURA 6. *Partes del tallo.*

- Los **entrenudos**, son las porciones del tallo comprendidas entre dos nudos consecutivos.

- Las **yemas axilares** o **laterales**, situadas en los nudos, tienen una estructura similar a la yema apical. Pueden dar origen a ramificaciones del tronco (caso de arbustos y árboles) o a flores; en el primer caso se llaman **yemas de madera** y en el segundo **yemas** o **botones florales**.

Un corte transversal del tallo joven a nivel de los entrenudos, permite distinguir dos regiones: una exterior, **la corteza**, y otra interior, el **cilindro central**. La corteza está formada por tres capas concéntricas: la **epidermis**, que se diferencia de la de la raíz por no presentar pelos; el **parénquima cortical**, similar al de la raíz; y la **endodermis**, que en muchas ocasiones no es tan visible como en la raíz. El cilindro central comprende: el **periciclo**, los haces de **vasos leñosos** y **liberianos**, y el **parénquima medular**; todos similares a los correspondientes de la raíz, pero los vasos conductores presentan una disposición distinta.

Los tallos de más de un año sufren diversas transformaciones como la sustitución de la epidermis por capas de tejido suberoso, la aparición de vasos conductores secundarios formando capas anuales, así como procesos de lignificación que confieren al tallo mayor rigidez y consistencia.

Los tallos pueden estar en ocasiones muy modificados a causa de su adaptación a diversas funciones, como por ejemplo, reservorios de agua o de otras sustancias.

2.3.3. Las hojas

Las hojas son órganos aplanados que se insertan al tallo en los nudos, presentan simetría bilateral, sus formas y dimensiones son muy variadas.

La función principal que realizan las hojas en el vegetal es la fotosíntesis, pues el parénquima clorofílico, tejido que como sabemos realiza esta función, se localiza exclusivamente en las hojas y tallos verdes. Además, a través de los estomas de la epidermis de las hojas se produce la absorción del dióxido de carbono y expulsión del oxígeno en la fotosíntesis, y al contrario en la respiración; también, a través de los estomas se produce la transpiración de la planta evaporándose el agua procedente de los vasos leñosos, gracias a esta evaporación se provoca un vacío en estos vasos que es la causa de la ascensión de la savia bruta por ellos.

La hoja consta de dos partes (figura 7): el **peciolo** y el **limbo**.

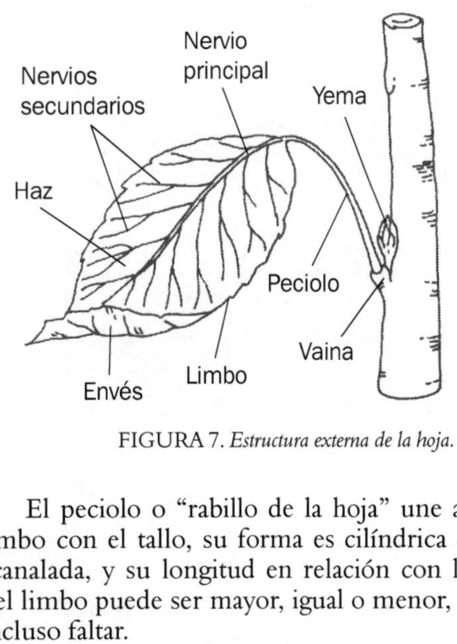

FIGURA 7. *Estructura externa de la hoja.*

El peciolo o "rabillo de la hoja" une al limbo con el tallo, su forma es cilíndrica o acanalada, y su longitud en relación con la del limbo puede ser mayor, igual o menor, e incluso faltar.

El limbo es la parte ensanchada de la hoja, está recorrido longitudinalmente por el **nervio principal**, que es continuación del peciolo, del que parten ramificaciones (**nervios secundarios**) que siguen ramificándose sucesivamente por todo el limbo, constituyendo el esqueleto de la hoja (las hojas que no tienen peciolo presentan una serie de nervios paralelos al eje de la hoja). La cara superior del limbo se denomina **haz** y la inferior **envés**; generalmente el haz tiene un color verde oscuro, es brillante y liso, el envés suele tener tonos más claros, es mate y está ribeteado por las nerviaciones. Las nerviaciones están constituidas por haces de vasos libero-leñosos que a través del peciolo se comunican con los del tallo.

El limbo está protegido por la **epidermis** que se continúa con la del peciolo y ésta con la del tallo. La epidermis del limbo, que presenta numerosos estomas situados casi exclusivamente en el envés, recubre el parénquima clorofílico que generalmente es heterogéneo: en el haz está formado por una capa de células alargadas adosadas entre sí, sin dejar espacio entre ellas (**parénquima en empalizada**); en el envés las células son redondeadas, se distribuyen en varias capas dejando huecos denominados lagunas (**parénquima lagunar**) (figura 8).

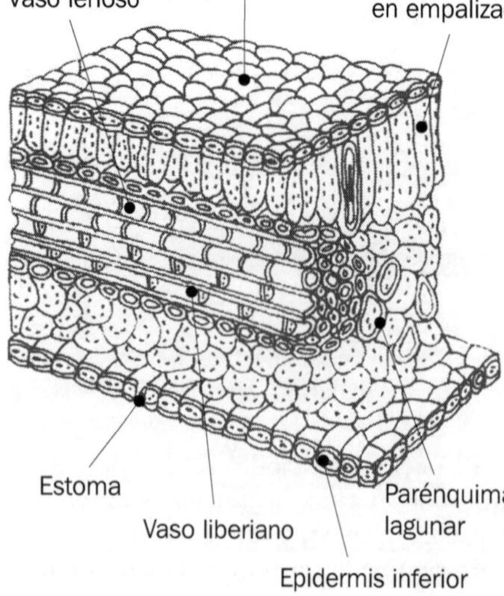

FIGURA 8. *Estructura interna de la hoja.*

Las hojas pueden sufrir transformaciones para desempeñar funciones muy diversas como: defensa (hojas transformadas en espinas), protección (escamas de las yemas), reserva nutritiva (escamas de los bulbos), fijación (zarcillos de las papilionáceas); captura de presas (hojas de plantas carnívoras), etc.

2.3.4. Unidad funcional del cormo

La actividad de los distintos órganos que constituyen el cormo está regulada y controlada por la acción de hormonas (**fitohormonas** u **hormonas vegetales**), que producidas principalmente por células de los meristemos terminales son transportadas a través de los vasos conductores (que comunican entre sí todos los órganos) hasta los lugares de la planta donde ejercen su acción. Entre las acciones de estas hormonas destacamos: estimulación o inhibición del crecimiento de los distintos órganos o de la maduración de frutos, inducción a la formación de flores o la ramificación de tallos y raíces, determinación del fototropismo positivo de tallos o geotropismos: negativo de tallos y positivo de raíces, etc.

Los tropismos son movimientos unidireccionales en el mismo sentido del estímulo exterior que los provoca (tropismos positivos) o en sentido contrario (tropismos negativos). En el fototropismo el estímulo exterior es la luz y en el geotropismo la gravedad.

3. Organización animal

3.1. Características generales

Los animales son organismos heterótrofos; mientras que los vegetales, tanto los incluidos en el "Reino Protista", es decir las algas, como los del "Reino Plantas" tienen nutrición autótrofa fotosintética, únicamente los pertenecientes al "Reino Hongos" presentan nutrición heterótrofa.

Además la mayoría de los animales pueden desplazarse.

Los animales pluricelulares presentan una organización más compleja que los vegetales, sus células están muy diferenciadas y alcanzan un alto grado de especialización; sus tejidos, que también presentan una gran diferenciación, se suelen reunir formando **órganos**, que a su vez se asocian constituyendo **aparatos** y **sistemas.** Un órgano es un conjunto de tejidos asociados para realizar una función o una determinada actividad. Un aparato es un conjunto de órganos que actuando coordinadamente realizan una función determinada. Un sistema es un conjunto de órganos semejantes (constituidos por la misma clase de tejidos) distribuidos por todo el organismo que desempeñan la misma función.

En los animales pluricelulares se presentan tres niveles de organización, que en orden creciente de complejidad son:

- **Nivel de tejidos**: las funciones vitales del organismo la realizan los diferentes tejidos que lo constituyen, sin que se aprecie en ellos órganos diferenciados. Este nivel de organización lo presentan esponjas, medusas, corales, etc.

- **Nivel de órganos**: las funciones vitales del ser vivo son realizadas por órganos independientes. Pertenecen a este nivel de organización los gusanos platelmintos.

- **Nivel de aparatos** Las funciones vitales del ser vivo la realizan sus distintos aparatos. En este nivel se encuentran los anélidos, moluscos, artrópodos, vertebrados, etc.

3.2. Organización histológica de los animales

La mayor diferenciación y especialización de las células de los animales pluricelulares conduce a que estos organismos muestren una mayor variedad de tejidos que los vegetales pluricelulares. Los tejidos animales, en razón a la función que realizan, se clasifican en los siguientes grupos:

- **Tejido epitelial** o **epitelios**: Recubre exteriormente el cuerpo de los animales y tapizan las cavidades internas de los órganos huecos. Está formado por una o más capas de células poliédricas muy unidas entre sí y con muy poca sustancia intercelular (figura 9). Aparte de su misión protectora, los epitelios realizan otras funciones importantes como: respiración, secreción, absorción y excreción.

- **Tejido conjuntivo** o **conectivo**: Conecta otros tejidos entre sí y sirve de soporte a distintas estructuras del cuerpo. Está formado por células muy separadas entre sí, por lo que contiene una gran cantidad de sustancia intercelular que constituye la mayor parte de la masa del tejido. Comprende las siguientes variedades: **tejido conjuntivo**, **sangre** y **linfa**, **tejido adiposo**, **tejido cartilaginoso** y **tejido óseo**.

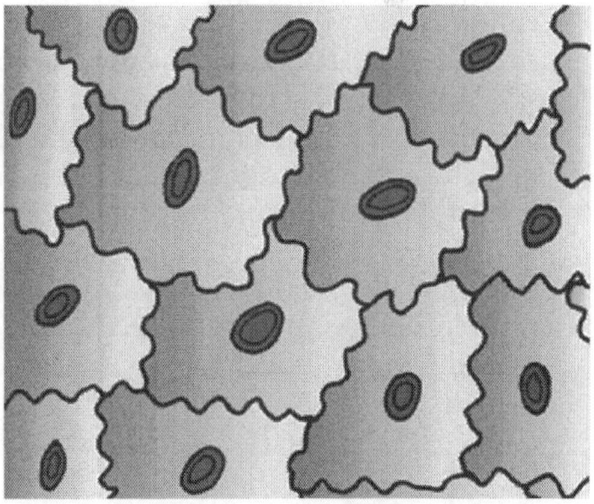

FIGURA 9. *Tejido epitelial.*

El tejido conjuntivo propiamente dicho se encuentra muy repartido por el organismo formando la trama que conecta las "partes nobles" de los órganos, rellenando los huecos interorgánicos, enfundando vasos, nervios, músculos, etc., y constituye la dermis de la piel que se extiende de forma continua debajo de la epidermis (figura 10).

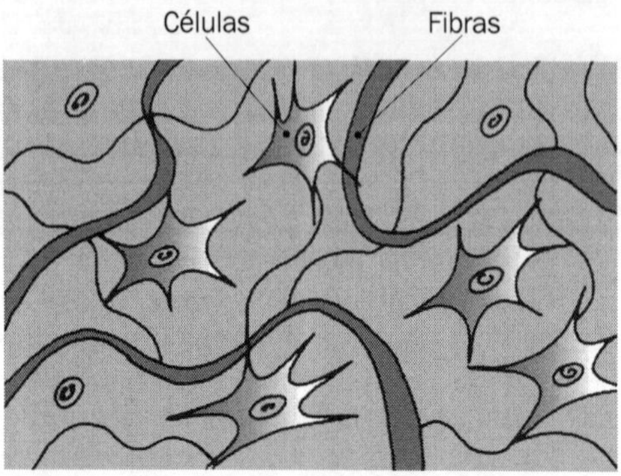

FIGURA 10. *Tejido conjuntivo.*

La sangre y la linfa son dos variedades de tejido conjuntivo en los que la sustancia intercelular es líquida y se denomina **plasma**. La sangre contiene tres tipos de células (figura 11): los **hematíes** o **glóbulos rojos**, cuya función es transportar oxígeno y el dióxido de carbono; los **leucocitos** o **glóbulos blancos**, con funciones de defensa; y los **trombocitos** o **plaquetas**, que hacen que coagule la sangre taponando pequeñas rupturas que se produzcan en los vasos sanguíneos; la función del plasma sanguíneo es el transporte a través del organismo de nutrientes, productos de desecho y hormonas. La linfa contiene células, los **linfocitos**, que desempeñan la misma función que los leucocitos en la sangre; el plasma linfático realiza principalmente el transporte de grasas y productos de desecho.

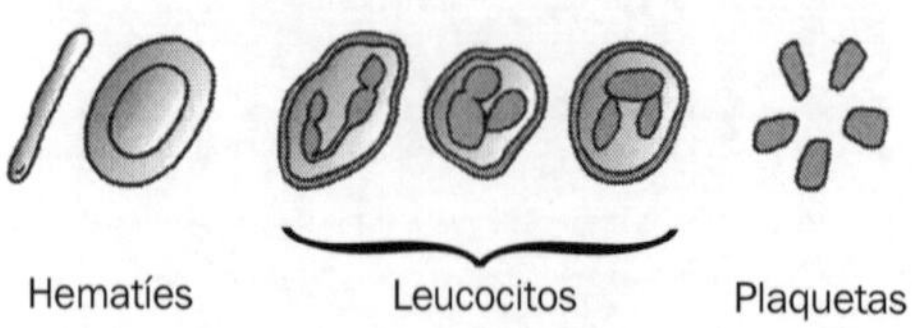

FIGURA 11. *Células de la sangre.*

El tejido adiposo se encuentra en la parte profunda de la piel formando el panículo adiposo, alrededor de órganos como el corazón y los riñones, y forma la llamada médula amarilla que ocupa la diáfisis de los huesos largos. Se caracteriza por que sus células acumulan gran cantidad de grasas (figura 12). Su función, además de almacenar grasa (reserva), es aislar térmicamente al organismo.

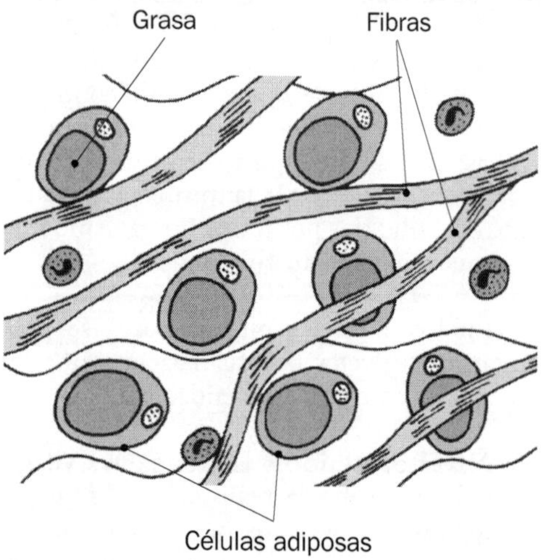

FIGURA 12. *Tejido adiposo.*

El tejido cartilaginoso forma los cartílagos (nariz, orejas, discos intervertebrales, etc.) así como el esqueleto de los peces cartilaginosos. La sustancia intercelular contiene gran cantidad de fibras elásticas que dan a este tejido la resistencia y elasticidad. Su función es de sostén.

El tejido óseo forma los huesos del esqueleto de los vertebrados (con excepción de los peces cartilaginosos). La sustancia intercelular contiene fibras impregnadas de fosfatos y carbonatos de calcio que confieren a los huesos una gran resistencia manteniendo cierta elasticidad (figura 13). Realiza funciones de sostén y protección de órganos vitales (cerebro, pulmones, corazón, etc.).

FIGURA 13. *Tejido óseo.*

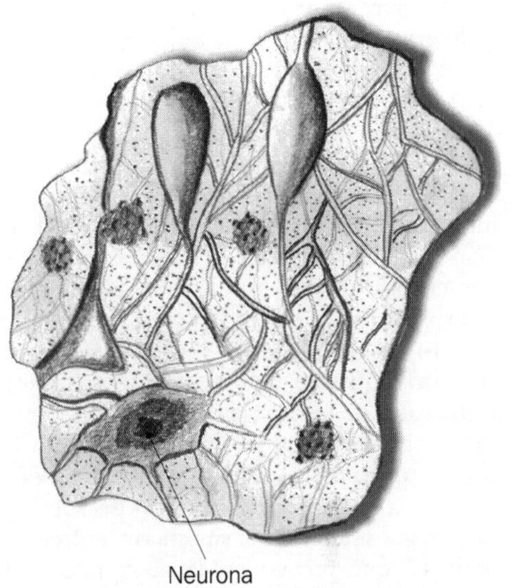

FIGURA 15. *Tejido nervioso mostrando las neuronas.*

– **Tejido muscular o contráctil**. Está formado por células muy especializadas, largas y delgadas, que contienen miofibrillas que se contraen bajo el control del sistema nervioso (figura 14). Es el tejido responsable de la locomoción, así como de los movimientos de los órganos internos (corazón, tubo digestivo, etc.). Existen tres tipos de tejido muscular: **estriado**, **liso** y **cardíaco**. El tejido muscular estriado construye los músculos esqueléticos responsables de la locomoción, se caracteriza porque su contracción es rápida y voluntaria. El tejido muscular liso es el responsable del movimiento de órganos internos (excepto el corazón), su contracción es lenta e involuntaria. El tejido muscular cardíaco constituye el corazón, su contracción es rápida e involuntaria.

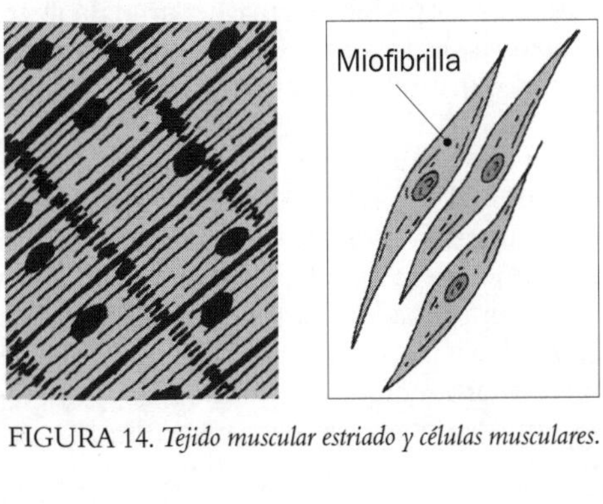

FIGURA 14. *Tejido muscular estriado y células musculares.*

– **Tejido nervioso**. Está formado por células altamente especializadas llamadas **neuronas**, que contienen neurofibrillas que transmiten los impulsos nerviosos (figura 15). Constituyen el sistema nervioso (encéfalo, médula espinal y nervios) que coordina e integra los estímulos y es sede de todas las sensaciones conscientes, además regula y coordina la actividad de todos los órganos y glándulas del organismo.

– **Tejido reproductor**. Es una variedad de tejido epitelial, por lo que también se denomina **epitelio germinativo**. Su función es generar células reproductoras (**gametos**).

3.3. Órganos, aparatos y sistemas

Como se ha mencionado anteriormente, todas las funciones vitales de los animales (salvo en algunos animales inferiores) son realizadas por los órganos, aparatos y sistemas que lo constituyen.

A través de la función de nutrición los animales toman materiales del exterior que son utilizados para construir sus propias estructuras y obtener la energía necesaria para llevar a cabo su actividad vital.

Los materiales sólidos que toman los animales son sustancias orgánicas que necesitan ser descompuestas en sus componentes elementales con el fin de que puedan ser absorbidas (asimiladas) y pasar al interior del organismo, esta función es realizada por el **aparato digestivo**, que además lleva a cabo la asimilación de los nutrientes y la eliminación de los residuos no aprovechables. El aparato digestivo consta de: un orificio de entrada (boca) asociado a órganos masticadores, de succión, etc., órganos que vierten sustancias (entre ellas enzimas) que provoquen la descomposición de los alimentos y absorban los nutrientes; y de un orificio de salida de los residuos no aprovechables (ano); así como de dispositivos que aseguren el avance de los alimentos en un sentido único. Los materiales líquidos (el agua y las sustancias disueltas en ella) también son asimiladas por el aparato digestivo.

El oxígeno, necesario para la respiración celular, se introduce en el organismo por el **aparato respiratorio** constituido por órganos (branquias, tráqueas, pulmones) que presentan una gran superficie y permiten el intercambio gaseoso, es decir, la absorción del oxígeno y la eliminación del dióxido de carbono producido en la respiración celular.

La eliminación de los residuos producidos en el metabolismo celular se realiza a través de **órganos** y **aparatos excretores**, como el **aparato urinario**, el **hígado** (en animales superiores), las **glándulas sudoríparas** (en algunos mamíferos, entre ellos el hombre) y el **aparato respiratorio** que, como se dijo antes, elimina el dióxido de carbono. El aparato urinario, además, regula la presión osmótica mediante la eliminación de sales minerales.

El transporte del oxígeno y de los nutrientes desde los órganos en los que son absorbidos hasta las células, y de las sustancias de desecho desde las células hasta los órganos y aparatos que las eliminan, se realiza por el **aparato circulatorio**, que además transporta otras sustancias, entre ellas las hormonas, producidas por las células con diversos fines. Dicho transporte se realiza a través de un medio líquido, la sangre, que generalmente circula por vasos conductores impulsada por un órgano, el corazón.

A través de la función de relación los animales perciben estímulos del medio, elaboran respuestas adecuadas que ejecutan, y regulan y coordinan la actividad de todos los órganos en cada momento.

La percepción de estímulos se lleva a cabo a través de los **órganos de los sentidos** capaces de captar distintas características del medio como: luz, sonido, sustancias químicas, presión, temperatura, etc. En relación con los órganos de los sentidos, el **sistema nervioso** recoge los estímulos del exterior, los interpreta y elabora respuestas que son transmitidas a los órganos encargados de ejecutar (**órganos efectores**). Los órganos efectores son los **músculos** y las **glándulas endocrinas**, que ejecutan respuestas mediante el movimiento y la secreción de hormonas respectivamente. El conjunto de músculos del organismo constituye el **sistema muscular**, que junto con los **apéndices articulados** o el **esqueleto**, según las características del animal concreto, forman el **aparato locomotor**, que es el encargado del desplazamiento del animal. El conjunto de glándulas endocrinas así como de células (no agrupadas en glándulas) que segregan hormonas constituye el **sistema hormonal**. El sistema nervioso y el sistema hormonal ejercen funciones de coordinación y regulación de los distintos órganos del animal.

A través de la función de reproducción los animales originan nuevos individuos, semejantes a ellos, lo que permite que se perpetúe la especie. Esta función, en el caso de la reproducción sexual, es realizada por el **aparato reproductor**, que produce células reproductoras denominadas gametos. La unión de un gameto masculino y otro femenino (fecundación), que provienen de individuos distintos, origina un zigoto que después de un desarrollo embrionario dará origen a un nuevo individuo.

Aquellos animales que presentan fecundación interna, sus aparatos reproductores disponen de **órganos copuladores** diferentes para cada sexo. Además, en el caso de los mamíferos, el aparato reproductor femenino dispone de un órgano, el **útero** o **matriz** donde se aloja el feto durante el desarrollo embrionario.

4. Los microorganismos

Se denominan **microorganismos** o **microbios** aquellos seres vivos de tamaño tan pequeño que sólo se pueden observar con ayuda del microscopio. Los organismos unicelulares y los virus son microorganismos.

4.1. Funciones de los microorganismos en la Naturaleza

Los microorganismos desempeñan en la naturaleza funciones muy diversas e importantes, entre las que destacan:

- **Descomposición de sustancias orgánicas**. Un gran número de bacterias y hongos microscópicos son *saprofitos*, es decir, actúan sobre la materia orgánica muerta (cadáveres, restos de seres vivos, excrementos, etc.) segregando enzimas que provocan su descomposición en componentes elementales que absorben para su nutrición, y devuelven al medio los productos de su metabolismo (sustancias inorgánicas). Estos microorganismos tienen una importancia capital en los ecosistemas pues sus acciones (fermentaciones y putrefacciones) permiten reintegrar la materia inorgánica al medio para que vuelva a ser utilizada por los organismos autótrofos, cerrándose de esta manera el ciclo de la materia en los ecosistemas.

- **Transformación de sustancias inorgánicas**. Muchas bacterias utilizan para su nutrición sustancias inorgánicas y obtienen la energía que necesitan mediante reacciones de oxidación que ellos mismos provocan en su medio externo (nutrición autótrofa quimiosintética). En algunas de estas reacciones, sustancias inorgánicas no asimilables por las plantas son transformadas en otras sustancias, también inorgánicas, pero que pueden ser asimiladas por ellas. Así, por ejemplo, las nitrobacterias transforman el amoniaco en nitratos, o las sulfobacterias que transforman el azufre y otros derivados de este elemento (como el sulfuro de hidrógeno) en sulfatos. La acción de estas bacterias permite que determinados bioelementos (nitrógeno, azufre, etc.) se incorporen al ciclo de la materia en los ecosistemas.

- **Producción de materia orgánica**. Las cianofíceas y las algas microscópicas utilizan la materia inorgánica del medio y la energía luminosa para construir sus principios inmediatos orgánicos (tienen nutrición autótrofa fotosintética). Estos microorganismos constituyen el denominado *fitoplancton*, que además de ser el primer eslabón de la cadena alimentaria de los ecosistemas acuáticos, proporciona a la atmósfera grandes cantidades de oxígeno (se calcula que entre el 30 y el 50% del oxígeno atmosférico proviene de la fotosíntesis que realizan los microorganismos del fitoplancton).

Por otra parte, las bacterias autótrofas quimiosintéticas constituyen el primer eslabón de la cadena alimentaria de determinados ecosistemas aislados, como, grutas, profundidades marinas, etc., a los que no llega la luz.

- **Asociación con otros seres vivos** para obtener un beneficio mutuo, este tipo de asociación se denomina **simbiosis**. Como ejemplos de *relaciones simbióticas* en las que intervienen microorganismos, mencionamos los siguientes:

  ★ Determinadas bacterias que se alojan en el tubo digestivo de los animales herbívoros (como los rumiantes) y de las termitas producen enzimas que provocan la descomposición de la celulosa, originando glucosa que es utilizada por estos animales para su nutrición (los animales no sintetizan enzimas capaces de descomponer la celulosa).

  ★ Las bacterias del género *Rhizobium* se alojan en las raíces de las leguminosas y transforman el nitrógeno del aire en amoniaco. Posteriormente, las nitrobacterias transforman el amoniaco en nitratos que pueden ser absorbidos por las plantas.

  ★ Algunas especies de cianofíceas y de algas microscópicas se asocian con determinados hongos formando *líquenes*. Desde el punto de vista ecológico, los líquenes son bastante importantes, ya que son la base alimenticia en determinados ecosistemas, como es el caso de la tundra; además, muchas veces son los primeros colonizadores de terrenos originados de nuevo (tras las erupciones volcánicas, por ejemplo).

4.2. Beneficios y perjuicios de los microorganismos a los seres humanos

Muchos microorganismos son beneficiosos para los seres humanos. Así, por ejemplo, las bacterias que se alojan en nuestro intestino constituyendo la llamada «flora intestinal», colaboran en la digestión y nos aportan determinadas vitaminas que ellas elaboran.

Además, muchos microorganismos tienen una *utilidad industrial*, el hombre se sirve de ellos con fines muy diversos, como:

- **Elaboración de alimentos**. Las bacterias que provocan la fermentación de la leche se utilizan en la industria láctea para la elaboración de yogur, quesos, etc. Las levaduras son hongos microscópicos que provocan fermentaciones, utilizándose en la elaboración del pan, del vino, de la cerveza, etc.

- **Elaboración de fármacos**. Algunos hongos microscópicos producen antibióticos, como por ejemplo la penicilina que es elaborada por el *Penicillium*. Actualmente, muchas proteínas que tienen utilidad farmacológica, por ejemplo la insulina humana, son elaboradas por bacterias que han sido manipuladas genéticamente. Para ello se implanta en el ADN de la bacteria un gen que contiene las instrucciones para la síntesis de la proteína que se quiere obtener, y la bacteria comienza a producir dicha proteína.

- **Tratamiento de basuras**, desechos orgánicos, aguas residuales, etc. Se utilizan bacterias saprofitas que degradan la materia orgánica contenida en estos residuos.

- **Lucha contra las «mareas negras»** producidas por vertidos de petróleo al mar. Algunas bacterias saprofitas provocan la degradación de los hidrocarburos que constituyen el petróleo.

- **Producción de metano**. Algunas bacterias saprofitas, al degradar la materia orgánica, producen como residuo gas metano (utilizado como combustible).

- **Investigación científica**. Debido a la gran capacidad reproductora de las bacterias y los hongos microscópicos, en un periodo de tiempo breve se obtienen poblaciones muy numerosas. Estos microorganismos se cultivan en el laboratorio fácilmente, y se utilizan para la investigación biológica.

Como acabamos de ver, muchos microorganismos son beneficiosos para los seres humanos, sin embargo, otros son *perjudiciales*. Todos los virus, así como algunas bacterias, protozoos y hongos microscópicos son parásitos, se nutren a expensas de otros seres vivos causándoles perjuicios más o menos graves. Algunos de estos microorganismos parasitan al hombre, a su ganado o a sus cultivos causándoles **enfermedades** que se denominan **infectocontagiosas** porque se producen por invasión del organismo (infección) y se transmiten por contagio de unos individuos a otros. Los microorganismos que causan estas enfermedades se denominan **gérmenes** o **microbios patógenos**.

Algunos ejemplos de enfermedades infectocontagiosas que sufren las *plantas* son: el mosaico del tabaco, la tristeza del naranjo, el mildiu de la vid y el cornezuelo del centeno. Las dos primeras son producidas por virus y las dos últimas por hongos microscópicos.

La «peste aviar» y la «glosopeda del ganado vacuno» son ejemplos de enfermedades infectocontagiosas que sufren los *animales domésticos*, ambas producidas por virus.

Entre las *enfermedades infectocontagiosas* que sufren los *seres humanos* mencionamos las siguientes:

- **Producidas por virus**: gripe, hepatitis, herpes, paperas, poliomielitis, rabia, rubéola, sarampión, SIDA, varicela y viruela.
- **Producidas por bacterias**: botulismo, cólera, difteria, meningitis, peste bubónica, salmonelosis, tétanos, tifus, tos ferina y tuberculosis.
- **Producidas por protozoos**: disentería, enfermedad del sueño, malaria, paludismo y toxoplasmosis.
- **Producidas por hongos**: tiña y pie de atleta.

Las enfermedades infectocontagiosas no se manifiestan inmediatamente después de producirse el contagio; los síntomas de la enfermedad aparecen después de transcurrir un tiempo, de duración variable, denominado **periodo de incubación**. En este periodo los microbios patógenos se reproducen activamente y comienzan a dañar o destruir células y tejidos; también pueden producir sustancias tóxicas (toxinas) para nuestro organismo.

Cada enfermedad presenta unos *síntomas* característicos. La fiebre suele ser un síntoma común para la mayoría de las enfermedades infectocontagiosas; es una respuesta del organismo para evitar la proliferación de los microbios, pues impide que estos se encuentren a la temperatura óptima para su desarrollo.

Como se dijo antes, las enfermedades infectocontagiosas se transmiten de unos individuos a otros; es decir, las personas que padecen una enfermedad infectocontagiosa son «fuentes de infección» para otras personas. En ocasiones, algunos individuos pueden estar infectados y no manifestar síntomas de la enfermedad; estas personas se denominan **portadoras** y pueden contagiar la enfermedad a otros individuos.

Los *medios* a través de los cuales se produce el contagio de unos individuos a otros son muy variados, entre ellos destacamos los siguientes:

- El **contacto físico** con personas enfermas o portadoras. Las llamadas «enfermedades de transmisión sexual» (ETS), entre ellas el SIDA, se transmiten por contacto sexual.

- El **aire**, que contiene numerosos microbios patógenos procedentes de la respiración, toses, estornudos, etc., de personas enfermas.

- El **agua contaminada** por excrementos y otros residuos orgánicos.

- Las partículas de **polvo** sobre las que se asientan microbios patógenos que pueden penetrar en el organismo a través de la piel, de heridas, inhaladas en la respiración, con los alimentos, etc.

- Los **alimentos contaminados**, en su origen (verduras regadas con agua contaminada, conservas mal esterilizadas, etc.), o al estar en contacto con el ambiente o con manipuladores portadores de microbios patógenos.

- Los **utensilios contaminados**, como toallas, ropas, peines, teléfonos, cubiertos, vajillas, clavos, jeringuillas, material de uso clínico mal esterilizado, etc. El contagio se puede producir por contacto de estos utensilios con la piel o con las heridas, o bien por cortes o pinchazos producidos con ellos.

- Los **animales** que portan microbios patógenos (perros, gatos, ratas, ratones, cucarachas, garrapatas, moscas, mosquitos, etc.). El contagio se puede producir por el contacto de estos animales con las personas o con los alimentos, o bien por mordeduras, arañazos, picotazos, etc.

- La **vía placentaria** que establece comunicación entre la madre y el feto. A través de ella se pueden transmitir ciertas enfermedades infectocontagiosas de la madre al feto, como por ejemplo, la rubéola, la toxoplasmosis y el SIDA.

- Las **transfusiones de sangre** procedentes de personas enfermas o portadoras.

CUESTIONES

1. **¿Qué organismos unicelulares tienen organización procariótica?**
2. **¿Por qué los virus son parásitos obligados?**
3. **¿Cuál es la principal ventaja que representa la organización pluricelular?**
4. **Un conjunto de células iguales, especializadas en una determinada función, constituyen un…**
5. **Los organismos pluricelulares necesitan disponer de un sistema de transporte; ¿por qué?**
6. **Relacionar tejidos vegetales (columna A) con sus funciones (columna B), formando parejas (número-letra):**

Columna A	Columna B
1. Colénquima	a) Crecimiento
2. Tejido liberiano	b) Transporte de sustancias
3. Parénquima clorofílico	c) Fotosíntesis
4. Tejido suberoso	d) Dar rigidez y consistencia
5. Meristemos	e) Protección

7. **¿Dónde están situados los pelos radicales? ¿Cuál es su función?**
8. **¿Qué es un órgano?**
9. **¿Mediante qué aparato se realiza el intercambio gaseoso en los animales pluricelulares?**
10. **¿Qué función realizan los órganos y aparatos excretores?**
11. **¿Qué son los microorganismos?**
12. **¿Por qué son importantes las cianofíceas y las algas microscópicas?**
13. **¿Qué son las levaduras y para qué se utilizan?**
14. **¿Qué son los gérmenes patógenos?**
15. **¿Cuáles de los siguientes tipos de microorganismos no están constituidos por una célula?**

    a) Las bacterias.

    b) Los virus.

    c) Las cianofíceas.

    d) Los protozoos.

16. Un conjunto de células morfológicamente iguales que realizan la misma función constituyen un...

a) Tejido.

b) Órgano.

c) Aparato.

d) Sistema.

17. ¿Cómo se denominan los tejidos que originan el crecimiento de los vegetales?

a) Parénquimas.

b) Tejidos leñosos.

c) Meristemos.

d) Esclerénquimas.

18. Las neuronas son células que forman parte de:

a) Los epitelios.

b) Tejido nervioso.

c) Tejido conjuntivo.

d) Tejido adiposo.

19. Los microorganismos saprofitos...

a) Viven sobre restos de seres vivos y producen la putrefacción.

b) Viven asociados a otros seres vivos con beneficio mutuo.

c) Viven aprovechándose de otros seres vivos, perjudicándolos.

d) Viven libremente sin necesidad de otros seres vivos.

20. La asociación simbiótica de un alga microscópica y de un hongo se denomina...

a) Virus.

b) Protozoo.

c) Cianofícea.

d) Liquen.

21. Algunos organismos procarióticos producen en el hombre enfermedades como la tuberculosis; nos estamos refiriendo a:

a) Los virus.

b) Las bacterias.

c) Los protozoos.

d) Los hongos.

22. Los virus son organismos que:

a) Poseen una estructura compleja derivada de las bacterias que infectan.

b) Utilizan la maquinaria bioquímica de su hospedador para multiplicarse.

c) Mantienen en su núcleo las encimas necesarias para vivir.

d) Pertenecen a la organización procariota.

23. Las células en un organismo pluricelular son diferentes:

a) Porque tienen distinto ADN.

b) Porque la función crea el órgano.

c) Porque hay reparto del trabajo.

d) Ya que cambian con la edad.

24. Por sus necesidades metabólicas los virus son:

a) Muy pequeños.

b) Anaerobios.

c) Parásitos obligados.

d) Organismos eucariotas.

25. Uno de los aspectos beneficiosos de las bacterias radica en que:

a) Son organismos transformadores.

b) Se les puede ver fácilmente.

c) La mayoría ataca a vegetales.

d) Mutan con facilidad.

26. Una enfermedad infecciosa es aquella:

a) Que se contagia fácilmente.

b) Que se combate con antiobióticos.

c) Que se puede prevenir con vacunas.

d) Que es ocasionada por patógenos.

SOLUCIÓN A LAS CUESTIONES

1. Las bacterias y las cianofíceas.

2. Porque carecen de enzimas y, por tanto, de metabolismo.

3. La especialización celular que permite una mayor eficacia para llevar a cabo sus funciones.

4. Tejido.

5. Para suministrar a todas las células los materiales que necesitan y retirar los desechos que producen.

6. 1-d, 2-b, 3-c, 4-e, 5-a.

7. En la raíz. Absorción del agua y de las sales minerales disueltas en ellas.

8. Un conjunto de tejidos asociados para realizar una función determinada.

9. El aparato respiratorio.

10. Eliminar los residuos producidos en el metabolismo celular.

11. Seres vivos de tamaño tan pequeño que sólo se pueden observar con ayuda del microscopio.

12. Porque constituyen el fitoplancton, que es la base de la cadena alimentaria de los ecosistemas acuáticos, y aportan, mediante la fotosíntesis, grandes cantidades de oxígeno a la atmósfera.

13. Hongos microscópicos. Se utilizan para provocar fermentaciones.

14. Microorganismos que provocan enfermedades infectocontagiosas.

15. b) Virus.

16. a) Tejido.

17. c) Meristemos.

18. b) Tejido nervioso.

19. a) Viven sobre restos de seres vivos y producen la putrefacción.

20. d) Liquen.

21. b) Bacterias.

22. b) Utilizan la maquinaria bioquímica de su hospedador para multiplicarse.

23. c) Porque hay reparto del trabajo.

24. c) Parásitos obligados.

25. a) Son organismos transformadores.

26. d) Que es ocasionada por patógenos.

Tema 8

La nutrición

Introducción

Una de las características que diferencia a los seres inertes de los seres vivos es que éstos realizan un intercambio continuo de materiales y energía con el medio que les rodea.

En los temas 4 y 5 se trató la nutrición a nivel celular. Se estudiaron distintos procesos relacionados con la nutrición que llevan a cabo las células, tanto constituyendo organismos completos (organismos unicelulares), como formando parte de los organismos pluricelulares. En este tema abordaremos la nutrición a nivel orgánico, a través del estudio de los mecanismos, órganos, aparatos y sistemas que intervienen en la nutrición de los seres vivos como organismos. Concluiremos con el estudio de la alimentación y su relación con la salud de las personas.

1. Concepto de nutrición. Variedades

La **nutrición** se define como el intercambio de materia y energía que todo ser vivo necesita realizar con el medio externo para poder desarrollar su actividad vital.

Atendiendo a la naturaleza de las sustancias que los seres vivos toman del exterior y a la forma de adquirir la energía, se distingue dos tipos de nutrición: nutrición autótrofa y nutrición heterótrofa.

Los organismos que presentan **nutrición autótrofa** toman energía libre y sustancias inorgánicas exoenergéticas (anhídrido carbónico, agua y sales minerales) con las que sintetizan sustancias orgánicas endoenergéticas.

Según la procedencia de esta energía libre se distinguen dos tipos de nutrición autótrofa:

- **Nutrición fotosintética**: utiliza la energía luminosa. La realizan sólo los vegetales con clorofila.

- **Nutrición quimiosintética**: la energía procede de reacciones de oxidación que se producen en el medio. La realizan únicamente algunas bacterias.

Los organismos que presentan **nutrición heterótrofa** no son capaces de captar la energía libre ni de sintetizar materia orgánica a expensas de sustancias minerales, por lo que necesitan tomar materia orgánica, de la que obtienen tanto la materia necesaria para la elaboración de sus principios inmediatos, como la energía necesaria para su actividad vital.

Son heterótrofos todos los animales, los vegetales sin clorofila y la mayoría de las bacterias.

Los organismos heterótrofos presentan una amplia variedad de modalidades de nutrición; en función de éstas se clasifican en grupos, entre los que destacan:

- **Organismos saprógenos o saprofitos**. Actúan sobre la materia orgánica muerta segregando enzimas hidrolíticas que provocan su descomposición en componentes elementales que absorben para su nutrición, y devuelven al medio los productos de su metabolismo (sustancias minerales). Son, por tanto, los denominados *organismos descomponedores,* imprescindibles en todo ecosistema ya que son los causantes de la mineralización completa de la materia orgánica.

- **Organismos parásitos**. Se nutren a expensas de otro organismo.

- **Organismos simbióticos**. Son aquellos que se unen íntimamente con otros organismos para obtener un mutuo beneficio de tipo nutritivo.

- **Organismos biófagos**. Se nutren de seres vivos, o al menos de trozos de seres vivos, que capturan. Son los denominados *depredadores*.

- **Organismos necrófagos, coprófagos, xilófagos, saprófagos**, etc. Se nutren respectivamente de cadáveres, excrementos, madera y sustancias en descomposición. Estos organismos realizan la digestión en sus aparatos digestivos a diferencia de los saprógenos, que la realizan vertiendo enzimas al exterior que provocan la fermentación y putrefacción de la materia orgánica sobre la que se asientan.

Los organismos heterótrofos dependen, para su nutrición, de los seres autótrofos, necesitan alimentarse directamente de ellos o de otros seres que se alimentan de los autótrofos.

Toda la energía de que disponen los seres vivos (autótrofos y heterótrofos) ha sido incorporada por organismos autótrofos, ya que estos son los únicos que pueden captar energía libre del medio.

2. Procesos implicados en la nutrición

En los organismos unicelulares y en los pluricelulares de organización sencilla, las células están en contacto con el medio, de donde toman directamente los nutrientes (oxígeno, agua, sustancias disueltas y sólidos) al que también vierten directamente tanto las sustancias no asimiladas en la digestión como los productos de desecho de su metabolismo. Sin embargo, los animales de organización más compleja necesitan disponer de órganos, aparatos o sistemas que desempeñen diversas funciones relacionadas con la nutrición: digestión de las sustancias orgánicas complejas (**aparato digestivo**); captación del oxígeno del aire (**aparato respiratorio**); eliminación de los productos de desecho que se originan en el metabolismo celular (**órganos** y **aparatos excretores**) y transporte de los nutrientes y de los productos de desecho (**sistema circulatorio**).

2.1. La digestión de los alimentos

Las sustancias necesarias para la nutrición sólo pueden entrar en el interior del organismo en estado gaseoso o líquido (las sustancias sólidas necesitan estar disueltas), pues las membranas plasmáticas, que en último término son las que separan los seres vivos del medio exterior, sólo pueden ser atravesadas por los fluidos.

Los organismos autótrofos toman las sustancias que necesitan (oxígeno, anhídrido carbónico, agua y sales minerales disueltas en agua) directamente del medio por absorción.

Los organismos heterótrofos sólo pueden tomar directamente las sustancias minerales (oxígeno, agua y sales minerales disueltas); los compuestos orgánicos necesitan ser desdoblados, mediante el proceso químico de la digestión, en sus componentes elementales, que disueltos en agua son absorbidos. La digestión se realiza mediante enzimas hidrolasas que descomponen los carbohidratos en monosacáridos, las grasas en glicerina y ácidos grasos, y las proteínas en aminoácidos.

La **digestión** es el proceso por el cual el alimento es descompuesto en sus componentes elementales (monosacáridos, glicerina, ácidos grasos y aminoácidos) para que puedan ser absorbidos.

Las transformaciones químicas que se producen en la digestión, frecuentemente facilitadas por acciones mecánicas (trituración), son provocadas por ciertas sustancias químicas y, fundamentalmente, por enzimas hidrolíticas.

Los animales pluricelulares poseen un **aparato digestivo** donde realizan la digestión; los animales unicelulares (protozoos) la realizan en **vacuolas digestivas** del citoplasma. Los vegetales, aparte del caso excepcional de las plantas carnívoras, también realizan procesos digestivos durante la germinación de las semillas, por la acción de enzimas hidrolasas que segregan sus células.

La digestión va precedida de un proceso llamado **ingestión**, consistente en la introducción de las sustancias que van a ser digeridas, en el tubo digestivo (en el caso de animales de organización más o menos compleja) o en el citoplasma a través de vacuolas digestivas (en el caso de organismos unicelulares o de animales de organización sencilla). Terminada la digestión las sustancias no digeridas o no asimiladas son expulsadas del tubo digestivo o de las vacuolas digestivas, proceso que se denomina **egestión**.

En los animales se puede presentar tres tipos de digestión: intracelular, extracelular y mixta.

■ Digestión intracelular

La digestión intracelular se presenta en organismos unicelulares (protozoos) y en algunos animales de organización muy sencilla (como las esponjas). Estos organismos ingieren los alimentos sólidos mediante mecanismos variados, por ejemplo:

- Las *amebas* lo hacen por fagocitosis, es decir, la célula deforma su cuerpo originando una invaginación alrededor de la partícula alimenticia, que al cerrarse la engloba en su interior, formándose así una vacuola digestiva (figura 1). Las esponjas se nutren de partículas alimenticias que son capturadas por determinadas células mediante fagocitosis. Los animales de organización más compleja poseen células libres, como los leucocitos de la sangre, que fagocitan células gastadas, sustancias nocivas y microorganismos que entran en el cuerpo.

- Los *ciliados*, que no pueden deformar su cuerpo como las amebas, poseen un órgano especial destinado a la ingestión de alimentos, consistente en una invaginación permanente que se prolonga en el interior del cuerpo celular (citofaringe) y cuyas paredes, así como el orificio de entrada (citostoma) están recubiertas de cilios, que con su movimiento provocan turbulencias en el agua conduciendo las partículas alimenticias hasta su interior, en cuyo fondo se forma una vacuola digestiva (figura 2).

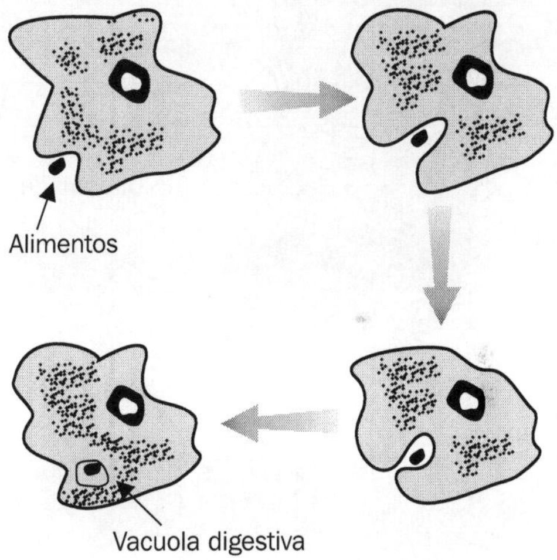

FIGURA 1. *Ameba ingiriendo alimentos mediante fagocitosis.*

En las vacuolas digestivas es donde se realiza la digestión; primeramente se vierten en ellas sustancias ácidas que provocan la muerte de la presa (si ésta es un microorganismo vivo) e inician el proceso de digestión; luego los lisosomas entran en contacto con las vacuolas digestivas, y al fusionarse con ellas, la acción de las enzimas hidrolíticas que contienen completa la digestión. Los productos asimilables atraviesan la membrana de las vacuolas pasando al citoplasma, y los no asimilables o no digeridos se quedan en ellas, transformándose ésta en una vacuola fecal que al llegar a la superficie de la célula se abre expulsando su contenido al exterior.

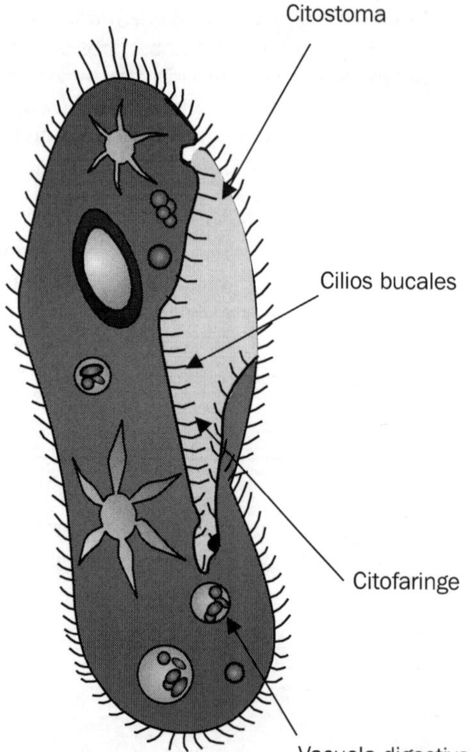

FIGURA 2. Paramecio (ciliado) mostrando los órganos que participan en la ingestión de los alimentos.

■ Digestión mixta

La digestión mixta se presenta en animales de organización sencilla, como los celentéreos (pólipos y medusas) y los platelmintos. Estos animales poseen un aparato digestivo muy rudimentario con forma de saco, llamado cavidad gastrovascular, y por cuya única abertura se realiza tanto la ingestión como la egestión. En el interior de la cavidad gastrovascular se segregan enzimas hidrolíticas que digieren parcialmente el alimento; los productos de esta digestión parcial son fagocitados por las células que recubren la cavidad, completando la digestión de los mismos (figura 3). Los nutrientes absorbidos por estas células pasan directamente, atravesando las membranas plasmáticas, a las demás células del organismo.

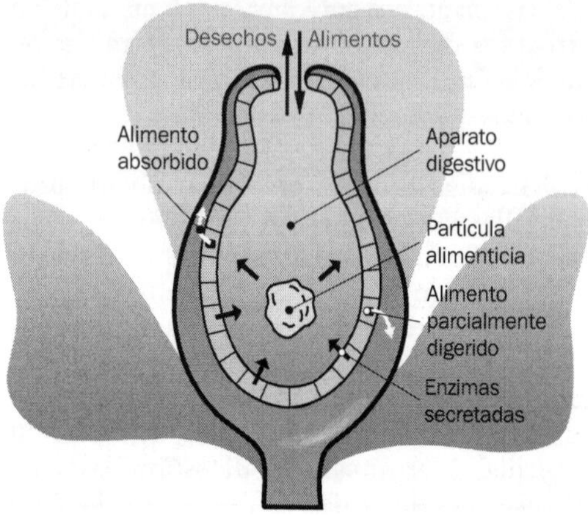

FIGURA 3. Cavidad gastrovascular realizando la digestión mixta.

■ Digestión extracelular

La digestión extracelular se presenta en los animales con organización más compleja que los anteriormente citados. Estos animales poseen un tubo digestivo con una abertura de entrada, boca, y otra de salida, ano; este tubo presenta ensanches en su recorrido y en él se vierten las enzimas hidrolíticas y otras sustancias químicas que provocan la digestión de los alimentos. Los productos asimilables atraviesan las paredes del tubo (absorción) pasando al sistema circulatorio que los distribuye a todas las células del organismo; los productos no digeridos o no asimilables continúan su recorrido siendo expulsados al exterior a través del ano (figura 4).

La estructura del aparato digestivo presenta grandes diferencias de un tipo de animal a otro; conforme aumenta la complejidad organizativa del animal también lo hace la de su aparato digestivo, de tal forma que aumentan las superficies de secreción y de absorción, se diferencian diversos órganos a lo largo del tubo digestivo con funciones digestivas específicas y aparecen estructuras accesorias (piezas bucales, glándulas anejas, etc.). Debido a esta diversidad, nos limitaremos a continuación a estudiar la digestión en un solo grupo de animales, los mamíferos, que por otro lado son los animales que presentan mayor complejidad.

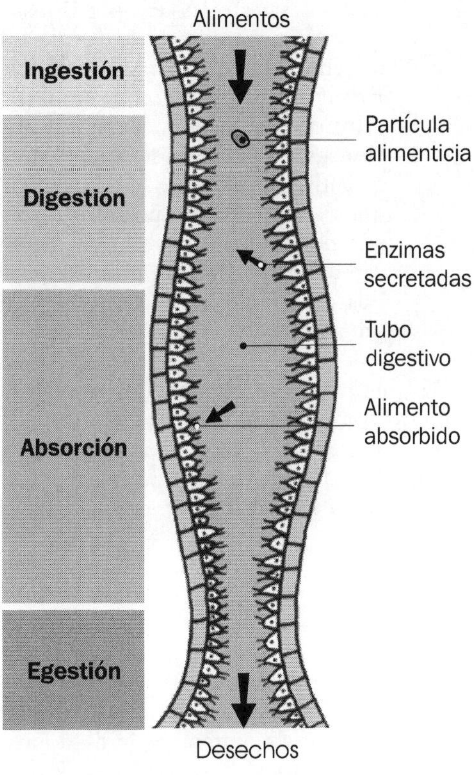

FIGURA 4. Tubo digestivo mostrando las fases de la digestión extracelular.

En los mamíferos la digestión de los alimentos se lleva a cabo de forma fraccionada en los siguientes órganos del tubo digestivo: boca, estómago, intestino delgado e intestino grueso. Además intervienen las glándulas anejas (glándulas salivares, hígado y páncreas) vertiendo los jugos que producen, los cuales contienen enzimas que contribuyen a la digestión.

– La digestión en la boca: En la boca se produce la acción mecánica de la trituración de los alimentos y su mezcla con la "saliva" (vertida en ella por las glándulas salivares) formándose el "bolo alimenticio". La saliva contiene una sustancia, la **mucina** (que es un glucoproteido), que debido a su viscosidad hace que el bolo alimenticio resbale fácilmente por el esófago hasta llegar al estómago. La saliva de un gran número de mamíferos, entre ellos el hombre, contiene además una enzima carbohidrasa, la **amilasa**, que provoca la hidrólisis del almidón y del glucógeno (polisacáridos) descomponiéndolos en maltosa (disacárido), aunque esta descomposición se realiza en el estómago debido al poco tiempo que el alimento está en la boca.

– La digestión en el estómago: En el estómago el alimento acumulado se mezcla con el "jugo gástrico" con la ayuda de movimientos producidos por este órgano, denominados "contracciones tónicas". El jugo gástrico, segregado por las glándulas de la mucosa que reviste las paredes del estómago, contiene ácido clorhídrico en grandes cantidades (0,5%) y una enzima, la **pepsina**, que hidroliza las proteínas transformándolas en albumosas y peptonas (polipéptidos cuyas cadenas aún contienen un elevado número de aminoácidos). La pepsina, en realidad, es segregada por las glándulas de la mucosa en forma de proenzima inactiva, llamada **pepsinógeno** que se transforma en pepsina por la acción del ácido clorhídrico.

El resultado de la digestión estomacal es un líquido ácido, denominado "quimo", que por la acción de "movimientos peristálticos" provocados por el estómago, avanza hacia el "píloro" por donde pasa al intestino delgado.

– La digestión en el intestino delgado: En el intestino delgado se completa prácticamente la digestión de todos los principios inmediatos orgánicos contenidos en los alimentos, gracias a la acción de tres jugos digestivos: el "jugo pancreático", la "bilis" y el "jugo entérico" o "intestinal"; los dos primeros son producidos por el páncreas y el hígado respectivamente, y vertidos por estos órganos al intestino delgado, el tercero lo produce el propio intestino delgado. La primera acción de estos jugos es neutralizar el ácido del quimo, ya que las enzimas contenidas en ellos necesitan un medio ligeramente básico para actuar; la neutralización se realiza por el bicarbonato sódico que, en cantidades apreciables, contienen los citados jugos. En el intestino delgado también se produce la absorción, a través de las "vellosidades intestinales", de aquellos productos de la digestión que son asimilables.

El jugo pancreático contiene una gran variedad de enzimas, concretamente:

a) Una carbohidrasa, la **amilasa**, que ejerce la misma acción que la contenida en la saliva.

b) Una **lipasa**, que descompone las grasas en glicerina y ácidos grasos.

c) Dos **proteinasas**: la **tripsina** y la **quimotripsina**, que rompen los enlaces peptídicos cuyo aminoácido anterior es: lisina o arginina, en el caso de la tripsina; y fenilamina o tirosina, en el caso de la quimotripsina; por tanto, la acción de estas dos enzimas descomponen las albumosas y las peptonas en polipéptidos de cadena más o menos larga, pero cada uno de ellos sólo contiene uno de los cuatro aminoácidos citados, que precisamente ocupará en la cadena la posición terminal. Al igual que la pepsina del estómago, el páncreas segrega estas dos enzimas en forma de proenzimas inactivas llamadas **tripsinógeno** y **quimotripsinógeno**, que en el intestino delgado se transforman: el primero en tripsina por la acción de una enzima del jugo entérico, la enterocinasa, y el segundo en quimotripsina por la acción de la tripsina.

d) Una amplia gama de **peptidasas** que hidrolizan los péptidos originados por la acción de la tripsina y de la quimotripsina. Entre estas peptidasas destacan las **exopeptidasas** que separan los aminoácidos de los extremos de las cadenas peptídicas. Existen dos tipos de exopeptidasas: **aminopeptidasas** y **carboxipeptidasas**; las primeras separan el aminoácido del extremo de la cadena que tiene libre el grupo amino, y las segundas el que tiene libre el grupo carboxilo. Por la acción de las peptidasas resultan aminoácidos libres o dipéptidos.

El jugo entérico contiene las siguientes enzimas:

a) La **enterocinasa**, cuya acción se citó anteriormente.

b) Las **dipeptidasas**, que desdoblan los dipéptidos en aminoácidos libres; cada dipeptidasa es específica para una pareja de aminoácidos determinada.

c) Varias carbohidrasas, que desdoblan los disacáridos en monosacáridos, concretamente: la **sacarasa** o **invertina** desdobla la sacarosa en glucosa y fructosa, la **maltasa** que desdobla la maltosa en glucosa, y la **lactasa** que desdobla la lactosa en glucosa y galactosa.

La bilis, aunque no contiene ninguna enzima, tiene una gran importancia en la digestión, pues entre sus componentes se encuentran los denominados "ácidos biliares" que provocan la emulsión de las grasas, facilitando así la acción de las lipasas del jugo pancreático; además, actúa en la absorción de los ácidos grasos.

El resultado de la digestión en el intestino delgado es un líquido ligeramente básico denominado "quilo", del cual son absorbidas por las vellosidades intestinales las sustancias asimilables, el resto pasa al intestino grueso por la acción de "movimientos peristálticos" producidos por el intestino delgado.

– La digestión en el intestino grueso: Aunque este órgano no segrega ningún jugo, en él continúa el proceso digestivo y también se produce absorción. La digestión es realizada por las enzimas procedentes del intestino delgado y por las "bacterias intestinales", que procedentes de los alimentos ingeridos se desarrollan en este órgano (estas bacterias se multiplican tan activamente que se calcula que entre el 30 y el 50% de la masa de los excrementos está formada por bacterias vivas o muertas).

Estas bacterias provocan la descomposición de la celulosa transformándola en glucosa que es absorbida por el intestino grueso (los animales no poseen enzimas capaces de descomponer la celulosa). Además de la glucosa y otras sustancias asimilables, el intestino grueso absorbe grandes cantidades de agua procedente de los jugos digestivos por lo que los restos no absorbidos se condensan formando los excrementos o "heces fecales" que son expulsados al exterior en el acto de la "defecación".

El esquema 1 resume en un cuadro las acciones digestivas de las enzimas y otras sustancias de los diferentes jugos digestivos.

JUGOS DIGESTIVOS	ENZIMAS Y OTRAS SUSTANCIAS	ACCIÓN
Saliva	Mucina	Facilita el paso del bolo alimenticio.
	Amilasa	Descomposición del almidón y del glucógeno en maltosa.
Jugo gástrico	Ácido clorhídrico	Activa la pepsina. Ataca químicamente a los alimentos.
	Pepsina	Descompone las proteínas originando polipéptido.
Jugo pancreático	Amilasa	Descomposición del almidón y del glucógeno en maltosa.
	Lipasas	Descomponen las grasas en glicerina y ácidos grasos.
	Tripsina	Activa la quimotripsina. Descompone los polipéptidos en cadenas cortas de aminoácidos.
	Quimotripsina	Descompone los polipéptidos en cadenas cortas de aminoácidos.
	Peptidasas	Rompen las cadenas cortas de aminoácidos originando aminoácidos libres o dipéptidos.
Jugo entérico o intestinal	Enterocinasa	Activa la tripsina.
	Dipeptidasas	Desdoblan los dipéptidos en aminoácidos.
	Sacarosa, maltosa y lactosa	Desdoblan los disacáridos en monosacáridos.
Bilis	Ácidos biliares	Emulsionan las grasas facilitando la acción de las lipasas.

ESQUEMA 1. *Funciones de las enzimas y otras sustancias de los diferentes jugos digestivos.*

2.2. La incorporación del oxígeno

Todos los seres vivos necesitan incorporar oxígeno para que sus células puedan realizar la «función de respiración», es decir, la oxidación de las sustancias energéticas con el fin de obtener la energía necesaria para realizar su actividad vital. Los organismos acuáticos toman el oxígeno que se encuentra disuelto en el agua, mientras que los terrestres lo toman del aire.

Los organismos unicelulares incorporan el oxígeno directamente del medio a través de sus membranas, al igual que ciertos organismos pluricelulares sencillos como los vegetales talofitos, las esponjas y los celentéreos, pasando este oxígeno de las células externas a las internas a través de sus membranas.

Los vegetales superiores (cormofitos) incorporan el oxígeno para su respiración a través de los estomas de la epidermis de sus hojas. El dióxido de carbono, necesario para la fotosíntesis, también se incorpora a través de los estomas.

Un gran número de *animales* acuáticos y algunos terrestres incorporan el oxígeno a través de su piel (**respiración cutánea**); para ello poseen una piel muy fina y permeable a los gases, que tiene que estar siempre húmeda, pues el oxígeno, para que pueda ser absorbido tiene que estar disuelto en agua.

Los *animales superiores* diferencian órganos y aparatos especializados para realizar el intercambio gaseoso (incorporación del oxígeno y eliminación del anhídrido carbónico): **tráqueas**, **branquias** y **pulmones** (figura 5). Algunos vertebrados como los anfibios conservan una respiración cutánea muy intensa, aunque resulta insuficiente, por ello utilizan branquias en el estado larvario y pulmones rudimentarios en el estado adulto. En los peces, la respiración cutánea a través de las mucosas de la boca e intestino, de la vejiga natatoria y de la epidermis de las aletas, complementa a la respiración branquial.

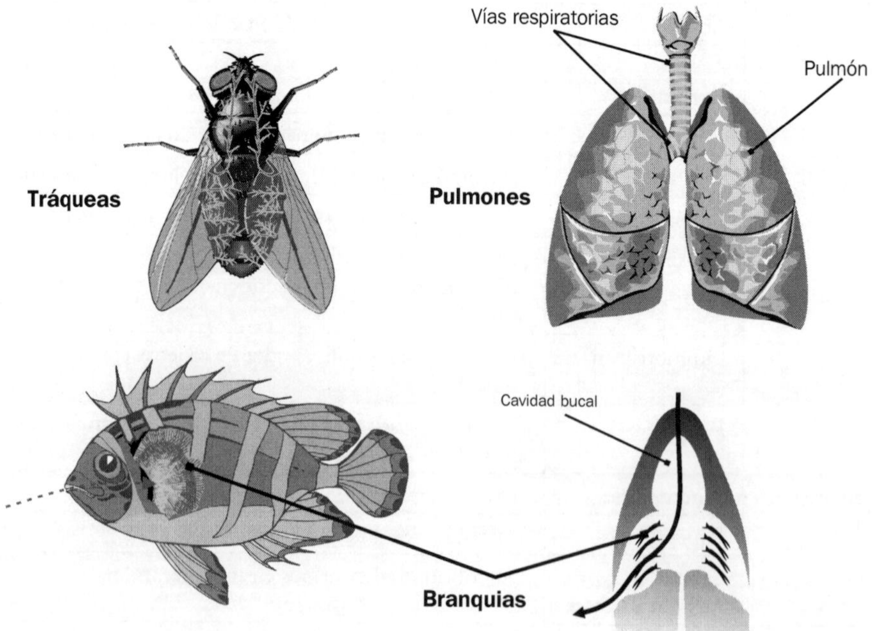

FIGURA 5. *Algunos ejemplos de animales superiores en los que se aprecian los tres tipos de aparatos respiratorios: tráqueas, pulmones y branquias.*

- Las **tráqueas** constituyen el aparato respiratorio de los artrópodos terrestres (insectos). Son tubos de paredes quitinosas, que se inician en aberturas de la superficie exterior del cuerpo denominadas *estigmas*. A medida que las tráqueas se internan en el cuerpo, se ramifican disminuyendo progresivamente sus diámetros. Las ramificaciones más finas, denominadas *traquéolas*, al no presentar revestimiento de quitina conectan con las células, por lo que el intercambio gaseoso se realiza directamente entre el exterior y las células, sin necesidad de un sistema de transporte. La circulación del aire a través de las tráqueas se realiza por contracciones de los músculos abdominales.

- Las **branquias** constituyen el aparato respiratorio de la mayoría de los animales acuáticos (crustáceos, moluscos, peces, etc.). Son prolongaciones filamentosas, laminares o arborescentes de la epidermis, en las que la superficie exterior está en contacto con el agua y la interior presenta una gran vascularización. Pueden estar alojadas en el interior de una cavidad comunicada con el exterior *(branquias internas)*, o proyectadas al exterior *(branquias externas)*. El agua en contacto con las branquias debe renovarse constantemente, bien por el propio movimiento del animal, o bien por el movimiento de determinadas estructuras que provocan la circulación del agua.

- Los **pulmones** forman parte del aparato respiratorio de los vertebrados terrestres. Son dos bolsas de finas paredes que derivan de una invaginación de la faringe, y están rodeadas de una amplia red de capilares sanguíneos. Los arácnidos (arañas, escorpiones, etc.) y algunos gasterópodos terrestres (caracol) presentan un pulmón muy rudimentario.

  La complejidad y la eficacia de los pulmones aumenta con la complejidad organizativa del animal. En los anfibios los pulmones tienen forma de saco y presentan pocas tabicaciones internas o ninguna, debido a que en estos vertebrados predomina la respiración cutánea. Los pulmones de los reptiles se presentan interiormente tabicados en cámaras, de esta manera aumentan su superficie y permiten un mayor intercambio gaseoso.

  Los pulmones de las aves tienen un mayor número de cámaras internas y se comunican con los denominados **sacos aéreos**, éstos son expansiones de los propios pulmones que se alojan en diferentes regiones del cuerpo penetrando incluso en el interior de algunos huesos. Los sacos aéreos permiten retener mayor cantidad de aire constituyendo una reserva de oxígeno, fundamentalmente durante el vuelo.

  En los mamíferos, los pulmones alcanzan su máximo desarrollo presentando un gran número de pequeños saquitos denominados **alvéolos pulmonares**; éstos están constituidos por paredes muy finas recubiertas exteriormente por capilares sanguíneos. Los alvéolos pulmonares representan un aumento considerable de superficie y a través de ellos se realiza el intercambio gaseoso.

  La comunicación entre el exterior y los pulmones se realiza a través de determinados conductos y cavidades que junto con los pulmones constituyen el aparato respiratorio; éste se inicia en el exterior en las "aberturas nasales". En los anfibios y los reptiles las aberturas nasales comunican directamente con la boca, y ésta lo hace con la faringe (la boca y la faringe son cavidades del tubo digestivo); de la faringe parte un tubo, "la tráquea" que se bifurca en dos, "los bronquios"; cada uno de ellos ingresa en un pulmón. En las aves y los mamíferos las aberturas nasales comunican directamente con la faringe a través de un conducto, "las fosas nasales"; la parte superior de la tráquea de los mamíferos se modifica originando la "laringe", que comunica con la faringe; en los mamíferos los bronquios al entrar en los pulmones presentan múltiples ramificaciones, los "bronquiolos", cada vez más finas que terminan en los alvéolos pulmonares.

En anfibios y reptiles el aire pasa de las aberturas nasales a la boca, y por medio de movimientos de deglución de la lengua, llega a la tráquea y de ahí a los pulmones. La entrada y salida del aire en los pulmones en aves y mamíferos se realiza por acciones de los sistemas muscular y esquelético, que provocan la compresión y expansión de los sacos aéreos en el caso de las aves, y de la caja torácica en los mamíferos.

Por lo expuesto anteriormente podemos decir que, en la respiración traqueal se produce una **incorporación directa** del oxígeno, ya que éste pasa directamente del medio exterior a las células, mientras que en las respiraciones branquial, pulmonar y muchas veces en la cutánea (excepto cuando se trata de animales pequeños, poco activos), se produce una **incorporación indirecta** del oxígeno, por lo que es necesario un sistema de transporte que recoja el oxígeno y lo lleve a todas las células del organismo.

2.3. El transporte de nutrientes

Los sistemas de transporte son los encargados de recoger los alimentos y el oxígeno de las células, tejidos y órganos donde se incorporan, y distribuirlos a todas las células del organismo, así como de recoger los productos de desecho originados como consecuencia del metabolismo celular y llevarlos a las células, tejidos y órganos encargados de su eliminación.

Obviamente los *organismos unicelulares* no necesitan un sistema de transporte, al igual que los organismos pluricelulares de organización muy sencilla (talofitos, esponjas, celentéreos y platelmintos), que incorporan el oxígeno de forma directa y los alimentos pasan de célula a célula o a un líquido intercelular de donde es recogido por todas las células que constituyen el organismo.

En los *vegetales superiores* (cormofitos) el sistema de transporte, o sistema vascular, está integrado por los **vasos leñosos** y los **vasos liberianos**. Los primeros conducen la **savia bruta** (sales minerales disueltas en agua) desde las raíces a las hojas, mientras que los segundos conducen la **savia elaborada** (sustancias orgánicas sintetizadas por la planta, disueltas en agua) desde las hojas a los demás órganos de la planta.

En los animales los sistemas de transporte, o sistemas circulatorios, constan de un medio líquido que circula generalmente por el interior de conductos, impulsado por un órgano motor especializado, el **corazón**.

Los principales tipos de medios que se presentan en los sistemas circulatorios son la hidrolinfa, la hemolinfa, la sangre y la linfa.

- La **hidrolinfa** es característica de los equinodermos, está constituida por agua de mar y contiene unas células llamadas *amebocitos*, que se desplazan con movimiento ameboide transportando los alimentos y los productos de excreción.
- La **hemolinfa** se presenta en la mayoría de los invertebrados y contiene células móviles (*amebocitos* y *hemocitos*). En el caso de los invertebrados con respiración no traqueal tiene misión respiratoria, por contener un pigmento respiratorio disuelto (la *hemocianina*).
- La **sangre** se presenta en los vertebrados. Está constituida por un plasma formado por agua con diversas sustancias disueltas en ella (proteínas, glúcidos, grasas, sales minerales, etc.) y por varios tipos de células: *hematíes*, *leucocitos* y *plaquetas*. Los primeros tienen función respiratoria pues contienen *hemoglobina*; los segundos, función de defensa; y los terceros intervienen en la coagulación de la sangre.

En los anélidos las células de la sangre son similares a la de los vertebrados pero carecen de pigmentos respiratorios, ya que éstos se encuentran disueltos en el plasma, pudiendo encontrarse tanto la hemoglobina como otros pigmentos.

– La **linfa** se presenta en los vertebrados, contenida en los "vasos linfáticos". Constituye un sistema vascular denominado "sistema linfático", que está conectado con el "sistema sanguíneo". Su composición es similar a la de la sangre aunque en la linfa predominan las grasas y únicamente contiene células del tipo de los leucocitos llamadas *linfocitos*. Realiza funciones de transporte de lípidos y de defensa.

En función de que el medio líquido realice su recorrido siempre por el interior de vasos conductores o solamente lo haga en algunos tramos, los sistemas circulatorios se clasifican respectivamente en: sistemas circulatorios cerrados y sistemas circulatorios abiertos o lagunares.

– En los **sistemas circulatorios abiertos** la hemolinfa, que es el medio líquido en estos sistemas, parte del corazón iniciando su recorrido por vasos conductores para verterse en las llamadas *lagunas celómicas* o *hemocelomas*, empapándolas como una esponja para volver de nuevo al corazón después de haber recorrido los espacios tisulares contactando con las células (figura 6).

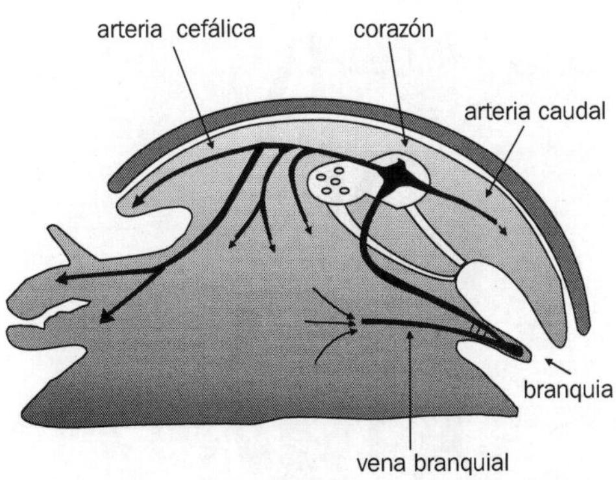

FIGURA 6. *Sistema circulatorio abierto.*

Los artrópodos tienen un vaso dorsal contráctil que actúa de corazón, este tubo presenta pares de orificios llamados "ostiolos venosos" por donde se aspira la hemolinfa y están provistos de válvulas que impiden su salida. La contracción de este tubo provoca la salida de la hemolinfa por las arterias (vasos conductores que salen del corazón), vertiéndose en las lagunas celómicas por donde fluye, la dilatación del corazón provoca la absorción de la hemolinfa a través de los ostiolos. Los artrópodos traqueados tienen una red arterial bastante sencilla, mientras que en los branquiados esta red es más compleja y la hemolinfa pasa por las branquias antes de volver al corazón.

Los moluscos poseen un corazón más diferenciado, formado por un "ventrículo" musculoso que impulsa la hemolinfa a través de las arterias y un "atrio" no muscular que en los más evolucionados se hace muscular, transformándose en "aurícula"; la hemolinfa vertida por las arterias en las lagunas celómicas es recogida de los tejidos por venas (vasos conductores que entran en el corazón) que pasan por el aparato respiratorio recogiendo el oxígeno y llegan al atrio o aurícula. El corazón de los moluscos branquiados presenta tantos atrios o aurículas como branquias, y además poseen otros corazones que se intercalan antes de las branquias, son los llamados "corazones branquiales".

Los equinodermos no tienen un verdadero aparato circulatorio pues carecen de corazón y de vasos conductores; presentan un sistema de lagunas celómicas que constituyen el denominado "aparato hemal", donde la hidrolinfa, que es el medio líquido en estos organismos, experimenta movimientos oscilatorios provocados por contracción de algunas partes del aparato hemal, sin realizar por tanto una verdadera circulación.

- En los **sistemas circulatorios cerrados**, la sangre, que es el líquido que circula en estos sistemas, realiza su recorrido siempre por el interior de vasos conductores; el contacto con las células se lleva a cabo a través de "capilares sanguíneos" (vasos extremadamente finos), de ellos las células recogen los nutrientes y vierten sus desechos.

Los anélidos son los únicos invertebrados que presentan un sistema circulatorio cerrado, está formado por dos largos vasos que recorren longitudinalmente el animal, situados: uno en la región dorsal por encima del tubo digestivo y el otro en la región ventral por debajo de dicho tubo; estos vasos están comunicados por vasos laterales, en forma de arco, que rodean el tubo digestivo, algunos de ellos, los más próximos a la cabeza, son contráctiles y presentan válvulas actuando a modo de corazón (figura 7).

En los vertebrados se distinguen dos tipos de sistemas circulatorios cerrados: simples y dobles.

El **sistema circulatorio cerrado simple** se caracteriza porque la sangre al realizar su recorrido completo por el cuerpo pasa una sola vez por el corazón. Se presenta en los vertebrados branquiados (peces), éstos poseen un corazón en forma de "**S**" dividido en tres cámaras sucesivas: un "seno venoso", una "aurícula" y un "ventrículo" muy musculoso, estas cámaras están separadas por válvulas que impiden el retroceso de la sangre (figura 8). La sangre sale del corazón impulsada por la contracción del ventrículo hacia un tronco arterial del que parten ramas hacia las branquias (una por cada branquia), allí recoge el oxígeno y se vuelven a reunir formando una "arteria aorta" que distribuye la sangre por todas las células del cuerpo; por medio de venas la sangre vuelve al corazón a través del seno venoso del que pasa a la aurícula y de ésta al ventrículo para comenzar un nuevo ciclo (figura 9-a).

En el **sistema circulatorio doble**, característico de los vertebrados pulmonados, la sangre en su recorrido completo a través del cuerpo pasa dos veces por el

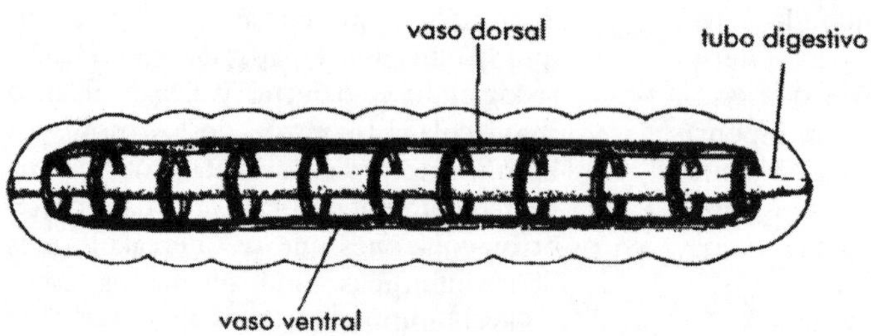

FIGURA 7. *Sistema circulatorio de un anélido.*

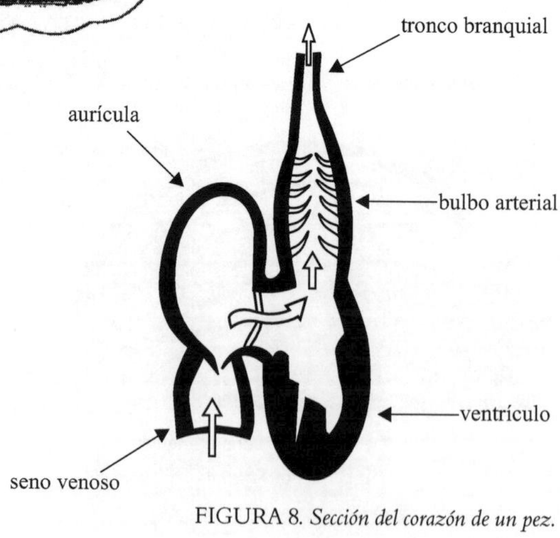

FIGURA 8. *Sección del corazón de un pez.*

corazón, estableciéndose dos circulaciones o circuitos: la **circulación menor** o **pulmonar** y la **circulación mayor** o **general**. En la primera la "sangre venosa" (cargada de anhídrido carbónico) parte del corazón hacia los pulmones, donde cede el anhídrido carbónico y toma el oxígeno, transformándose en "sangre arterial", para volver de nuevo al corazón y comenzar la circulación mayor; en ésta la sangre arterial es distribuida a todas las células del cuerpo, a las que cede el oxígeno y de las que toma el anhídrido carbónico, volviendo nuevamente al corazón en forma de sangre venosa (figuras 9-b y c).

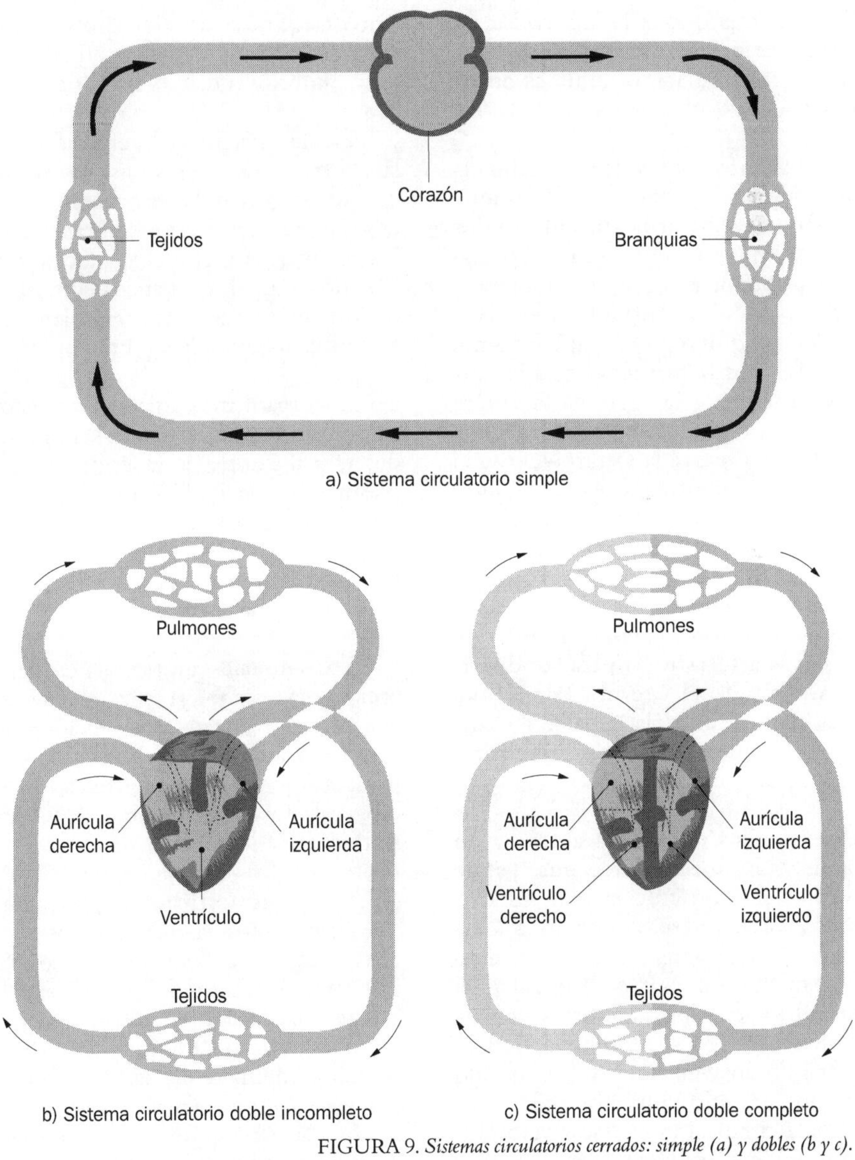

FIGURA 9. *Sistemas circulatorios cerrados: simple (a) y dobles (b y c).*

La circulación doble implica que el corazón tienda a dividirse mediante la formación de un tabique que separe la parte derecha de la izquierda, cuando esta separación es parcial, de manera que haya comunicación entre las dos partes (derecha e izquierda), se produce mezcla entre la sangre arterial y venosa, se dice entonces que la circulación doble es **incompleta** (figura 9-b); mientras que si la separación es total, no se produce esta mezcla, y se dice que la circulación doble es **completa** (figura 9-c).

Así en los anfibios urodelos (salamandras) empieza a aparecer un tabique que tiende a separar la aurícula en dos mitades. En los anfibios anuros (ranas) esta separación es completa mostrando dos aurículas: aurícula derecha y aurícula izquierda, completamente separadas; por la primera entra la sangre venosa y por la segunda la sangre arterial. La contracción de la aurícula derecha hace pasar la sangre venosa al ventrículo; al contraerse éste, la sangre sale por la arteria pulmonar hacia los pulmones, a continuación se produce la contracción de la aurícula izquierda pasando la sangre arterial al ventrículo, cuya contracción provoca la salida de ésta por la arteria aorta para ser distribuida por todo el cuerpo. Por lo que únicamente se mezcla la parte de sangre que queda en el ventrículo entre contracción y contracción.

En los reptiles empieza a aparecer un tabique, aún incompleto, que tiende a separar el ventrículo en dos mitades (derecha e izquierda), por lo que la mezcla entre la sangre arterial y venosa es aún menor. En los cocodrilos, al igual que en las aves y los mamíferos, el tabique de separación se presenta completo mostrando dos ventrículos: "ventrículo derecho" y "ventrículo izquierdo", por lo que la circulación en estos vertebrados es doble y completa.

2.4. La excreción

Como consecuencia de su metabolismo las células producen una serie de sustancias de desecho que por ser inútiles o incluso tóxicas deben ser eliminadas al exterior (excretadas). La excreción comprende una serie de mecanismos a través de los cuales son eliminadas estas sustancias de desecho: anhídrido carbónico, amoniaco, urea, ácido úrico, etc. En la excreción también se elimina agua y sales minerales con el fin de mantener los equilibrios hídrico y osmótico.

La eliminación del anhídrido carbónico se realiza mediante los mismos mecanismos que los organismos incorporan el oxígeno, es decir, a través de la membrana plasmática, los estomas, la piel o el aparato respiratorio. Muchos animales acuáticos como los artrópodos, moluscos, etc., también eliminan amoniaco a través de sus branquias.

Los organismos unicelulares realizan una excreción directa vertiendo los productos de desecho al exterior a través de su membrana plasmática. De igual manera se produce la excreción en los organismos pluricelulares más sencillos (esponjas y celentéreos), ya que la mayor parte de sus células están en contacto con el medio.

Los animales pluricelulares de organización más compleja que los citados anteriormente, realizan la excreción mediante órganos y aparatos especializados, estos son principalmente: protonefridios, metanefridios, túbulos de Malpigio, glándulas verdes, riñones y glándulas sudoríparas.

- Los **protonefridios** se presentan en los platelmintos, nematelmintos y en las larvas de anélidos y moluscos. Son un conjunto de tubos, cada uno de ellos se abre al exterior por uno de sus extremos y por el otro se ramifican, terminando cada rama en una célula flagelada, denominada *solenocito* si presenta un único flagelo y *célula flamígera* si presenta varios (figura 10). Los productos de desecho son recogidos por estas células y vertidos al interior de los tubos, circulando hacia el exterior por ellos gracias a la corriente que produce el movimiento de los flagelos.

- Los **metanefridios** se presentan en los anélidos, moluscos y crustáceos. Son un conjunto de largos tubos sinuosos, cada uno de ellos se abre al exterior por uno de sus extremos, y por el otro, llamado "nefrostoma", se abre al interior (figura 11). El nefrostoma tiene forma de embudo rodeado de cilios, con el movimiento de éstos recoge de los tejidos líquido que contiene los productos de excreción conduciéndolo al exterior, en el recorrido se produce la reabsorción de las sustancias útiles, y los productos de desecho son vertidos al exterior.

- Los **túbulos de Malpigio** se presentan en los artrópodos. Son tubos con un extremo cerrado y el otro se abre en el intestino, recogen por filtración a través de sus paredes los productos de excreción disueltos, vertiéndolos al intestino donde se reabsorbe el agua, y los productos de desecho son eliminados junto con las heces fecales (figura 12).

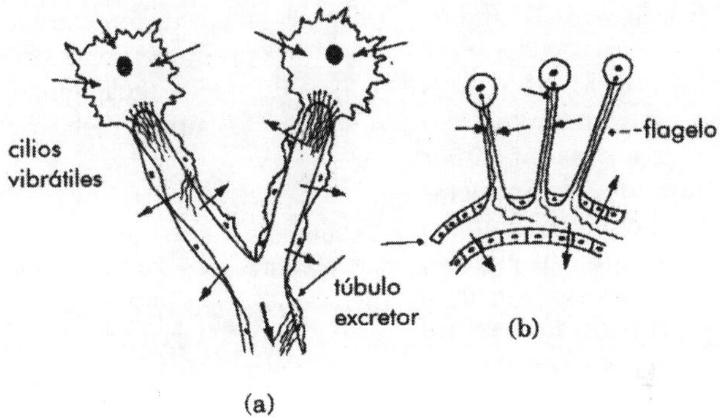

FIGURA 10. *Protonefridios: a) células flamígeras, b) solenocitos.*

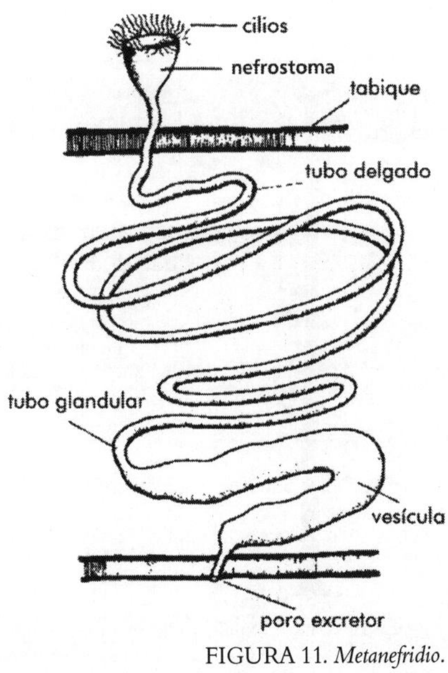

FIGURA 11. *Metanefridio.*

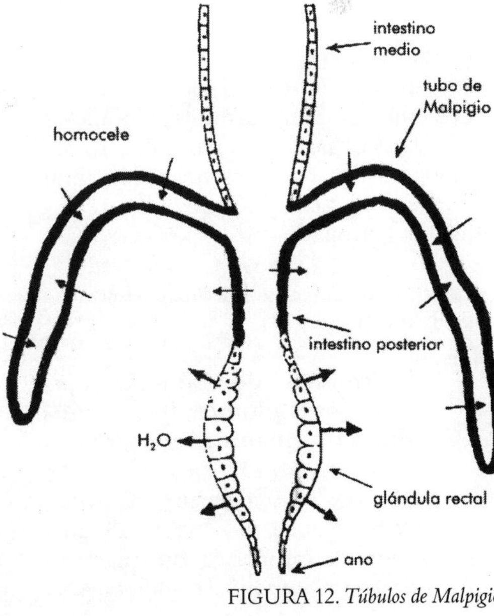

FIGURA 12. *Túbulos de Malpigio.*

Los insectos, además de los tubos de Malpigio, tienen otro mecanismo de excreción consistente en la acumulación de productos de desecho en la pared interna de su exoesqueleto, y son expulsados junto con éste en la muda periódica que realizan.

- Las **glándulas verdes** se presentan en los crustáceos y están localizadas en la parte anterior del cefalotórax. Constan de un "sáculo" que recoge los desechos desde la hemolinfa, un "tubo excretor" que los conduce hasta la "vejiga" donde se almacenan un cierto tiempo para ser vertidos al exterior a través de un "poro excretor" situado en la base de la antena.

- Los **riñones** son los órganos excretores característicos de los vertebrados. En ellos se elabora la orina, constituida por una disolución acuosa de sales minerales, urea y ácido úrico; también contiene diversos pigmentos que le dan el color amarillento. La orina es recogida de cada riñón por un tubo llamado **uréter**. En las aves los uréteres vierten la orina a la cloaca; en los reptiles y mamíferos se almacena en la **vejiga urinaria** de donde es expulsada al exterior por la **uretra** (en el caso de los mamíferos) o por la cloaca (en los reptiles).

Los riñones son glándulas tubulosas compuestas por un gran número de unidades llamadas **nefronas** (cada riñón humano contiene alrededor de un millón de nefronas).

En los mamíferos la nefrona está constituida por (figura 13):

a) El **corpúsculo de Malpigio**, compuesto por el **glomérulo** y la **cápsula de Bowmann**. El glomérulo es un conjunto de capilares tortuosos y retorcidos que forman un ovillo, interpuesto en el trayecto de una arteria. La cápsula de Bowmann es una esfera invaginada que rodea al glomérulo, entre cuyas paredes forma un espacio que se continúa en el tubo contorneado proximal, por el polo opuesto de la cápsula penetra la arteria aferente del glomérulo y sale la eferente. En el glomérulo se produce la filtración de la sangre este filtrado (orina glomerular), de composición similar al plasma sanguíneo pero desprovisto de proteínas, es recogido por el tubo contorneado proximal.

b) El **tubo contorneado proximal** es continuación de la pared externa de la cápsula de Bowmann. Realiza un trayecto sinuoso a lo largo del cual se produce la reabsorción de sustancias útiles: agua, glucosa, aminoácidos, fosfatos, bicarbonatos, cloruros, etc.

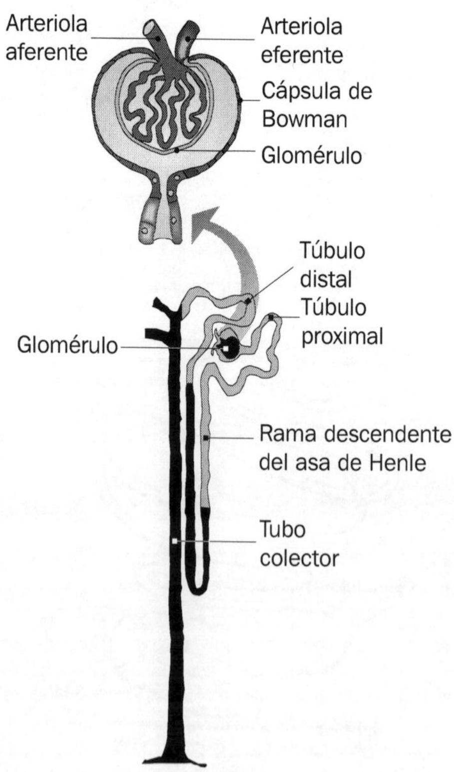

FIGURA 13. *Detalles de nefrona y glomérulo.*

c) El **asa de Henle** es un tubo de menor diámetro que el anterior, al que continúa. Su trayecto es recto aunque en su porción media describe un arco de 180°. A través de su rama descendente se reabsorbe agua, y en la ascendente iones sodio.

d) El **tubo contorneado distal** es continuación del anterior (conecta por la rama ascendente). Su diámetro se vuelve a hacer mayor, y en su trayecto sinuoso se reabsorbe agua y cloruro sódico, desembocando en un **conducto colector**, al que también lo hacen otras nefronas. El conducto colector, donde continúa la reabsorción de agua produciéndose la orina final, se une con otros colectores que desembocan finalmente en la pelvis renal.

- Los **riñones** del ser humano producen diariamente alrededor de 180 litros de orina glomerular, y unos 15 litros de orina final. Estos datos demuestran la gran cantidad de agua que es reabsorbida en los riñones.

- Las **glándulas sudoríparas** son un conjunto de órganos tubulares localizados en la piel de algunos mamíferos, entre ellos el hombre. Cada glándula está constituida por un largo tubo que se inicia formando un apelotonamiento en la capa profunda de la piel y termina abriéndose al exterior a través de un fino poro (figura 14). A través del apelotonamiento se filtra la sangre procedente de los capilares que lo rodean, produciéndose un líquido de composición similar a la orina, aunque más diluido que ésta, llamado **sudor**.

- El **hígado** también realiza función excretora, ya que con la bilis se segregan ciertos productos de desecho al intestino delgado.

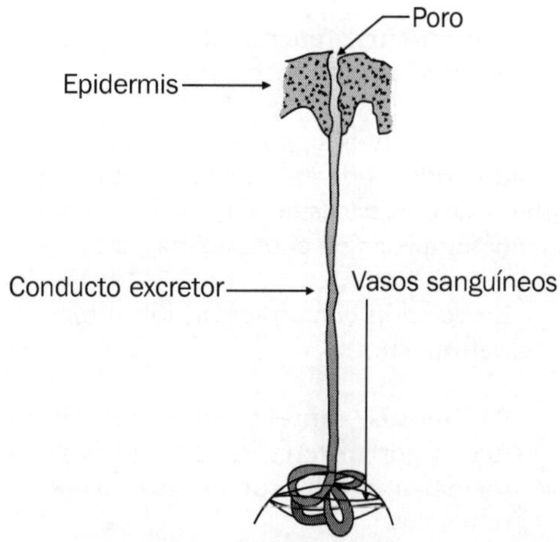

FIGURA 14. *Esquema de una glándula sudorípara.*

3. La alimentación en relación con la salud

3.1. Los alimentos

Los alimentos proporcionan al organismo la materia y energía que éste necesita para mantener su actividad vital.

Las sustancias necesarias para el organismo, contenidas en los alimentos, se llaman **sustancias alimenticias** o **nutritivas**. Éstas, fundamentalmente, son: **agua**, **sales minerales**, **glúcidos**, **lípidos**, **proteínas** y **vitaminas**.

El organismo utiliza las sustancias nutritivas para:

- El metabolismo celular.
- Reparar las pérdidas materiales.
- Atender a las exigencias del crecimiento.
- La construcción de las sustancias de reserva.

– Suministrar la energía necesaria para el desarrollo de las funciones vitales.

Los alimentos se pueden clasificar atendiendo criterios diversos: origen, manipulación a la que han sido sometidos, función que desempeñan en el organismo, etc.

En relación con su *origen*, los alimentos se clasifican en:

– **Alimentos minerales**: están constituidos por materia inorgánica. Los alimentos minerales son el agua y las sales minerales.

– **Alimentos vegetales**: proceden de las plantas. Son alimentos vegetales las verduras, las hortalizas, las legumbres, las frutas, los tubérculos, la harina, el pan, las pastas, el azúcar, los frutos secos, los aceites vegetales, etc.

– **Alimentos animales**: proceden de los animales. Son alimentos animales la carne, el pescado, la leche, los huevos, la mantequilla, el queso, el yogur, etc.

En relación con la *manipulación* a la que se han visto sometidos los alimentos se clasifican en:

– **Alimentos no elaborados**: son aquellos que no han sufrido ningún tipo de manufactura antes de llegar al mercado. Ejemplos de este tipo de alimentos son: verduras, hortalizas, legumbres, frutas, carne, pescado, leche, huevos, etc.

– **Alimentos elaborados**: son aquellos que han sido sometidos a procesos industriales. Ejemplos de estos alimentos son: las conservas, los embutidos, el aceite, la mantequilla, el queso, el pan, las pastas, el azúcar, la harina, etc.

En relación con la *función* que desempeñan en el organismo, los alimentos se clasifican en:

– **Alimentos energéticos**: proporcionan al organismo la energía que éste necesita para desarrollar su actividad vital. Los alimentos energéticos son ricos en glúcidos o en grasas, como los tubérculos, las pastas, las legumbres, los frutos secos, el aceite, la mantequilla, etc.

– **Alimentos plásticos**: proporcionan al organismo las sustancias necesarias para reparar las pérdidas y para crecer. Los alimentos plásticos son ricos en proteínas, como la carne, el pescado, la leche, los huevos, etc.

– **Alimentos reguladores**: son aquellos que contienen sales minerales y vitaminas. Estas sustancias regulan ciertas funciones de nuestro organismo. Son alimentos reguladores las verduras, las hortalizas, las frutas, la carne, el pescado, la leche, etc.

3.2. Vitaminas: concepto y clasificación

Clásicamente las vitaminas se definen como biocatalizadores alógenos de los animales, es decir, sustancias activas necesarias para los animales y no sintetizadas por ellos.

Como la elaboración de las vitaminas sólo la realizan las plantas, los animales la toman con los alimentos que las contiene. Algunas vitaminas son tomadas por los animales en formas inactivas, son las denominadas **provitaminas**, pudiendo ser activadas por el organismo mediante una sencilla transformación química, por lo que el carácter alógeno de las vitaminas no es absolutamente riguroso.

Al igual que las enzimas y hormonas las cantidades necesarias para el correcto funcionamiento del organismo son extremadamente pequeñas.

Muchos alimentos de origen animal contienen vitaminas que proceden de los vegetales que, a su vez, sirven de alimento a estos animales.

La falta o deficiencia de vitaminas en la alimentación ocasiona ciertas deficiencias a nivel funcional y de desarrollo, llamadas **avitaminosis** o **enfermedades carenciales**.

Las vitaminas se designan mediante letras mayúsculas o por la avitaminosis que su deficiencia ocasiona y también por su composición química.

Las vitaminas, clásicamente, se han clasificado, según sean solubles en las grasas (o disolventes de éstas) o en agua, en dos grandes grupos: **vitaminas liposolubles** y **vitaminas hidrosolubles**, respectivamente.

■ Vitaminas liposolubles

- **Vitamina A** o **antixeroftálmica**: químicamente es un carotenoide (lípido) que abunda principalmente en el tomate, aceite de hígado de bacalao, yema del huevo, leche de vaca, etc. Su déficit provoca la desecación de los tejidos epiteliales, detención del crecimiento, y trastornos visuales como pérdida de agudeza y ceguera nocturna, enfermedad denominada **xeroftalmia**.

- **Vitamina D** o **antirraquítica**: comprende las vitaminas D_2, D_3, D_4, D_5 y D_6, son derivados de esteroides (lípidos) como la colesterina, la ergosterina, etc. Se presenta asociada a la vitamina A y abunda fundamentalmente en el aceite de hígado de bacalao, tomándose muchas veces en forma de provitamina. Interviene en el metabolismo del calcio regulando la absorción intestinal, la concentración en la sangre y la fijación en los huesos del ion de dicho metal (Ca^{2+}) por lo que su falta provoca el **raquitismo** (deformaciones óseas) en los niños y **osteomalacia** (reblandecimiento óseo) en los adultos.

- **Vitamina E** o **antiesterilidad**: también llamada *tocoferol* por ser este lípido quien la constituye químicamente. Se encuentra con mayor abundancia en los embriones de las semillas de cereales (trigo), aceites vegetales, etc. Su carencia ocasiona en roedores como ratas, cobayas, etc. esterilidad y distrofia muscular. Su función parece ser la de proteger de la oxidación a la vitamina A y otros carotenoides.

- **Vitamina K** o **antihemorrágica**: se encuentra en las verduras (espinacas, coles, etc.), aceites vegetales, etc. Puede ser sintetizada por las bacterias de la flora intestinal por lo que su carencia se produce en raras ocasiones. Interviene en la formación de una enzima que provoca la coagulación de la sangre, por lo que su déficit provoca la disminución del poder de coagulación de la misma favoreciendo la aparición de hemorragias.

■ Vitaminas hidrosolubles

- **Complejo vitamínico B**: está formado por un gran número de vitaminas (entre 25 y 30), muchas de ellas actúan como coenzimas. Las principales vitaminas de este grupo son:

  ⋆ **Vitamina B_1, antineurítica** o **antiberibérica**, también recibe el nombre de **tiamina** por su composición química. Abunda en los vegetales, fundamentalmente en las cascarillas de cereales (arroz) y legumbres. Interviene regulando el metabolismo de los glúcidos. Su falta ocasiona el **beriberi** que se caracteriza por una degeneración de las neuronas (neuritis) manifestándose parálisis, pérdida de reflejos e insuficiencia cardíaca entre otros síntomas.

- ★ **Vitamina B_2**, llamada **riboflavina** por su composición química, y también **lactoflavina** por ser el componente de la sustancia que da a la leche la tonalidad amarillenta. Se encuentra en todas las células, abundando principalmente en la leche y en la levadura de cerveza. Su déficit origina alteraciones en la piel de la cara, enrojecimiento e irritabilidad de labios, mejillas, orejas, etc.

  Su importancia se debe a que forma parte de coenzimas del tipo flavinnucleótidos, que intervienen en la cadena de transporte de protones y electrones.

- ★ **Vitamina P-P** o **antipelagrosa**: en cuanto a su composición química es nicotinamida, que es un componente de la coenzima NAD (coenzima más frecuente de las deshidrogenasas). Esta vitamina tiene una gran importancia en el metabolismo de los glúcidos. Se encuentra en casi todos los alimentos, destacando por su abundancia el hígado, la levadura de cerveza, la cascarilla del arroz, etc. Su deficiencia provoca la **pelagra**, enfermedad característica por la aparición de formaciones rojizas en zonas de la piel expuestas al sol como: cara, cuello, dorsos de las manos, brazos, etcétera.

– **Vitamina C** o **antiescorbútica**, también llamada **ácido ascórbico** por su composición química. Abunda en las verduras frescas y sobre todo en frutas como el tomate y los cítricos. Interviene, por su gran poder reductor, en el transporte de protones y electrones, además de formar parte de la composición de algunas enzimas e influir en la activación de otras. Su carencia origina el **escorbuto**, enfermedad que entre otros presenta los siguientes síntomas: hemorragias de encías, caída de los dientes, hemorragias internas, trastornos digestivos, etcétera.

3.3. La dieta alimenticia

La cantidad de alimentos que debemos tomar cada día constituye la **dieta alimenticia**.

Una **dieta equilibrada** es aquella que contiene glúcidos, grasas, proteínas, vitaminas y sales minerales, en cantidad suficiente para atender a las necesidades del organismo. Debe incluir alimentos de cada uno de los grupos que figuran en el esquema 2.

La cantidad de alimento que debe incluir la dieta depende de la edad, el sexo y el tipo de actividad que se realice.

GRUPO	ALIMENTOS	FUNCIÓN	SUSTANCIAS QUE APORTAN
1	Pan, pastas, cereales, legumbres y frutos secos	Energética	Glúcidos, proteínas, calcio, fósforo, hierro, vitamina A, B y E
2	Grasas, aceites y mantequilla	Energética	Lípidos, calcio, vitamina A, D, E y K
3	Leche y productos lácteos	Plástica	Proteínas, glúcidos, lípidos, calcio, fósforo, vitaminas A, B, C y E
4	Carne, pescado y huevos	Plástica	Proteínas, lípidos, calcio, fósforo, hierro, sodio, potasio, vitaminas A, B y D
5	Hortalizas, verduras y frutas	Reguladora	Glúcidos, calcio, hierro, cobre, potasio, fibra vegetal, vitaminas A, B, C, E y K

ESQUEMA 2. *Alimentos básicos en la dieta alimenticia.*

El contenido energético de los alimentos se mide en kilocalorías (kcal) o en kilojulios (kJ), teniendo en cuenta que:

$$1 \text{ kcal} = 4{,}18 \text{ kJ}$$

En los esquemas 3 y 4 se ofrecen datos sobre el contenido energético de los principios inmediatos y las necesidades energéticas de las personas, respectivamente.

Si el contenido energético de la dieta es superior a las necesidades del organismo, éste almacena el excedente en forma de grasa, y como consecuencia puede crear obesidad. Por el contrario, si el contenido energético de la dieta es inferior a las necesidades del organismo, éste consume sus reservas, y como consecuencia puede ocasionar adelgazamiento.

La **anorexia** es una enfermedad que cada día se extiende más. Consiste en un rechazo de alimentos que llega a provocar una malnutrición y delgadez extrema. Las causas de la anorexia son de origen psíquico: miedo a engordar o a crecer, querer tener una figura estilizada, etc. Las personas anoréxicas tienen una percepción anormal de su propio cuerpo; por muy delgadas que estén, siempre piensan que están obesas, e incluso se ven obesas.

CONTENIDO ENERGÉTICO DE LOS PRINCIPIOS INMEDIATOS	
Glúcidos	17 kJ/gramo
Lípidos	38 kJ/gramo
Proteínas	17 kJ/gramo

ESQUEMA 3.

NECESIDADES ENERGÉTICAS DIARIAS EN FUNCIÓN DE LA EDAD, SEXO Y ACTIVIDAD				
	NIÑOS	JÓVENES	ADULTOS (trabajo sedentario)	ADULTOS (trabajo físico)
MUJERES	8 000 kJ	10 000 kJ	9 500 kJ	12 500 kJ
HOMBRES	8 000 kJ	12 500 kJ	12 500 kJ	18 000 kJ

ESQUEMA 4.

Para conseguir una *alimentación sana*, proponemos las siguientes recomendaciones:

- Seguir una dieta variada, con un contenido energético adecuado a nuestras necesidades.
- Consumir proteínas tanto de origen animal como vegetal.
- Reducir el consumo de grasas de origen animal (saturadas). Por el contrario, consumir pescado azul (boquerones, sardinas, atún, etc.).
- Consumir glúcidos de absorción lenta (patatas, legumbres, etc.) en mayor proporción que los de absorción rápida (azúcar).
- Tomar alimentos que aporten fibra, como verduras, legumbres, pan integral, etc.
- Beber, diariamente, al menos, un litro de agua.
- Evitar el consumo de bebidas estimulantes (café, té, alcohol, etc.).
- Tomar productos ricos en vitaminas: frutas, verduras, leche, huevos, etc.

CUESTIONES

1. **Cita las diferencias entre la nutrición autótrofa y la heterótrofa.**
2. **¿Qué son organismos saprógenos (o saprofitos)?**
3. **¿En qué consiste la digestión de los alimentos? ¿Por qué es necesario realizarla?**
4. **En la respiración traqueal la incorporación del oxígeno ¿es directa o indirecta? ¿Por qué?**
5. **Enumera los tres tipos de células presentes en la sangre de los vertebrados y cita las funciones que realizan.**
6. **¿Es lo mismo excreción que defecación? ¿Por qué?**
7. **¿Dónde están situadas y qué función tienen las vellosidades intestinales?**
8. **¿Dónde se realiza el intercambio gaseoso entre la sangre y los pulmones de los mamíferos?**
9. **¿Cuáles son las cavidades del corazón de los mamíferos? ¿Cuáles de ellas se comunican entre sí y cuáles están separadas?**
10. **Indica las diferencias entre arterias y venas.**
11. **¿Dónde se realiza el intercambio entre el exterior y el interior de los vasos sanguíneos?**
12. **¿Cuáles son las funciones de la linfa?**
13. **¿Cómo se denomina la unidad anatómica y fisiológica del riñón?**
14. **¿Cuáles son las sustancias nutritivas, contenidas en los alimentos, que necesita el organismo?**
15. **¿Cómo se denominan los trastornos y enfermedades ocasionados por la falta o deficiencia de vitaminas en la alimentación?**
16. **¿Qué es una dieta equilibrada? ¿De qué factores depende la cantidad de energía que debe contener la dieta?**
17. **En cuanto a la nutrición puede decirse que:**

    a) Los seres vegetales heterótrofos dependen de la luz para realizar sus funciones vitales.

    b) Los seres heterótrofos utilizan la energía libre.

    c) La nutrición autótrofa es el primer eslabón para incorporar materia inorgánica a las cadenas tróficas.

    d) Los seres autótrofos son vegetarianos.

18. Autótrofos son seres vivos que obtienen su alimento:

a) De la materia inorgánica y del sol.

b) Consumen moléculas orgánicas ya formadas.

c) De moléculas inorgánicas únicamente.

d) De moléculas del agua y del sol.

19. ¿Cuál de las siguientes afirmaciones es cierta?

a) Las células de los organismos autótrofos tienen mitocondrias y no tienen cloroplastos.

b) Las células de los organismos heterótrofos tienen mitocondrias y cloroplastos.

c) Las células de los organismos heterótrofos no tienen mitocondrias y sí tienen cloroplastos.

d) Las células de los organismos autótrofos tienen mitocondrias y cloroplastos.

20. Los seres heterótrofos:

a) Se alimentan de sustancias orgánicas.

b) Obtienen energía del sol.

c) Son las plantas verdes.

e) Son quimiosintéticos.

21. La digestión de los seres humanos es:

a) Intracelular.

b) Extracelular

c) Mixta.

d) Ninguna de las anteriores.

22. Los anfibios, en el transcurso de su proceso vital, pueden emplear distintos sistemas de respiración; ¿cuál de los que se enumeran no corresponde a un sistema de respiración empleado por los anfibios?

a) Branquial.

b) Traqueal.

c) Pulmonar.

d) Cutáneo.

23. Los insectos terrestres respiran por:

a) Bronquios.

b) Branquias.

c) Pulmones.

d) Tráqueas.

24. El sistema circulatorio humano es:

a) Cerrado.

b) Doble.

c) Completo.

d) Todas las anteriores.

25. ¿Cuál de los órganos que se citan a continuación no tiene función excretora?

a) El recto.

b) El aparato respiratorio.

c) El hígado.

d) Las glándulas sudoríparas.

26. La carencia de determinada vitamina puede producir:

a) Bocio.

b) Paludismo.

c) Arterioesclerosis.

d) Raquitismo.

SOLUCIÓN A LAS CUESTIONES

1. En la nutrición autótrofa las células utilizan materia inorgánica y energía libre del medio, mientras que en la nutrición heterótrofa utilizan materia orgánica y la energía procede de la que esta materia tiene almacenada en forma de energía química.
2. Son aquellos que actúan sobre la materia orgánica muerta, provocando su descomposición en sustancias que utilizan para su nutrición y devuelven al medio materia inorgánica.
3. La digestión consiste en la descomposición de los principios inmediatos contenidos en los alimentos en sus componentes elementales (monosacáridos, glicerina, ácidos grasos y aminoácidos). Los organismos heterótrofos necesitan realizar la digestión para poder incorporar del exterior materia orgánica, pues únicamente pueden absorber dichos componentes elementales.
4. Es directa porque el oxígeno pasa directamente del exterior a las células sin necesidad de un medio de transporte que lo distribuya.
5. Las células presentes en la sangre son:
   - Hematíes o glóbulos rojos: realizan una función respiratoria (transporte de oxígeno).
   - Leucocitos o glóbulos blancos: tienen función de defensa.
   - Plaquetas o trombocitos: intervienen en la coagulación de la sangre.
6. No. La excreción consiste en la eliminación al exterior de sustancias inútiles o tóxicas que se producen en el metabolismo celular. La defecación es la expulsión al exterior del tubo digestivo de las sustancias no digeridas o no asimiladas.
7. En el intestino delgado. Su función es absorber las sustancias asimilables.
8. En los alvéolos pulmonares.
9. Las cavidades del corazón son: dos aurículas (derecha e izquierda) y dos ventrículos (derecho e izquierdo). Cada aurícula comunica con el ventrículo de su mismo lado. Las aurículas están separadas entre sí, lo mismo que los ventrículos.
10. Las arterias y las venas son vasos sanguíneos; las primeras transportan la sangre desde el corazón (parten de los ventrículos) hasta los diferentes órganos y tejidos; las venas transportan la sangre desde los órganos y tejidos hasta el corazón (llegan a las aurículas).
11. En los capilares sanguíneos.
12. La linfa realiza funciones de defensa y de transporte (fundamentalmente de lípidos).
13. Nefrona.
14. Agua, sales minerales, glúcidos, lípidos, proteínas y vitaminas.
15. Avitaminosis o enfermedades carenciales.

16. Una dieta equilibrada es aquella que contiene glúcidos, grasas, proteínas, vitaminas y sales minerales en cantidad suficiente para atender a las necesidades del organismo.

La cantidad de energía que debe incluir la dieta de una persona depende de su edad, sexo y actividad que realice.

17. c) La nutrición autótrofa es el primer eslabón para incorporar materia inorgánica a las cadenas tróficas.

18. a) De la materia inorgánica y del sol.

19. d) Las células de los organismos autótrofos tienen mitocondrias y cloroplastos.

20. a) Se alimentan de sustancias orgánicas.

21. b) Extracelular

22. b) Traqueal.

23. d) Tráqueas.

24. d) Todas las anteriores.

25. a) El recto.

26. d) Raquitismo.

Tema 9

La reproducción

Introducción

Todo ser vivo puede ser capaz de producir otros nuevos semejantes a él.

Una de las características de todo organismo viviente es la capacidad de reproducirse y transmitir así su información genética a sus descendientes.

La reproducción es imprescindible para que continúe la vida, permite que las especies no se extingan, ya que todo ser vivo terminará por morir. Si no existieran descendientes de las distintas especies, éstas acabarían por desaparecer.

1. La reproducción asexual y sexual

Mediante la reproducción los seres vivos producen nuevos organismos semejantes a ellos.

Fundamentalmente se distinguen dos tipos de reproducción en los seres vivos: la **reproducción sexual** y la **reproducción asexual**. En la primera se produce un intercambio genético (los descendientes portan información genética mezcla de la de los dos progenitores), y en la segunda no (los descendientes portan la misma información genética que el progenitor).

Estos dos tipos de reproducción no son excluyentes entre sí, ya que existen organismos que presentan ambos tipos de reproducción.

La reproducción asexual es más simple que la reproducción sexual, ya que en la asexual no tienen que formarse gametos ni existe fecundación.

1.1. La reproducción asexual

En la **reproducción asexual** un solo individuo (progenitor) da lugar a nuevos organismos que serán genéticamente idénticos al progenitor.

Consiste, básicamente, en que un individuo desprende una célula, o un fragmento de su cuerpo que posee capacidad para regenerar un nuevo individuo completo idéntico al progenitor (clónico), por medio de divisiones mitóticas. Aunque esto puede llevarse a cabo por diversos mecanismos, que serán mostrados a continuación, todos coinciden en no requerir la intervención de células sexuales o gametos, característica de la reproducción sexual.

La reproducción asexual se da fundamentalmente en organismos unicelulares (bacterias, protozoos, etc.), aunque también se presenta en organismos superiores como los animales y las plantas, pero no de forma generalizada. Por ejemplo: las fresas se reproducen asexualmente mediante tallos rastreros, los geranios mediante esquejes, la estrella de mar y algunos gusanos se generan a partir de fragmentos de un individuo (estas plantas y animales también son capaces de reproducirse sexualmente).

La reproducción asexual de los organismos unicelulares consiste en la división mitótica de la célula que los constituyen. Las modalidades de reproducción asexual de estos organismos corresponden a las tres formas de llevarse a cabo el reparto del citoplasma del progenitor. Estas tres variedades de división celular, junto a la mitosis, ya fue objeto de estudio en el tema 4, por lo que aquí sólo nos limitaremos a enumerarlas:

- **División binaria** o **bipartición**. Este proceso se da en los protozoos y en algunas levaduras.

- **División desigual** o **gemación**. Es la modalidad de reproducción más frecuente en las levaduras.

- **División múltiple** o **endógena**. La formación de esporas en algunas bacterias constituye un ejemplo de este tipo de reproducción.

La reproducción asexual en los organismos pluricelulares requiere que sus células conserven la totipotencia embrionaria, es decir que sean capaces de multiplicarse rápidamente, y diferenciarse en los distintos tipos celulares necesarios para la formación de las distintas partes de los nuevos individuos. Sus modalidades principales son: gemación, fragmentación y esporulación.

■ Gemación

Se forman yemas sobre el individuo progenitor (por medio de la división de una célula somática) que crecen y se desarrollan originando un nuevo individuo, que puede quedar adherido al cuerpo paterno dando lugar a la formación de una colonia, o bien separarse llevando una existencia independiente (figura 1).

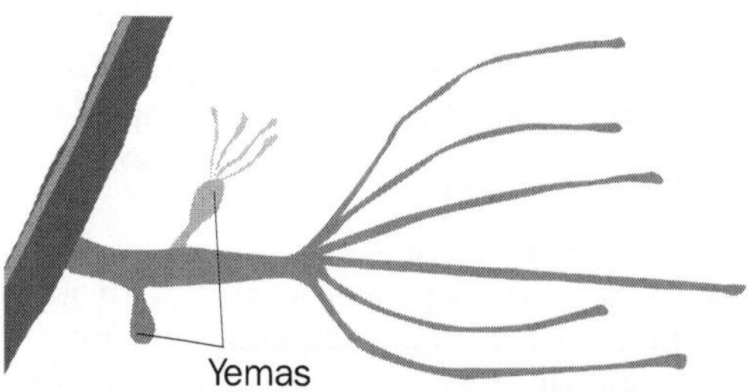

FIGURA 1. *Hidra de agua dulce en la que se aprecian las yemas de las que surgirán los nuevos individuos.*

Dentro del reino animal, este tipo de reproducción está bastante difundido en pólipos, briozoos, y esponjas. En estas últimas, y en condiciones ambientales desfavorables, se pueden formar yemas internas que resisten las bajas temperaturas, y que cuando la esponja madre muere pueden formar nuevas esponjas.

En los vegetales la formación de yemas es más compleja, ya que éstas constan de un ápice o yema terminal con un tejido de crecimiento (meristemo terminal), rodeado por una serie de hojas en cuya base se originan otras yemas. Estas yemas, a su vez, pueden originar una nueva planta al separarlas de la progenitora, si se colocan en las condiciones adecuadas.

■ Fragmentación

Lo característico de esta reproducción es que un individuo se divide en dos o más fragmentos, que por regeneración dan lugar a uno nuevo (figura 2).

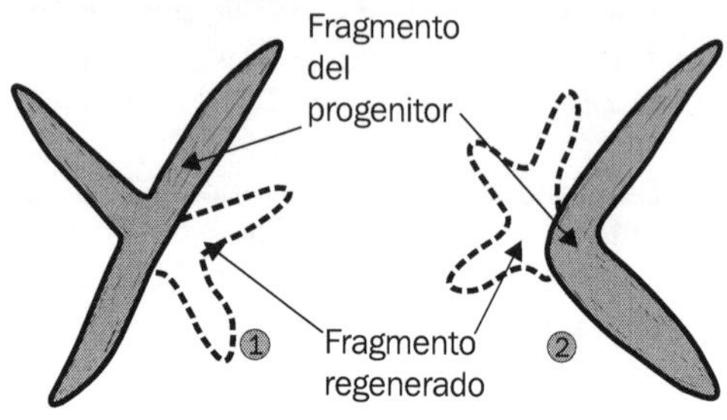

FIGURA 2. *Estrella de mar reproduciéndose a partir de un fragmento del progenitor.*

Aunque este procedimiento es menos frecuente, en general, que la gemación, está muy difundido entre algunas especies. Tal es el caso de las esponjas, hidrozoos coloniales, equinodermos (estrella de mar), platelmintos y anélidos. Así, por ejemplo, es posible fragmentar una hidra o una esponja en más de cien trozos, cada uno de los cuales puede formar un individuo completo. Las estrellas de mar pueden regenerar todo el organismo a partir de uno de sus brazos.

En fresas, helechos, y otras hierbas, se desarrollan tallos laterales llamados "estolones", en cuyos nudos brotan raíces a partir de los cuales se desarrollan plantas nuevas.

■ Esporulación o reproducción por esporas

Las esporas son células destinadas a la reproducción, pero producidas asexualmente o sexualmente, mediante meiosis. Pueden ser inmóviles y con paredes muy duras que les permiten resistir en condiciones ambientales desfavorables, o bien flageladas y móviles (zoosporas o planosporas). También pueden clasificarse en mitosporas, si son el producto de una división celular ordinaria, y en meiosporas, si surgen de una meiosis.

Cuando una espora encuentra las condiciones favorables para su desarrollo, rompe la cubierta protectora, libera la célula que contiene, y empieza a multiplicarse para formar un nuevo individuo.

La mayoría de los grupos del reino vegetal producen esporas, especialmente las algas, hongos, musgos y helechos.

1.2. La reproducción sexual

La reproducción sexual se realiza con la intervención de células especializadas llamadas **gametos**, generadas casi siempre por dos individuos distintos (progenitores). Estos gametos se fusionan mediante el proceso de **fecundación** para formar una célula única, **huevo** o **zigoto**, que posteriormente, y en organismos pluricelulares, sufre un proceso de divisiones sucesivas y diferenciación, que da lugar a la formación de un nuevo individuo. Su material genético es mezcla del de sus progenitores.

Este tipo de reproducción se presenta fundamentalmente en los organismos superiores: animales y plantas.

En la mayoría de los organismos, los gametos son producidos en individuos diferentes, lo cual caracteriza su sexo; es decir, el sexo masculino lo constituyen los individuos que producen gametos masculinos, y el sexo femenino los que producen gametos femeninos. Si un mismo individuo elabora los dos tipos de gametos, se dice que es **hermafrodita**. El hermafroditismo es corriente en las plantas, pero también se da en animales como el caracol, en algunos peces y gusanos, etc.

Los gametos se forman en unos órganos sexuales llamados, en el caso de los animales, **gónadas**. Las gónadas de los machos son los *testículos*, que producen **espermatozoides** (gametos masculinos), y las gónadas de las hembras son los *ovarios*, que producen **óvulos** (gametos femeninos).

La unión del espermatozoide y el óvulo recibe el nombre de **fecundación**. La fecundación puede ser **externa** o **interna**.

- **Fecundación externa**: tiene lugar fuera del cuerpo de la hembra, es decir, los gametos se liberan al exterior y es allí donde se produce la fecundación.

  Este tipo de fecundación sólo puede realizarse en el agua, ya que los espermatozoides sólo pueden desplazarse en un medio acuático. La mayoría de los peces y los anfibios presentan fecundación externa.

- **Fecundación interna**: se produce en el interior del cuerpo de la hembra. Para ello los espermatozoides deben ser introducidos en el cuerpo de la hembra donde, al unirse con los óvulos durante la fecundación, formarán la célula huevo o *zigoto*, que tras el desarrollo embrionario dará lugar al nuevo individuo.

  El desarrollo embrionario puede tener lugar:

  * Dentro de un huevo fuera del cuerpo de la hembra (*ovíparo*). Ejemplo: los anfibios, la mayoría de los peces, los reptiles y las aves.
  * En el útero materno (*vivíparo*). El ejemplo más significativo lo tenemos en los mamíferos.
  * Dentro de un huevo que se aloja en la cavidad del útero (*ovovivíparo*). Los peces cartilaginosos son un ejemplo.

1.2.1. Tipos de reproducción sexual

En realidad, la reproducción sexual puede llevarse a cabo sin la intervención de los gametos, como en el caso de la conjugación y la singamia, o bien con gametos de forma semejante, "isogamia", o de gametos muy diferentes, "anisogamia".

■ Conjugación

Consiste en el intercambio recíproco de materiales hereditarios, entre dos células u organismos que se fusionan parcialmente como conjugantes. Esta curiosa modalidad de reproducción sexual es propia de los protozoos ciliados, pero también es frecuente en algunas bacterias y hongos.

En los protozoos ciliados, como el *Paramecium*, que poseen dos núcleos, uno pequeño o "micronúcleo" o núcleo verdadero, y otro de mayor tamaño o "macronúcleo", se realiza el proceso de la siguiente manera (figura 3):

En primer lugar, se aproximan los individuos que van a conjugarse para, seguidamente, unirse a través de sus bocas o citostomas, con lo cual se logra la comunicación de sus citoplasmas. Desaparecen los macronúcleos, pues no participan en la conjugación, y los micronúcleos de cada conjugante se dividen meiotóticamente en cuatro núcleos haploides, de los cuales tres degeneran y se reabsorben. El cuarto se divide nuevamente, por mitosis formando dos núcleos. Uno de estos núcleos, de cada conjugante, pasa al otro conjugante a través del puente de conjugación que une a los dos Paramecium. Cada núcleo emigrante, se fusiona entonces con el estacionario (el que no emigró) del conjugante contrario (cariogamia), quedando un núcleo único o sincarión. Seguidamente, los dos individuos conjugantes se separan y el núcleo que fue originado por cariogamia, se divide por mitosis rindiendo dos: uno de pequeño tamaño o micronúcleo, y otro que crece, o macronúcleo.

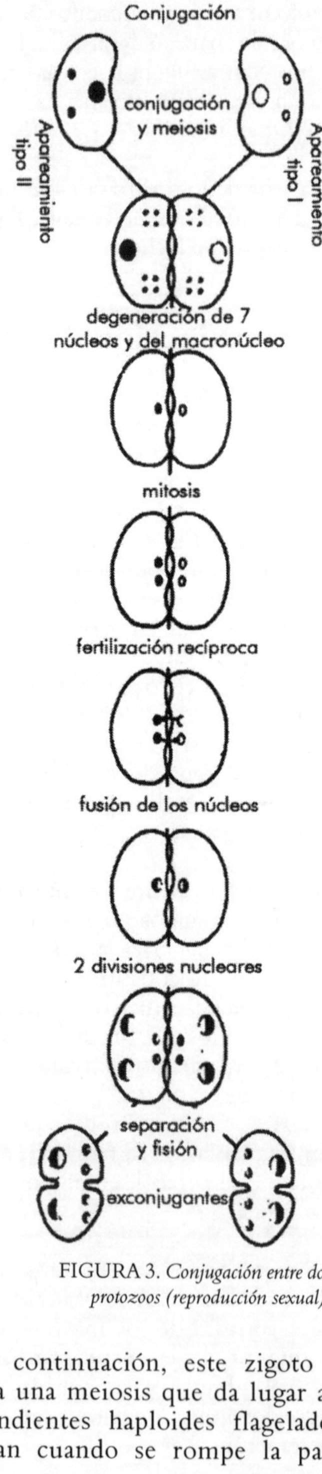

FIGURA 3. *Conjugación entre dos protozoos (reproducción sexual).*

■ Singamia

Este fenómeno, característico de fitoflagelados como *Chlamydomonas*, no requiere la producción de gametos especiales. En lugar de ello, dos organismos unicelulares haploides, de aspecto idéntico, pero de tipos de apareamientos complementarios, se reúnen y fusionan como si fueran gametos, formando un zigoto diploide.

A continuación, este zigoto experimenta una meiosis que da lugar a cuatro descendientes haploides flagelados, que escapan cuando se rompe la pared del zigoto. Estos descendientes haploides constituirán los nuevos organismos unicelulares.

■ Isogamia

Las especies isógamas son generalmente algas pluricelulares simples. En éstas, las células individuales del talo se convierten en gamentagios unicelulares, que sufren división múltiple produciendo cierto número de gametos flagelados idénticos, "isogametos".

Los isogametos se liberan al exterior, van nadando, y finalmente se fusionan con gametos de forma idéntica, que deben proceder, sin embargo, de un filamento diferente. Forman un zigoto diploide que sufre la división meiótica, y persiste sólo uno de los cuatro núcleos haploides generados para dar origen a un nuevo filamento.

■ Anisogamia

Los gametos se especializan en dos tipos, uno pequeño y móvil o "microgameto", y otro menos móvil, voluminoso, y repleto de nutrientes.

La anisogamia es típica de los metazoos y de todas las plantas superiores. Esta diferenciación morfológica entre los gametos masculinos y femeninos alcanza su máxima expresión en la "oogamia"; se producen óvulos no móviles y relativamente grandes que son fecundados por el diminuto espermatozoide flagelado, generalmente.

1.2.2. Partenogénesis

Es un tipo especial de reproducción sexual en el que se desarrolla un individuo a partir de un óvulo no fecundado. La partenogénesis se presenta naturalmente en animales (crustáceos e insectos) y en algunas plantas, pero puede provocarse experimentalmente mediante cambios de pH, temperatura, o tratamiento químico.

Atendiendo a la dotación cromosómica del óvulo, es decir si es diploide o haploide, se pueden distinguir una partenogénesis diploide y una haploide:

■ Haploide

El óvulo posee una dotación haploide debido a la meiosis experimentada durante su formación. El individuo que se forma a partir de él es, pues, haploide.

Cuando se desarrollan los óvulos haploides, siempre dan lugar a individuos del sexo masculino. Sin embargo, estos huevos u óvulos pueden ser fecundados dando individuos del sexo femenino (partenogénesis facultativa).

El ejemplo más típico de esta partenogénesis, lo tenemos en las abejas. Aquí los óvulos no fecundados dan lugar a los "zánganos" o machos, y los fecundados a las obreras o a la reina, es decir, a las hembras de la colonia.

■ Diploide

Es la más común, y se debe a que al formarse los óvulos no se realiza la meiosis, por tanto, estos tienen una dotación cromosómica diploide. Al desarrollarse dan lugar al nacimiento de hembras. Este tipo de partenogénesis es obligada, ya que si se fecundasen los óvulos se originarían individuos triploides que no serían viables. Está presente en rotíferos y en varios insectos.

El esquema 1 recoge las ventajas e inconvenientes de la reproducción asexual y sexual, desde el punto de vista genético-evolutivo.

	REPROD. ASEXUAL	REPROD. SEXUAL
VENTAJAS	– Se necesita un único progenitor – A partir de un único progenitor se originan muchos clones o seres idénticos	– Aumenta la variabilidad genética – Ayuda al establecimiento en la población de mutaciones favorables
INCONVENIENTES	– Reducida variabilidad genética, sólo puede variar por mutación	– Mantiene la diploidía en especies diploides – Se necesitan dos progenitores, generalmente – Fabricación de células especializadas – Dificultad de encuentro de los gametos – Mayor complejidad

ESQUEMA 1. *Ventajas e inconvenientes genético-evolutivos, de la reproducción asexual y sexual.*

2. Ciclos de vida

El ciclo de vida de un organismo son las etapas por la que atraviesa dicho organismo, desde el momento en que se formó su zigoto, y hasta que alcanza la edad adulta y es capaz de reproducirse, asexual o sexualmente.

La mayor parte de los ciclos de vida tienen dos generaciones; una generación haploide y otra diploide. Dependiendo del lugar donde ocurra la meiosis, y del grado de desarrollo e independencia de cada una de estas generaciones, se pueden distinguir tres tipos de ciclos de vida:

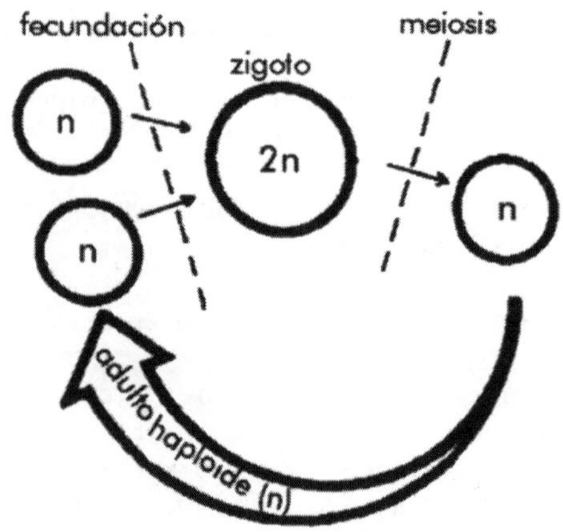

FIGURA 4. *Ciclo haplonte.*

■ Ciclo haplonte

Este tipo de ciclo es caraterístico de algas unicelulares, como por ejemplo *Chlamydomonas*. La meiosis es zigótica; cuando las condiciones son desfavorables, los individuos adultos haploides se transforman en gametos, que tras la fecundación dan lugar a un zigoto diploide, el cual se encapsula formando una estructura de resistencia (espora). Cuando las condiciones del medio vuelven a ser favorables, el zigoto sufre meiosis, rindiendo cuatro individuos adultos haploides (figura 4).

■ Ciclo diplonte

En este caso la meiosis es gametogénica, lo cual significa que ésta sucede en la fase previa a la formación de los gametos, que por tanto son haploides. La fecundación de estos origina un zigoto diploide, que se desarrolla dando lugar a un individuo adulto diploide (figura 5). En este ciclo, la generación que alcanza mayor grado de desarrollo es evidentemente la diploide. Se da en los metazoos y algunos protistas.

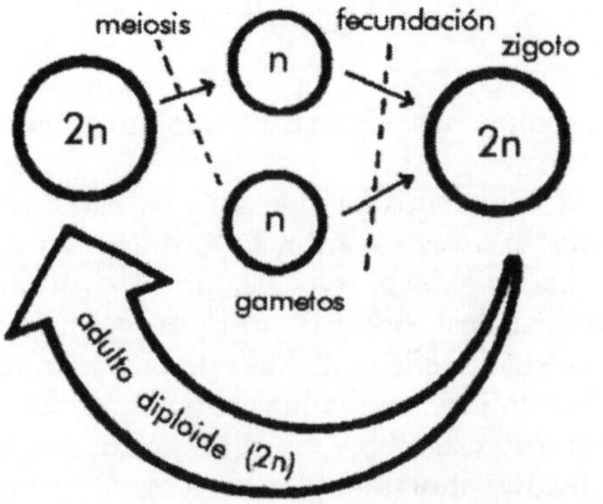

FIGURA 5. *Ciclo diplonte.*

■ Ciclo diplohaplonte

Siguiendo este tipo de ciclo se desarrollan ciertas algas, levaduras, hongos y algunas metafitas (helechos y musgos). La meiosis, en este caso esporogénica debido a que tiene lugar en la fase de formación de esporas, es experimentada por el adulto diploide, el "esporofito". Estos tienen unos órganos especiales llamados esporangios, que mediante meiosis de sus células producen meiosporas haploides. Estas esporas germinan y originan un individuo adulto haploide, denominado "gametofito", ya que en él se diferencian unas estructuras que darán lugar a los gametos, que también son haploides. La fecundación del gameto femenino por el masculino, origina un zigoto diploide, a partir del cual se forma de nuevo el esporofito diploide (figura 6).

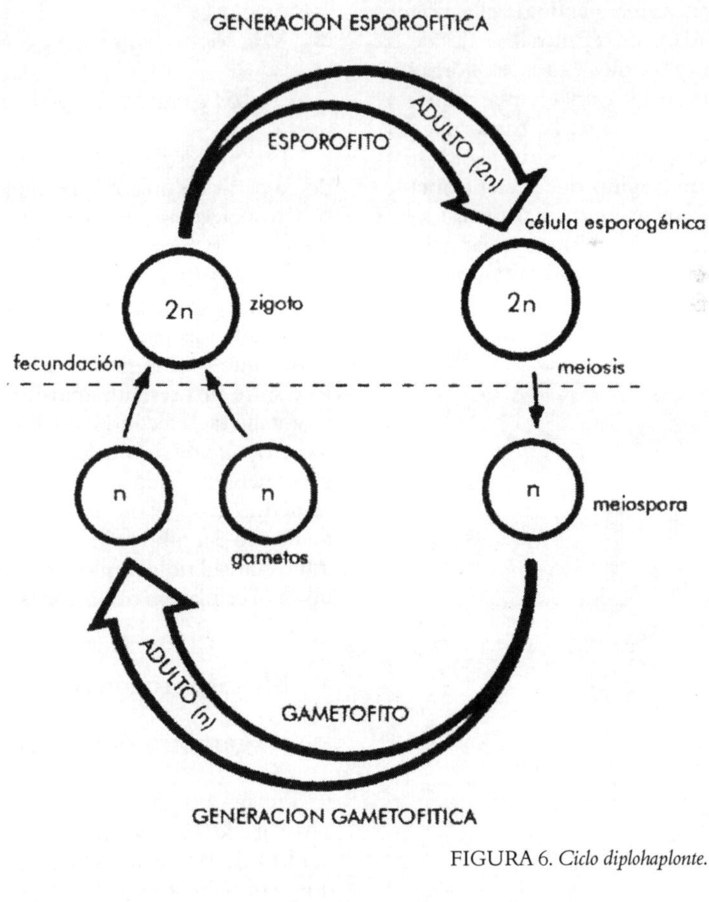

FIGURA 6. *Ciclo diplohaplonte.*

3. Reproducción en plantas

En este apartado vamos estudiar tan sólo la reproducción sexual en plantas superiores (angiospermas), ya que los otros mecanismos de reproducción presentes en el reino vegetal ya han sido abordados anteriormente.

3.1. Órganos sexuales

El órgano sexual de las angiospermas es la "flor" (figura 7). Esta presenta una envoltura externa formada por unas hojas de color verde generalmente, llamados "sépalos". Estos recubren a otras más internas y casi siempre coloreadas, denominadas "pétalos". Es en la parte interna de la flor, y emergiendo de ella, donde se sitúan los verdaderos órganos sexuales de la flor: "estambres" y "pistilos", es en esos órganos donde se producen los gametos masculinos y femeninos, respectivamente. La parte superior del pistilo, llamada "estigma", sirve para la fijación del gameto masculino, que posteriormente descenderá por la parte interna y alargada ("estilo"), hasta alcanzar la parte inferior ensanchada u "ovario", donde se localizan los óvulos.

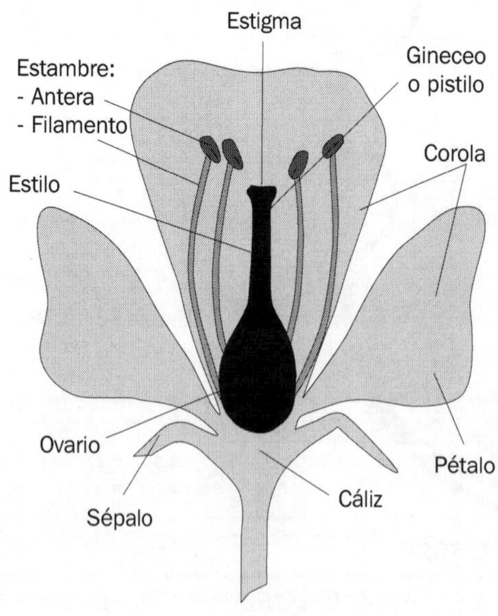

FIGURA 7. *Elementos de la flor.*

Los gametos masculinos son los "granos de polen", y son producidos en la parte superior de los estambres llamada "antera". Los estambres, cuya posición es exterior al pistilo o gineceo, están compuestos por un filamento y una antera.

En una misma flor pueden estar presentes a la vez estambres y pistilos (hermafroditas), o bien sólo estambres o pistilos (unisexuales). Además, un mismo individuo unisexual puede tener sólo flores femeninas o masculinas, individuos dioicos, o por el contrario estambres y pistilos en un mismo individuo, individuos "monoicos".

3.2. Formación de gametos

■ Microsporogénesis o formación de los granos de polen

Este proceso tiene lugar en las anteras de la flor, a partir de unas células diploides llamadas "microsporocitos". Estas sufren meiosis, dando lugar a la formación de células haploides o microsporas (cuatro por cada microsporocito). Cada microspora se transforma en una célula binucleada mediante la duplicación de su núcleo y que será el grano de polen (figura 8). Este sufre una serie de transformaciones en el momento de la fecundación. Cuando cae por el estigma, uno de sus núcleos, el llamado generativo, vuelve a dividirse formándose dos núcleos "espermáticos". El otro núcleo es el denominado núcleo del tubo polínico. Así pues, el gametofito masculino completo consta entonces de una sola célula con tres núcleos.

■ Megasporogénesis o formación de gametos femeninos

Se lleva a cabo en el ovario de la flor, a partir de los "megasporocitos" o células madres de las oosferas. Los megasporocitos, que también son diploides, experimentan

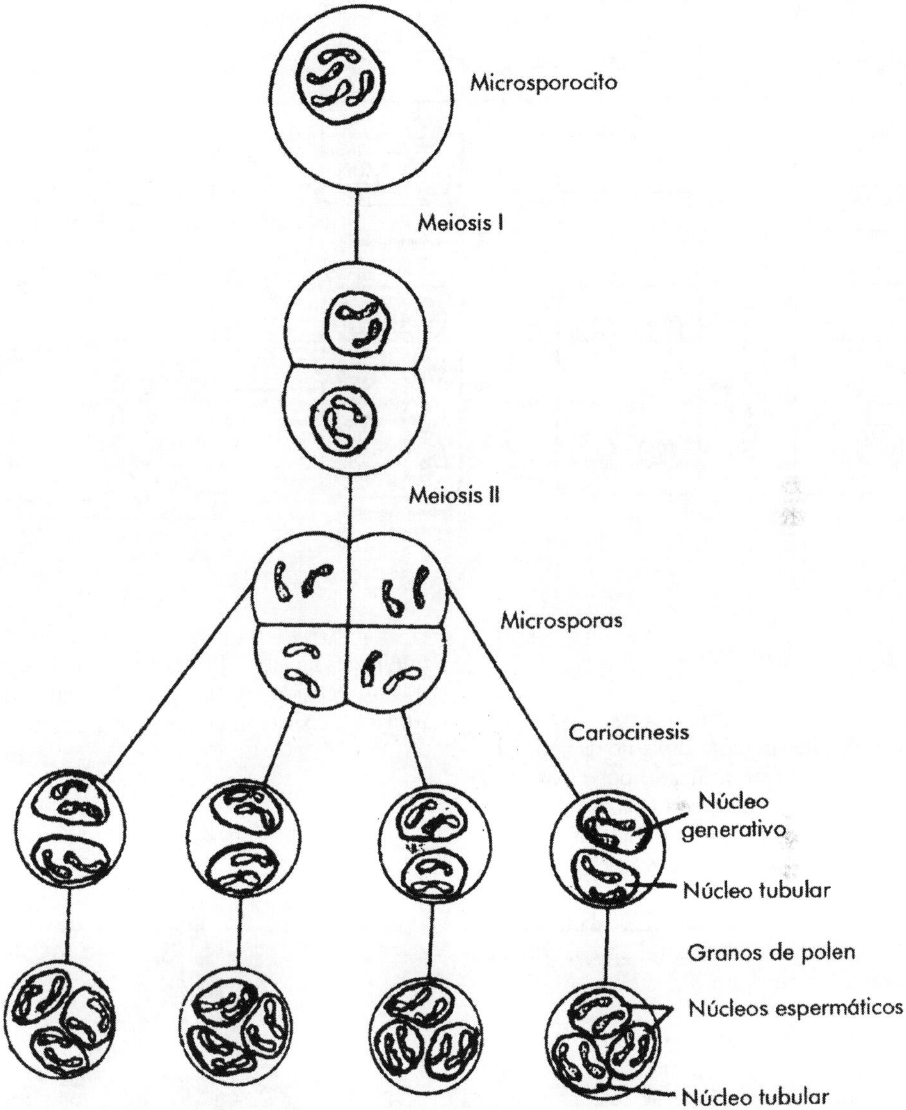

FIGURA 8. *Microsporogénesis.*

meiosis dando lugar a la formación de cuatro productos meióticos haploides. De estos cuatro, tres de ellos degeneran; el que queda se denomina megaspora, y es el que sufrirá las siguientes transformaciones: su núcleo se divide tres veces consecutivas por mitosis, rindiendo ocho células haploides, que constituyen el llamado "saco embrionario". Tres de los núcleos de este saco se sitúan en el polo opuesto al lugar por donde penetra el tubo polínico, éstos son las antípodas, y posteriormente degeneran. En el centro del saco embrionario se sitúan dos núcleos, los núcleos polares, los cuales se fusionan dando lugar a un núcleo diploide. Los tres núcleos restantes se disponen en el extremo opuesto al de las antípodas, son las sinérgidas (dos de los núcleos), y la oosfera, verdadero gameto femenino (figura 9).

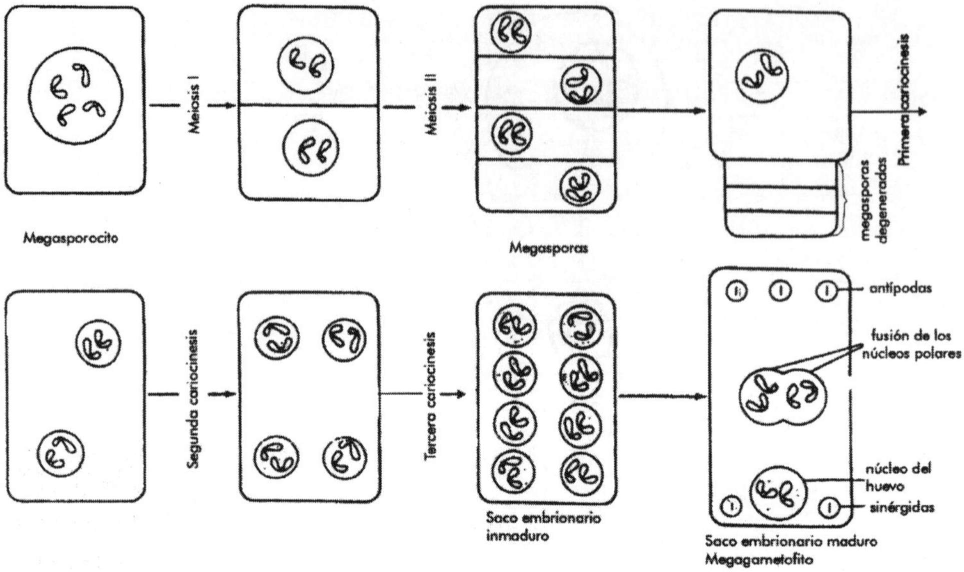

FIGURA 9. *Megasporogénesis.*

3.3. Fecundación

La fecundación comienza cuando los granos de polen llegan hasta al pistilo de la flor. El medio de transporte utilizado por estos varía enormemente; en algunos casos es el aire, en otros el agua, los insectos, e incluso las aves, de modo que es posible clasificar las plantas en función de cómo se lleve a cabo este proceso de transporte o "polinización", plantas anemófilas (el aire), hidrófilas (el agua), zoófilas (los animales), etc.

Durante la fecundación, el tubo polínico libera los dos núcleos espermáticos en el saco embrionario. Uno de ellos se fusiona con la oosfera para originar el zigoto diploide que se convertirá en el embrión de la nueva planta, y el otro lo hace con los núcleos polares para dar un núcleo triploide que se transformará en un tejido especializado llamado "endospermo" por sucesivas mitosis (figura 10).

El endospermo rodeará al embrión, proporcionándole gran parte de los elementos nutritivos que necesitará para su desarrollo. Al conjunto de embrión y endospermo es a lo que llamamos semilla (además del tegumento que rodea a estos). El desarrollo de la semilla, tras un período variable de vida latente, determinará la aparición de una nueva planta.

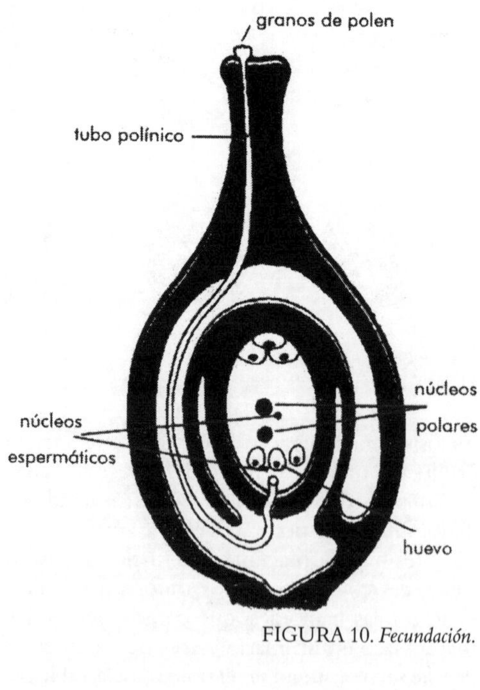

FIGURA 10. *Fecundación.*

3.4. Desarrollo vegetal

El desarrollo de una planta con semilla implica dos fases separadas por un período de latencia más o menos largo:

1. El desarrollo que va desde la fecundación de la oosfera u óvulo hasta la maduración de la semilla.

2. El desarrollo que transcurre desde la germinación de la semilla a la madurez de la planta.

■ Maduración de la semilla

Tras la doble fecundación se inicia la formación del embrión a partir del zigoto, y el desarrollo del endospermo o albumen, quedando de este modo constituida la semilla. La formación del embrión comienza con la división transversal del zigoto en dos células: una inferior que será el embrión propiamente dicho, y otra superior que originará una estructura llamada "suspensor" del embrión, y que se alargará por divisiones transversales. La célula superior continúa dividiéndose, siendo posible diferenciar en un momento determinado los esbozos que darán lugar a las distintas partes de la plántula (figura 11):

- La plúmula o tallito: dará lugar al brote primario (tallos y hojas de la planta).

- La radícula: dará lugar a la raíz.

- La gémula o primera yema de la futura planta.

- Los cotiledones: originarán las primeras hojas de la planta. Se disponen a los lados de la gémula.

Las direcciones de crecimiento de la plúmula y de la radícula son opuestas.

El endospermo también experimenta divisiones celulares, dando lugar a una serie de células que se sitúan rodeando al embrión. Éste puede utilizar el endospermo de diferentes formas: –puede que el embrión lo utilice total e inmediatamente, como en las leguminosas, teniendo que utilizar como reserva nutritiva posterior los cotiledones, o puede ocurrir que la formación del embrión apenas lo consuma (gramíneas)– o bien que quede reducido a una fina capa proteica, como sucede en las crucíferas.

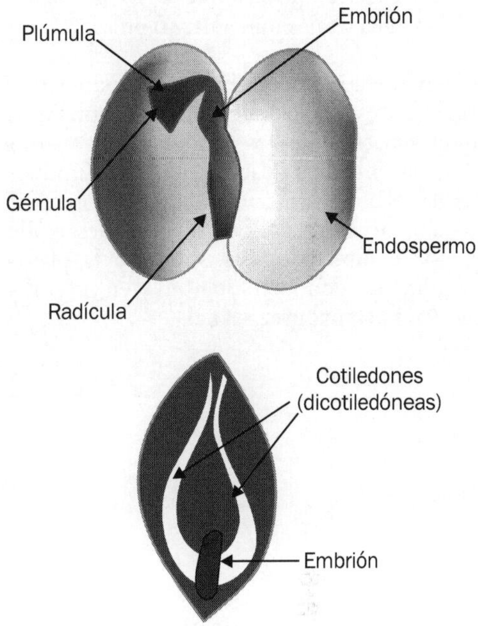

FIGURA 11. *Estructura de la semilla.*

■ Germinación y formación de la plántula

La germinación precisa de unas condiciones adecuadas de temperatura y humedad. En primer lugar, la semilla se hidrata absorbiendo agua, y la cubierta seminal se rompe. Seguidamente se alarga el hipocotileo (región inferior de la plúmula) empujando los cotiledones hacia arriba (hacia la luz), y también el epicotileo (región superior de la plúmula que dará lugar a las primeras hojas postembrionarias). Una vez en el exterior, los cotiledones se separan y adquieren el color verde, convirtiéndose en las primeras hojas que realizan la fotosíntesis.

Cuando se agotan sus reservas nutritivas, produce las sustancias necesarias para el crecimiento de la plúmula y la formación de las primeras hojas postembrionarias. Después de esto se marchitan. Por otro lado, y a la vez que la radícula va alargándose, se desarrolla una región de absorción junto al extremo. Dicha región está formada por los pelos radiculares, los cuales hacen posible que la raíz pueda absorber agua y sales minerales (figura 12).

A medida que se han ido produciendo estos sucesos, ha tenido lugar también la diferenciación de los tejidos embrionarios o meristemos para dar los tejidos definitivos de la planta: protectores, conductores, de sostén, etcétera, de modo que este desarrollo queda completado. Por supuesto la planta seguirá creciendo, en longitud y en grosor, y alcanzará la madurez sexual.

4. Reproducción en animales

4.1. Formación de gametos

Las células sexuales se forman en las gónadas u órganos sexuales; los espermatozoides en las gónadas masculinas o testículos, y los óvulos o gametos femeninos en los ovarios, elementos principales de los aparatos reproductores masculino y femenino, respectivamente. El proceso de formación de espermatozoides se denomina "espermatogénesis", y el de los óvulos "ovogénesis" (figura 13).

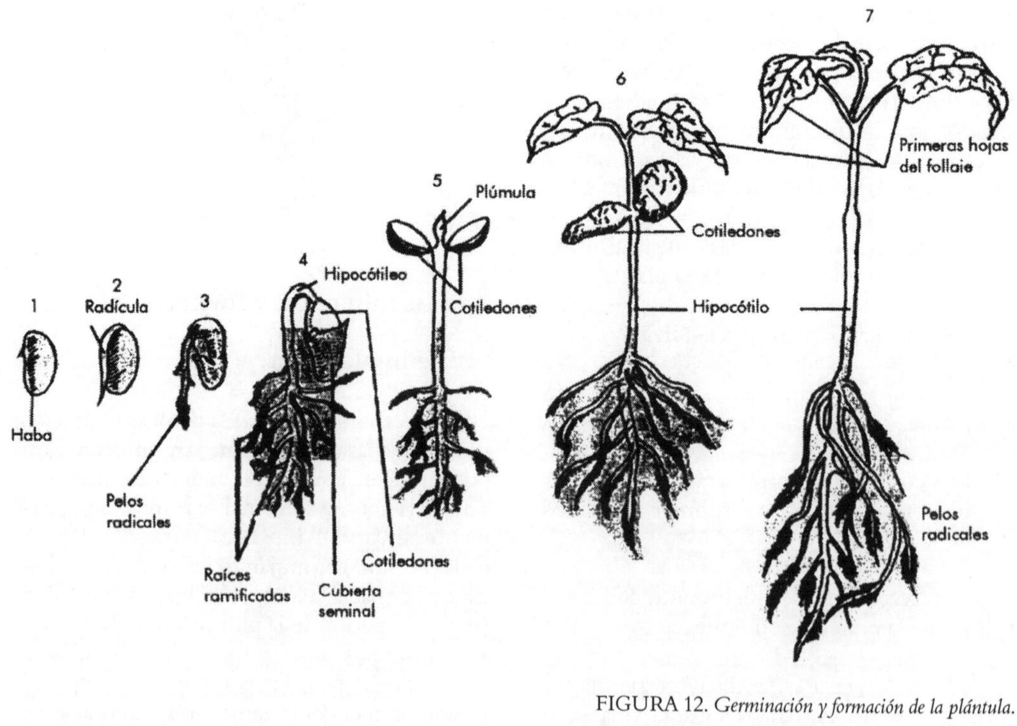

FIGURA 12. *Germinación y formación de la plántula.*

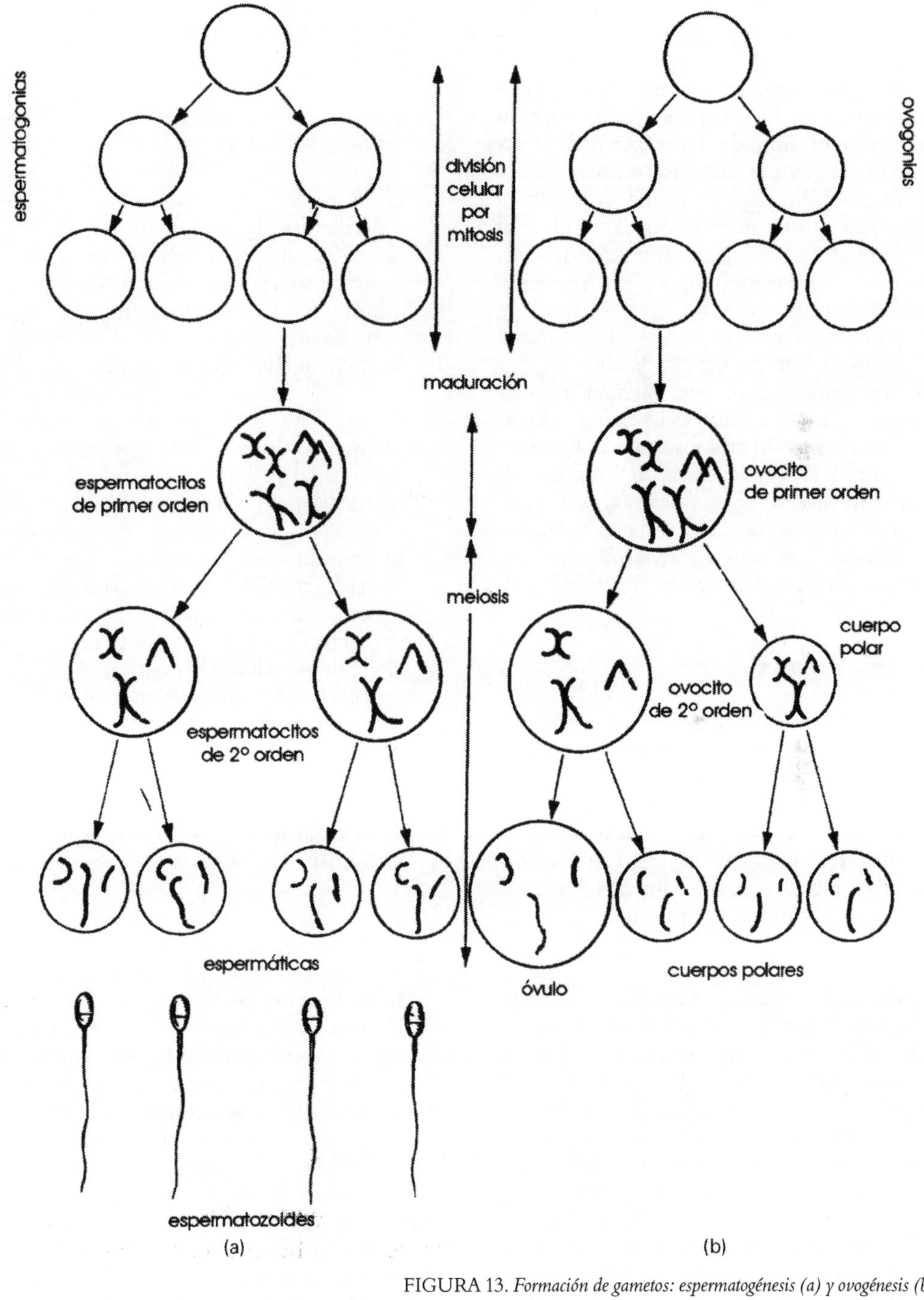

FIGURA 13. *Formación de gametos: espermatogénesis (a) y ovogénesis (b).*

■ Espermatogénesis

Las células precursoras de los espermatozoides son las "espermatogonias". Estas son células germinales del epitelio de los tubos seminíferos de los testículos con dotación cromosómica diploide. Las espermatogonias se dividen repetidas veces por mitosis (período de multiplicación o proliferación), hasta que en la última generación experimentan un aumento de volumen, por acumulación de vitelo, y se transforman en los "espermatocitos" de primer orden.

Estos sufren entonces una división por meiosis. Durante la primera división meiótica se originan dos "espermatocitos de segundo orden", cuya dotación cromosómica es haploide. Después de la segunda división, cada uno de ellos dará lugar a dos "espermátidas". Finalmente, por diferenciación (espermiogénesis), las cuatro espermátidas se convertirán en cuatro espermatozoides funcionalmente activos.

■ Ovogénesis

En los ovarios de las hembras existen unas células germinales llamadas "oogonias". Las oogonias pasan por un período de proliferación (mitosis sucesivas y crecimiento por acumulación de vitelo) hasta transformarse en "oocitos de primer orden". Estos (cada uno) dan lugar a dos células de tamaños diferentes después de la primera división meiótica.

La de mayor tamaño es el "oocito de segundo orden", y la más pequeña el "corpúsculo polar". Las dos sufrirán la segunda división de la meiosis que dará como resultado la formación de una célula grande que es el "óvulo", y un segundo corpúsculo polar, ambos a partir del oocito segundo, y dos corpúsculos polares, originados a partir del primer corpúsculo polar. Todos los corpúsculos (tres en total) se abortan, por lo que sólo se genera una célula sexual funcional y no cuatro a partir de cada célula germinal, como sucedía en la espermatogénesis.

4.2. Fecundación

En este proceso podemos distinguir cuatro fases fundamentales:

1. **Fase de contacto entre el espermatozoide y el óvulo.**

   La fecundación comienza cuando los espermatozoides entran en contacto con el óvulo. La aproximación entre ambos gametos tiene lugar por fenómenos de quimiotaxis o atracción química.

2. **Fase de activación del óvulo.**

   La activación del óvulo se produce antes de que la cabeza del espermatozoide (acrosoma) penetre a través de la membrana plasmática del óvulo. En la mayor parte de los organismos la activación viene indicada por un aumento brusco de la velocidad del metabolismo oxidativo, y por la síntesis proteica. El punto de contacto del espermatozoide determina el eje de rotación de la corteza del óvulo sobre el citoplasma interno, de manera que es así como quedan establecidos el eje dorsoventral y la simetría bilateral del embrión.

3. **Penetración del espermatozoide en el óvulo.**

   En algunos casos, los espermatozoides consiguen penetrar mediante la producción de una enzima que disuelve la membrana plamástica del óvulo en la zona de penetración (hialuronidasa). Aunque por lo general sólo se produce la penetración de un espermatozoide, los restantes contribuyen en la disolución de la membrana. Tan pronto como la cabeza y la pieza intermedia han penetrado (el flagelo normalmente no lo hace), el óvulo forma una cubierta gruesa llamada "membrana de fecundación", encargada de impedir el paso a nuevos espermatozoides.

4. **Fusión de los núcleos del espermatozoide y del óvulo.**

El núcleo masculino se aproxima al núcleo del óvulo para producirse la cariogamia. Las membranas se reabsorben, y se organiza un solo núcleo (diploide), en el que se reúnen los cromosomas procedentes del espermatozoide y del óvulo, formándose así el huevo o zigoto.

4.3. Desarrollo

Aunque sabemos que el término desarrollo se utiliza, generalmente, para designar el período que transcurre desde el momento de la fecundación del óvulo hasta la muerte del organismo originado a partir de él, aquí sólo abordaremos los sucesos fundamentales que ocurren en el período comprendido entre la fecundación del óvulo y el nacimiento del nuevo organismo. No estudiaremos la metamorfosis o desarrollo postembrionario característico de insectos.

Realmente no se pueden distinguir límites claros y precisos entre los distintos procesos que suceden durante el desarrollo, al igual que sucedía en la mitosis y meiosis, pero tradicionalmente y con fines descriptivos se siguen distinguiendo las siguientes etapas:

■ Segmentación

A partir del óvulo fecundado o zigoto, y tras experimentar éste una serie de divisiones mitóticas sucesivas, se genera un conjunto de células llamadas "blastómeros". En un principio los blastómeros se disponen formando una estructura compacta denominada "mórula". Posteriormente, y debido a la tendencia que muestran las células de la mórula a trasladarse hacia la periferia, se forma una cavidad central llamada "blastocele". La estructura embrionaria que se genera como consecuencia se llama "blástula". Sin embargo la segmentación se diferencia de la división común en dos cuestiones fundamentales:

1. Durante la formación de la blástula, la división de los blastómeros se realiza sin que se haya efectuado previamente la duplicación de su contenido citoplásmico, por lo que en las sucesivas divisiones las células hijas van reduciendo su tamaño. Por lo tanto, el aumento en el número de células durante la segmentación no va acompañado de un incremento del contenido citoplásmico total del embrión, simplemente se redistribuye entre los blastómeros.

2. El plano de cada división sucesiva experimenta una rotación precisa respecto a la anterior, y al principio está coordinado para todos los blastómeros. La orientación de estos planos es diferente según los organismos. Así, equinodermos y cordados se segmentan radialmente, y la mayoría de los restantes espiralmente.

Es necesario puntualizar que existen distintos tipos de segmentación, dependiendo del contenido y distribución del vitelo del huevo que va a desarrollarse. De este modo podemos diferenciar:

- Segmentación "holoblástica" igual. (Ver figura 14-a). Es la descrita anteriormente, y es característica de los huevos con escaso vitelo y distribuido uniformemente ("huevos isolecitos").

- Segmentación desigual. (Ver figura 14-b).Es la experimentada por huevos que presentan vitelo abundante e irregular, en cuanto a su distribución (huevos "heterolecitos"). La blástula no es tan simétrica, ya que la zona más pobre en vitelo (polo animal) se divide más rápidamente que la más rica (polo vegetativo).

- Segmentación meroblástica. (Ver figura 14-c). Este tipo de segmentación es propia de huevos con vitelo tan abundante que llega a ocupar todo el volumen del zigoto. La blástula resultante, que tiene forma de disco, ocupa sólo una pequeña zona del zigoto primitivo.

- Segmentación superficial. (Ver figura 14-d). Es característica de huevos centrolecitos (vitelo abundante localizado en el centro del huevo). La división es exclusivamente nuclear al principio, organizándose un sincitio de núcleos que posteriormente emigran hacia la periferia, rodeando la parte central ocupada por el vitelo. Lo más destacable es que este tipo de huevos no originan blastocele.

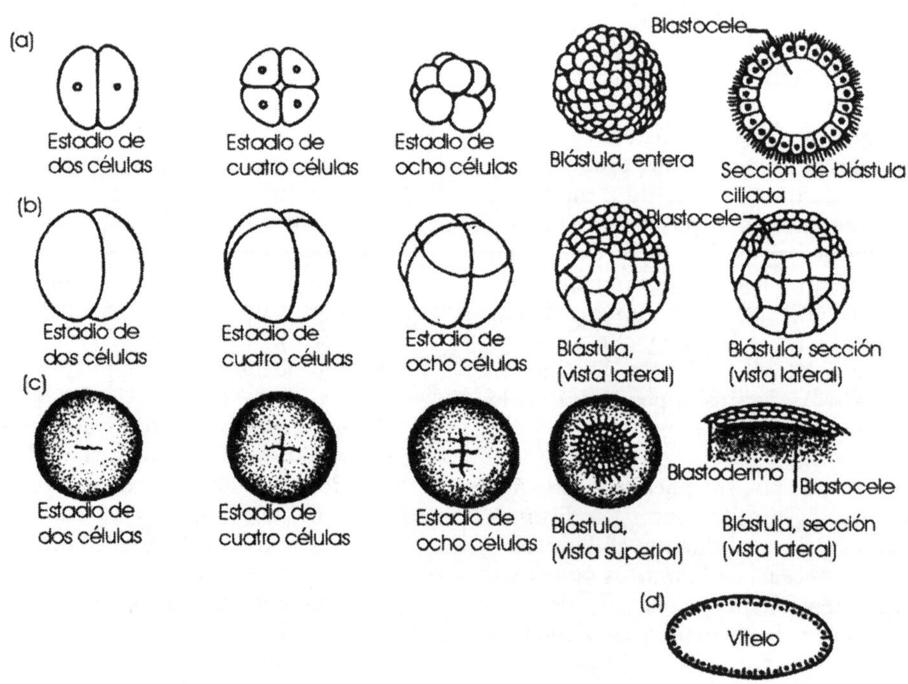

FIGURA 14. *Tipos de segmentación.*

■ Gastrulación

Este proceso se caracteriza principalmente por los desplazamientos de los blastómeros, cuyo resultado es el paso de una forma embrionaria de una sola pared corporal, a otra de dos paredes llamada "gástrula". Por supuesto la gastrulación variará dependiendo del tipo de huevo, o lo que es lo mismo, del tipo de segmentación que se haya realizado previamente.

En el caso de huevos isolecitos, durante la gastrulación se produce la invaginación de una parte de las células que componen el polo vegetativo de la blástula. Como consecuencia de esto, disminuye el blastocele, hasta desaparecer cuando las células que se invaginan alcanzan la pared interna de las células de la blástula que se encuentra en el lado opuesto (figura 15-a). Se genera así una cavidad nueva llamada "arquenterón", y que será la futura luz intestinal del embrión; su abertura de comunicación con el exterior es el "blastóporo". La nueva capa interna de células constituye el "endodermo", y la externa el "ectodermo". Además de estas dos hojas blastodérmicas, se forma otra capa de células llamada "mesodermo", en todos los animales pluricelulares (triblásticos), exceptuando a las esponjas y celenterados (diblásticos). Para estos animales la gastrulación termina aquí. El mesodermo, que está situado entre las dos hojas anteriores, puede originarse de distintas formas. Aunque comienza siendo una sólida masa de células, posteriormente se abre una cavidad llamada "celoma", donde se localizarán la mayoría de los órganos internos del animal adulto. La presencia o ausencia de esta cavidad permite distinguir entre organismos celomados y acelomados respectivamente.

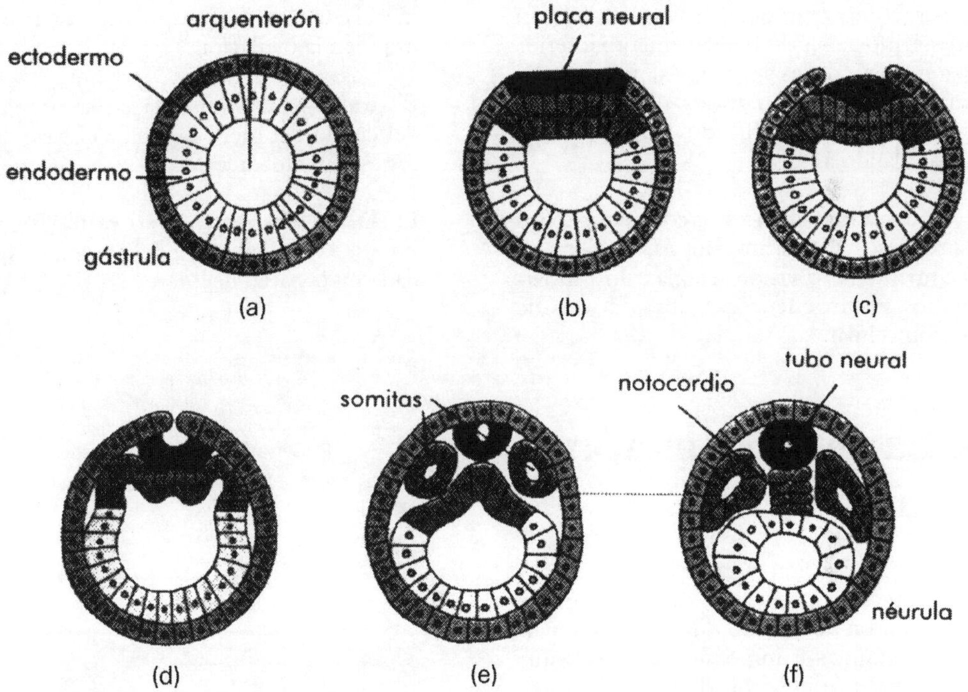

FIGURA 15. *Organogénesis para cordados.*

■ Organogénesis (para cordados)

Después de la gastrulación, se origina en primer lugar el "tubo neural". Dicho tubo proviene del ectodermo, y se genera por el hundimiento y posterior plegamiento de la parte del ectodermo situada en el polo animal (figura 15-b y c). El ectodermo crece por la parte exterior de la hendidura, y acaba recubriéndola (figura 15-c y d). Debajo del tubo neural se organiza el "notocordio", estructura formada por células que proceden de una parte del mesodermo (figura 15-f). El notocordio es un órgano embrionario, que desaparece en fases posteriores del desarrollo, sustituido por la columna vertebral (a excepción de los cefalocordados). Los animales que presentan notocordio durante su desarrollo pertenecen al grupo de los cordados. A partir del ectodermo se originará el tejido nervioso y la epidermis del adulto.

La mayoría de los órganos internos se originarán a partir del mesodermo. En éste se diferencian tres partes después de la formación del tubo neural y el notocordio: zona dorsal, zona lateral, y zona media. La zona dorsal se segmenta en unos bloques llamados "somitas", que darán lugar a la dermis, huesos, musculatura esquelética, y tejido conjuntivo. La zona lateral no sufre segmentación, y es el origen del músculo cardiaco, músculos lisos y endotelios. Por último, a partir de la zona media, que también se segmenta, se generan las estructuras reproductivas y excretoras. El endodermo da lugar al revestimiento interior de la mayoría de las superficies internas (sistema digestivo y respiratorio), tubo digestivo, sus glándulas anejas (hígado, páncreas, etc.), y otras glándulas.

Todavía hoy día no son conocidos todos los procesos de organogénesis, es decir el crecimiento y división celular, los movimientos morfogenéticos, y los procesos de división celular.

5. La reproducción humana

La reproducción en humanos es sexual y anisogámica, es decir, los gametos de uno y otro sexo son de tamaño diferente. Los óvulos son grandes e inmóviles, mientras que los espermatozoides son diminutos y están provistos de un largo flagelo que los dota de una gran movilidad.

5.1. Control de la natalidad: anticonceptivos

Existen diversos métodos anticonceptivos que evitan embarazos no deseados. Hoy en día, los anticonceptivos son usados como métodos de control de la natalidad.

Los métodos anticonceptivos más eficaces son los siguientes (figura 16).

- El **preservativo** es una envoltura de goma que rodea el pene y retiene el semen impidiendo que los espermatozoides se liberen dentro de la vagina. Se utiliza para evitar tanto embarazos como la transmisión de enfermedades sexuales: SIDA, hepatitis, sífilis, etc.

- Las **píldoras anticonceptivas** son un tipo de pastillas que contienen una mezcla de estrógenos y progesterona que impiden la ovulación.

- El **diafragma**: se inserta en la entrada del cuello del útero e impide el paso de los espermatozoides.

- El **DIU (dispositivo intrauterino)**: impide la implantación del óvulo fecundado en la pared del útero.

Preservativo y diafragma

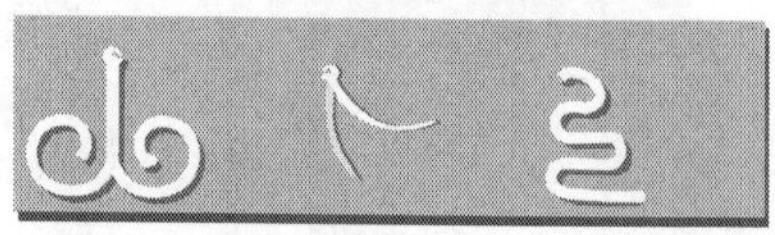

Dispositivo intrauterino

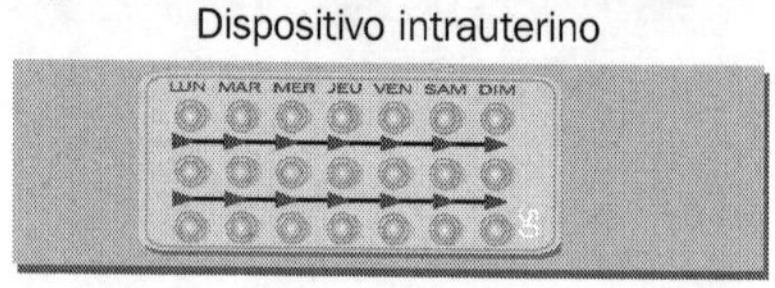

La píldora

FIGURA 16. Distintos tipos de anticonceptivos temporales.

Los anteriores métodos anticonceptivos son *temporales*, es decir, cuando no se utilicen el embarazo puede producirse. Existen otros métodos *permanentes* que impiden definitivamente el embarazo. Estos métodos son, en el hombre, la **vasectomía**, y en la mujer, la **ligadura de trompas** (figura 17).

Tanto para realizar la vasectomía como la ligadura de trompas se requiere una intervención quirúrgica. Con la vasectomía los espermatozoides siguen produciéndose pero no se encuentran en el semen, ya que se ha cortado el conducto deferente. Con la ligadura de trompas los óvulos maduran cada mes pero no pueden ser fecundados, ya que las trompas se han cortado.

5.2. Nuevas técnicas reproductivas

Con cierta frecuencia se suelen presentar problemas tanto en el hombre como en la mujer que dificultan que una pareja pueda tener hijos. Entre estos problemas están:

- Producción defectuosa de óvulos o de espermatozoides.
- Insuficiente movilidad de los espermatozoides.
- Imposibilidad de que se produzca el encuentro de los gametos, debido a una obstrucción mecánica en las vías genitales femeninas o masculinas.
- Trastornos que impiden la implantación del zigoto en el útero, y conllevan aborto.

Hoy día estos problemas se pueden solucionar mediante la fecundación artificial, también llamada **fecundación «in vitro»**. Consiste en extraer un óvulo y fecundarlo en el laboratorio con un espermatozoide del padre. Posteriormente, el zigoto se implanta en el útero materno, y se sigue el proceso normal del embarazo (figura 18).

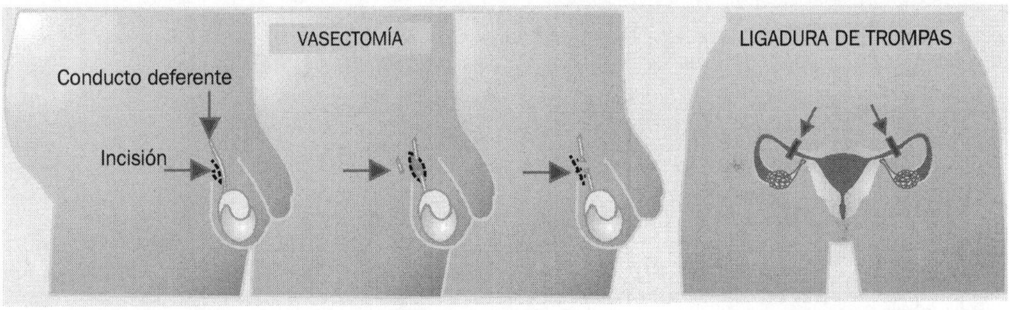

FIGURA 17. *Métodos anticonceptivos permanentes: vasectomía y ligadura de trompas.*

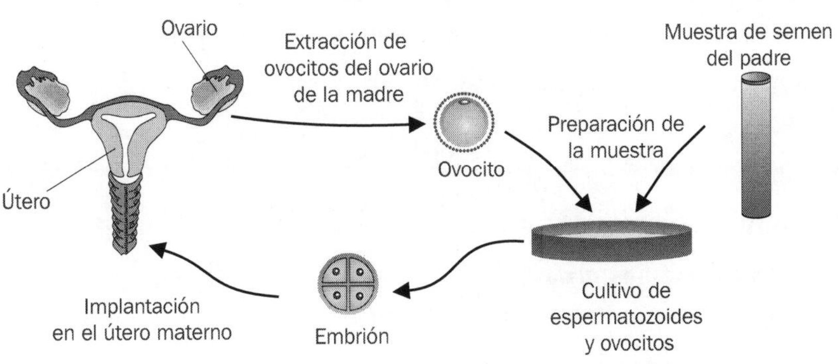

FIGURA 18. *Fases del proceso de fecundación in vitro.*

CUESTIONES

1. **Explica las diferencias entre:**
   - Reproducción sexual y asexual.
   - Fecundación interna y externa.
   - Gemación y escisión.
2. **Cita algunos ejemplos de animales y plantas que se reproduzcan asexualmente.**
3. **¿Por qué la reproducción sexual genera individuos con dotación génica distinta a los padres?**
4. **Define los conceptos de partenogénesis y hermafroditismo.**
5. **¿En qué consiste la fecundación "in vitro"?**
6. **Se reproduce por escisión:**
   a) El geranio.
   b) La hidra.
   c) La estrella de mar.
   d) Las flores.
7. **La parte masculina de la flor se llama:**
   a) Corola.
   b) Estambre.
   c) Cáliz.
   d) Pistilo.
8. **Los óvulos, tras la fecundación en una planta, se transforman en:**
   a) Frutos.
   b) Polen.
   c) Semillas.
   d) Espermatozoides.
9. **Tienen fecundación externa:**
   a) Los reptiles.
   b) Los anfibios.
   c) Las aves.
   d) Los mamíferos.

10. Se producen por meiosis:

a) Las células sexuales.

b) Las células del hígado.

c) Las células nerviosas.

d) Las células de la piel.

11. El proceso de formación de gametos se llama:

a) Fecundación.

b) Germinación.

c) Menstruación.

d) Gametogénesis.

12. La cesión de material genético de una bacteria a otra a través de un puente citoplasmático:

a) Se denomina conjugación.

b) Se llama transformación.

c) Es la transducción.

d) Es la transcripción.

13. ¿Qué podemos afirmar de la meiosis en el ciclo de vida haplonte?

a) Que es gametogénica.

b) Que es zigótica.

c) Que es esporogénica.

d) Que no se produce meiosis, sino mitosis.

14. ¿Qué tipo de ciclo de vida se da en los humanos?

a) Ciclo haplonte.

b) Ciclo diplonte.

c) Ciclo tetraplonte.

d) Ciclo diplohaplonte.

SOLUCIÓN A LAS CUESTIONES

1. Reproducción sexual: intervienen dos individuos de distinto sexo. Los descendientes portan información genética mezcla de la de sus progenitores.

   Reproducción asexual: se realiza a partir de un único individuo. Los descendientes portan la misma información genética que su progenitor.

   Fecundación externa: se efectúa fuera del cuerpo de la hembra.

   Fecundación interna: se efectúa en el interior del cuerpo de la hembra.

   Gemación: es la formación de un nuevo individuo a partir de un saliente o yema del progenitor.

   Escisión: se genera un nuevo individuo a partir de un fragmento del progenitor.

2. Fresas, geranio, hidra, estrella de mar.
3. Porque el nuevo individuo es una combinación genética de los progenitores.
4. Partenogénesis: se engendran nuevos individuos a partir de óvulos no fecundados.

   Hermafroditismo: presencia, en un mismo individuo, de órganos sexuales masculinos y femeninos.

5. En la extracción de un óvulo a la mujer y su fecundación en el laboratorio por espermatozoides extraídos del hombre. Una vez producida la fecundación, el zigoto se introducirá en el útero materno para que tenga lugar su implantación y se produzca el embarazo.
6. c) La estrella de mar.
7. b) Estambre.
8. c) Semillas.
9. b) Los anfibios.
10. a) Las células sexuales.
11. d) Gametogénesis.
12. a) Se denomina conjugación.
13. b) Que es zigótica.
14. b) Ciclo diplonte.

Tema **10**

Herencia y genética

Introducción

Se llama herencia a la transmisión de genes de los progenitores a sus descendientes. La ciencia que estudia la herencia biológica es la **Genética**.

1. Conceptos básicos de genética

Un **gen** es un trozo de ADN que informa sobre un carácter. Los genes se encuentran en los cromosomas.

Carácter es cada una de las características que presenta un individuo. Ejemplos: color de piel, color de ojos, tipo de grupo sanguíneo, etc.

Genotipo es el conjunto de genes que tiene un individuo.

Fenotipo son las distintas características que se observan en un individuo y que son producto de la expresión del genotipo. Ejemplos: ojos azules, pelo negro, pelo rizado, etc.

Alelo es cada una de las distintas modalidades que puede presentar un gen que informa para un carácter. Cada alelo se simboliza mediante una letra (mayúscula o minúscula) con o sin superíndice (A, a, I^A, X^D, etc.). Ejemplo: el grupo sanguíneo viene determinado por un gen que presenta tres alelos (I^A, I^B, I^o).

Los organismos haploides (n) sólo presentan uno de los alelos de cada gen; los diploides (2n) presentan dos alelos de cada gen. Las células humanas, al ser diploides, presentan dos alelos de cada gen; un alelo proviene del padre y el otro de la madre. Estos dos alelos pueden ser iguales o diferentes, así tenemos que:

- Si los dos alelos de un gen son iguales se dice que el individuo es **homocigoto** o **raza pura** para ese gen (ejemplos: I^AI^A, AA, etc.).
- Si los dos alelos son diferentes se dice que el individuo es **heterocigoto** o **híbrido** para ese gen. (ejemplos: I^AI^o, Aa, etc.).

Dependiendo de cómo se manifiestan los alelos cuando están en heterocigosis, se distinguen tres tipos de herencias: dominante, intermedia y codominante.

- En la **herencia dominante**, en heterocigosis se expresa, en el fenotipo, uno sólo de los alelos. El alelo que se expresa se llama **dominante** y se representa con una letra mayúscula, y el que permanece oculto se llama **recesivo** y se simboliza con una letra minúscula.

  Así, por ejemplo, el gen que determina el color de las semillas del guisante tiene dos alelos: el alelo "A" informa para el color amarillo (dominante) y el alelo "a" para el color verde (recesivo). El fenotipo de las semillas cuyo genotipo sea "AA" (homocigóticas) o "Aa" (heterocigóticas) será amarillo, y el de las semillas "aa" (homocigóticas) será verde. En el genotipo "Aa", el alelo dominante "A" se expresa sobre el recesivo "a".

- En la **herencia intermedia** o **concominancia**, los individuos heterocigotos muestran un fenotipo intermedio, uno de los alelos muestra una dominancia incompleta sobre el otro. Ejemplo: el dondiego de noche; al cruzar una planta de flores rojas "RR" con otro de flores blancas "rr", ambas razas puras, su descendencia son plantas de flores de color rosa "Rr", intermedio entre el rojo y el blanco.

- En la **herencia codominante**, en heterocigosis, los dos alelos se manifiestan en el fenotipo con igual intensidad; los dos alelos son equipotentes o codominantes.

  Así, por ejemplo, el gen que determina el grupo sanguíneo tiene tres alelos: el alelo I^A que informa para la síntesis del antígeno A; el alelo I^B, informa para la síntesis del antígeno B; y el alelo I^o que no aporta información. Los alelos I^A e I^B son codominantes, mientras que el alelo I^o es recesivo respecto a los primeros. En heterocigosis, estos alelos se expresan mediante la síntesis, tanto de antígeno A como de antígeno B. Los grupos (fenotipos) así como los genotipos correspondientes se recogen en el esquema 1.

FENOTIPO	GENOTIPOS
Grupo A	$I^A I^A$, $I^A I^o$
Grupo B	$I^B I^B$, $I^B I^o$
Grupo AB	$I^A I^B$
Grupo O	$I^o I^o$

ESQUEMA 1. *Genotipos de los grupos sanguíneos.*

2. Genética mendeliana

Fue Gregor Mendel (1822-1884), monje austriaco del monasterio de Brun, el responsable del descubrimiento de los principios fundamentales de la herencia.

Durante la mayor parte de su vida estuvo realizando experimentos de cruces entre plantas de guisantes, con el propósito de averiguar cómo se heredaban los caracteres individuales. Su método de trabajo, caracterizado por una gran perspicacia y rigurosidad científica, le permitió obtener éxitos donde otros científicos habían fracasado anteriormente.

En primer lugar, fue muy acertada la elección de la especie vegetal (*Pisum sativum*) con la que iba a realizar todos sus posteriores cruzamientos, debido a sus características tan peculiares. El guisante presenta estambres y pistilos en la misma flor (hermafrodita), por lo que es posible la autofecundación, es decir el polen de una flor puede caer en el estigma de la misma flor fecundándola. Sin embargo, artificialmente es muy fácil efectuar fecundaciones cruzadas. Mendel lo hacía arrancando los estambres antes de que pudieran esparcir el polen, para que posteriormente, y una vez que los pistilos hubiesen madurado, fecundarlos con el polen procedente de otra planta seleccionada para el cruce. Además, es muy positivo el hecho de que estas plantas sean capaces de producir gran cantidad de semillas.

En segundo lugar, y quizás lo más importante, Mendel seleccionó el estudio de la transmisión de un solo carácter cada vez, en lugar de considerar todos los caracteres de las plantas, asegurándose también de que las plantas que iba a cruzar eran razas o variedades puras para los caracteres seleccionados, antes de iniciar dichos cruzamientos.

Y por último, cuantificó los resultados obtenidos, realizó el recuento de los descendientes de cada clase obtenidos en los distintos cruzamientos, para intentar determinar si estos aparecían siempre en la misma proporción, o bien ésta variaba en función de los caracteres presentados por los progenitores seleccionados.

Los enunciados de sus tres leyes fundamentales acerca de la herencia, constituyen la explicación de los resultados obtenidos en los siguientes diseños experimentales.

2.1. Primera ley de Mendel

Para estudiar la herencia de uno de los rasgos o caracteres diferenciales de planta de guisante, la forma de la semilla, Mendel cruzó plantas que producían semillas lisas con plantas que producían semillas rugosas. Previamente se había asegurado de que los progenitores seleccionados eran razas puras para tal carácter, ya que tras numerosas siembras sucesivas mantenían constante el carácter que iba a ser estudiado. Los resultados obtenidos fueron los siguientes: todas las plantas de la primera generación filial (F_1) producían semillas lisas, independientemente de que la planta con semillas lisas progenitora, fuera femenina o masculina (figura 1). La explicación que Mendel dio a estos resultados fue que el carácter liso dominaba sobre el rugoso, impidiendo la manifestación de este último.

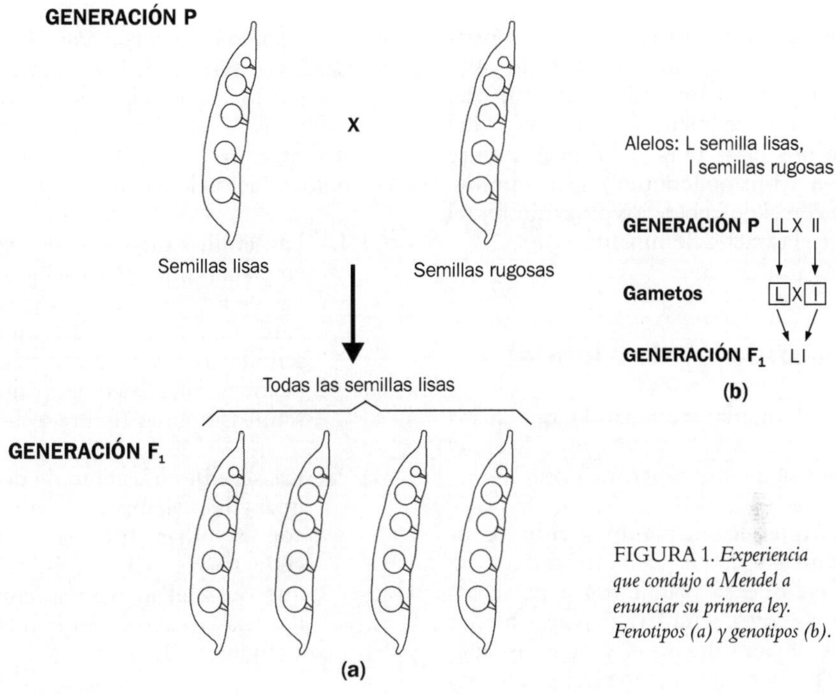

FIGURA 1. *Experiencia que condujo a Mendel a enunciar su primera ley. Fenotipos (a) y genotipos (b).*

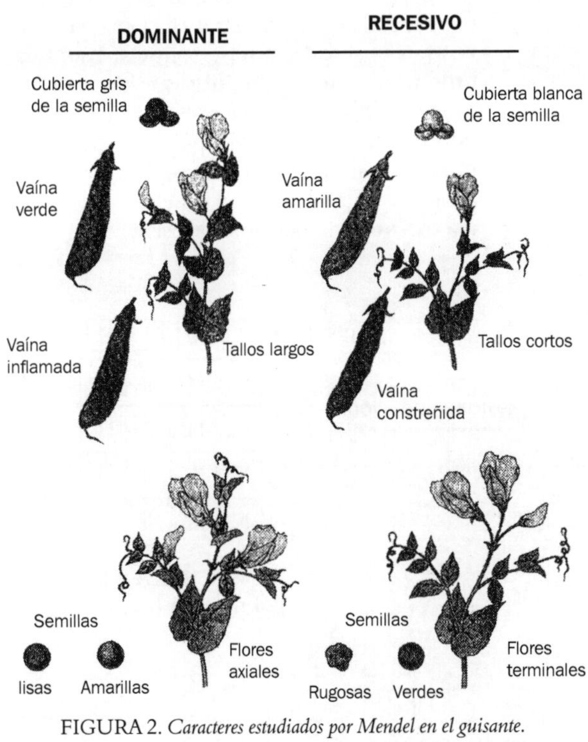

FIGURA 2. *Caracteres estudiados por Mendel en el guisante.*

Los experimentos, llevados a cabo con el fin de estudiar la herencia de otros rasgos, como la coloración de la semilla, longitud del tallo, disposición de las vainas, etc., mostraron resultados similares a los anteriores en cada uno de los cruces efectuados para el estudio de un carácter, siempre se obtenían en la "F_1" descendientes de un solo tipo, es decir todos presentaban uno de los rasgos de los progenitores.

Al rasgo que se manifestaba, Mendel lo llamó carácter dominante (forma lisa, coloración amarilla, etc.) y a su alternativa carácter recesivo (forma rugosa, coloración verde, etc.), y al agente responsable de cada carácter "factor". La figura 2 muestra los rasgos dominantes y recesivos de los distintos caracteres investigados por Mendel en el guisante.

La explicación dada por Mendel constituye su primera ley, llamada **ley de la uniformidad** y cuyo enunciado es el siguiente: "todos los descendientes resultantes del cruce de dos razas puras son iguales entre sí" (tienen el mismo fenotipo). Este fenotipo coincide con el de uno de los progenitores, el que porte el carácter dominante.

2.2. Segunda ley de Mendel

Con el fin de averiguar lo que había sucedido con el carácter rugoso, Mendel efectuó los siguientes experimentos:

- En primer lugar, plantó semillas procedentes de la "F_1", y permitió que las plantas que se originaron a partir de ellas se autofecundaran, para obtener la "F_2". Semillas lisas y rugosas aparecieron en una misma vaina en esta generación. Su recuento indicó que la relación en que se presentaban estas distintas semillas era 3 a 1, es decir tres semillas lisas por cada una rugosa (figura 3). Esta misma relación aparecía en los cruces en los que se estudiaban otros caracteres; siempre el rasgo dominante fue tres veces más abundante que el recesivo en la F_2.
- En segundo lugar, y para saber si las semillas lisas y rugosas de la F_2, eran razas puras, plantó sus semillas correspondientes, y dejó que se autofecundaran al alcanzar la madurez. En este caso los resultados que obtuvo fueron los siguientes (figura 4):

1. Las semillas rugosas se desarrollaron en plantas que sólo producían semillas de este tipo, es decir, siempre a partir de plantas de la F_2 que daban semillas rugosas, se obtenían generaciones sucesivas de plantas con semillas rugosas (figura 4-C).

2. Las semillas lisas eran de dos tipos: unas que siempre daban plantas con semillas lisas en sucesivas generaciones (figura 4-A), y otras que originaban plantas con semillas lisas y rugosas en la relación 3: 1 (figura 4-B).

Todos estos resultados indicaban que las plantas de la F_2 que mostraban el rasgo recesivo eran variedades puras, ya que sus semillas producían planta F_3 idénticas a los progenitores. Las plantas F_2 que presentaban el rasgo dominante eran de dos tipos: 1/3 eran razas puras, mientras que los otros 2/3 producían progenies F_3, en la que el carácter dominante era tres veces superior al recesivo.

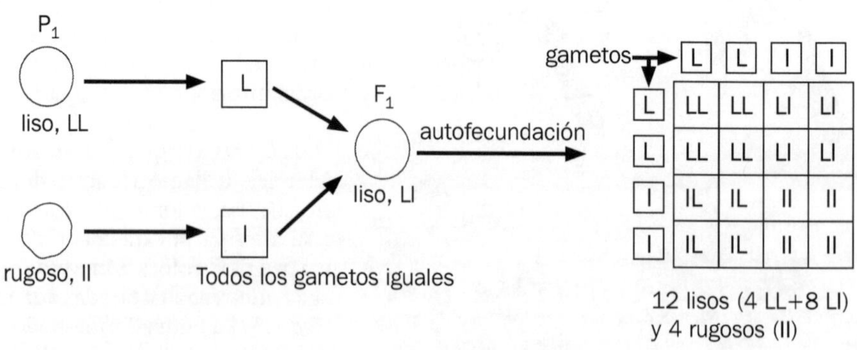

$$\text{Fenotipo de la segunda generación}: \frac{\text{lisos}}{\text{rugosos}} = \frac{LL + Ll}{ll} = \frac{4+8}{4} = \frac{3}{1}$$

FIGURA 3. *Proporción entre los fenotipos de la segunda generación (F_2).*

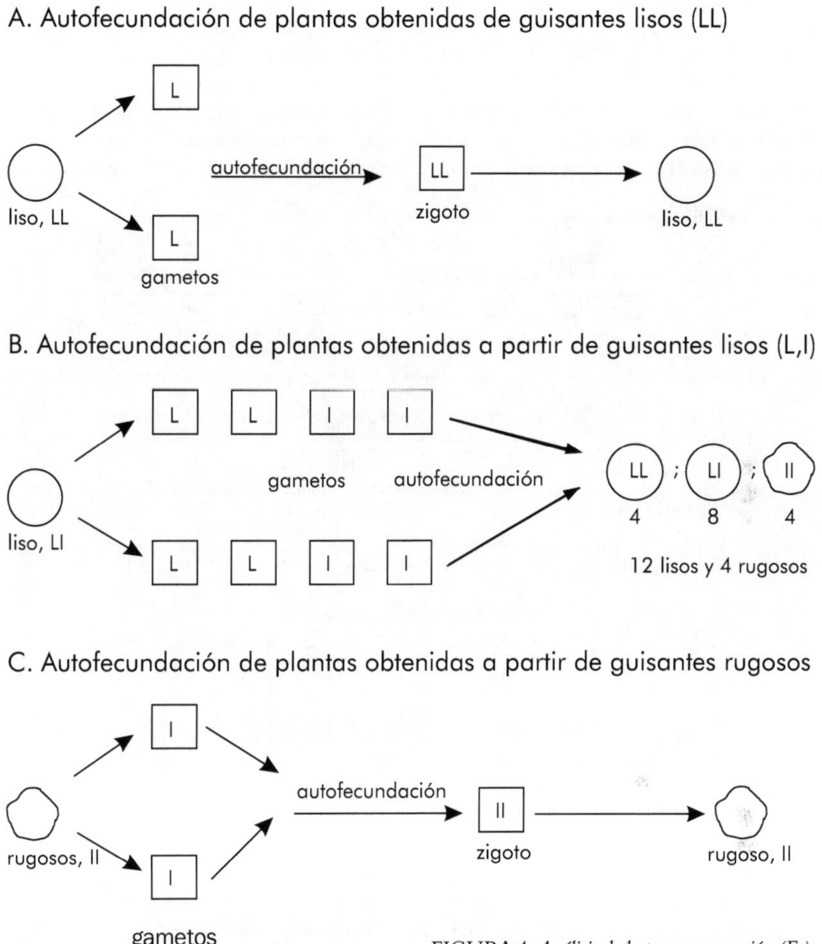

FIGURA 4. *Análisis de la tercera generación (F_3).*

La hipótesis propuesta por Mendel, para tratar de explicar estos resultados consistía en lo siguiente: Los rasgos o caracteres alternativos están determinados por dos factores (a los que hoy día llamamos genes) que son transmitidos de los progenitores a los descendientes, a través de las células sexuales. Estos factores pueden ser iguales o distintos. Si son iguales, dan lugar a una raza pura o homocigótica para ese carácter, si son distintos originarán un híbrido o heterocigótico. Los dos factores son separados cuando se forman los gametos, y reunidos cuando se efectúa la fecundación. Por lo tanto cada planta de guisante tiene dos factores para cada rasgo, uno procedente del progenitor masculino y otro procedente del progenitor femenino.

Esta hipótesis comprobada por Mendel y otros científicos posteriores, constituye la segunda ley, denominada, **ley de la segregación** o **de la disyunción,** que se enuncia así: "los factores hereditarios son entidades definidas que pueden segregarse, es decir, se separan y se reparten, durante la formación de las células sexuales".

2.3. Tercera ley

Además de estudiar la herencia de un solo carácter, Mendel realizó experimentos en los que consideraba a la vez la herencia de más de un carácter. Para ello cruzó dos razas puras para dos caracteres a la vez: plantas con semillas lisas y amarillas con plantas de semillas rugosas y verdes (figura 5). Los descendientes que se obtuvieron en la F_1, tal como se esperaba, tenían todos semillas lisas y amarillas, por la dominancia de estos caracteres. Para la F_2 predijo dos posibles resultados, según dos supuestos relativos al

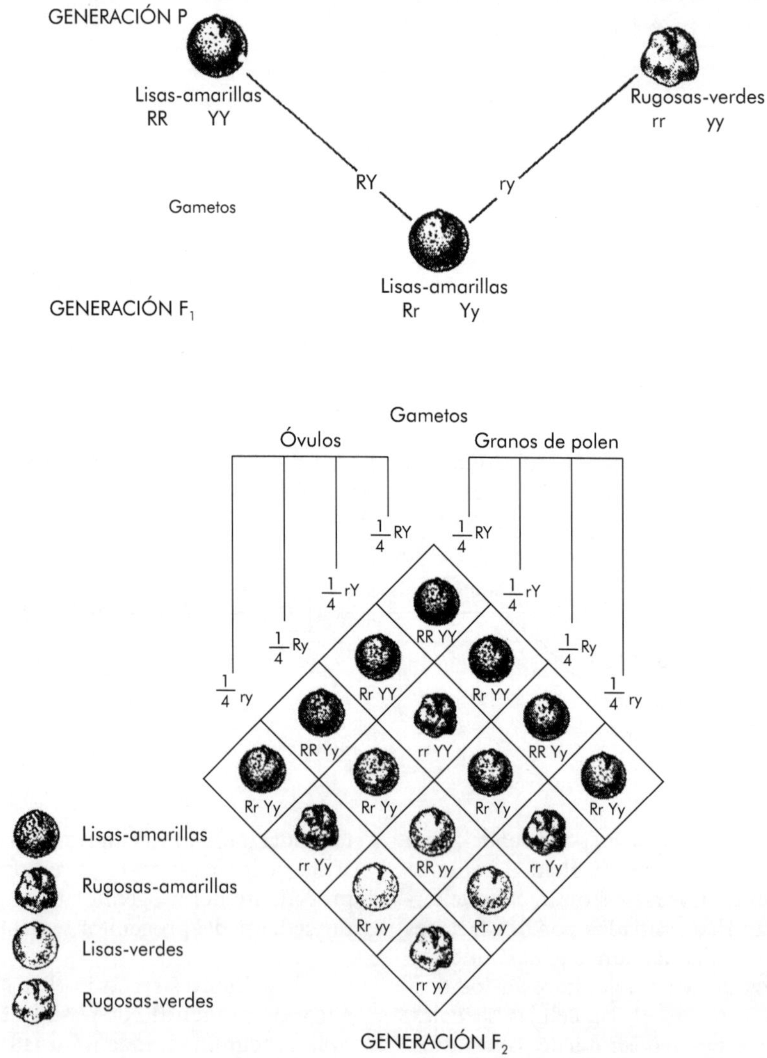

1/16 (RR YY) + 2/16 (Rr YY) + 2/16 (RR Yy) + 4/16 (Rr Yy) = 9/16 Semillas lisas-amarillas

1/16 (RR yy) + 2/16 (Rr yy) = 3/16 Semillas lisas-verdes

1/16 (rr YY) + 2/16 (rr Yy) = 3/16 Semillas rugosas-amarillas

1/16 (rryy) = 1/16 Semillas rugosas-verdes

FIGURA 5. *Experiencia de Mendel para estudiar la herencia simultánea de dos caracteres distintos.*

tipo de transmisión. Si, los rasgos se transmitían juntos, debería obtenerse en la F_2 sólo dos tipos de semillas, y en la proporción 3:1; tres semillas lisas-amarillas por cada una rugosa-verde. Si, por el contrario, suponía que los rasgos se transmitían de manera independiente, deberían aparecer en la F_2 cuatro clases de semillas, resultado de todas las combinaciones posibles entre dos caracteres: lisas-amarillas, lisas-verdes, rugosas-amarillas, y rugosas-verdes, y en la relación 9:3:3:1.

El recuento de los resultados confirmó este segundo supuesto, que constituye la tercera ley de Mendel, denominada también, **ley de la independencia de los factores hereditarios**, que puede enunciarse así: "los factores que determinan caracteres no antagónicos son transmitidos de forma independiente".

2.4. Formulación actual de las leyes de Mendel

Utilizando la terminología actual, las leyes de Mendel se enuncian de la siguiente forma:

- Primera ley de Mendel o ley de la uniformidad de la primera generación: "el cruce de dos razas puras da una descendencia híbrida uniforme tanto fenotípica como genotípicamente".

- Segunda ley de Mendel o ley de la segregación de los caracteres antagónicos en la segunda generación: "al cruzar entre sí los híbridos obtenidos en la primera generación, los caracteres antagónicos que poseen se separan y se reparten entre los distintos gametos, apareciendo así varios fenotipos en la descendencia".

- Tercera ley de Mendel o ley de la herencia independiente de los caracteres no antagónicos: "los distintos caracteres no antagónicos se heredan independientemente unos de otros, combinándose al azar en la descendencia".

2.5. Teoría cromosómica de la herencia

Tuvieron que transcurrir casi veinte años desde la muerte de Mendel para que, en 1902, dos científicos, Walter Sutton y Boveri, sugirieran que los factores a los que hacía referencia Mendel, los genes, estaban contenidos en los cromosomas. Este hecho se conoce como **teoría cromosómica de la herencia**.

Los argumentos que apoyaban esta idea estaban basados en el comportamiento paralelo de los cromosomas por un lado, y los genes por el otro, durante la meiosis y la fecundación.

La existencia de cromosomas homólogos, derivados cada uno de un progenitor, está en correlación con la existencia de dos alelos o genes para un carácter dado, uno heredado de cada progenitor. Sutton dedujo que los genes o alelos para un carácter eran segregados en la formación de los gametos, porque estaban localizados precisamente en cada uno de los cromosomas homólogos, que durante la meiosis van a gametos diferentes.

Por otro lado, y considerando que el número de caracteres supera con creces al número de cromosomas, Sutton razonó que cada cromosoma debería contener más de un gen.

Esta teoría quedó totalmente confirmada con los experimentos llevados a cabo por Morgan en 1910, con la mosca del vinagre *Drosophila melanogaster.*

3. Ligamiento y recombinación

Se dice que dos o más genes están ligados cuando están localizados en el mismo cromosoma.

Dos genes que esten contenidos en cromosomas diferentes, se distribuyen en los gametos independientemente el uno del otro, y en las proporciones 1:1:1:1. Al contrario, los genes ligados no se distribuirán independientemente sino que tenderán a segregarse juntos durante la formación de los gametos, y en la misma combinación presente en sus progenitores.

Así pues, si consideramos dos genes ligados y que se encuentren en heterocigosis, como es el caso de los genes que determinan la forma de las alas (V) y el color de los ojos (P) en la mosca de la fruta, los gametos esperados a partir de una mosca heterocigótica (V v P p) deberían ser: "V P", y "v p", y en la proporción 1/2 : 1/2. Sin embargo, realmente se obtienen a partir de esta mosca cuatro tipos de gametos con frecuencias distintas al 25%; superiores al 25% para los gametos esperados, e inferiores al 25% para los no esperados.

Hoy día estos resultados pueden ser interpretados correctamente, gracias a que se sabe que los genes ligados no permanecen siempre juntos, debido a que durante la meiosis, al final de la profase I, las cromátidas homólogas no hermanas pueden intercambiar entre ellas segmentos de longitud variable. Los cromosomas homólogos se aparean entre sí en el proceso de sinapsis, facilitándose así el **entrecruzamiento entre cromátidas no hermanas**.

Este proceso implica la rotura de las cadenas de ADN y el establecimiento de conexiones nuevas. Los puntos del intercambio del material genético, llamados quiasmas, producen **recombinaciones** en los gametos por medio de este entrecruzamiento (figura 6). Los productos meióticos, que portan las cromátidas que no participan en el entrecruzamiento, se llaman tipos no recombinantes o progenitores, por llevar la misma combinación de genes que uno de los progenitores; los que resultan del entrecruzamiento se denominan recombinantes, o tipos de entrecruzamiento, ya que constituyen dos combinaciones de las relaciones de los genes ligados originalmente en los progenitores.

Una consecuencia derivada del conocimiento del entrecruzamiento o recombinación, es que la frecuencia de quiasmas debería ser un índice de la distancia existente entre dos genes. Es decir, cuanto más lejos estén situados dos genes en un cromosoma, mayor es la probabilidad de que se produzca un quiasma entre ellos; y cuanto más cercanos estén, menor será la probabilidad de que haya quiasma entre ellos, ya que existen muy pocas posibilidades de que entre dos puntos muy próximos se produzca una torsión.

Puesto que el tanto por ciento de gametos recombinantes, formados a partir de un determinado genotipo, es un reflejo directo de la frecuencia con que se forman quiasmas entre los genes en cuestión, es posible, estudiando dichos porcentajes, construir **mapas genéticos** que indiquen las distancias relativas entre las unidades genéticas. Una unidad de distancia de mapa es el equivalente al 1% de entrecruzamiento.

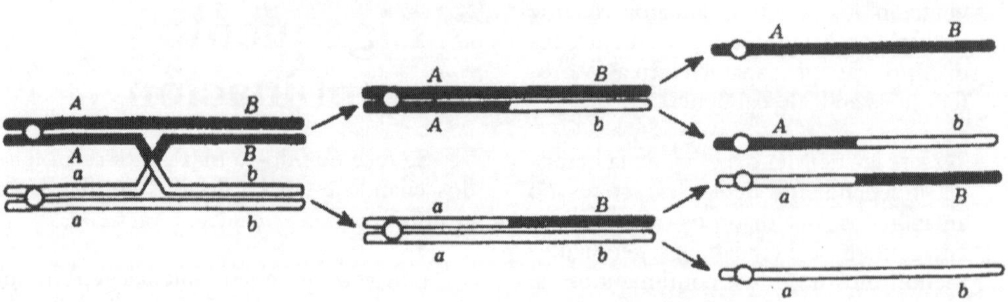

FIGURA 6. Recombinación genética debida al entrecruzamiento de cromosomas homólogos.

Otra consecuencia del entrecruzamiento es que los genes de un cromosoma deben estar alineados en una sola fila, de forma análoga a las cuentas de un collar, ya que sólo si esto es así es posible que puedan realizarse correctamente el ligamiento y el entrecruzamiento.

Por último, la implicación más importante del fenómeno de entrecruzamiento es su contribución al aumento de la variabilidad genética, ya que a causa de él se pueden producir meióticos distintos entre sí y distintos a la célula diploide original.

4. Herencia del sexo

Por lo general, el sexo que presentan los organismos depende de la presencia de determinados genes (determinación genética del sexo). Pues bien, a los cromosomas que contienen dichos genes, responsables de la determinación del sexo se les llama **cromosomas sexuales** o **heterocromosomas**, diferenciándolos así del resto de los cromosomas (**autosomas**).

Sin embargo existen casos en los que la determinación del sexo no es genética, es decir, los cromosomas sexuales no participan en el mecanismo de determinación.

En algunos animales la determinación del sexo es ambiental, así encontramos que en el gusano marino Bonellia, los individuos que permanecen nadando libremente durante todo su período larvario, se convierten en hembras, mientras que las larvas que se fijan a los cuerpos de hembras maduras son transformados en machos por las hormonas masculinizantes secretadas por las hembras.

Otro sistema de determinación muy peculiar es el sistema de haplodiploidía característico de abejas y hormigas. En estos organismos no existen cromosomas sexuales, los individuos diploides originados a partir de huevos fertilizados son hembras, y los individuos haploides, originados por partenogénesis, son machos.

Es obvio que estos dos sistemas de determinación, que acabamos de citar, implican la no herencia del sexo.

4.1. Mecanismos de determinación por cromosomas sexuales

Estos mecanismos consisten básicamente en la combinación de distintos cromosomas sexuales, "X", "Y", "Z", y "W".

■ Sistema de machos heterogaméticos

Según este sistema, son hembras los individuos que poseen dos cromosomas sexuales idénticos, "XX", cada uno procedente de un progenitor.

Dado que esta hembra sólo podrá producir gametos portadores de un solo tipo de cromosoma sexual, se le llama sexo **homogamético**. Son machos los individuos **heterogaméticos**, "XY", es decir aquellos que pueden generar dos tipos de gametos; gametos portadores del cromosoma "X", y gametos portadores del cromosoma "Y".

El hecho de que sólo exista una copia de cada cromosoma sexual, y no dos como ocurre con los autosomas, es fundamental en este tipo de determinación del sexo, ya que su consecuencia es que con este sistema es posible obtener individuos machos y hembras con la misma probabilidad:

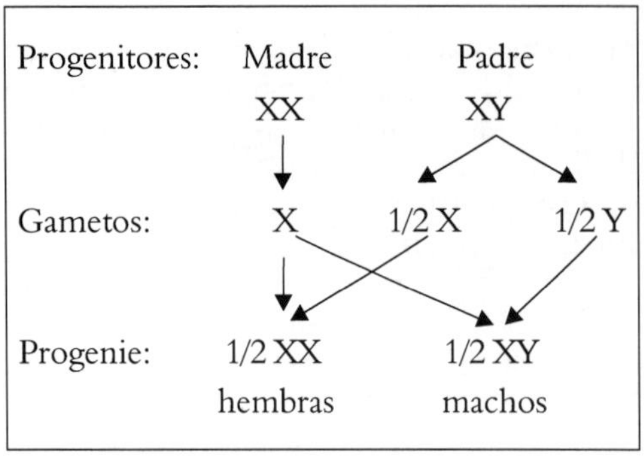

Este tipo de determinación es característica de mamíferos y otros vertebrados, así como de muchos invertebrados.

En insectos del orden de los hemípteros, y los ortópteros, los machos son también el sexo heterogamético, ya que producen gametos con cromosoma sexual "X", y gametos sin ningún cromosoma sexual. Estos machos presentan, pues, un número impar en su dotación cromosómica. La dotación con un único cromosoma "X", determina la masculinidad, y la dotación con dos cromosomas "XX", la femineidad. A este sistema de determinación se le denomina comúnmente "XO", donde "O" simboliza la ausencia de un cromosoma análogo al "Y" del sistema "XY":

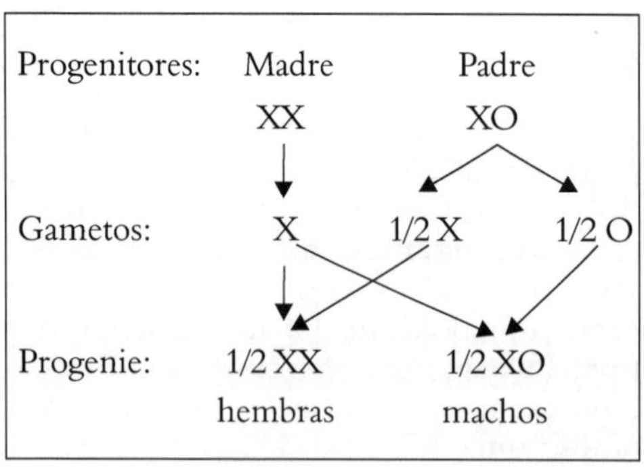

■ Sistema de hembras heterogaméticas

Este sistema, muy difundido entre los insectos lepidópteros y en algunas aves y peces, consiste básicamente en que aquí el sexo masculino es el homogamético ("ZZ"), y el femenino el heterogamético. Este último puede presentar una dotación par "ZW", o bien, como en el caso de las gallinas, impar "ZO".

La proporción de sexos obtenida con este mecanismo es también 1:1, es decir 50% hembras, 50% machos.

■ Sistema de equilibrio genético

Existen organismos (*Drosophila melanogaster*) donde el fenotipo sexual es determinado por la relación entre el número de cromosomas "X", y el número de juegos de autosomas.

Si la relación es igual a 1 (X/A = 1) el individuo es hembra, si es 0.5 el individuo es macho, y si esta está comprendida entre 0.5 y 1, el individuo presenta un fenotipo intermedio entre el del macho y el de la hembra.

El mecanismo por el cual dicha relación se traduce en distintos fenotipos sexuales no es todavía conocido.

4.2. Otros mecanismos de determinación del sexo

- **Efectos de un gen único**. Se conocen genes autosómicos que afectan al fenotipo sexual, tal es el caso del gen "tra" (transformador), presente en *Drosophila melanogaster*. Dicho gen, en condiciones de homocigosis ocasiona que individuos "XX", y por tanto genotípicamente hembras, se transformen en machos fenotípicos, aunque son estériles debido a la carencia de los genes de la fertilidad localizados en el cromosoma "Y". Este gen no tiene efecto sobre los machos normales.

  La importancia de este tipo de genes radica en que pueden anular todo un mecanismo de determinación sexual basado en la intervención de numerosos genes, modificando además la proporción de los distintos tipos sexuales.

- También se conocen ejemplos de plantas en las que la determinación del sexo es debida a la **combinación de una serie de alelos de un mismo gen**.

En una planta cocurbitácea, el pepinillo del diablo, existen tres alelos, uno para la masculinidad, otro para el hermafroditismo, y otro para la femineidad. El primero domina sobre los otros dos, y el del hermafroditismo sobre la femineidad. Así pues, las plantas que porten un alelo de la masculinidad, serán masculinas; las que sean homocigóticas para el gen del hermafroditismo, o lleven este gen junto con el de la femineidad serán hermafroditas; y por último, las homocigóticas para el gen de la femineidad serán femeninas. Las homocigóticas para el gen de la masculinidad no existen, pues sólo se podrían obtener cruzando dos machos entre sí.

5. Herencia ligada al sexo

La herencia o transmisión de los genes que están localizados en los cromosomas sexuales, "X, "Y", "Z", "W", es lo que entendemos por herencia ligada al sexo.

Dado que los cromosomas sexuales "X", e "Y" presentan segmentos homólogos entre sí, y segmentos diferenciales, se puede hacer una distinción entre genes parcialmente ligados al sexo, para el primer caso, y genes totalmente ligados al sexo, para el segundo caso, es decir, genes situados en los segmentos diferenciales. Estos últimos, por tanto, pueden estar localizados en el segmento diferencial del cromosoma "X", o en la porción no homóloga del cromosoma "Y" (genes holándricos).

El primer gen ligado al sexo fue encontrado por Morgan, y se trataba de un mutante recesivo que determina el color blanco de los ojos en *Drosophila*; el color normal es el rojo. La cepa de ojos blancos era pura, y su progenie también tenía ojos blancos.

Sin embargo, cuando se cruzaban moscas de ojos blancos con moscas de ojos rojos, se obtenían resultados distintos a los esperados según las leyes de la herencia mendeliana. Morgan comprobó que los resultados eran distintos para los machos y las hembras de la "F_2", ya que todas las hembras tenían los ojos rojos, y en los machos sólo el 50%; el otro 50% los tenía blancos. Además los resultados variaban, si en lugar de cruzar hembras de ojos rojos con machos de ojos blancos (caso al que corresponden los datos anteriores), cruzaba hembras de ojos blancos con machos de ojos rojos.

Morgan pensó entonces que estos resultados podían ser explicados si el gen del color de los ojos estaba localizado en el cromosoma sexual "X", y el cromosoma sexual "Y" no portaba dicho gen. Consecuentemente, un rasgo determinado por un gen que estuviese localizado en el cromosoma "X" seguirá una herencia cruzada, esto es, el macho transmite este rasgo a sus nietos por medio de sus hijas, nunca a sus hijos. Morgan concluyó que el gen para el color de los ojos en *Drosophila* está ligado al sexo, más concretamente al cromosoma "X".

Hoy día se sabe que, en organismos diploides, y con mecanismos de determinación del sexo como el del hombre, un rasgo que esté determinado por un gen recesivo ligado al sexo, se manifiesta por los siguientes hechos:

1. Por lo general, es más frecuente en machos que en hembras.

2. No se manifiesta en las hembras a menos que también esté en el progenitor paterno.

3. Solamente se presenta en el padre e hijo varón si el progenitor materno es heterocigótico.

Por otro lado, un rasgo determinado por un gen dominante ligado al sexo es patente, porque su frecuencia de presentación es mayor en hembras que en varones, se halla en toda la progenie femenina de un macho que tenga el rasgo, y no se transmite a ningún hijo varón cuya madre no porte el rasgo.

Ejemplos de genes totalmente ligados al cromosoma "X", en el hombre, son el gen recesivo del **daltonismo**, que determina ceguera para los colores rojo y verde, y el de la **hemofilia** (enfermedad caracterizada por la incapacidad de la sangre para coagularse), también recesivo. Como ejemplo de gen totalmente ligado al cromosoma "Y", tenemos al gen de la **hipertricosis**.

También en *Drosophila* ha sido encontrado un gen parcialmente ligado al sexo, el "cc"; este gen es recesivo y determina que las cerdas sean más cortas y de menor calibre que las normales.

Si se concibe la herencia ligada al sexo en un sentido más amplio, debe incluirse en este apartado la expresión de genes, que aunque no están localizados en los cromosomas sexuales, tienen relación con la expresión de caracteres sexuales. Existen genes, contenidos en autosomas, con expresión en ambos sexos, pero con variación de dominancia. Tal es el caso del gen de la calvicie humana; dicho gen es dominante en hombres y recesivo en mujeres, esto se debe, al parecer, a la influencia de las hormonas sexuales. Además, existen genes cuya expresión está limitada a un sexo; por ejemplo, el gen recesivo que determina la cola emplumada, sólo se manifiesta en los pollos machos.

6. La variabilidad genética

La enorme diversidad de los seres vivos es una realidad fácilmente constatable. Son diversos en sus formas, en el modo de obtener la energía, en el ambiente en que viven, etc.

Puesto que las características morfológicas, funcionales y de comportamiento, están determinadas por la secuencia de aminoácidos de sus proteínas, y éstas a su vez lo están por la secuencia de bases de los genes que las codifican, las fuentes de la diversidad biológica no pueden ser otras que las que producen los cambios del material hereditario, de generación en generación, es decir, las **mutaciones** y el proceso de **recombinación**.

Así pues, se puede afirmar que la evolución biológica o los cambios evolutivos son posibles por la capacidad de cambio que posee el material hereditario.

6.1. Mutaciones

Aunque la información hereditaria de las células está protegida con el objeto de que se transmita inalterada a las generaciones futuras, ocasionalmente pueden ocurrir cambios o errores, de tal manera que las células hijas difieren de las progenitoras en la secuencia de su ADN o en la cantidad de ADN. Es a estos cambios del material hereditario a lo que llamamos mutaciones.

Las mutaciones pueden afectar a la secuencia de nucleótidos de uno o varios genes (mutaciones génicas), o bien al número o a la estructura de los cromosomas (mutaciones cromosómicas).

Ambos tipos de mutaciones (génicas y cromosómicas) pueden producirse espontáneamente, o bien ser inducidas por agentes físicos y químicos llamados por ello **mutágenos**. Son mutágenos la radiación ultravioleta, las radiaciones ionizantes, sustancias químicas como el ácido nitroso, gas mostaza, etc.

No obstante, las mutaciones deben ser consideradas como procesos azarosos, puesto que son sucesos accidentales porque:

1. son excepciones raras a la regularidad del proceso de la replicación del ADN;

2. no hay forma de saber cuándo un gen determinado puede mutar en una célula en particular o en una generación en particular,

3. no están orientados con respecto a la adaptación. Las mutaciones ocurren independientemente de si son adaptativas o no.

Por último, las consecuencias o repercusiones de las mutaciones dependen de muchos factores, entre los que se encuentran los siguientes:

- Si son organismos de reproducción sexual, es necesario que las mutaciones sucedan en las células germinales o gametos para que sean transmitidas a la descendencia.
- Carácter dominante o recesivo de la mutación (del gen mutante).
- Importancia de la proteína codificada por el gen mutado.
- Tipo de daño o anomalía causado en la proteína. Puede ocurrir que la mutación sea silenciosa, si el cambio en la secuencia de bases del gen no produce cambios en la secuencia de aminoácidos de la proteína, o que este cambio no tenga consecuencias para la actividad catalítica de la proteína.
- Localización de la mutación, en los intrones o exones de un gen, etc.

6.1.1. Mutaciones génicas

Pueden dividirse en dos clases generales:

a) Sustituciones de pares de bases.

b) Mutaciones por corrimiento del sistema de lectura (inserciones y deleciones).

■ Sustitución

Consiste en el cambio de una base por otra. Se pueden sustituir bases púricas por púricas, o pirimidinas por pirimidinas (transición), o bien se sustituye una purina por una pirimidina, y viceversa (transversión).

■ Mutaciones por corrimiento de la pauta de lectura

Implican la inserción o la deleción de uno o varios pares nucleótidos. Su efecto inmediato es precisamente la alteración de la pauta de lectura, en los dos casos.

Se cree que menos del 20% de las mutaciones espontáneas se deben a sustituciones de pares de bases; la mayoría de las demás son inserciones o deleciones.

6.1.2. Mutaciones cromosómicas

Las diferentes células del mismo organismo, y diferentes individuos de la misma especie, tienen por regla general el mismo número de cromosomas (a excepción de los gametos). También, generalmente, los cromosomas homólogos son uniformes en el número y orden de los genes que lleva. Las excepciones a estas reglas constituyen las llamadas mutaciones cromosómicas. Dichas mutaciones consisten, pues, en cambios en la estructura de los cromosomas o en variaciones en el número de éstos.

■ Cambios en la estructura de los cromosomas

Pueden deberse a cambios en el número de genes de los cromosomas, o en la localización de los genes.

- **Deleción**: se pierde un segmento cromosómico de un cromosoma.
- **Duplicación o repetición**: un segmento mismo cromosómico está presente más de una vez en una dotación cromosómica.

- **Inversión**: un segmento cromosómico está invertido (vuelto).

- **Traslocación**: cambia la localización de un segmento cromosómico. Las formas más comunes de traslocaciones son las **recíprocas**. Estas incluyen el intercambio de segmentos cromosómicos entre dos cromosomas no homólogos. Sin embargo, también puede suceder que un segmento se traslade a un nuevo lugar dentro del mismo cromosoma, o a un cromosoma diferente, pero en ambos casos sin intercambio recíproco. A esta clase de traslocaciones se les llama **trasposiciones** (característica de trasposones o genes móviles).

■ Cambios en el número de los cromosomas

Algunos de estos cambios no afectan a la cantidad total del material hereditario (fusiones y fisiones), y otras sí.

- **Fusión céntrica**: dos cromosomas homólogos se fusionan en uno. Se pierde un centrómero.

- **Fisión céntrica**: un cromosoma se divide en dos.

- **Aneuploidía**: uno o más cromosomas de una dotación normal faltan, o se hallan en exceso. Los términos nulisómico, monosómico, trisómico, tetrasómico, se refieren a la presencia de un cromosoma ninguna, una, dos, tres, o cuatro veces.

- **Poliploidía**: consiste en el aumento de la dotación diploide (2n) por aumento del número de juegos completos de cromosomas (triploides 3n, tetraploides 4n, etc.). La poliploidía es muy frecuente en algunos grupos de plantas, pero es rara en animales.

6.2. Recombinación genética

Otro de los mecanismos o procesos que permiten variar el material genético de un organismo es el de la recombinación de genes. Se pueden distinguir dos tipos: recombinación general y recombinación de lugar específico.

La **recombinación general** es la que ocurre por el entrecruzamiento entre cromátidas homólogas no hermanas durante la meiosis, que como ya vimos anteriormente, permite que se formen cuatro tipos de gametos distintos entre sí, y distintos a las células diploides progenitoras, variando así el material genético original.

La **recombinación de sitio específico** comprende a los sucesos de recombinación que acontecen sólo en sitios o puntos específicos de una molécula de ADN.

El caso más estudiado de recombinación de este tipo es el de la integración del fago lambda con la bacteria *Escherichia coli*. Este fago se inserta en el cromosoma bacteriano por recombinación entre un sitio del cromosoma del huésped y un sitio del segmento de ADN del fago.

En eucariotas también se han encontrado otros ejemplos de este tipo de recombinación, pero están menos estudiados.

7. Manipulación genética: el ADN recombinante

El hallazgo de unas enzimas con actividad endonucleasa, las restrictasas, ha determinado la apertura de un nuevo campo científico, el de la ingeniería genética mediante la tecnología in vitro del ADN recombinante.

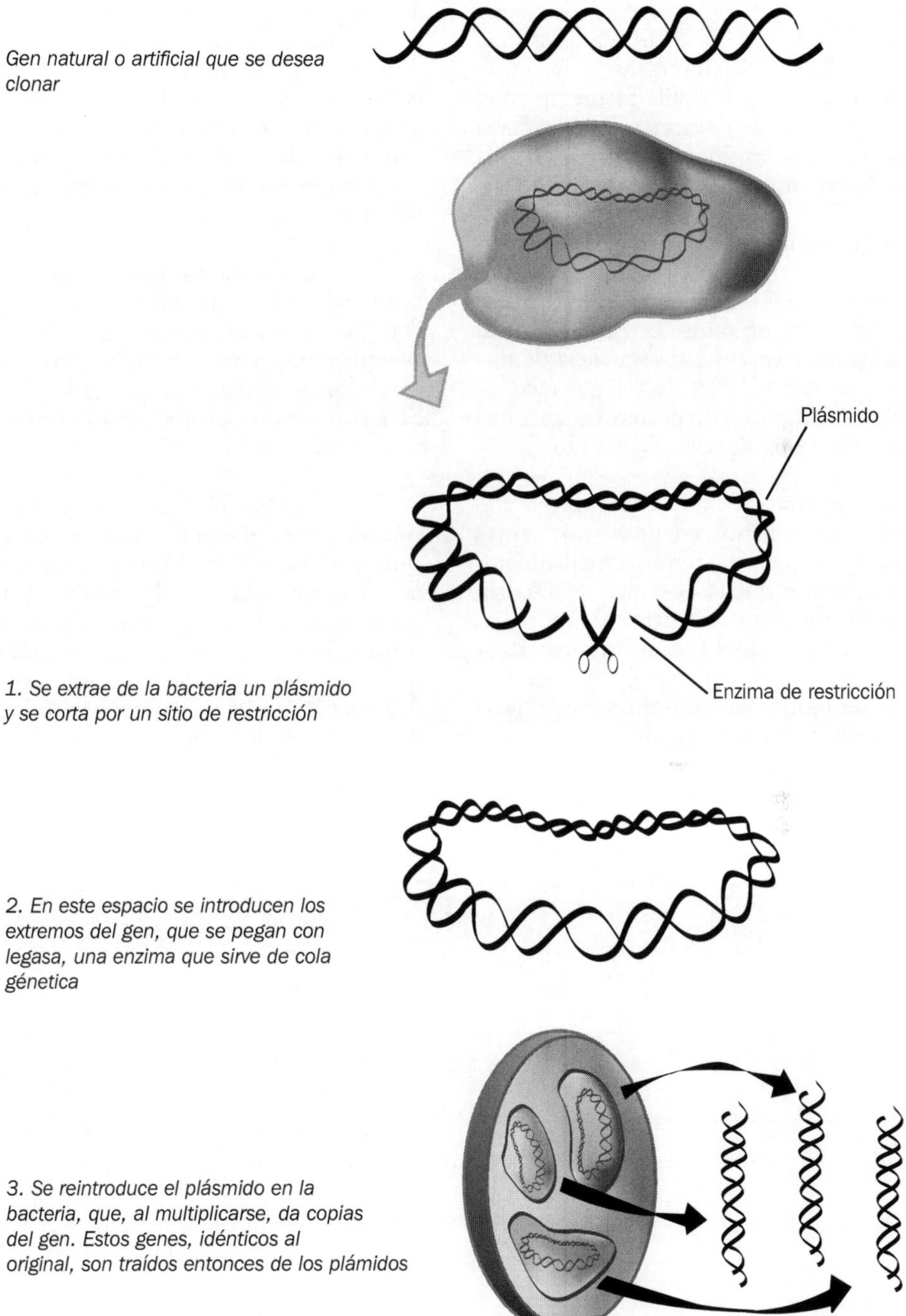

FIGURA 7. *Etapas de la clonación de un gen.*

La mayor parte de las especies bacterianas sintetizan uno o más tipos de endonucleasas de sitio específico, llamadas **enzimas de restricción** o **restrictasas**. Estas enzimas realizan cortes de doble filamento en el ADN. Reciben este nombre porque al parecer tienen como misión restringir la entrada de ADN extraño en las células bacterianas.

Se conocen dos tipos principales de restrictasas: las de tipo I, que reconocen un sitio específico y luego hacen un corte de doble filamento en algún punto cercano, pero sin especificidad respecto a la secuencia de nucleótidos cortados; las de tipo II, que reconocen el sitio, produciendo posteriormente una ruptura en el sitio de reconocimiento.

La ruptura de diferentes moléculas de ADN bicatenario en uno o más sitios específicos origina extremos de filamentos sencillos complementarios que se disocian y se anillan nuevamente para dar moléculas recombinantes, **ADN recombinante**. Estas moléculas recombinantes pueden posteriormente ser ligadas y modificadas por la ligasa y las enzimas de modificación.

La utilización de estas enzimas de restricción, junto con otras como las ARN y ADN polimerasas, ligasas, etc., además del empleo de vehículos transportadores de material genético, plásmidos (elemento genético situado normalmente en células bacterianas que se replica independientemente de los cromosomas), fagos atenuados (sin capacidad infectiva) y transposones, constituyen las herramientas básicas de la manipulación genética.

Esta tecnología nos permite en la actualidad realizar la clonación de genes procarióticos y eucarióticos, ya que es posible insertar cualquier fragmento de ADN extraño dentro de un plásmido y amplificarlo en cepas bacterianas clonadas que llevan el plásmido recombinante (figura 7).

La recombinación in vitro y la clonación de genes eucarióticos, y aun de genes sintéticos, ofrece en el futuro posibilidades desconocidas. La manipulación genética pues, hace posible la mejora genética en plantas, la corrección de enfermedades hereditarias mediante la microinyección de ADN a células de mamíferos, la producción de proteínas humanas y hormonas, por ejemplo insulina, y la secuenciación total del ADN de determinadas especies (programa "Genoma humano").

EJERCICIOS RESUELTOS

1. **El gen "M" autosómico dominante produce pelo liso, y el gen "m" autosómico recesivo genera pelo rizado. ¿Qué descendencia producirá el cruce de dos heterocigotos?**

Solución:

Se trata de una herencia dominante no ligada al sexo (genes autonómicos). La relación entre los genotipos y los fenotipos que se pueden presentar es la siguiente:

GENOTIPO	FENOTIPO
MM	Pelo liso
Mm	Pelo liso
mm	Pelo rizado

Como los individuos que se cruzan (parentales) sol heterocigotos, sus genotipos son "Mm". El esquema correspondiente al cruce es el siguiente:

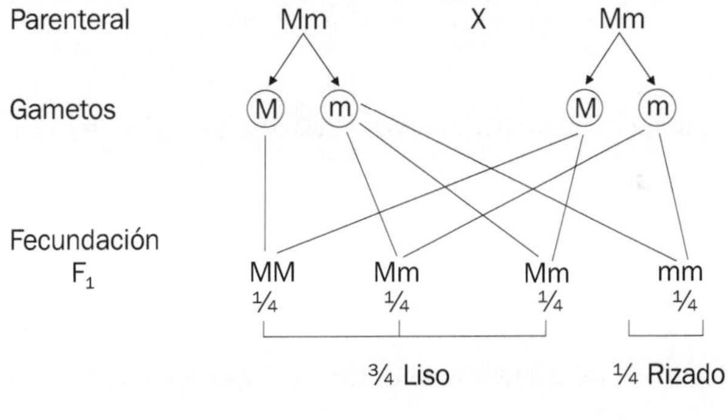

Se observa que 3 de cada 4 descendientes (el 75%) tendrán el pelo liso, y 1 de cada 4 descendientes (el 25%) lo tendrán rizado; o lo que es lo mismo, cada descendiente tiene un 75% de probabilidad de que su pelo sea liso y un 25% de que sea rizado.

2. **¿Qué grupo sanguíneo tendrán los hijos de un hombre del grupo AB y una mujer del grupo B, heterocigota? ¿Qué probabilidad tienen de que un descendiente suyo sea del grupo A?**

Solución:

Los grupos sanguíneos A, B, AB y O vienen determinados por la presencia de un gen autosómico que tiene tres alelos: I^A, I^B e I^o. Los alelos I^A e I^B son codominantes entre sí, mientras que el alelo I^o es recesivo con respecto a los otros dos.

Los posibles genotipos y fenotipos son los que se recogen en el siguiente cuadro:

GENOTIPO	FENOTIPO
I^AI^A	Grupo A
I^AI^o	Grupo A
I^BI^B	Grupo B
I^BI^o	Grupo B
I^AI^B	Grupo AB
I^oI^o	Grupo O

El hombre, por ser del grupo AB, tiene el genotipo $I^A I^B$. La mujer, al ser heterocigota del grupo B, tiene el genotipo $I^B I^o$. El cruce entre ambos obedece al siguiente esquema:

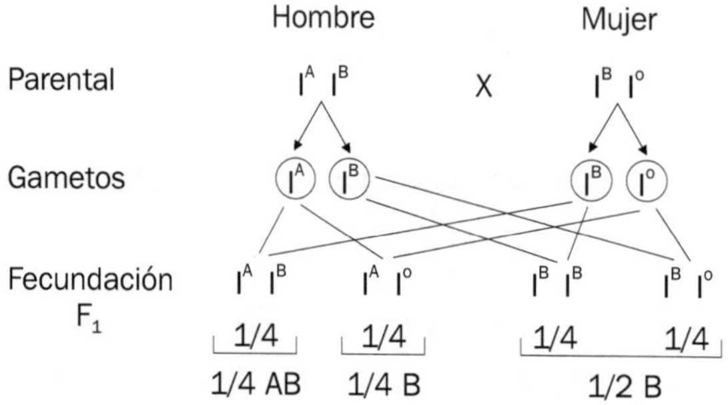

Los hijos pueden tener el grupo AB, el A, o el B, con las siguientes probabilidades:

- Grupo AB: 25% de probabilidad.
- Grupo A: 25% de probabilidad.
- Grupo B: 50% de probabilidad.

3. ¿Cómo serán los hijos de un hombre daltónico y una mujer normal no portadora?

Solución:

La herencia del daltonismo es recesiva y ligada al sexo (el gen responsable se localiza en el segmento diferencial del cromosoma X).

El genotipo de un hombre daltónico es X^dY, y el de una mujer normal no portadora es $X^D X^D$. El esquema correspondiente al cruce entre ambos es el siguiente:

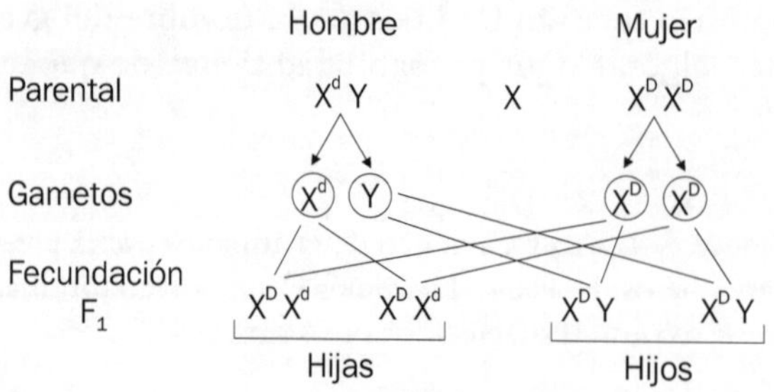

Observamos que todos los descendientes serán normales (no daltónicos), pero las hijas serán todas portadoras.

4. ¿Cómo serán los hijos de una mujer normal, pero portadora de hemofilia, y de un hombre normal?

Solución:

La herencia de la hemofilia es recesiva y ligada al sexo (el gen responsable se localiza en el segmento diferencial del cromosoma X).

El genotipo correspondiente a un hombre normal es $X^H Y$ y a una mujer normal pero portadora es $X^H X^h$. El esquema correspondiente al cruce de ambos es:

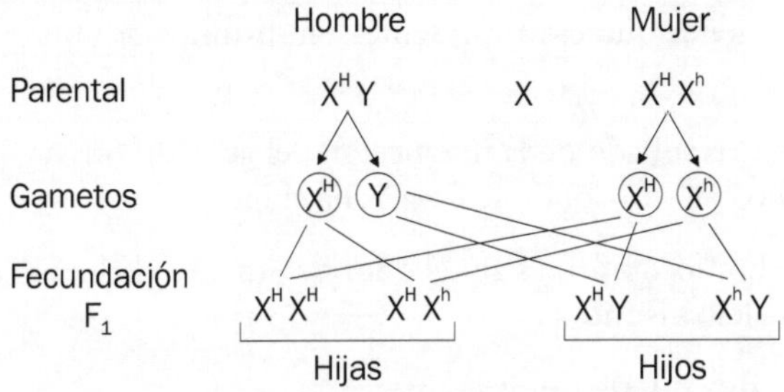

Se observa que todas las hijas serán normales (no hemofílicas), pero cada una tiene el 50% de probabilidad de ser portadora. Los hijos (varones) tienen un 50% de probabilidad de ser hemofílicos.

5. La fenilcetonuria (PKU) es una enfermedad hereditaria que puede causar un profundo retraso mental en seres humanos. Se debe a la presencia de un alelo recesivo autosómico. Si dos padres sanos tienen un hijo con PKU, ¿cuáles son sus genotipos respecto a la PKU?

Solución:

Del enunciado de esta cuestión se desprende que la fenilcetonuria (PKU) es una enfermedad que sólo se manifiesta si el alelo que la provoca está en homocigosis, ya que se trata de un alelo recesivo.

Si llamamos "A" al alelo que lleva información normal y "a" al alelo que provoca PKU, la relación entre los genotipos y los fenotipos que se pueden presentar, es la que muestra el siguiente cuadro:

GENOTIPO	FENOTIPO
AA	Sano
Aa	Sano
aa	Enfermo de PKU

Como el hijo es enfermo, su genotipo respecto a la PKU es "aa", y habrá heredado cada alelo de un progenitor. Por tanto, cada progenitor porta un alelo "a", el otro alelo tiene que ser "A", pues ambos progenitores son sanos. Por consiguiente, el genotipo de los padres es "Aa", es decir, ambos son heterocigóticos respecto a la PKU.

CUESTIONES Y EJERCICIOS

1. **Define los conceptos de genotipo y fenotipo**

2. **¿Qué es un plásmido?**

3. **Señala cuáles de las siguientes frases son falsas:**

   a) Los genes están compuestos químicamente por proteínas.

   b) Los alelos son genes que están presentes en distintos cromosomas y determinan un mismo carácter.

   c) El fenotipo es el resultado de la interacción del gen con otros genes, el citoplasma celular y el medio externo donde se desarrolla el individuo.

   d) Un individuo homocigótico es aquel que, para un gen dado, tiene en cada cromosoma homólogo un alelo distinto.

4. **Respecto a los genes puede decirse que:**

   a) Pueden presentar distintas variantes llamadas alelos.

   b) Su información se traduce mediante el proceso de desnaturalización proteica.

   c) Están constituidos por tripletes de ribonucleótidos.

   d) Se localizan en los ribosomas.

5. **La ingeniería genética es una técnica que consiste en la introducción de genes en el genoma de un individuo que carece de ellos. Esto implica que:**

   a) Se formen ADN recombinables sólo en virus.

   b) Se formen individuos transgénicos, como por ejemplo, variedades transgénicas de maíz con nuevas características.

   c) Los vectores de genes son orgánulos plasmáticos.

   d) Los virus no pueden ser utilizados como vectores de genes porque son organismos acelulares.

6. **¿Cuál de las siguientes afirmaciones de la Genética es correcta?**

   a) Sólo se heredan los caracteres dominantes.

   b) Todos los caracteres de un individuo vienen determinados exclusivamente por su genotipo.

   c) Los caracteres recesivos sólo se manifiestan en heterocigosis.

   d) Los genes se expresan siempre mediante la síntesis de cadenas polipeptídicas.

7. **Los cromosomas que llevan información para determinar el sexo se llaman:**
   a) Autosomas.
   b) Somáticos.
   c) Heterocromosomas.
   d) Homólogos.

8. **La primera ley de Mendel se denomina:**
   a) Ley de la segregación de los genes.
   b) Ley de la uniformidad de la F_1.
   c) Ley de la independencia de los caracteres.
   d) Ley de la herencia codominante o intermedia.

9. **Un heterocromosoma es:**
   a) Un cromosoma diferente al normal.
   b) Un cromosoma de un individuo heterocigótico.
   c) Un cromosoma determinante del sexo.
   d) El que no contiene ninguna información genética.

10. **Un hijo daltónico, ¿puede tener un padre normal para este carácter?**
    a) No, nunca.
    b) Sí, si la madre es normal y portadora.
    c) Sí, si la madre es normal homocigótica.
    d) Sí, si el padre es normal y portador.

11. **Una pareja con visión normal (no daltónica), ¿pueden tener una hija daltónica? Razona la respuesta.**

12. **Sea un sistema de determinación sexual XX—YY, siendo el macho el sexo heterocigótico. ¿Qué proporción de la descendencia recibe un cromosoma X de la madre? ¿Qué proporción recibe un cromosoma X de la madre y un Y del padre?**

13. **Un niño es del grupo sanguíneo B y la madre del A. ¿Qué posibles grupos sanguíneos debe tener el padre?**

14. **En las plantas del guisante, el alelo "L", que indica semillas lisas, es dominante sobre el alelo "l", que indica semillas rugosas, y el alelo "A", que indica color amarillo, es dominante sobre el alelo "a", que indica color verde. Si se cruza una variedad pura lisa de color amarillo con una variedad pura rugosa de color verde:**
    a) ¿Cuál es el genotipo y el fenotipo de la primera generación (F_1)?
    b) Indique los fenotipos de la segunda generación (F_2) y la proporción de cada uno de ellos que resulta de la autofecundación de las plantas F_1.

15. Un marido acusa a su esposa de infidelidad y pide la custodia de sus dos primeros hijos, mientras no lo hace del tercero, afirmando que no es suyo. El primer hijo es del grupo sanguíneo O, el segundo del B y el tercero del AB. El marido es del grupo O y la esposa del B. ¿Basta esta información para probar la acusación de infidelidad? Razona la respuesta.

16. Si el padre de un niño del grupo sanguíneo O es del grupo A, y la madre del grupo B, ¿qué tipos sanguíneos pueden presentar los demás hijos que tengan?

17. Una pareja formada por un hombre del grupo sanguíneo O y una mujer del grupo B, tiene un hijo del grupo O. ¿Cuál es la probabilidad de que tengan otro hijo del grupo O? ¿Y del grupo B? ¿Y del grupo A?

18. El daltonismo es producido por un alelo recesivo ligado al sexo. Un hombre con visión normal se casa con una mujer portadora. ¿Qué genotipos y fenotipos podrán presentar los descendientes, y en qué proporción?

19. Una mujer del grupo sanguíneo A tiene un hijo del grupo O. Los abuelos paternos del niño tienen los dos grupo sanguíneo B. Determine los posibles grupos sanguíneos del padre.

20. En humanos un gen recesivo ligado al sexo, "d", determina la ceguera a los colores rojo y verde (daltonismo). Una mujer de visión normal, cuyo padre era daltónico, tiene descendencia con un hombre daltónico.

a) ¿Qué genotipos podría tener la madre de ese hombre daltónico?

b) ¿Cuál es la probabilidad de que el primer hijo de esa pareja sea un varón daltónico?

c) ¿Qué porcentaje de hijas se espera que sean daltónicas?

d) De todos los descendientes, ¿qué proporción se espera que tengan visión normal?

21. El albinismo es un carácter recesivo con respecto a la pigmentación normal. ¿Cuál sería la descendencia de un hombre albino en los siguientes casos?

a) Si se casa con una mujer sin antecedentes familiares de albinismo.

b) Si se casa con una mujer cuya madre era albina.

c) Si se casa con una prima hermana de pigmentación normal, pero cuyos abuelos comunes eran albinos.

22. La fenilcetonuria es una enfermedad genética, debida a un alelo recesivo, que puede provocar retraso mental además de otros síntomas. Si se casan un hombre y una mujer, ambos portadores del alelo de la fenilcetonuria:

a) ¿Cuáles serán las proporciones genotípicas esperadas en la descendencia?

b) ¿Cuáles serán las proporciones fenotípicas esperadas?

23. En los guisantes, el color verde de los cotiledones es debido a un gen recesivo respecto a su alelo que produce cotiledones amarillos. Al cruzar plantas de cotiledones amarillos con plantas de cotiledones verdes se ha obtenido una descendencia

formada por los siguientes tipos de plantas: 3398 con cotiledones amarillos y 3414 con cotiledones verdes. Averiguar:

a) Los genotipos de las plantas que se cruzan.

b) Los genotipos de la descendencia.

c) ¿Los resultados obtenidos coinciden con los esperados? ¿Por qué?

24. Los alelos I^A, I^B e I^o determinan el sistema de grupos sanguíneos ABO. Indique los genotipos de la madre y del padre, en los siguientes casos:

a) El 25% de los hijos son del grupo O, el 25% del grupo A, el 25% del grupo B y el 25% del grupo AB.

b) El 100% de los hijos son del grupo AB.

c) El 75% de los hijos son del grupo A y el 25% del grupo O.

d) El 50% de los hijos son del grupo AB, el 25% del grupo A y el 25% del grupo B.

SOLUCIÓN A LAS CUESTIONES Y EJERCICIOS

1. Se llama genotipo al conjunto de genes de un organismo y fenotipo a los caracteres observables en ese organismo.

2. Un plásmido es un elemento genético, localizado generalmente en células bacterianas, que se replica independientemente de los cromosomas, y que se utiliza en ingeniería genética como vehículo transportador de material genético.

3. a) Los genes están compuestos químicamente por proteínas.

d) Un individuo homocigótico es aquel que, para un gen dado, tiene en cada cromosoma homólogo un alelo distinto.

4. a) Pueden presentar distintas variantes llamadas alelos.

5. b) Se forman individuos transgénicos, como por ejemplo, variedades transgénicas de maíz con nuevas características.

6. d) Los genes se expresan siempre mediante la síntesis de cadenas polipeptídicas.

7. c) Heterocromosomas.

8. b) Ley de la uniformidad de la F_1.

9. c) Un cromosoma determinante del sexo.

10. b) Sí, si la madre es normal y portadora.

11. No, nunca. Como el daltonismo se debe a un gen recesivo que se localiza en el cromosoma X, sólo se manifiesta la enfermedad en las hembras cuando dicho gen está en los dos cromosomas X. Uno de estos dos cromosomas se hereda de la madre, que sería portadora y el otro del padre, que sería daltónico (X^dY).

12. Todos los descendientes reciben un cromosoma X de la madre. Sólo los machos (todos) reciben un cromosoma X de la madre y el cromosoma Y del padre.

13. El padre deberá tener grupo sanguíneo B o AB.

14. a) Genotipo: "Ll Aa". Fenotipo: semillas lisas de color amarillo.

b) Semillas lisas de color amarillo. Proporción: 9/16.

Semillas lisas de color verde. Proporción: 3/16.

Semillas rugosas de color amarillo. Proporción: 3/16.

Semillas rugosas de color verde. Proporción: 1/16.

15. Como el marido es del grupo O, su genotipo es I^oI^o, por lo que cada uno de sus hijos ha de portar un alelo I^o, heredado de él. Como el tercer hijo es del grupo AB, su genotipo es I^AI^B, por consiguiente, no es hijo del marido. Luego la información que suministra el grupo sanguíneo del marido y del tercer hijo es suficiente para probar la infidelidad de la esposa.

16. Los demás hijos serán del grupo A, del B o del O.

17. Cada hijo de la pareja tiene un 50% de probabilidad de que su grupo sea O y otro 50% de que sea B. Ningún hijo de la pareja puede ser del grupo A.

18. Las hembras todas tendrán visión normal; cada una tendrá un 50% de probabilidad de ser portadora (genotipo X^DX^d) y otro 50% de no serlo (X^DX^D). Cada varón tendrá un 50% de probabilidad de ser daltónico (X^dY) y otro 50% de tener visión normal (X^DY).

19. El grupo sanguíneo del padre puede ser el B o el O.

20. a) X^DX^d, si tiene visión normal, y X^dX^d, si es daltónica.

b) Cada hijo varón tiene un 50% de probabilidad de ser daltónico.

c) Cada hija tiene un 50% de probabilidad de ser daltónica.

d) El 50% (cada descendiente tiene un 50% de probabilidad de ser daltónico)

21. a) Todos los descendientes tendrán pigmentación normal, pero serán portadores del gen del albinismo.

b) Cada descendiente tiene un 50% de probabilidad de ser albino. Los descendientes con pigmentación normal serán portadores.

c) Se trata del mismo caso que el b).

22. a) 25% homocigóticos respecto al gen de la fenilcetonuria, 25% homocigóticos respecto al gen antagónico y un 50% heterocigóticos.

b) 25% enfermos de fenilcetonuria y 75% sanos.

23. a) La planta de cotiledones amarillos es heterocigótica y la de cotiledones verdes es homocigótica.

b) Las plantas con cotiledones amarillos son heterocigóticas y las de cotiledones verdes homocigóticas.

c) Sí, porque la proporción de plantas con cotiledones amarillos y cotiledones verdes es prácticamente igual a la esperada (50% de cada tipo).

24. a) I^AI^o e I^BI^o

b) I^AI^A e I^BI^B

c) I^AI^o e I^AI^o

d) I^AI^B e I^AI^B

Tema 11

Las funciones de relación. Mecanismos de defensa

Introducción

Todos los seres vivos son capaces de percibir estímulos procedentes tanto de su medio interno como del externo, y reaccionar a esos estímulos. Es decir, pueden relacionarse con su medio interno y con el externo.

En el tema 4 se trataron las funciones de relación a nivel celular. En este tema abordamos estas funciones a nivel orgánico, a través del estudio del sistema nervioso y del sistema endocrino. Dedicaremos la parte final del tema a los mecanismos de defensa del sistema inmunitario.

1. Función de relación en las plantas

La actividad de los distintos tejidos y órganos que constituyen la planta está regulada y controlada por la acción de **hormonas vegetales** o **fitohormonas**. Las principales hormonas vegetales, así como las funciones que desempeñan, se estudiarán en otro apartado de este tema.

Además, las plantas reaccionan y responden a los estímulos externos mediante una serie de movimientos especiales. Entre estos movimientos destacan los tropismos y las nastias.

- Los **tropismos** son movimientos en la dirección del estímulo. Son lentos y persistentes, y están relacionados con la dirección del crecimiento de la planta.

  Se habla de **tropismo positivo** si el movimiento sigue el sentido del estímulo y **tropismo negativo** si es en sentido contrario.

  Los movimientos pueden ser inducidos por los siguientes estímulos: la gravedad, en cuyo caso se habla de **geotropismo**; por la luz, se conoce como **fototropismo**; o por el agua, entonces se denomina **hidrotropismo**.

  El geotropismo es positivo en la raíz ya que esta crece en dirección a la gravedad, y negativo en el tallo, el cual crece en dirección contraria a la gravedad.

  El fototropismo en el tallo es positivo, y en la raíz negativo, ya que ésta se esconde de la luz.

  El hidrotropismo es positivo en la raíz, ya que ésta busca el agua.

- Las **nastias** son movimientos que no siguen la dirección del estímulo. Son rápidos y tienen un carácter transitorio.

  Según el estímulo que las induce, se distinguen diversos tipos de nastias:

  - ★ **Fotonastia**: la luz es el estímulo que provoca el movimiento. Ejemplo: determinadas plantas abren sus flores mientras dura la luz del día y las cierran en la oscuridad.
  - ★ **Quimionastia**: el estímulo es una sustancia química, por ejemplo el agua.
  - ★ **Sismonastia**: el estímulo es el contacto con la planta. Ejemplo: la planta llamada «atrapamoscas» cierra sus hojas cuando se posa sobre ella un insecto; algunas plantas pliegan sus hojas al ser tocadas.

2. Funciones de relación en los animales

Aunque la base de toda función de relación es la propiedad de excitabilidad o sensibilidad de las células, a medida que avanzamos en la escala evolutiva, encontramos organismos cuyas capacidades de relación con su medio son más complejas y eficientes, debido a que poseen mecanismos especiales de:

- Obtención de información de las condiciones del medio (externo e interno).
- Transmisión y análisis de esta información.
- Ejecución de las respuestas adecuadas.
- Integración de las funciones anteriores.

Así pues, encontramos órganos especializados en la captación de estímulos, llamados **receptores**; sistemas dedicados a la transmisión, coordinación e integración de las señales captadas por los receptores, y que constituyen los **sistemas nervioso** y **endocrino**, y, por último, los llamados **órganos efectores**, dedicados a la ejecución de las respuestas adecuadas, y representados fundamentalmente por los **músculos** y las **glándulas de secreción**.

Estos mecanismos, sistemas, etc., permiten a los animales controlar y regular la actividad de su organismo en función de las condiciones del medio (externo e interno), y los capacitan para desenvolverse eficazmente en su medio.

En la función de relación de los animales intervienen los siguientes procesos:

- **Percepción**: consiste en detectar un estímulo ya sea interno o externo. Percibimos mediante unos receptores; cada uno de ellos es sensible a un estímulo (luz, olor, sonido, tacto, dolor, etc.).
- **Coordinación**: la información recibida por los receptores es enviada al sistema nervioso, el cual la analiza y elabora las repuestas adecuadas.
- **Respuestas**: son consecuencia de la información motora que envía el sistema nervioso. Estas repuestas son de dos tipos: movimientos y secreciones.

3. Coordinación nerviosa

Para que un sistema, en este caso el nervioso, actúe como coordinador en el mantenimiento de la constancia del medio interno, y en la adaptación de los organismos a su ambiente, debe, por un lado, estar informado acerca de los acontecimientos que suceden tanto en el exterior como en el interior, y por otro, disponer de mecanismos que le permitan modificar su respuesta a los acontecimientos e incluso, a veces, la modificación de los mismos.

3.1. Receptores sensoriales

Los receptores sensoriales son los encargados de percibir los estímulos del medio externo o interno, e informar sobre ellos al sistema nervioso.

La recepción de todo estímulo implica la transformación de la energía recibida (mecánica, luminosa, térmica, etc.) en energía electroquímica, que puede ser utilizada a su vez en la generación de señales nerviosas ("potencial de acción"). Cada receptor es, pues, capaz de convertir una forma particular de energía en una señal, "potencial generador", que será recogida por el sistema nervioso para su posterior integración en el conjunto de señales transmitidas.

Los receptores poseen un umbral de excitación, es decir, para que puedan captar un estímulo es necesario que éste se presente con una intensidad mínima o umbral, sobrepasado el mismo, el receptor puede ya captar el estímulo y transmitirlo. Además, es necesario que el estímulo se presente con una determinada velocidad de cambio, ya que las condiciones constantes no actúan como estímulos, por producirse la adaptación de los receptores a tales condiciones.

Existen diversos criterios para clasificar los receptores, fundamentalmente basados en la localización del estímulo o en el tipo de energía que son capaces de captar.

a) En función de la procedencia del estímulo se distinguen dos tipos de receptores sensoriales:

   - **Exterorreceptores**: captan estímulos procedentes del exterior, es decir, informan al organismo de lo que sucede en el medio externo.

   - **Interorreceptores**: perciben estímulos procedentes del interior del organismo.

   Los receptores localizados en los músculos, tendones y articulaciones se llaman **propiorreceptores**, son sensibles a los cambios de tensión y proporcionan información sobre la posición corporal.

b) En función del tipo de energía que son capaces de captar los receptores se clasifican en (esquema 1):

   - **Quimiorreceptores**: captan la energía química. Estos receptores se excitan por el contacto con determinadas moléculas o iones, y detectan sabores y olores (gusto y olfato).

     En los insectos, los órganos del olfato y los del gusto están localizados en las antenas y en las patas del cuerpo.

     En los animales superiores los órganos del gusto son los *botones gustativos*, que se localizan en la lengua. Permiten distinguir las cuatro sensaciones del gusto (ácido, dulce, salado y amargo).

     El sentido del olfato es más complejo que el del gusto; las terminaciones olfativas están localizadas en el epitelio del fondo de la cavidad nasal.

   - **Mecanorreceptores**: son sensibles a fuerzas mecánicas como son la presión, tacto, sonido, estiramiento, dolor, equilibrio, etc. Se excitan por la distorsión mecánica de sus membranas.

     Los invertebrados (por ejemplo los artrópodos) poseen unos pelos táctiles sensibles a la presión y a las vibraciones.

     En los vertebrados los receptores táctiles se encuentran por todo el cuerpo, siendo más abundantes en el rostro y extremidades.

     El oído de los vertebrados está especializado en detectar vibraciones sonoras. En él también se localiza el sentido del equilibrio.

     Los invertebrados (saltamontes, grillos, polillas, etc.) tienen un oído mucho más simple que los vertebrados.

   - **Fotorreceptores**: captan la energía luminosa. Se localizan en órganos visuales (ojos).

     En los invertebrados los ojos pueden ser *simples* u *ocelos*, o *compuestos*.

     Los ocelos aparecen como manchas brillantes en la cabeza de las arañas y otros artrópodos. Los ojos compuestos, que en algunos invertebrados son de gran tamaño (caso de los tábanos y libélulas) están formados por la unión de una serie de elementos simples u *ommatidios* (figura 1).

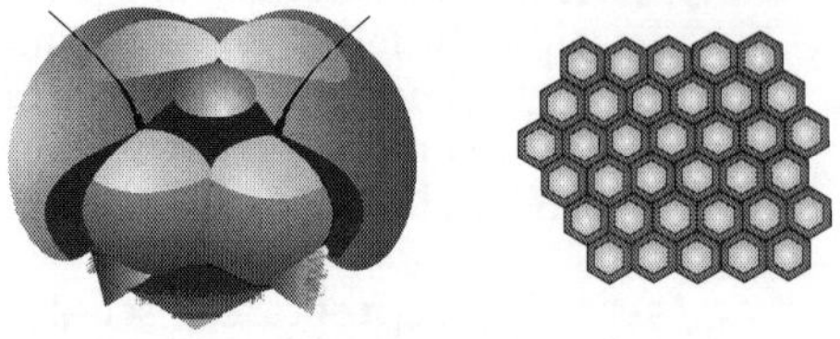

Ojos compuestos de un insecto

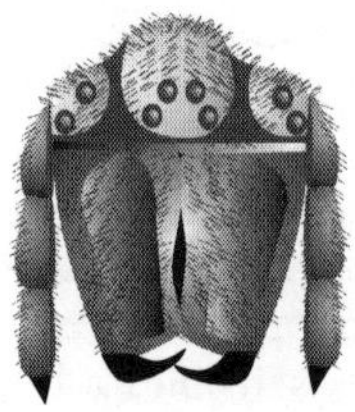

Ojos simples, u ocelos de una araña

FIGURA 1. Fotorreceptores en invertebrados.

En los vertebrados los fotorreceptores son los *conos* y *bastones*, que se localizan en la retina del ojo.

- **Termorreceptores**: captan la energía térmica y detectan cambios térmicos. Ejemplo: receptores de la dermis de la piel.
- **Electrorreceptores**: detectan corrientes eléctricas débiles. Ejemplo: la línea lateral en peces.

Morfológicamente los receptores muestran una gran variabilidad. Pueden ser simples terminaciones nerviosas, libres o rodeadas de revestimientos especiales, o estar formados por un conjunto de células muy especializadas, que pueden llegar a constituir estructuras de gran complejidad llamadas órganos de los sentidos; ojos, oídos, órganos olfativos y gustativos.

RECEPTORES	DETECTAN	SE LOCALIZAN EN
Quimiorreceptores	Sabores (sustancias disueltas)	• Botones gustativos de la lengua. • Pelitos de los insectos.
	Olores (sustancias gaseosas)	• Terminaciones olfativas de la cavidad nasal. • Antenas de los insectos.
Termorreceptores	Cambios térmicos	Terminaciones nerviosas libres de la piel.
Fotorreceptores	Luz	• Ojo de los vertebrados. • Ojo compuesto de los insectos.
Mecanorreceptores	Sonido	• Oído humano. • Oído de la polilla.
	Presión	• Corpúsculos de Meissner de la piel.
	Equilibrio	• Laberinto de vertebrados (formado por utrículo y sáculo). • Estatocitos de invertebrados.
Electrorreceptores	Corrientes eléctricas	• Línea lateral de los peces.

ESQUEMA 1. *Clasificación de los receptores en función de la forma de energía a la cual responden.*

3.2. Neurona, ganglio y nervio

Las células del sistema nervioso reciben el nombre de **neuronas**.

Las neuronas presentan externamente dos tipos de prolongaciones citoplasmáticas: las **dendritas**, son las prolongaciones más cortas y ramificadas, y el **axón**, el cual es único y más largo (figura 2). El axón también recibe las denominaciones de **neurita** o **cilindroeje**.

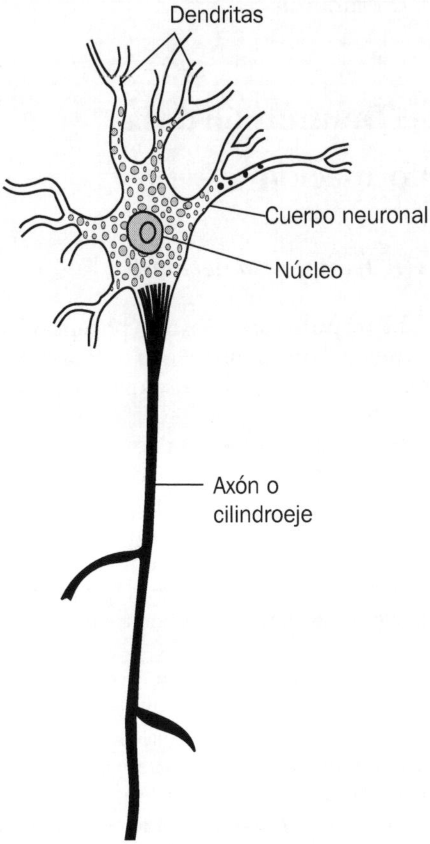

FIGURA 2. *Partes de una neurona.*

A través de estas prolongaciones se transmite el impulso nervioso de una neurona a otra.

La parte central de la cual salen estas prolongaciones se llama **cuerpo neuronal** o **soma**. En el cuerpo neuronal se encuentran los orgánulos celulares.

Las neuronas se pueden clasificar atendiendo a varios criterios:

a) Según el número de prolongaciones, las neuronas se clasifican en: **monopolares**, **bipolares**, y **multipolares**, si presentan una, dos o más prolongaciones, respectivamente.

b) Según su función, las neuronas se clasifican en: *sensitivas* y *motoras*.

   – **Neuronas sensitivas**, son las que transmiten la información desde el receptor al sistema nervioso.

   – **Neuronas motoras**, son las que transmiten la información desde el sistema nervioso hasta los efectores (músculos y glándulas).

La dendrita es la zona de recepción de la información que llega de otra neurona o del receptor. Esta información pasa al cuerpo neuronal y, desde éste, la información viaja en forma de impulso nervioso por el axón. Al llegar al final del axón este impulso es transmitido a otra neurona o al efector (músculo o glándula).

La comunicación entre neuronas se llama **sinapsis** y se realiza en un espacio muy pequeño, comprendido entre el final de un axón y las dendritas o el soma de la neurona próxima.

Los **ganglios** son pequeñas agrupaciones de cuerpos neuronales situadas fuera del sistema nervioso central.

Los **nervios** son fibras constituidas por las prolongaciones de neuronas (generalmente axones) que se hallan en el sistema nervioso periférico. Cuando estas fibras se hallan en el sistema nervioso central, se llaman **fibras nerviosas**.

Los nervios periféricos (los axones del sistema nervioso periférico) de los vertebrados normalmente se presentan rodeados de una vaina de **mielina**, la cual permite que las transmisiones de los impulsos nerviosos sean más rápidas.

3.3. Sistema nervioso

Estudiando los diferentes invertebrados se observa que existe una evolución del sistema nervioso ya que cada vez se hace más complejo en los diferentes filos (tipos).

Así, los «cnidarios» (hidras, medusas, anémonas de mar y corales) muestran la organización más primitiva: una red nerviosa, es decir, su sistema nervioso está constituido por una red de neuronas que se comunican entre sí.

Con la aparición de ganglios, en los «platelmintos» (gusanos planos, como las tenias) empieza a diferenciarse un sistema nervioso central y otro periférico.

En los «anélidos» (gusanos segmentados, como la lombriz de tierra) hay un ganglio cerebroideo bilobulado y una cadena nerviosa ventral con ganglios segmentarios.

En los «artrópodos» (arácnidos, crustáceos, miriápodos e insectos) el sistema nervioso es parecido al de los anélidos, aunque tiene ganglios más grandes y órganos de los sentidos complejos.

En los «vertebrados», la evolución tiende a la *encefalización*. El sistema nervioso en los vertebrados tiene la siguiente estructura: un tubo neural (la médula espinal) que recorre la parte dorsal, del que salen nervios y ganglios, y en cuya parte anterior se presenta un abombamiento que constituye el *cerebro*. Con los humanos el sistema nervioso alcanza el máximo nivel de desarrollo y complejidad.

Desde un punto de vista anatómico el sistema nervioso humano se puede dividir en:

- Sistema nervioso central: constituido por la médula espinal y el encéfalo.

- Sistema nervioso periférico: formado por nervios y ganglios.

Fisiológicamente, tanto en el sistema nervioso central como en el periférico se pueden distinguir dos partes:

- Sistema somático o de relación: es el encargado de las respuestas voluntarias y de los actos reflejos.

- Sistema vegetativo o autónomo: es el encargado de regular, independientemente de la consciencia, los procesos orgánicos automáticos, es decir, las actividades de los aparatos digestivo, circulatorio y urogenital, las glándulas de secreción internas y externas, el metabolismo, el sueño, el hambre, la sed, etc.

3.4. Transmisión de la información

3.4.1. El impulso nervioso

El **impulso nervioso** o **potencial de acción** es el medio por el que se transmite la información a través del sistema nervioso.

Este impulso se genera por rápidos cambios en el potencial de reposo de la membrana de células excitables (neuronas, fibras musculares, células secretoras de hormonas y células epiteliales), llamadas así porque responden a un estímulo de forma activa, produciendo alteraciones de su potencial de membrana.

El **potencial de reposo** no es más que la diferencia de potencial que existe entre el exterior e interior de una célula. Su valor oscila alrededor de -60 mV. Este potencial de reposo es generado, a su vez, por la desigual distribución de iones a través de la membrana, y por la permeabilidad selectiva de la misma.

Si se investiga el contenido de iones dentro y fuera de la célula se comprueba que los iones sodio y cloro están más concentrados en el exterior celular, y el ion potasio (K^+) y los aniones orgánicos (proteínas) en el interior de la célula (figura 3). Estas distribuciones desiguales son el resultado de la intervención de dos tipos de factores: pasivos y activos.

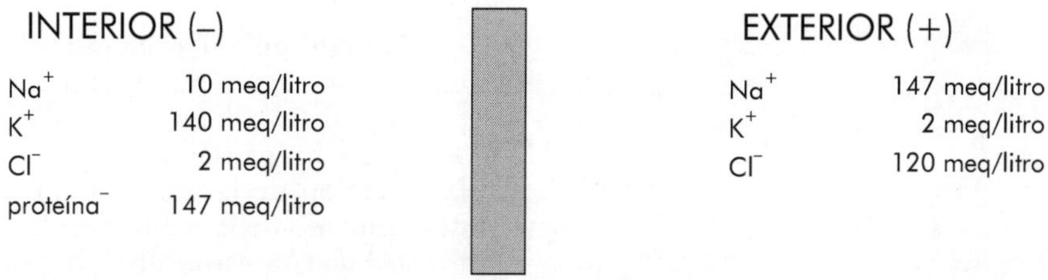

FIGURA 3. *Concentraciones iónicas a ambos lados de la membrana.*

Los factores pasivos se originan por la tendencia al equilibrio electroquímico, es decir, al equilibrio de concentración iónica, y al equilibrio de cargas positivas y negativas, fuera y dentro de la célula. El balance de estas dos tendencias es la salida de potasio y la entrada de sodio. El ion cloro no tendería a cambiar de concentración, puesto que se movería con igual velocidad hacia dentro que hacia afuera. Las proteínas, pese a su tendencia a salir (equilibrio eléctrico), no pueden hacerlo debido a que su tamaño les impide atravesar la membrana (figura 4).

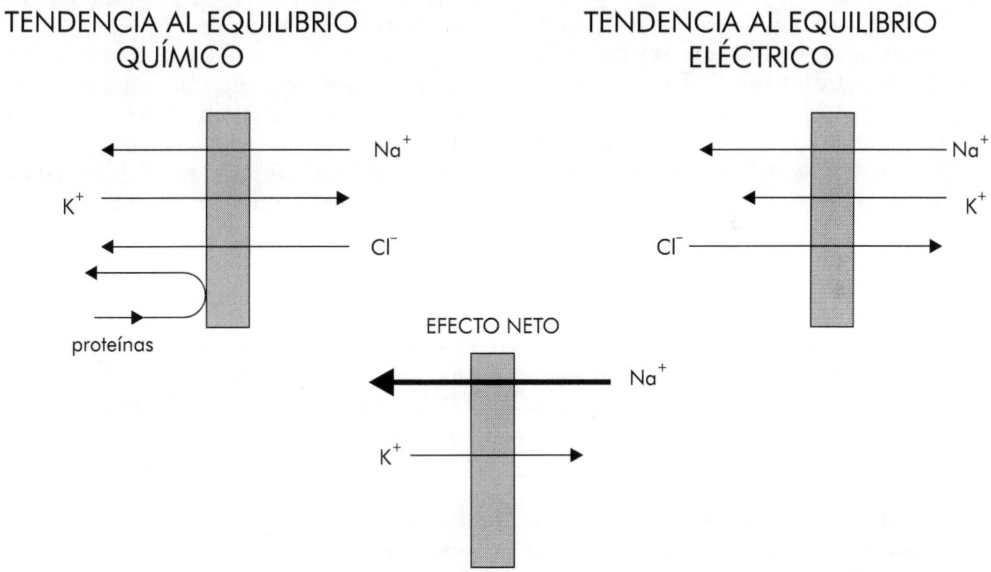

FIGURA 4. *Acción de los factores pasivos buscando el equilibrio electroquímico.*

Sin embargo, si la concentración de iones dentro y fuera de la célula permanece constante en una célula en reposo, debe existir un mecanismo que contrarreste esta tendencia pasiva al equilibrio electroquímico. Este mecanismo es la **bomba de sodio-potasio**; es activo porque requiere energía para su funcionamiento (procedente de la hidrólisis del ATP), y realiza el transporte en contra del gradiente electroquímico del ion sodio hacia afuera, y del ion potasio hacia dentro (figura 5).

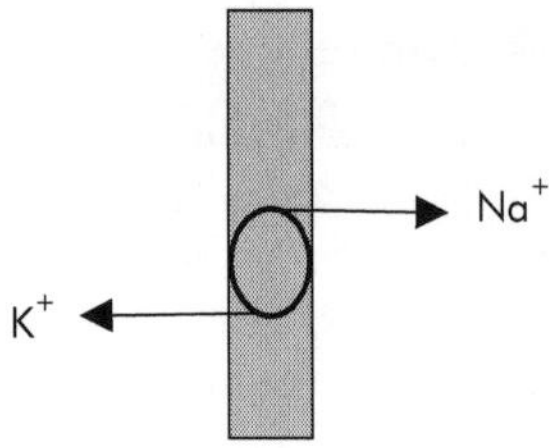

FIGURA 5. *Acción de la bomba de sodio-potasio para contrarrestar la tendencia al equilibrio electroquímico (factor activo).*

Los cambios en este potencial de reposo, que dan lugar al **potencial de acción**, son generados por cambios en la permeabilidad selectiva de la membrana para los iones sodio y potasio precisamente.

Estos cambios son originados, a su vez, por la apertura de un segundo tipo de canales transportadores especiales de sodio y potasio, y que son voltaje-dependientes (figura 6).

Cuando una célula es excitada eléctricamente se abren los **canales de sodio voltaje-dependientes**, favoreciéndose así la entrada repentina de iones sodio, más rápidamente que sale el potasio. Esto provoca un desplazamiento de cargas positivas hacia el interior.

Las cargas positivas se acumulan entonces en el interior causando la desporalización de la membrana; su potencial posee ahora un valor aproximado de +40 mV.

Tras esta despolarización rápida, la membrana vuelve a repolarizarse lentamente, debido a que aumenta la permeabilidad selectiva por el potasio. Para ello se abren los **canales de potasio voltaje-dependientes**, incrementándose así el flujo de este ion hacia el exterior, a la vez que disminuye la permeabilidad al sodio, ya que se inactivan lentamente los canales de sodio voltaje-dependientes. El aumento en el flujo de salida del potasio combinado con la disminución del flujo de entrada del sodio, tiene como resultado el flujo neto de cargas positivas hacia el interior, el cual continúa hasta que la célula se repolariza hasta alcanzar su potencial de reposo original.

Aunque en un principio el potencial de acción es un fenómeno local, se va propagando a lo largo de toda la fibra nerviosa. La propagación es posible porque la reversión de la polaridad en un punto determinado de la membrana, es suficiente para que se estimulen porciones adyacentes de la misma, como consecuencia de la atracción que se establece entre cargas opuestas (las cargas positivas y negativas que se han generado a ambos lados de la membrana se hallan rodeadas de cargas de distinto signo).

De este modo, el propio impulso produce las condiciones necesarias que le permiten avanzar, viajando en forma de ondas a lo largo de la fibra. Poco después del paso de la onda por un punto de la membrana, ésta vuelve a adquirir su permeabilidad y su polarización originales.

La velocidad de propagación del impulso nervioso oscila entre 0.5 a 100 m/sg. Su valor depende del grosor de la fibra nerviosa conductora, y de si está o no envuelta por mielina. El diámetro y la presencia de la vaina de mielina tiende a aumentar la velocidad de propagación.

3.4.2. La sinapsis

Se llama sinapsis a la zona de contacto funcional entre dos células que permite el paso del impulso nervioso de una célula a otra. Puede existir sinapsis entre dos neuronas, entre un receptor y una neurona, y entre una neurona y un efector.

Existen dos tipos de sinapsis: eléctricas y químicas.

En una **sinapsis eléctrica** se da contacto físico directo entre las dos células excitables, pasando el impulso nervioso directamente de una célula a otra, y con carácter bidireccional. Sin embargo, este tipo de sinapsis es poco frecuente, ya que la información se transmite generalmente mediante la sinapsis química.

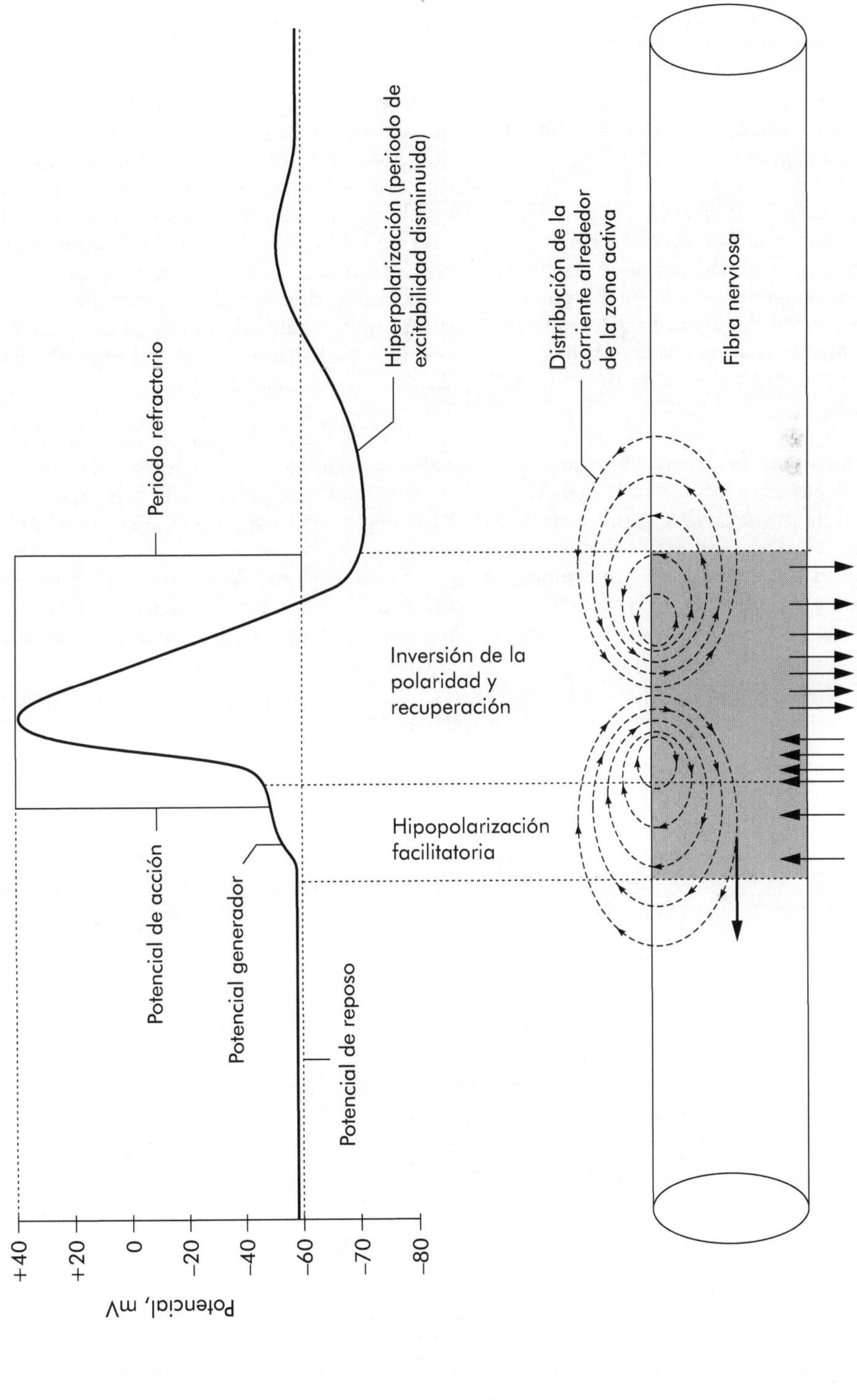

FIGURA 6. Potencial de acción generado por la acción de los canales voltaje-dependientes.

Una **sinapsis química** consta de las terminaciones del axón de la célula presináptica (membrana presináptica), la membrana de la célula que está siendo afectada (la membrana postsináptica), y un espacio intermedio entre ambas células llamado espacio o hendidura intersináptica (figura 7).

En una sinapsis de este tipo, el potencial de acción, que viaja por el axón, hace que unas vesículas que almacenan una sustancia transmisora, emigren hacia la membrana de la parte más distal del axón, para fusionarse con ella y liberar la sustancia transmisora al espacio intersináptico mediante un proceso de exocitosis.

Posteriormente, la sustancia transmisora se une a receptores presentes en la membrana de la célula postsináptica, cambiando las propiedades eléctricas de ésta (modifica su permeabilidad respecto a uno o más iones). Esto ocasiona cambios en el potencial de membrana de la célula postsináptica, despolarización o hiperpolarización, que se conducen a lo largo de la membrana de la célula postsináptica, hasta el segmento inicial del axón (cono axónico).

Esta zona posee un umbral más bajo que el resto de la célula postsináptica, por lo que podrá originar un potencial de acción, siempre que la suma de todos los impulsos que llegan a la célula exceda el valor umbral para esa célula. La célula postsináptica integra en cada instante los diferentes impulsos de entrada, sumándolos algebraicamente. Si la suma momentánea de impulsos despolariza la célula postsináptica a valores umbral, ella dispara un potencial de acción.

Una vez que el potencial ha sido generado, se conduce hacia el soma de la célula postsináptica, y se propaga a lo largo del axón, hasta llegar otra sinapsis, y así sucesivamente.

En el esquema 2 se ofrece un resumen del proceso de transmisión de un impulso nervioso (potencial de acción) a través de una sinapsis química.

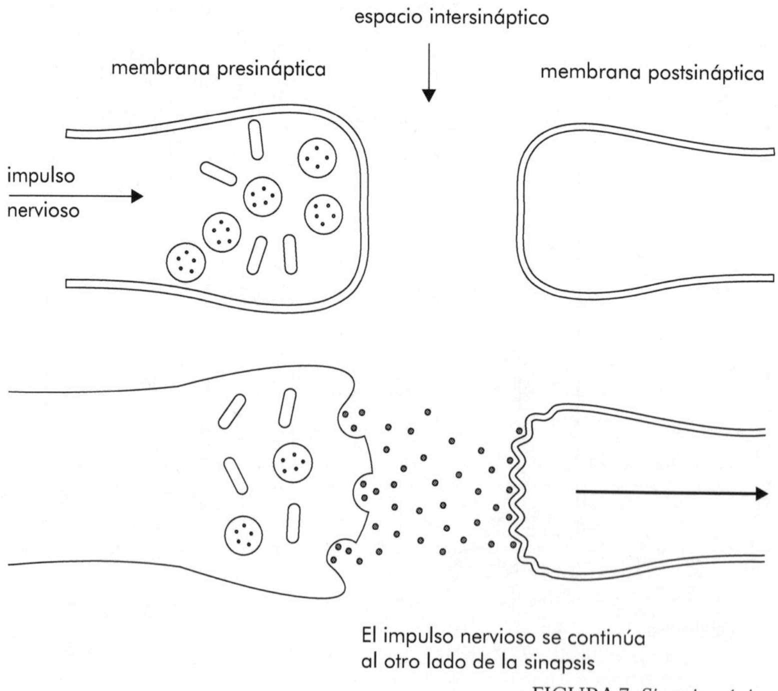

FIGURA 7. *Sinapsis química.*

Características generales de la transmisión a nivel de las sinapsis químicas
Potencial de acción de la célula presináptica
↓
Depolarización de la membrana plasmática del terminal axónico presináptico
↓
Liberación del transmisor por el potencial presináptico
↓
Combinación química del transmisor con receptores específicos sobre la membrana plasmática de la célula postsináptica
↓
Cambio transitorio en la conductancia de la membrana plasmática para iones específicos
↓
Cambio transitorio en el potencial de la membrana de la célula postsináptica

ESQUEMA 2.

A diferencia de las sinapsis eléctricas, en las químicas la conducción es unidireccional, y conlleva un cierto retraso, debido a que el transmisor tarda un cierto tiempo en liberarse.

Las neuronas pueden producir dos tipos de sustancias transmisoras: **inhibidoras** y **excitatorias**.

Las sustancias inhibidoras disminuyen la excitabilidad de la célula aumentando su electronegatividad, hasta un nivel incluso mayor que cuando está en reposo. Este estado hiperpolarizado se denomina "potencial inhibidor postsináptico" ("IPSP").

Las sustancias excitatorias disminuyen la electronegatividad del interior de la célula, aumentando ligeramente la permeabilidad de la membrana al ion sodio. Como consecuencia de ello, tiene lugar una despolarización local que recibe el nombre de "potencial excitatorio postsináptico".

La naturaleza de las sustancias transmisoras (denominadas también **neurotransmisoras**) es variada. La más difundida es la "acetilcolina". Otros neurotransmisores son las aminas, entre las que se encuentran la adrenalina, noradrenalina, dopamina, serotonina, y otros derivados de aminoácidos. El GABA, (gammaaminobutírico) es el neurotransmisor más importante en el cerebro, posee carácter inhibitorio.

3.5. Las funciones de integración del sistema nervioso

La integración implica la realización de tres funciones básicas por el sistema nervioso:

a) Una función de transmisión.

b) Una función moduladora.

c) Una función de almacenamiento.

■ Función de transmisión

La función de transmisión no es más que la transmisión de la excitación desde el receptor al efector por medio del **arco reflejo**. El arco reflejo es la unidad básica de organización fisiológica del sistema nervioso; consiste en una vía nerviosa que va del receptor (vía sensitiva) al efector (vía efectora), pasando por un centro nervioso (encéfalo o médula espinal). Está constituido por cinco unidades fundamentales:

a) **Receptor**: capta el estímulo del exterior o del interior.

b) **Neurona aferente primaria**: recoge la información de los receptores.

c) Integración en un **centro nervioso**, en la médula o en el encéfalo.

d) **Neurona eferente** ("motoneurona"): conduce la respuesta.

e) **Efector** (músculo o célula glandular): ejecuta la respuesta.

En la médula espinal, la neurona aferente realiza sinapsis con otra/s neuronas. Si la neurona aferente está en contacto directo con la eferente, se dice que el reflejo es "monosináptico"; si hay una interneurona entre ambas, "reflejo bisináptico"; y si hay varias neuronas que se conectan en serie "reflejo polisináptico".

Existen casos en los que neurona aferente y receptor coinciden.

Conforme aumenta la complejidad del circuito reflejo aumenta el control que se puede realizar sobre él. Así también es posible encontrar circuitos reflejos que utilizan como centro nervioso el encéfalo y no la médula; tal es el caso de los llamados reflejos condicionados (reflejo de Paulov).

■ Función de modulación

Esta función lleva consigo la codificación ("código de frecuencias") de la información, el refuerzo o inhibición de señales, y la selección de una respuesta de entre las varias alternativas posibles.

Uno de los aspectos más importantes de la modulación es la selección de las señales aferentes, ya que se reforzarán algunas, y se reaccionará a ellas, mientras que otras serán ignoradas o se bloquearán.

■ Función de almacenamiento

Esta función hace referencia a la capacidad de memoria, es decir, a los mecanismos por los cuales se refuerzan y se hacen habituales determinadas respuestas, conservándose a lo largo del tiempo datos para comparaciones posteriores.

Puesto que la complejidad del sistema nervioso ha ido aumentando a lo largo de la escala evolutiva hasta alcanzar su máximo desarrollo en los vertebrados, especialmente en el hombre, resulta lógico pensar que distintas regiones de éste se hayan ido especializando en las diferentes funciones. Así, por ejemplo la corteza cerebral se dedica fundamentalmente a los procesos relacionados con el almacenamiento de la información (función almacenadora), y la medula espinal actúa como un nivel inferior de elaboración de respuestas en el sistema nervioso.

4. Coordinación endocrina

4.1. Las hormonas

El sistema nervioso se encarga, fundamentalmente, de la realización de las respuestas rápidas que caracterizan la vida animal en general: movimiento, actividad de las glándulas, actividad muscular, etc. Sin embargo, las funciones metabólicas, de crecimiento, diferenciación sexual, y reproducción, están también controladas por la acción de unos reguladores químicos llamados hormonas. Las hormonas son los primeros mensajeros químicos del sistema endocrino, al igual que los neurotransmisores lo eran en el sistema nervioso.

Las **hormonas** son sustancias químicas, que producidas en glándulas de secreción interna, o bien en determinadas células que no forman parte de órganos glandulares, son recogidas y transportadas por medio del sistema circulatorio a diversas partes del organismo, sobre las que ejercerán acciones reguladoras y activadoras de sus funciones.

Las principales diferencias entre las respuestas mediadas por hormonas (sistema hormonal) y las mediadas por los neurotransmisores (sistema nervioso) son las siguientes:

- Las respuestas del sistema nervioso son mucho más rápidas que las del sistema hormonal.
- La duración de la respuesta es transitoria en el sistema nervioso, mientras que en el endocrino es de carácter duradero.
- Las respuestas son más específicas en el sistema nervioso.
- El sistema nervioso posee capacidad de respuesta, el hormonal carece de ella, depende de la del sistema nervioso.

La estrecha relación existente entre ambos sistemas se pone de manifiesto por la secreción, por el sistema nervioso, de sustancias hormonales, llamadas por ello **neurohormonas**. La neurosecreción implica la síntesis de neurohormonas en el cuerpo neuronal, transporte de éstas a los axones, y eliminación de las neurohormonas en la sangre. Ejemplos de neurohormonas son la acetilcolina y la noradrenalina.

La naturaleza de las hormonas es muy variada; así encontramos aminas, como las hormonas tiroideas, las catecolaminas; péptidos y proteínas como la insulina; y esteroides (hormonas corticales suprarrenales y de las glándulas reproductivas).

Las hormonas proteínicas son sintetizadas a nivel del retículo endoplásmico rugoso al igual que otras proteínas. Las hormonas esteroides y las aminas se sintetizan a partir del colesterol y de la tirosina respectivamente, a través de una serie de reacciones enzimáticas que ocurren en secuencia.

Una vez sintetizadas, las hormonas pueden almacenarse en gránulos de secreción (hormonas proteínicas y catecolaminas) para ser posteriormente liberadas mediante un proceso de exocitosis.

4.2. Regulación de la secreción hormonal

La secreción hormonal puede ser regulada a través de tres tipos de mecanismos generales:

- **Control por retroalimentación**: es el caso más simple; una hormona "A" es producida por la acción de otra, "B". Al actuar la "B" sobre la glándula productora de la hormona "A", estimula su secreción. Una cantidad excesiva de la hormona "A", hace que el estímulo sobre "A" sea menor, y en consecuencia se reduzca la secreción de esta última, lo cual facilita nuevamente una mayor producción de la hormona "B".
- **Control nervioso**: Actúa estimulando o suprimiendo la secreción hormonal en respuesta a estímulos internos y externos. Así, el dolor, el miedo, la emoción, pueden ser modulados por la secreción de hormonas por medio de mecanismos "nerviosos".
- **Control cronotrópico**: ciertos patrones de secreción hormonal parecen estar determinados por los ritmos, que pueden estar codificados genéticamente, o que pueden ser adquiridos. La secreción de algunas hormonas puede estar ligada a ciclos de sueño-vigilia, luz-oscuridad, o variaciones estacionales.

4.3. Mecanismos de acción de hormonas

A pesar de la multitud de efectos hormonales, existen tan sólo varios mecanismos de acción generales. Como estos mecanismos, relativamente escasos, son utilizados por numerosas hormonas, la especificidad de cualquier interacción hormona-célula efectora, debe reposar sobre los efectores:

1. La especificidad con la que la hormona es reconocida por la célula efectora.

2. La especificidad de las vías intracelulares con las cuales una célula efectora es capaz de responder a la estimulación hormonal.

El reconocimiento de una hormona por los receptores de la célula efectora puede tener lugar a niveles distintos. Hay receptores en la membrana plasmática para las hormonas proteicas y catecolaminas; en el citoplasma para las esteroides; y en el núcleo para las hormonas tiroideas. Parece ser que la mayoría de los receptores son grandes moléculas proteicas.

No obstante, no se sabe si la molécula receptora para una hormona es idéntica en todas las células efectoras, o si por el contrario en la misma célula, todas las diferentes acciones de una hormona se inician por la fijación de la hormona a la misma molécula receptora.

■ Vías intracelulares de la acción hormonal

La fijación de una hormona a su receptor, se sigue por la generación de señales o mensajeros intracelulares, que acoplan el reconocimiento de la hormona con la maquinaria enzimática específica necesaria para la acción hormonal. Para la gran mayoría de hormonas, operan dos mecanismos universales de acoplamiento:

- Uno de ellos implica al AMP cíclico como segundo mensajero, lo que cambia las actividades enzimáticas.

- El otro implica efectos a nivel de la transcripción o de la traducción, lo cual produce cambios en las concentraciones de las enzimas.

El AMP cíclico es un adenosín monofosfato, que se forma a partir del ATP, por la acción de la adenilato ciclasa. Esta enzima se encuentra unida a la membrana tal como se muestra en la figura 8.

La formación del complejo hormona-receptor sobre la superficie externa de la membrana plamástica, induce un cambio en la adenilato ciclasa que conduce a la formación de AMP cíclico (AMPc) a partir de ATP-Mg.

Un incremento del AMP cíclico, estimula la activación de varias proteinquinasas, las cuales a su vez activan a una serie de enzimas de numerosas vías metabólicas, mediante la fosforilación.

A diferencia de este mecanismo intracelular mediado por el AMPc, las hormonas esteroideas y tiroideas, generan señales intracelulares, principalmente mediante modulaciones de la transcripción de zonas específicas de la cromatina (ver figura 9).

Las hormonas esteroideas se combinan con sus receptores en el citoplasma, y los complejos penetran en el núcleo, mientras que las tiroideas penetran en el núcleo en estado libre, y allí se combinan con receptores nucleares. En ambos casos, el complejo receptor-hormona interactúa con moléculas de ADN de la cromatina. Como resultado de estas interacciones, se estimula la transcripción, aumentando consecuentemente la síntesis de ARNm específico.

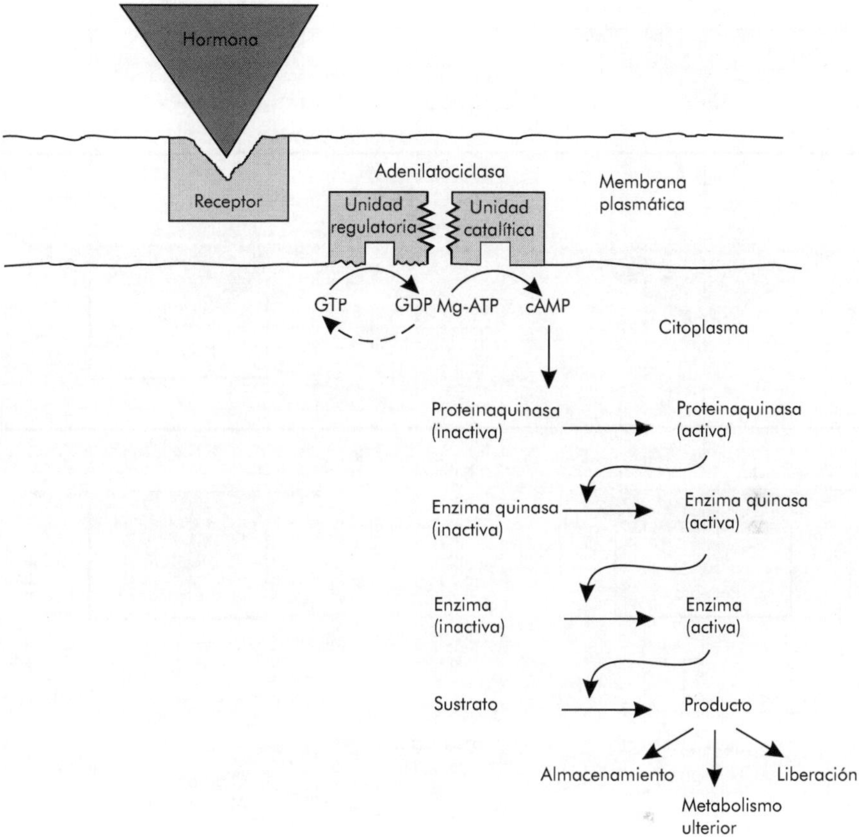

FIGURA 8. *Acción hormonal mediante el AMP cíclico (cAMP) como segundo mensajero.*

Existen mecanismos hormonales que no son fácilmente explicables por los vistos anteriormente. Puede ser que impliquen la alteración de los niveles de GMP, alteraciones en la permeabilidad celular, o bien pueden estar relacionados con los efectos de las prostaglandinas.

4.4. Hormonas de vegetales

Se ha demostrado que el crecimiento y desarrollo de las plantas no depende exclusivamente de las condiciones del medio, de las sustancias absorbidas por la raíz, y de los compuestos orgánicos sintetizados durante la fotosíntesis, sino que también está controlado por la intervención de sustancias químicas específicas de naturaleza hormonal y formadas en el interior de la propia planta. Estas hormonas vegetales o fitohormonas son sintetizadas en células indiferenciadas. Los tipos principales de hormonas vegetales son las que siguen:

■ Auxinas

Son producidas en las células de los meristemos terminales de las yemas de los tallos, y se difunden por el vegetal hacia las zonas de crecimiento. La principal acción de las auxinas es provocar el crecimiento de tallos, pedúnculos florales, peciolos, etc., mediante el reblandecimiento de las rígidas paredes celulares, facilitando así la entrada de agua y, por tanto, un mayor alargamiento celular. También intervienen en otros procesos; retraso en la caída del fruto y de las hojas, y aparición de botones florales.

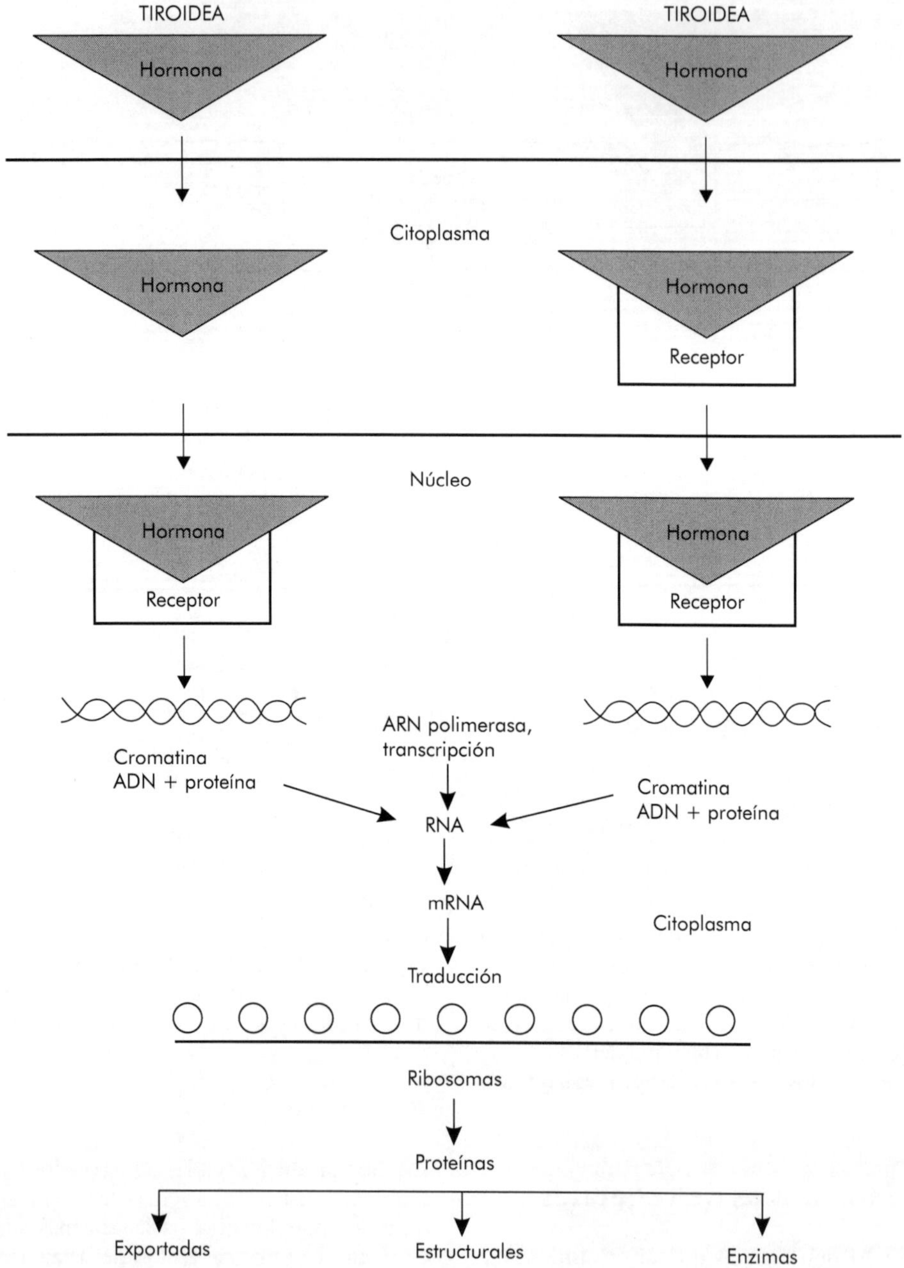

FIGURA 9. *Acción hormonal mediante modulaciones de la transcripción de zonas específicas de la cromatina.*

■ Giberelinas

Al igual que las auxinas estimulan el crecimiento en altura de las plantas, pero además son capaces de inducir la floración de ciertas especies, y de estimular el crecimiento en razas enanas de plantas. También están relacionadas con la germinación de la semillas.

■ **Citoquininas**

Son sustancias derivadas del anillo de las purinas. Pueden contribuir a la formación de moléculas de ARNt y a la estimulación de la división celular.

■ **Ácido abcísico**

Parece que actúa como inhibidor de la germinación, alargamiento y formación de yemas.

■ **Etileno**

Actúa principalmente como inhibidor del crecimiento, pero también interviene en la aceleración de la maduración y caída de los frutos y hojas.

4.5. Hormonas de invertebrados

Aunque su número excede quizás al de las hormonas de vertebrados, son menos conocidas, dadas las dificultades que presenta su estudio. Sí se sabe que fundamentalmente están relacionadas con:

- Eliminación y regeneración del exoesqueleto de crustáceos en sus distintas etapas de crecimiento (hormonas de la muda).

- Cambios de color: hay hormonas que pueden regular la distribución de más de un pigmento dentro de una sola célula.

- La reproducción en general. Ejemplo: las ferohormonas.

Aunque las ferohormonas están presentes en vertebrados, están más difundidas en invertebrados. Se trata de sustancias químicas que el animal libera al medio ambiente, y que influyen en el comportamiento de otro individuo o población de la misma especie; pueden actuar atrayendo a individuos del sexo contrario con el fin de efectuar la cópula.

4.6. Hormonas de vertebrados

Las hormonas de vertebrados son segregadas a partir de las siguientes glándulas (figura 10): hipófisis, tiroides, paratiroides, suprarrenales, páncreas, timo, hipotálamo, y glándulas sexuales (ovarios y testículos).

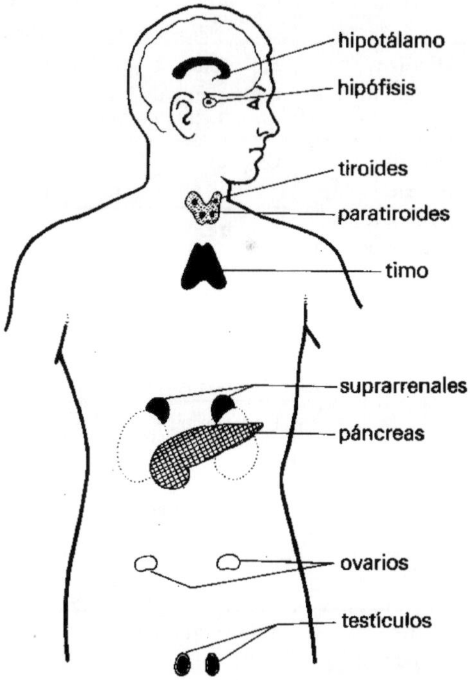

FIGURA 10. *Localización de las glándulas endocrinas humanas.*

Las hormonas secretadas por cada una de estas glándulas, así como la acción de cada una de las hormonas producidas quedan resumidas en el esquema 3.

GLÁNDULA	HORMONA	ACCIÓN PRINCIPAL, CONTROL Y DISFUNCIÓN
Hipófisis (lóbulo anterior: adenohipófisis)	TSH (tireotropa)	Estimula el tiroides. Su secreción está controlada por el hipotálamo y la cantidad de tiroxina en la sangre.
	ACTH (adrenocorticotropa)	Estimula la corteza suprarrenal. Su secreción está controlada por el hipotálamo y los corticoesteroides en sangre.
	FSH (foliculoestimulina)	El hipotálamo y los estrógenos controlan su secreción. Estimula la ovulación en las hembras y la formación de espermatozoides en los machos.
	LH (luteoestimulina)	Estimula los testículos y el cuerpo lúteo. El hipotálamo, la testosterona y la progesterona en sangre controlan su secreción.
	GH (hormona del crecimiento)	Actúa sobre los huesos y los músculos y estimula el crecimiento. Su carencia ocasiona el enanismo. El hipotálamo controla su secreción.
	Prolactina (PRL)	Estimula la secreción de leche en la glándula mamaria. Es la responsable del comportamiento paternal. El hipotálamo controla su secreción.
Hipófisis (lóbulo medio)	Hormona estimulante de los melanocitos (MSH)	Regula el color de la piel en anfibios y reptiles y estimula la síntesis de melanina.
Hipófisis (lóbulo posterior: neurohipófisis)	Oxitocina	Provoca las contracciones del útero en el parto y estimula la eyección de leche después del parto.
	Vasopresina	Estimula la reabsorción de agua por el rión. La osmolaridad del medio interno controla su secreción.
Tiroides	Tiroxina	Incrementa el metabolismo oxidativo e influye en el crecimiento y desarrollo. La hipofunción ocasiona cretinismo, mixedema y bocio. La TSH controla su secreción.
	Calcitonina	Controla el nivel de Ca en la sangre haciendo que el hueso lo incorpore.
Paratiroides	Parathormona	Regula el metabolismo del Ca incrementando la reabsorción renal del Ca y la excreción de fósforo. La concentración de Ca en la sangre controla su secreción. Su hipofunción provoca calambres y su carencia la tetania.
Corteza suprarrenal	Corticosteroides	Regula el metabolismo de glúcidos, grasas y proteínas. La ACTH controla su secreción. Una carencia de la hormona origina la enfermedad de Addison.
	Aldosterona	Favorece la retención de agua y Na^+ y la eliminación de K^+ en el riñón.
Médula suprarrenal	Adrenalina	Prepara al organismo para hacer frente a situaciones límite (lucha, huida, miedo) mediante el aumento del nivel de glucosa en sangre, la aceleración del ritmo cardiaco, etc.

.../...

.../...

GLÁNDULA	HORMONA	ACCIÓN PRINCIPAL, CONTROL Y DISFUNCIÓN
Páncreas	Insulina	Aumenta la permeabilidad de la membrana celular a la glucosa, disminuyendo su concentración en la sangre. Una hipofunción provoca la diabetes. La concentración de glucosa en sangre controla su secreción.
	Glucagón	Tiene función antagónica a la insulina. Es hiperglucemiante.
Testículos	Testosterona	Incrementan el metabolismo celular, mantienen los caracteres sexuales primarios y secundarios, así como la libido, en los ♂ (testosterona) y en las ♀ (estrógenos). Su secreción está controlada por la LG Y FSH, respectivamente.
Ovario (folículo)	Estrógenos	
Ovario (cuerpo lúteo)	Progesterona	Activa la secreción en los oviductos y el crecimiento del útero en la gestación. Su secreción está controlada por la LH.

ESQUEMA 3. *Hormonas animales (vertebrados).*

5. Homeostasis

Se denomina **homeostasis** a la regulación del equilibrio del medio interno y, en general, de toda la actividad del organismo. Es necesario que exista un control de la composición del medio interno para que los procesos metabólicos y el funcionamiento de las células se realicen normalmente. El sistema nervioso y el sistema endocrino controlan la homeostasis.

Para que nuestro organismo funcione bien, las variables que determinan las características físicas y químicas del medio interno (temperatura, concentración de glucosa, de sales, de agua, etc.) deben tener unos niveles normales ya que un aumento o una disminución de sus valores rompería el equilibrio. Las variaciones de las características del medio interno son percibidas por los receptores que mandan información al centro controlador, que, a su vez, enviará las órdenes a los efectores adecuados a las variables afectadas y éstas retornen a sus valores normales (esquema 4).

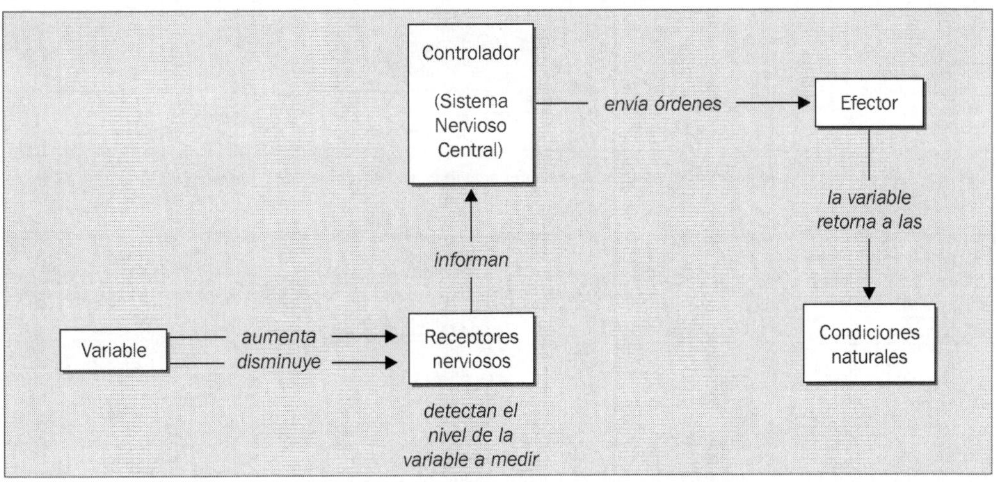

ESQUEMA 4. *Esquema general de regulación homoestática.*

Los mecanismos de regulación homeostáticas son muy diversos. A modo de ejemplos veamos cómo se regula la temperatura de nuestro cuerpo y la concentración de glucosa en la sangre.

■ Regulación de la temperatura corporal

La temperatura corporal humana es aproximadamente 37 °C; a esta temperatura funcionan las enzimas y tienen lugar los procesos metabólicos en las células. Si ésta aumenta lo detecta el hipotálamo, el cual envía el mensaje a través de los nervios hacia los efectores que bajan la temperatura hasta el nivel normal. La temperatura corporal baja mediante la sudoración y la vasodilatación de los capilares sanguíneos. Y al contrario, si la temperatura corporal es más baja de lo normal, los mecanismos homeostáticos tenderán a subirla mediante respuestas como tiriteo o vasoconstricción de los capilares sanguíneos.

■ Regulación de la concentración de glucosa en sangre

La concentración de glucosa en sangre normalmente es de 1 g/l. Cuando se produce un aumento de la concentración, debido a la absorción de la misma después de comer, es detectado por unos receptores que llevan la información al cerebro. El cerebro ordena al páncreas que segregue insulina para inducir a las células (fundamentalmente musculares y hepáticas) a que sinteticen glucógeno a partir de la glucosa, y de esta manera la concentración de glucosa vuelva a su nivel normal (esquema 5).

Al contrario, cuando se produce un descenso de la concentración de glucosa en la sangre, durante el ayuno o tras un ejercicio físico, es detectado por el cerebro y el páncreas segrega glucagón. El glucagón hace que las células descompongan el glucógeno en glucosa y, de esta manera, la concentración de glucosa vuelva a su nivel normal (esquema 6).

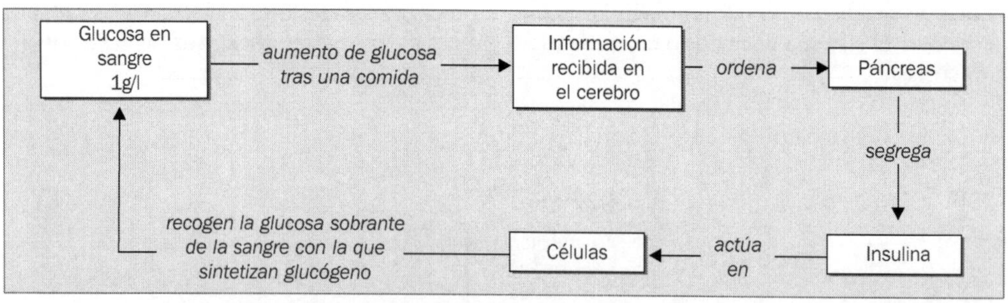

ESQUEMA 5. *Regulación homeostática producida por un aumento de la concentración de glucosa en sangre.*

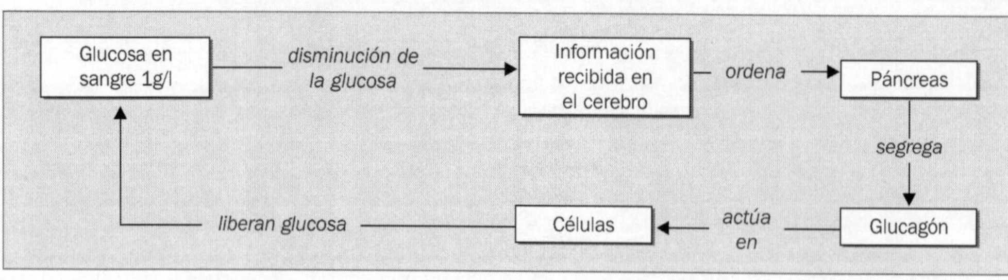

ESQUEMA 6. *Regulación homeostática producida por un descenso de la concentración de glucosa en sangre.*

6. Mecanismos de defensa

Los organismos animales más evolucionados han desarrollado distintos sistemas defensivos, cuyo objetivo es preservar su integridad repeliendo gérmenes patógenos y destruyendo agresores procedentes del exterior, o bien del interior, como ocurre en el caso de las células cancerígenas. Para ello cuenta con dos sistemas:

- Sistema inmunitario innato.
- Sistema inmunitario adaptativo.

6.1. Sistema inmunitario innato

Su respuesta se ejerce casi continuamente, no posee memoria, y está constituido por las llamadas barreras o defensas físicas, y por las defensas bioquímicas. Ambas defensas funcionan como sistemas de barreras que bloquean la entrada del patógeno (agente extraño que puede producir una infección) al interior del organismo.

- **La defensa física** más importante es la piel, que recubre exteriormente el cuerpo, y representa la primera barrera que han de franquear los microbios invasores. Cuando la piel está intacta es prácticamente impermeable a la penetración de la mayoría de los gérmenes.
- **Las defensas bioquímicas** están constituidas por enzimas, que destruyen con su acción numerosos gérmenes. Estas enzimas están contenidas en las mucosas (que recubren interiormente el tubo digestivo, las vías respiratorias y el aparato genitourinario) y en los jugos gástricos e intestinales. También se considera defensa de este tipo el ácido clorhídrico contenido en los jugos gástricos.

Además de estas defensas físicas y bioquímicas, el sistema innato cuenta con la intervención de unas células especiales que poseen capacidad fagocitaria, los fagocitos. Estos pueden destruir sustancias extrañas, y células envejecidas, englobándolas con sus pseudópodos, para luego digerirlas en el citoplasma. Entre esas células se encuentran los **leucocitos polimorfonucleares** de la sangre (basófilos, eosinófilos, y neutrófilos), **monocitos**, y los **macrófagos**. Al parecer, estos últimos proceden de los monocitos de la sangre que con posterioridad emigran a otros tejidos. La reserva de macrófagos constituye el llamado "sistema retículo endotelial", que interviene en la lucha contra la infección y en la destrucción de células envejecidas, y en la regeneración de los tejidos.

6.2. Sistema inmunitario adaptativo

Este sistema, extremadamente complejo y especializado, que aparece por primera vez en vertebrados, constituye un sistema de defensas específicas, basado en el reconocimiento selectivo de los "antígenos". Una vez que el sistema inmunitario reconoce la naturaleza del antígeno lanza dos tipos de respuestas:

- Respuesta mediada por anticuerpos.
- Respuesta mediada por células (linfocitos "T").

Antes de explicar en qué consisten estos dos tipos de respuestas conviene recordar cuáles son los elementos que intervienen en las mismas:

Antígeno: Se trata de cualquier tipo molecular u organismo con propiedades inmunógenas, es decir, con capacidad para desencadenar la síntesis de anticuerpos. Los antígenos se unen específicamente a los anticuerpos cuya producción han inducido ellos mismos. Generalmente, se consideran antígenos todas las estructuras moleculares cuyos tamaños oscilan entre los 5 y los 30 Angstrons, aunque puede ocurrir que un mismo antígeno posea en su molécula diferentes zonas con actividad antigénica, llamados "determinantes antigénicos". Normalmente, los antígenos son moléculas componentes e la pared bacteriana, de "la capsida" de los virus, y en general de los distintos parásitos, así como toxinas liberadas por los mismos agentes infecciosos.

Anticuerpos: Son proteínas incluidas en el grupo de las llamadas inmunoglobulinas o gamma-globulinas (Ig) del suero sanguíneo.

Están constituidas por la asociación de cuatro cadenas polipeptídicas que se unen mediante la formación de puentes disulfuro (figura 11); dos de estas cadenas se llaman cadenas pesadas ("H"), debido a su peso molecular, y las otras dos, ligeras ("L").

La mayoría de los vertebrados poseen sólo dos tipos de cadenas ligeras, denominadas "kappa", y "lambda"; sin embargo, existe un número mayor sin embargo de cadenas pesadas: gamma, mu, alfa, delta y epsilon, que dan lugar a las cinco clases diferentes de inmunoglobulinas conocidas: IgG, IgM, IgA, IgD, e IgE, respectivamente. A su vez, cada una de las cadenas, tanto ligeras como pesadas, incluyen dos tipos de regiones: variables y constantes. Las regiones variables tienen secuencias peculiares para cada anticuerpo; las constantes mantienen la misma secuencia en todos los anticuerpos pertenecientes a la misma clase de inmunoglobulina. Dentro de las regiones variables existen ciertas zonas, denominadas hipervariables, cuya capacidad de modificación de las secuencias de aminoácidos determina la enorme diversidad de anticuerpos. Es precisamente por estas zonas hipervariables por donde se establece la interacción con el antígeno. Las regiones constantes realizan otras funciones como son, actuar como sistema de anclaje de los receptores de membrana de los linfocitos B, o producir la precipitación de las toxinas segregadas por algunas bacterias, etc. Ejemplo de IgG:

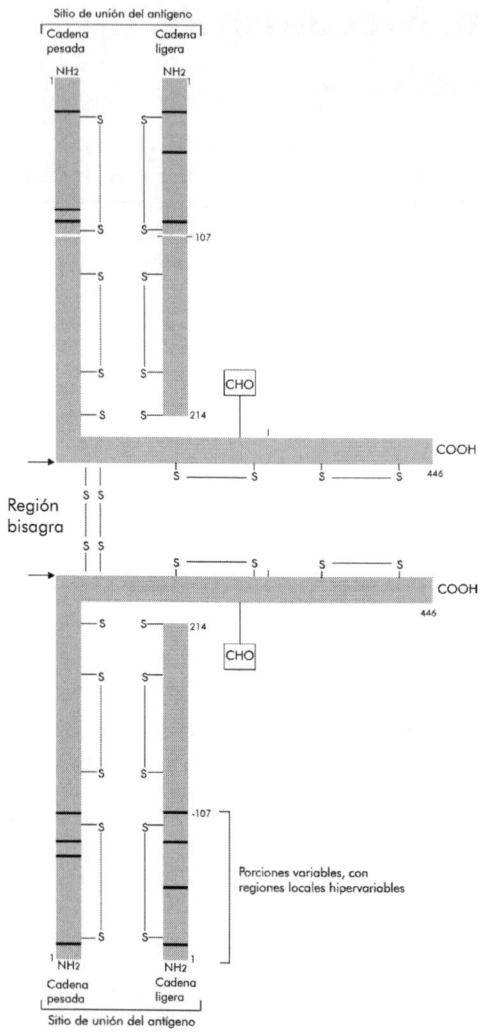

FIGURA 11. *Estructura de la molécula de un anticuerpo: sus cuatro cadenas polipeptídicas están unidas mediante enlaces disulfuro (S–S).*

Tipos celulares: linfocitos T y B. Tanto los linfocitos "T" como los "B" se originan a partir de las células hematopoyéticas pluripotentes que se encuentran en la médula ósea. Estas dan lugar a los llamados "linfoblastos" y al resto de las células sanguíneas. Posteriormente, los linfoblastos experimentan un proceso de diferenciación o maduración en sitios o ambientes específicos, de manera que, dependiendo de donde transcurra este, se originarán los dos tipos distintos de linfocitos. Así, mientras que la de los linfocitos "T", sucede en el timo, lugar donde adquirirán receptores de membrana particulares, la de los linfocitos "B", ocurre en sitios distintos al timo, al parecer en la médula ósea, en mamíferos, y en la bolsa de Fabricio, en aves. Una vez completado el proceso de maduración, ambos linfocitos se distribuyen en los llamados tejidos linfoides secundarios: bazo, nódulos linfáticos, glanglios linfáticos, apéndice fecal, y amígdalas. Es, concretamente en estos tejidos, donde los linfocitos entran en contacto por primera vez con los microorganismos patógenos, desencadenándose la respuesta inmunitaria celular, y la mediada por células.

Es importante destacar que existen tres tipos de linfocitos "T" diferentes, especializados en la realización de distintas funciones inmunitarias: citotóxicos, colaboradores o helpers, y supresores.

■ Respuesta mediada por anticuerpos

Implica la producción de unas sustancias llamadas anticuerpos, que circulan por la sangre, y que se unen específicamente al antígeno extraño que los ha inducido. La unión del anticuerpo al antígeno facilita a las células fagocíticas (macrófagos) la ingestión del antígeno, y a menudo activa un sistema de proteínas sanguíneas, denominadas colectivamente "complemento", que también ayuda a destruir el antígeno. Los anticuerpos son producidos por los linfocitos "B".

■ Respuesta mediada por células

Implica la proliferación de células especializadas (linfocitos "T"), que reconocen a los antígenos. Estas células reaccionan principalmente con los antígenos extraños situados sobre la superficie de las células huésped infectadas, ya sea matando a la célula huésped, o induciendo a otras células del cuerpo, como los macrófagos, a destruir el antígeno.

■ Cooperación celular

La respuesta inmunitaria, desencadenada al reconocerse el antígeno, requiere la colaboración y coordinación de distintos tipos celulares: macrófagos, linfocitos "T", y linfocitos "B".

Los linfocitos que actúan en primer lugar son los linfocitos "T" colaboradores. Estos linfocitos pueden ayudar a los linfocitos "B" a producir respuestas con anticuerpos, ayudar a otros linfocitos "T" a producir respuesta inmunitaria mediada por células, y a activar a los macrófagos.

Los linfocitos "T" citotóxicos, destruyen a las células extrañas portadoras del antígeno específico, o a células propias infectadas, y también portan dicho antígeno.

Los linfocitos "T" supresores inhiben las respuestas de los linfocitos "T" y "B"; su misión es atenuar la respuesta inmunitaria, por lo que actúan cuando ésta se quiere detener.

Aunque se sabe que los linfocitos "T", tienen en su superficie unos receptores específicos de los antígenos, la naturaleza bioquímica de estos receptores, y en particular si están relacionados con los anticuerpos, es aun hoy día tema de controversia.

Por otro lado, los linfocitos "B", según la hipótesis de la selección clonal, constituyen una población de células formada por clones diferentes, cada uno de los cuales expresa en su membrana un receptor antigénico distinto, de manera que el antígeno se une con el clon de linfocitos que presenta el receptor adecuado. Esta unión los sensibiliza para responder a las señales de la interleucina 2, y a otras interleucinas producidas por los linfocitos "T" colaboradores, para finalmente ser inducidos a la proliferación y diferenciación en células productoras de anticuerpos. Así, pues, el antígeno selecciona un clon de linfocitos "B" concreto, que dará lugar a la producción masiva de un determinado tipo de anticuerpo. Según esta teoría de la selección clonal, el sistema inmunitario posee la propiedad de reconocer lo propio, debido a que durante el desarrollo embrionario, todos los linfocitos que produjeran anticuerpos frente a los antígenos propios serían destruidos, y sólo sobrevivirían aquellos que no reconocen los antígenos presentes en esa etapa del desarrollo. Los receptores de los linfocitos "B" son moléculas de inmunoglobulinas de superficie prácticamente idénticas a los anticuerpos. Sólo se diferencian en que poseen unos fragmentos terminales de aminoácidos hidrofóbicos, utilizados para el anclaje en la membrana plasmática.

Tanto los linfocitos "T" como los "B", que se han diferenciado tras el primer contacto con el antígeno, se transforman en linfocitos de memoria, que en caso de un segundo contacto son capaces de realizar una respuesta mucho más rápida, que puede impedir una segunda infección. Son, pues, responsables del estado de inmunidad del organismo, cuya duración dependerá del tiempo de vida de estos linfocitos.

La respuesta inmunitaria posee, pues, tres propiedades fundamentales: especificidad, memoria y reconocimiento de lo propio.

6.3. Prevención y tratamiento contra las infecciones

6.3.1. Prevención de infecciones

Las principales medidas preventivas contra las infecciones son la higiene y la vacunación.

Entre las **medidas higiénicas** destacamos las siguientes:

- Lavarse regularmente el cuerpo con agua y jabón (higiene corporal). En la piel se alojan alrededor de 20 bacterias por milímetro cuadrado, llegando hasta 800 en algunas zonas como las axilas.
- Cuidar la higiene del hogar: lavar con regularidad suelos, muebles y enseres, especialmente la cocina y cuartos de baño, usando desinfectantes como, por ejemplo, la lejía; ventilar las habitaciones, etc.
- Evitar la acumulación de basuras en el hogar, especialmente los desechos orgánicos.
- Evitar la presencia en el hogar de parásitos domésticos (mosquitos, moscas, cucarachas, ratones, etc.) y, sobre todo, proteger los alimentos de su contacto.
- Cuidar la higiene de los animales de compañía (gatos y perros), lavándolos con regularidad y desparasitándolos periódicamente.
- Limpiarse minuciosamente las uñas y lavar las manos con jabón antes de las comidas, antes de la manipulación de alimentos, y en particular después de utilizar el retrete.
- Limpiar las heridas y desinfectarlas usando antisépticos (alcohol, mercurocromo, agua oxigenada, etc.) inmediatamente después de producirse.
- Utilizar agua con absoluta garantía de potabilidad, para beber y preparar las comidas.
- No consumir bebidas ni alimentos elaborados o precocinados si no ofrecen garantías sanitarias.
- Evitar la contaminación de los alimentos, incluso después de cocinados,

manteniéndolos en condiciones higiénicas adecuadas.

- Consumir leche pasterizada. En su defecto se debe hervir la leche durante quince minutos.
- No consumir hortalizas, verduras ni frutas crudas si no ofrecen garantías sanitarias.
- Utilizar agua potable para usos domésticos (lavado del cuerpo, de utensilios de cocina, vajillas, cubiertos, etc.).
- Evitar el baño en los ríos y playas en las zonas próximas a la desembocadura de alcantarillados, así como en piscinas que no ofrezcan garantías sanitarias.

La **vacunación** es un método artificial de adquirir inmunidad, mediante el cual se consigue proteger a los individuos y erradicar las enfermedades infectocontagiosas. Consiste en introducir en el organismo antígenos de una enfermedad, a los que se les ha anulado la capacidad para producir la enfermedad (por ejemplo, gérmenes muertos o atenuados). De esta manera se provoca la respuesta del sistema inmunitario sin riesgo de padecer la enfermedad. Es un método activo, ya que es el propio individuo el que crea sus defensas. Las vacunas son específicas para cada enfermedad y, debido a la capacidad de memoria del sistema inmunitario, sus efectos son duraderos.

6.3.2. Tratamiento de las enfermedades infectocontagiosas

Los principales procedimientos curativos de las enfermedades infectocontagiosas son la administración de sueros y de antibióticos.

■ Los sueros

Son preparados artificiales que contienen anticuerpos ya elaborados contra los antígenos de una enfermedad. Se inyectan como medida de urgencia cuando la enfermedad ya ha aparecido, pues sus efectos son rápidos porque los anticuerpos ejercen su acción desde el momento de su inyección. Los sueros también se administran como medida preventiva en aquellos casos en los que una persona ha estado en contacto con gérmenes de una enfermedad y corre el riesgo de contraerla. Los sueros confieren una inmunidad pasiva (pues el individuo no produce los anticuerpos) y pasajera (al cabo de un tiempo los anticuerpos son destruidos por el propio organismo).

■ Los antibióticos

Son sustancias, producidas fundamentalmente por hongos (también se sintetizan artificialmente), que impiden la proliferación de los gérmenes o los destruyen. Sin embargo, no ejercen ninguna acción sobre los virus. Los antibióticos se utilizan para combatir infecciones bacterianas ya declaradas. El primer antibiótico que se utilizó fue la penicilina, descubierta en 1928 por Fleming al observar que las bacterias no se desarrollaban alrededor del hongo *Penicillium*. Desde esa fecha, la penicilina y otros antibióticos descubiertos posteriormente han salvado millones de vidas.

7. Factores que influyen en el comportamiento y en la salud

El estrés y el consumo de drogas son los factores que más influencia negativa ejercen actualmente en el comportamiento del ser humano y en su salud física y mental.

7.1. El estrés

El estrés es un tipo de respuesta de alerta de nuestro organismo frente a un peligro o un riesgo. Es provocado en conjunto por el sistema nervioso y el hormonal mediante la liberación de hormonas a la sangre, como el cortisol y la adrenalina que, entre otros efectos, aceleran el ritmo cardiaco y respiratorio.

El estrés puede ser causado por el miedo, infecciones, exceso de trabajo, discusiones, etc., que conducen a un estado de tensión que, si se prolonga en el tiempo, al final conlleva a un agotamiento físico y mental.

Si el organismo no se restablece de este agotamiento se pueden originar trastornos y enfermedades como depresiones, trastornos digestivos, problemas cardiacos y respiratorios, etc.

7.2. Las drogas

Las drogas son sustancias naturales o sintéticas que en nuestro cuerpo tienen efectos distintos, negativos o positivos, según su utilización.

Las drogas que se utilizan bajo control médico ayudan a curar enfermedades. No obstante, las utilizadas con finalidades diferentes a las terapéuticas y según su dosis, a largo plazo conllevan a la adicción.

El abuso de las drogas provoca una dependencia tanto física como psíquica, hace que la persona no pueda vivir sin tomar la dosis habitual. Se conoce como «síndrome de abstinencia» a los efectos que se producen cuando se deja de ingerir la droga, durante el proceso de desintoxicación. En este periodo es necesaria tanto la asistencia médica como la psicológica, además de la ayuda de la propia familia.

Entre las *consecuencias* del abuso de las drogas destacamos: pérdida de personalidad y del autocontrol, transmisión de enfermedades como el sida y la hepatitis, enfermedades producidas por el mal funcionamiento de los órganos deteriorados por el consumo de drogas (cáncer, gastritis, enfermedades cardiovasculares, etc.); aumento de la delincuencia, marginación social, etc.

Entre las drogas más consumidas citamos:

- El tabaco. La nicotina que contiene actúa sobre el sistema nervioso y causa un estado de relajación para los fumadores diarios.

  Entre otras, el tabaco ocasiona enfermedades cardiovasculares y respiratorias, además del cáncer de pulmón que provoca el alquitrán que contiene.

- El alcohol. Su consumo excesivo lleva al alcoholismo. Esta adicción provoca enfermedades digestivas como la úlcera de estómago, cirrosis, problemas circulatorios. Produce un estado de relajación que tienen que ver con su efecto sobre el sistema nervioso.

  Como consecuencias psíquicas provoca un cambio de carácter que afecta a las relaciones con las personas que le rodean, al trabajo, etc.

  Actualmente, el alcohol es una de las causas más frecuentes de los accidentes de tráfico sufridos por los jóvenes.

- Las anfetaminas. Son sustancias sintéticas, utilizadas por la juventud para las salidas nocturnas, que evitan así el cansancio. Son un estimulante del sistema nervioso.

- La heroína. Conduce a la adicción psíquica y física. Afecta al sistema nervioso, circulatorio, digestivo y excretor. Una sobredosis de heroína puede provocar la muerte.

CUESTIONES

1. **Define brevemente los conceptos de percepción, coordinación y respuesta.**
2. **Enumerar los tipos de receptores en función de la energía que captan. Indicar qué tipo de energía es ésta y citar un ejemplo de cada tipo.**
3. **Las respuestas que emite nuestro sistema nervioso pueden ser voluntarias o involuntarias. Indica si las siguientes funciones son voluntarias o involuntarias:**
   a) Digestión.
   b) Coger un lápiz.
   c) Respirar.
   d) Latido cardiaco.
   e) Secreción glandular.
   f) Estornudar.
   g) Masticar.
4. **Haz un esquema sobre el mecanismo de regulación de la temperatura corporal si ésta se eleva a 40 °C (valor normal de la temperatura corporal: 37 °C).**
5. **¿Qué es la homeostasis?**
6. **¿Qué barrera física impide la entrada de gérmenes en nuestro organismo?**
7. **¿Qué tipo de células elaboran anticuerpos?**
8. **La reacción antígeno-anticuerpos es específica; ¿qué quiere decir esto?**
9. **Enumera las semejanzas y diferencias entre vacunas y sueros.**
10. **¿Qué son los antibióticos?**
11. **¿Por qué una persona que ha padecido las paperas no vuelve a sufrir la enfermedad una segunda vez?**
12. **Cada año hay un brote de gripe que afecta a numerosas personas, incluso aquellas que fueron vacunadas contra la gripe el año anterior. ¿Cómo es posible que las personas vacunadas enfermen? Proponga una explicación razonable.**
13. **Captan la energía calorífica:**
    a) Los quimiorreceptores.
    b) Los termorreceptores.
    c) Los mecanorreceptores.
    d) Los fotorreceptores.

14. Es un quimiorreceptor:

a) Los ocelos de los artrópodos.

b) Un corpúsculo de la piel.

c) El oído de los vertebrados.

d) Las fosas nasales de los vertebrados.

15. Segrega insulina:

a) El tiroides.

b) El ovario.

c) El páncreas.

d) El paratiroides.

16. El axón forma parte de:

a) La glándula endocrina.

b) Todas las células.

c) El núcleo celular.

d) La neurona.

17. De las células que se nombran a continuación, indica cuáles no forman parte del sistema inmunitario:

a) Los leucocitos.

b) Los linfocitos.

c) Los macrófagos.

d) Los trombocitos.

18. Los anticuerpos son…

a) El único sistema de defensa del organismo.

b) Células que destruyen los gérmenes patógenos.

c) Proteínas.

d) Sustancias producidas por los hongos microscópicos.

19. La vacuna antitetánica se utiliza para…

a) Curar el tétanos.

b) Curar las heridas graves.

c) Proteger al organismo de la infección de cualquier bacteria.

d) Prevenir al organismo frente a la infección producida por las bacterias del tétanos.

20. ¿Cuál de las siguientes afirmaciones respecto a la inmunidad es cierta?

a) Entre las células que intervienen en este proceso se encuentran las inmunoglobulinas.

b) Los linfocitos B producen anticuerpos.

c) Los linfocitos T producen antígenos.

d) Los leucocitos de la sangre destruyen ciertos agentes patógenos como los macrófagos.

21. La respuesta inmunológica de un organismo desencadena:

a) La formación de antígenos para luchar contra el organismo o la sustancia reconocida como extraña.

b) La aparición de anticuerpos que son células especializadas en luchar contra la infección.

c) Una respuesta celular por parte de unos grupos especiales de linfocitos, los linfocitos B.

d) La secreción de ácido clorhídrico en el estómago.

22. Células encargadas de la respuesta inmune son:

a) Los leucocitos.

b) Los eritrocitos.

c) Las plaquetas.

d) Los adipositos.

SOLUCIÓN A LAS CUESTIONES

1. Percepción: Consiste en captar los estímulos que vienen del interior y del exterior del cuerpo.

Coordinación: Consiste en analizar los estímulos y ordenar respuestas para esos estímulos.

Respuesta: Es la información motora enviada por el sistema nervioso hacia los efectores.

2. Quimiorreceptores: Captan energía química. Ejemplo: la cavidad nasal humana.

Mecanorreceptores: Captan energía mecánica como presión, tacto, etc. Ejemplo: el oído humano.

Termorreceptores: Captan energía calorífica. Ejemplo: las terminaciones nerviosas libres de la piel.

Electrorreceptores: Captan energía eléctrica. Ejemplo: la línea lateral de los peces.

3. Voluntarias: b) Coger un lápiz y g) Masticar.

Involuntarias: a) Digestión, c) Respirar, d) Latido cardíaco, e) Secreción glandular y f) Estornudar.

4.

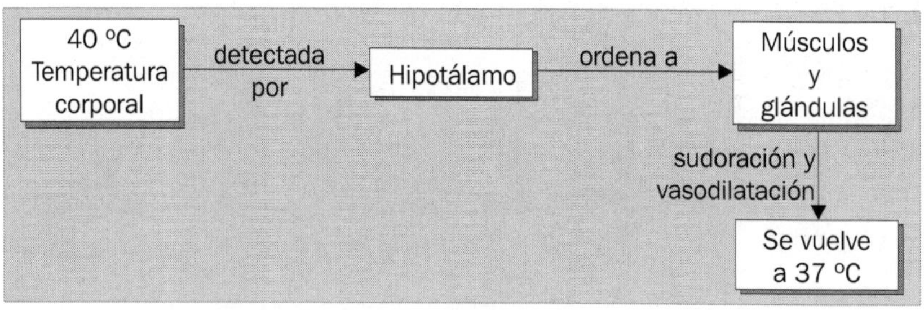

5. Es un tipo de regulación del organismo para mantener en equilibrio el medio interno.

6. La piel.

7. Los linfocitos B.

8. Que cada tipo de anticuerpo reconoce y se une a un determinado antígeno.

9. Semejanzas: son procedimientos de inmunización artificiales y provocan respuestas inmunitarias específicas.

Diferencias: las vacunas son procedimientos activos de inmunización, sus efectos tardan algún tiempo en producirse y son duraderos; se utilizan como medida preventiva contra las infecciones. Los sueros son procedimientos pasivos de inmunización, sus efectos son inmediatos y pasajeros, se utilizan como medida curativa de las infecciones.

10. Sustancias que impiden la proliferación de gérmenes o los destruyen (no ejercen acción sobre los virus).

11. Porque tanto los linfocitos T como los B, que se han diferenciado tras el primer contacto con el antígeno, se transforman en linfocitos de memoria, que, en caso de un segundo contagio, son capaces de realizar una respuesta mucho más rápida, que puede impedir una segunda infección.

12. El virus de la gripe tiene una gran facilidad para sufrir mutaciones. Constantemente surgen cepas mutantes que portan antígenos modificados y, por consiguiente, no reconocibles por los linfocitos de memoria.

13. b) Los termorreceptores.

14. d) Las fosas nasales de los vertebrados.

15. c) El páncreas.

16. d) La neurona.

17. d) Los trombocitos.

18. c) Proteínas.

19. d) Prevenir al organismo frente a la infección producida por las bacterias del tétanos.

20. b) Los linfocitos B producen anticuerpos.

21. c) Una respuesta celular por parte de unos grupos especiales de linfocitos, los linfocitos B.

22. a) Los leucocitos.

Tema 12

Interacciones en el medio natural. Ecosistemas

Introducción

Los seres vivos no se encuentran aislados sino que viven con otros individuos, tanto de su misma especie como de otras, con los que establecen relaciones.

La vida de un organismo no sólo está condicionada por los demás seres vivos, sino también por el lugar que habita, el cual queda determinado por sus características (luz, temperatura, humedad, composición del suelo, salinidad del agua, etc.).

Se denomina **medio ambiente** a todo aquello que rodea a un ser vivo y que ejerce influencia sobre su vida. Por tanto, el medio ambiente lo forman los demás seres vivos y el lugar donde habitan (determinado por unas características concretas).

Las interacciones entre los seres vivos y el medio ambiente son continuas y determinan la evolución de aquellos. Los seres vivos han ido evolucionando generación tras generación adaptándose cada vez mejor a su medio. Como consecuencia de esta adaptación, cada especie consigue desenvolverse eficazmente en un tipo determinado de medio; así, por ejemplo, los peces presentan una serie de adaptaciones físicas (aletas, branquias, etc.) que les permiten vivir en un medio acuático.

La dependencia de los seres vivos con su medio es total y absoluta, pues como sabemos, los seres vivos necesitan tomar del exterior materia y energía para mantener su actividad vital. Esta materia y energía procede del medio y en última instancia vuelve de nuevo al medio (excrementos, cadáveres, etc.).

De la interrelación entre los seres vivos y el medio ambiente surge un nivel de organización de la materia viva que trasciende del propio individuo, el **ecosistema**. Un ecosistema es el conjunto formado por el medio, determinado por sus características, y los seres vivos que habitan en él, así como las relaciones entre ambos. La **Ecología** es la rama de la Biología que los estudia.

En un ecosistema el nivel básico lo constituye el **organismo** (el individuo). El siguiente nivel es la **población**, formada por todos los individuos de una misma especie. Por último está la **comunidad** o **biocenosis**, constituida por todas las poblaciones del ecosistema.

1. Concepto de especie, población y comunidad

En primera aproximación se considera **especie** a un conjunto de individuos morfológicamente similares, que pueden reproducirse entre ellos originando descendientes fértiles que se parecen tanto entre sí como a sus progenitores. La semejanza morfológica y la capacidad reproductora, aludidos en la definición anterior, son los criterios que más han sido utilizados para separar las especies, pero algunas veces son insuficientes; por ello se ha tratado de buscar otras características diferenciadoras como: aspectos bioquímicos, genéticos, inmunológicos y ecológicos; sin embargo, tampoco logran establecer límites precisos que permitan separar de forma tajante unas especies de otras.

La causa por la que resulta tan difícil conceptualizar la especie radica en que ésta es una unidad "dinámica" y "múltiple", dinámica porque la especie está en continua evolución, y múltiple porque una especie agrupa a un determinado número de subespecies (razas o variedades), de tal forma que lo que hoy son subespecies pertenecientes a una misma especie, en el futuro pueden originar especies nuevas. Estos aspectos serán tratados con mayor profundidad en el apartado "Especies y mecanismos de especiación" correspondiente al tema 13: "El hecho biológico de la evolución".

La **población** se define como el conjunto de individuos de la misma especie que habitan en la misma zona en un momento determinado.

La **comunidad** o **biocenosis** es el conjunto de las distintas poblaciones que habitan en la misma zona en un momento determinado.

Entre los individuos que forman una población o una comunidad se establecen relaciones mutuas. La población y la comunidad no pueden ser consideradas como conjuntos de individuos independientes, sino que constituyen auténticas unidades biológicas dotadas de estructura y organización propia.

2. Ecosistema. Factores bióticos y abióticos

El **ecosistema** es un nivel de organización complejo formado por el conjunto de organismos de diversas especies que viven juntas (**biocenosis** o **comunidad**) y los factores que definen el marco ambiental donde viven (**biotopo**) (figura 1).

FIGURA 1. *La estructura de un ecosistema.*

La extensión que ocupa un ecosistema es muy variable, puede reducirse a una zona de tamaño muy reducido, como es el caso de una charca, o abarcar una extensión de miles de kilómetros cuadrados, como los bosques tropicales. Así mismo, dentro de un ecosistema pueden individualizarse otros menores, esta individualización es subjetiva, depende del tipo de estudio que se quiera realizar, pero siempre tienen que mostrar unas características ambientales que las delimiten.

Cuando en un ecosistema no existen unos límites bien definidos se crean zonas de transición con los ecosistemas vecinos llamadas **ecotonos**, en ellas se produce un intercambio continuo; estos ecosistemas se dice que son **abiertos**. Por el contrario, un ecosistema se dice que es **cerrado** si está delimitado por barreras que impidan el intercambio con otros ecosistemas, en realidad el único ecosistema estrictamente cerrado es el ecosistema constituido por la Tierra y la biosfera, al que se le denomina **ecosfera**.

Cada ecosistema se caracteriza por dos tipos de factores: los **factores bióticos** y los **factores abióticos**.

Los factores bióticos, de naturaleza viva, están constituidos por los seres vivos que componen el ecosistema, es decir, la biocenosis; entre ellos se establecen relaciones e interdependencias de tipo alimenticio, reproductor, competitivo y de ayuda mutua, principalmente.

Los factores abióticos, de tipo físico-químico, como: composición y temperatura del aire, agua y suelo, grado de humedad del aire y suelo, presión atmosférica e hidrostática, vientos, corrientes de agua, la luz, etc. Cada organismo presenta unos límites de tolerancia frente a estos factores, que cuando son rebasados hacen imposible su supervivencia, y unos valores óptimos que permiten su actividad en todo su esplendor.

Estos factores, tanto los bióticos como los abióticos, actúan como reguladores de las distintas poblaciones que forman cada ecosistema condicionando el equilibrio entre ellas, así como su evolución.

Es conveniente, con el fin de establecer diferencias, comprender los siguientes conceptos:

- **Biotopo**: espacio físico, natural y limitado en el cual vive una biocenosis. Se refiere a un ecosistema.
- **Hábitat**: medio físico y geográfico en el que vive naturalmente una especie. Se refiere a una especie concreta. Así, el hábitat del león lo constituyen las zonas geográficas donde el león vive en la Naturaleza.
- **Nicho ecológico**: papel funcional que desempeña una especie en una biocenosis. Por ejemplo: el buitre ocupa el nicho de los carroñeros, es decir, su papel en el ecosistema es consumir animales muertos.

3. Estructura trófica de un ecosistema

Entre los distintos individuos que forman un ecosistema se establecen **relaciones tróficas** (de nutrición) que determinan el flujo de materia y energía en el ecosistema.

3.1. Niveles tróficos del ecosistema

La forma de obtener materia y energía permite clasificar a los organismos en grupos denominados niveles tróficos.

La energía y la materia circulan a través de los distintos niveles tróficos, de forma que los organismos de un nivel son la fuente de alimentación de los del nivel trófico siguiente.

En los ecosistemas se distinguen los siguientes niveles tróficos:

- **Organismos productores**. Generalmente vegetales autótrofos fotosintéticos, que toman la energía de la luz del sol y materia inorgánica (agua, sales minerales y dióxido de carbono) del suelo y del aire, transformándola en materia orgánica.
- **Consumidores primarios**. Son heterótrofos, se alimentan directamente de los organismos productores. Este nivel está constituido por los animales herbívoros o fitófagos.
- **Consumidores secundarios**. Se nutren de los consumidores primarios, son por tanto, los animales carnívoros o zoófagos. Dentro del nivel de consumidores secundarios pueden establecerse distintos subniveles, pues muchos carnívoros se alimentan de otros carnívoros, y animales parásitos se nutren a expensas de carnívoros. Surgen así dos subniveles: **carnívoros primarios**, y **carnívoros secundarios**.
- **Organismos descomponedores**. Se alimentan de los productos de desecho (excrementos) y cadáveres de los organismos pertenecientes a los niveles anteriores, descomponiendo la materia orgánica en materia inorgánica que es devuelta al suelo, completando de esta forma el ciclo de la materia. Este nivel lo integran bacterias y hongos.
- **Organismos transformadores**. Transforman sustancias inorgánicas en otras aprovechables por los organismos productores. Pertenecen a este nivel ciertas bacterias que incorporan al suelo el nitrógeno del aire formando amoníaco, y las "bacterias nitrificantes" que transforman el amoníaco en nitratos.

Las relaciones tróficas entre estos niveles se representan en el esquema 1.

Se denomina **cadena trófica** o **alimentaria** a la sucesión de organismos vivos que se nutren unos de otros según un orden determinado (figura 2). Un ejemplo de cadena trófica es el siguiente:

Romero → Abeja → Tordo → Halcón

FIGURA 2. *Ejemplo de cadena trófica.*

Las diversas cadenas tróficas de un ecosistema están interconectadas, presentan eslabones comunes, formando lo que se denomina **red trófica** o **alimentaria** (figura 3); así en el ejemplo anterior: otros animales se nutren del romero como las mariposas, las abejas se nutren de flores de otras plantas, las abejas son consumidas por otros animales, el tordo consume otros insectos, etc.

Mientras más elevado es el lugar que ocupa una especie en una cadena trófica, mayor extensión de territorio necesita para disponer de alimentos. Por ello el número de eslabones de una cadena trófica no suele ser superior a cuatro.

3.2. Productividad del ecosistema

En los ecosistemas, a través de las cadenas alimentarias se transfiere materia y energía de unos niveles tróficos a otros. En estas

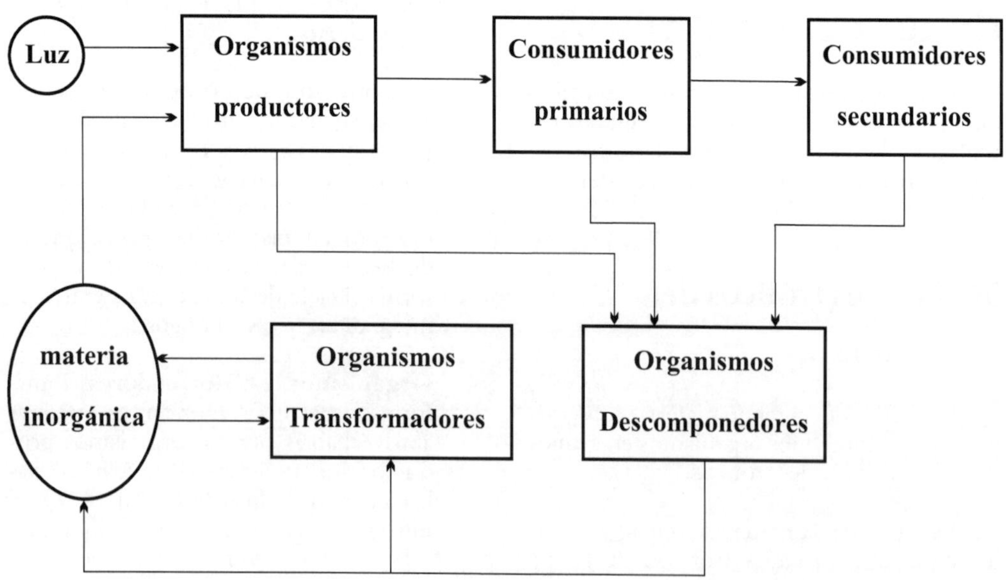

ESQUEMA 1. *Flujo de la materia a través de los niveles tróficos de un ecosistema.*

transferencias se producen pérdidas, pues los organismos consumidores no aprovechan toda la materia orgánica contenida en los alimentos, gran parte de la misma no es asimilada y es expulsada al exterior formando las heces fecales; además, parte de la materia orgánica asimilada será consumida en la respiración para obtener la energía que el organismo necesita para llevar a cabo sus actividades. La **producción**, es decir, el aumento de la cantidad de materia orgánica, de cada nivel trófico, viene condicionada por estas pérdidas.

Se denomina **biomasa** a la cantidad de materia viva que hay en el ecosistema. Se expresa en unidades de masa por unidad de superficie.

La **productividad** se define como el aumento de biomasa por unidad de tiempo y superficie. En función del nivel trófico podemos considerar una productividad basal o primaria y otra productividad secundaria.

- La **productividad basal** o **primaria** corresponde a los productores; representa, por tanto, el aumento de biomasa de productores por unidad de tiempo y superficie.

- La **productividad secundaria** corresponde al resto de los niveles tróficos (consumidores y descomponedores). Debido a las pérdidas, esta productividad es menor que la primaria y va disminuyendo a medida que avanzamos en las cadenas alimenticias.

Tanto en la productividad primaria como en la secundaria hay que distinguir entre productividad bruta y productividad neta.

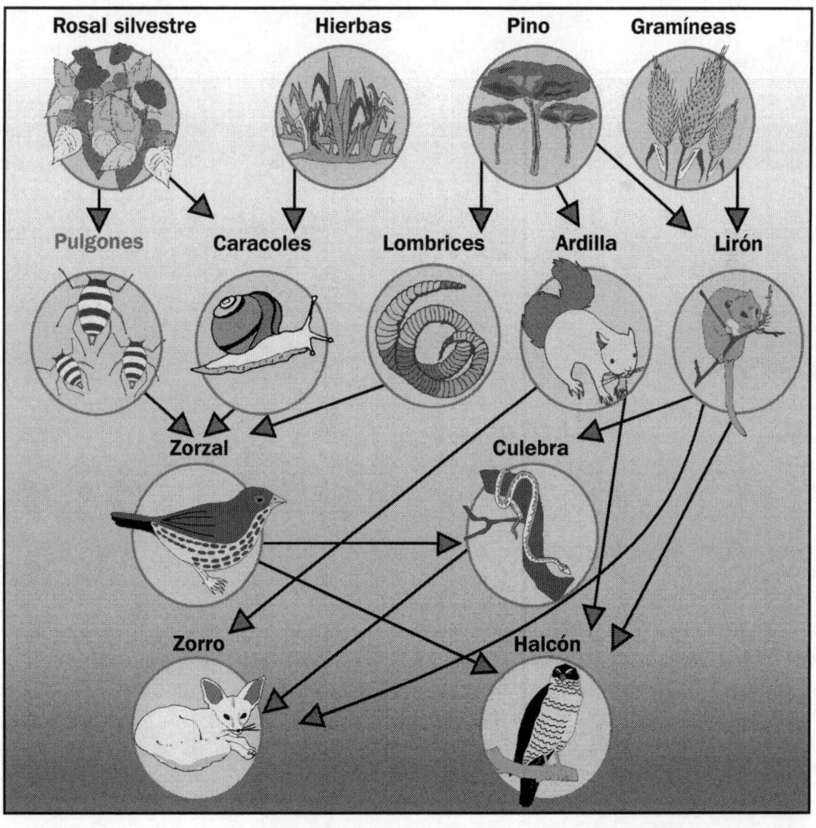

FIGURA 3. *Ejemplo de red trófica.*

– La **productividad bruta** considera toda la materia viva producida por los seres vivos de cualquier nivel trófico.

– La **productividad neta** únicamente considera la materia disponible para alimentar al siguiente nivel trófico. Para ello, a la biomasa producida se le descuenta la materia gastada en los procesos respiratorios o desperdiciadas como excrementos o desechos.

3.3. Pirámides tróficas

Se denominan **pirámides tróficas** a las gráficas, con la forma de pirámide escalonada, que se obtienen al representar mediante rectángulos los distintos niveles tróficos de un ecosistema.

En la base de la pirámide se representa el primer nivel trófico, es decir, los productores, y encima los consumidores primarios, luego los consumidores secundarios y, por último, los descomponedores que se representan en la cima (figura 4).

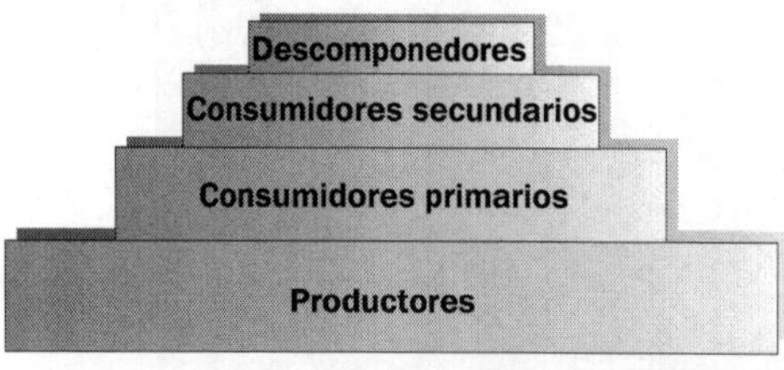

FIGURA 4. *Pirámide trófica.*

En el paso de un nivel a otro superior hay una pérdida de energía.

La energía que fijan los productores en la fotosíntesis no pasa íntegramente al nivel siguiente, ya que los propios productores gastan parte de la misma en los procesos respiratorios y únicamente la energía almacenada en forma de tejidos es la que puede ser utilizada por el siguiente nivel trófico, es decir, por los consumidores primarios. Otro tanto ocurre con los consumidores, que además de no aprovechar toda la materia orgánica contenida en los alimentos, gastan parte de la energía asimilada en realizar sus actividades vitales. Por estos motivos, la cantidad de energía que se transfiere de un nivel trófico al siguiente disminuye conforme avanzamos en las cadenas tróficas.

Esta pérdida sucesiva de energía limita en cuatro o cinco el número de eslabones de una cadena trófica.

Existen diferentes tipos de pirámides tróficas como: las pirámides de números, las pirámides de biomasa y las pirámides de producción.

■ Pirámides de números

Representan el número de individuos de cada nivel trófico necesarios para alimentar al siguiente nivel. El área de cada rectángulo que forma la pirámide es proporcional al número de individuos. Por ejemplo: se necesitarán 100 hojas para alimentar a cuatro ratones, que a su vez alimentarán a una lechuza (figura 5).

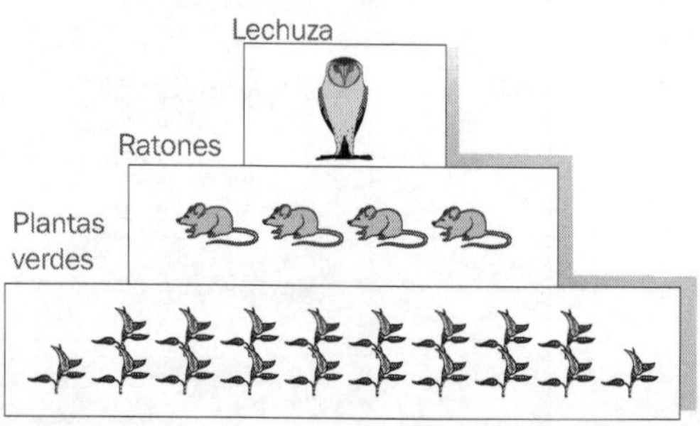

FIGURA 5 *Pirámide de números.*

■ Pirámides de biomasa

Representan la biomasa de cada nivel trófico. El área de cada rectángulo es proporcional a la biomasa de los individuos que forman ese nivel. Esta área disminuye hacia arriba debido a que hay una pérdida de masa y energía en cada transferencia. En ocasiones pueden presentarse niveles con mayor biomasa que el nivel inferior; es el caso del ecosistema marino en el que el fitoplancton experimenta una rápida renovación, lo cual permite sustentar a una mayor biomasa de zooplancton (figura 6).

■ Pirámides de producción

Representan la producción de cada nivel trófico; la producción de los niveles inferiores es mayor que la de los niveles superiores (figura 7).

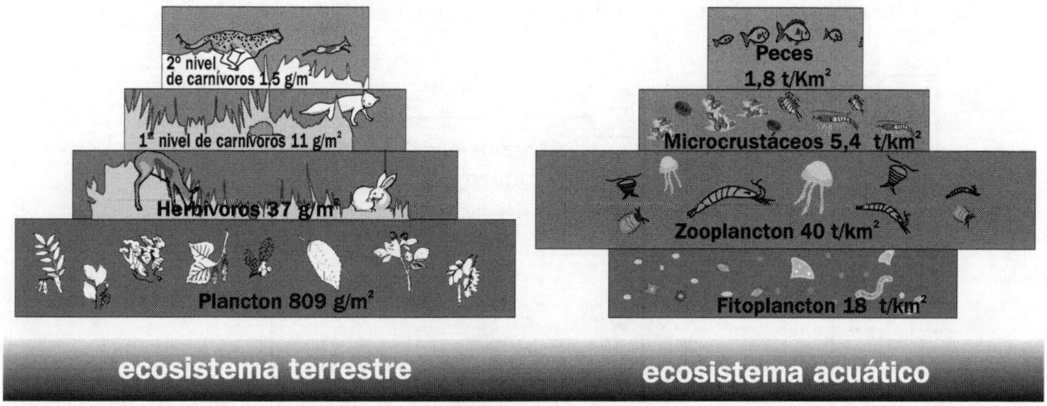

FIGURA 6. *Pirámides de biomasa.*

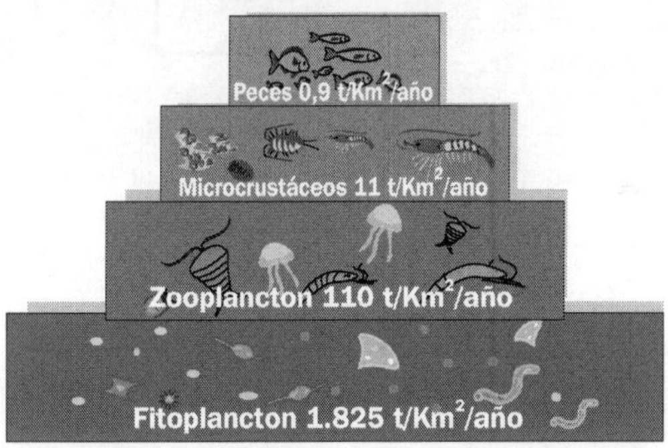

FIGURA 7. *Pirámide de producción (ecosistema marino).*

4. Ciclo de materia y energía en un ecosistema

4.1. Ciclo de la materia

El flujo de materia en un ecosistema es cíclico, es decir, la materia, incorporada del medio (suelo y aire) por los organismos productores, sufre diversas transformaciones al pasar por cada uno de los niveles tróficos para volver finalmente al medio. Este ciclo general de la materia se muestra en el esquema 1.

Dentro del ciclo de la materia podemos considerar los siguientes ciclos bioquímicos:

- **Ciclo del agua** (esquema 2). El agua incorporada directamente del medio por los organismos productores es utilizada para la síntesis de materia orgánica y para incorporarla a su cuerpo (recuérdese que el 75% de la materia viva es agua), una parte es devuelta al medio a través de la transpiración y la respiración. Los consumidores toman el agua contenida en los alimentos que ingieren y directamente del medio (bebiendo), parte de la misma vuelve al medio a través de la respiración, excreción y defecación. Los productos de desecho y restos de productores y consumidores muertos devuelven el agua al medio por la desecación de los mismos y por la acción de los organismos descomponedores que producen la desintegración de la materia orgánica.

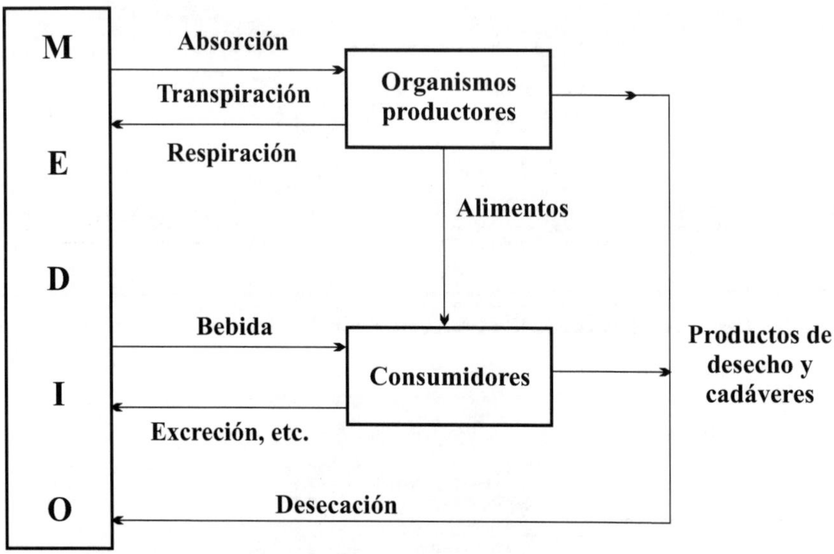

ESQUEMA 2. *Ciclo del agua.*

– **Ciclo del carbono** (esquema 3). Los organismos productores incorporan el carbono, mediante la síntesis de materia orgánica, contenido en el dióxido de carbono que toman del aire o la hidrosfera (el agua contiene dióxido de carbono en disolución). El carbono contenido en los principios inmediatos de los productores pasa a los consumidores a través de la alimentación, de igual manera pasa a los descomponedores al nutrirse de restos y cadáveres de productores y consumidores. Una parte del carbono incorporado por estos organismos (productores, consumidores y descomponedores) es devuelta al medio en el dióxido de carbono que desprenden en su respiración; otra parte también vuelve al medio en el dióxido de carbono que se forma en la descomposición de restos y cadáveres por la acción de los descomponedores. Sin embargo el carbono, contenido en conchas, caparazones, esqueletos, etc. en forma de carbonatos queda en el suelo (este es el origen de las rocas calizas) y por tanto separado del ciclo. Algunas veces los cadáveres quedan en condiciones anaeróbicas (en ausencia de oxígeno) y no pueden ser descompuestos por lo que el carbono que contienen también queda apartado del ciclo (es el origen de los combustibles fósiles: carbón y petróleo).

Los fenómenos de vulcanismo y el hombre pueden actuar sobre las calizas y combustibles fósiles devolviendo el carbono a la atmósfera en forma de dióxido de carbono.

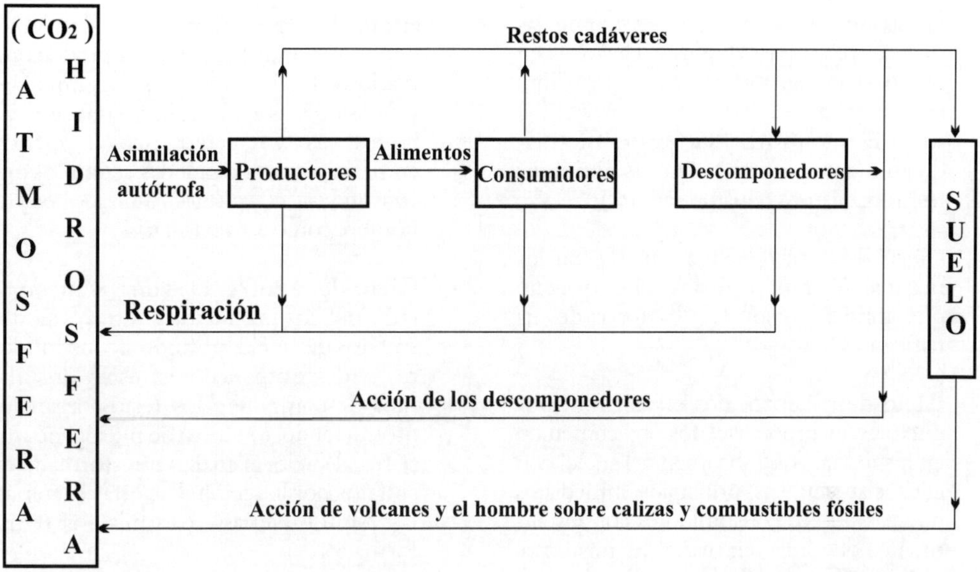

ESQUEMA 3. *Ciclo del carbono.*

- **Ciclo del nitrógeno** (esquema 4). Los organismos productores incorporan el nitrógeno, contenido en los nitratos que absorben del suelo, con el que elaboran los principios inmediatos, que pasan a los consumidores a través de la alimentación. Parte del nitrógeno contenido en los principios inmediatos de los restos y cadáveres de productores y consumidores pasa a los descomponedores en su nutrición, el resto queda en el amoníaco producido en la descomposición de la materia orgánica que realizan estos organismos, este amoníaco se fija al suelo.

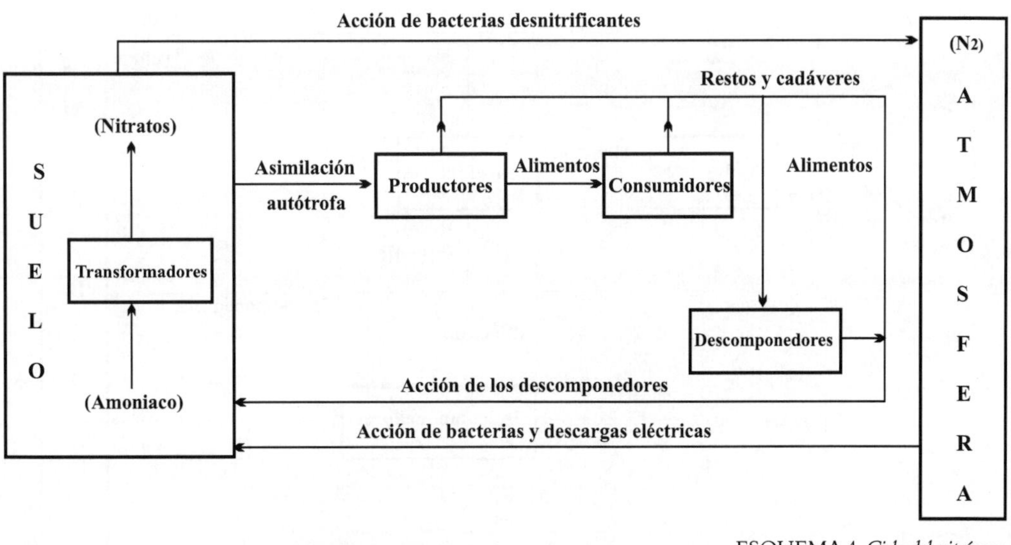

ESQUEMA 4. *Ciclo del nitrógeno.*

La acción de ciertas bacterias (como las bacteriorrizas) y las descargas eléctricas en la atmósfera transforman el nitrógeno libre del aire en amoníaco que también se fija al suelo. El amoníaco del suelo es transformado en nitratos por las "bacterias nitrificantes" (organismos transformadores).

Ciertas bacterias pueden transformar los nitratos liberando al aire el nitrógeno que contienen, son las "bacterias desnitrificantes".

- **Ciclo del fósforo**. Los organismos productores incorporan el fósforo contenido en los fosfatos que absorben del suelo, con ellos elaboran sus principios inmediatos que pasan a los consumidores con los alimentos que ingieren, parte del mismo es incorporado por los descomponedores al nutrirse de restos y cadáveres de productores y consumidores, y el resto del fósforo es reintegrado al suelo en forma de fosfatos por la acción de los descomponedores sobre la materia orgánica. En el fondo del mar se acumulan grandes cantidades de fosfatos procedentes de los ríos que los transportan disueltos y de sedimentos de restos de seres vivos, estos fosfatos afloran a la superficie arrastrados por corrientes ascendentes donde son utilizados por los productores marinos, de ellos pasan a los consumidores, y de éstos a las aves marinas, las cuales depositan sus excrementos, ricos en fosfatos, en tierra formando grandes acúmulos que constituyen el "guano" utilizado por el hombre como abono fosfatado.

- **Ciclo del azufre**. El azufre es incorporado por los productores a través de los sulfatos del suelo, pasando a consumidores y descomponedores, estos organismos descomponen los restos orgánicos produciéndose sulfuro de hidrógeno que se fija al suelo, el cual es transformado en sulfatos por la acción de ciertas bacterias, las "sulfobacterias", (organismos transformadores).

4.2. El flujo de la energía

Al contrario que la materia, la energía en un ecosistema no sigue una trayectoria cíclica, es decir, la energía fluye de un nivel trófico a otro pero una vez utilizada no vuelve al ecosistema (esquema 5).

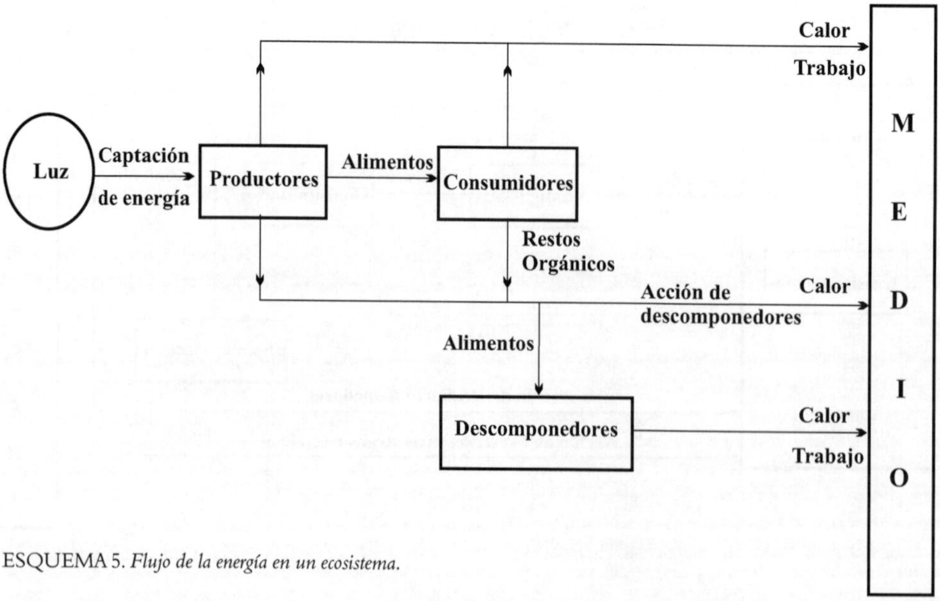

ESQUEMA 5. *Flujo de la energía en un ecosistema.*

La fuente de energía de un ecosistema es, casi exclusivamente, la luz solar; ésta es captada por los organismos autótrofos fotosintéticos (productores) y transformada en energía química, es decir, estos organismos utilizan la energía luminosa para sintetizar a partir de sustancias minerales, pobres en contenido energético, los principios inmediatos, principalmente glúcidos, que contienen en sus enlaces gran cantidad de energía (energía química). Los organismos heterótrofos (consumidores y descomponedores) toman la energía química contenida en los alimentos que ingieren. Todos los organismos, tanto autótrofos como heterótrofos, utilizan la energía química para llevar a cabo las reacciones metabólicas que la necesitan (reacciones endotérmicas) y la consumen para realizar trabajo físico. En otras reacciones metabólicas se libera energía en forma de calor (reacciones exotérmicas) que es comunicado al medio.

En la descomposición de los restos orgánicos por los organismos descomponedores, también se libera energía calorífica que es absorbida por el medio.

5. Dinámica de poblaciones de un ecosistema

La dinámica de las poblaciones de un ecosistema, o ecología de las poblaciones, es el estudio de la variación en el tiempo de las poblaciones que componen la biocenosis de un ecosistema, este estudio comprende el análisis de las características de cada población expresadas a través de parámetros estadísticos; éstos principalmente son:

- **Densidad de una población**. Es la cantidad de individuos por unidad de superficie o de volumen; esta cantidad puede venir dada por el número de individuos o por la biomasa según el estudio que se pretenda realizar. Si la cantidad está referida a todo espacio que ocupa el ecosistema, se habla de **densidad bruta**, y **densidad específica** o **ecología** si sólo se refiere al espacio en que puede vivir la especie. La **densidad óptima** es la que puede admitir el ecosistema sin que se produzcan desequilibrios; la **densidad mínima** es aquella por debajo de la cual la especie corre el peligro de no poder recuperar la densidad óptima; por encima de la **densidad máxima** se producen graves desequilibrios motivados fundamentalmente por competencias.

- **Tasas de natalidad y de mortalidad**. La **tasa de natalidad potencial** o **teórica** es el número máximo de nacimientos por unidad de tiempo que puede darse en una población en condiciones ideales, es decir, cuando no está sometida a factores limitantes; cuando esta natalidad está referida a las condiciones ambientales reales se habla de **tasa de natalidad real** o **ecológica**.

  La **tasa de mortalidad potencial** o **teórica** es el número mínimo de muertes por unidad de tiempo en condiciones ideales, es decir, cuando éstas se deben al envejecimiento; la **tasa de mortalidad real** o **ecológica** está referida a las condiciones reales existentes en el medio.

- **Tasas de inmigración y de emigración**. La **tasa de inmigración** es el número de individuos por unidad de tiempo que ingresan en la población procedentes de otros territorios. La **tasa de emigración** es el número de individuos de la población que abandonan el territorio por unidad de tiempo.

- **Tasa de crecimiento. Curvas de crecimiento**. La **tasa de crecimiento** de una población es la diferencia entre la suma de las tasas de natalidad e inmigración, y la suma de las tasas de mortalidad y de emigración. Si ésta es positiva la población crece y si es negativa disminuye.

Cuando una población se asienta en un territorio, en el supuesto teórico de que en éste no existan factores limitantes, la natalidad será máxima (natalidad potencial) y la mortalidad mínima (mortalidad potencial), si además consideramos que no se producen inmigraciones ni emigraciones, o que el número de éstas es igual al de aquellas, la población crecerá en progresión geométrica, ilimitadamente; la representación gráfica de este **crecimiento potencial** corresponde a una curva exponencial, es decir, en forma de "J" (figura 8-a). Pero, como en el medio siempre hay una serie de factores desfavorables que constituyen lo que se denomina **resistencia ambiental** (el propio crecimiento de la población constituye principalmente uno de estos factores), la natalidad disminuirá y la mortalidad crecerá (natalidad y mortalidad reales), y el crecimiento de la población se verá progresivamente frenado hasta anularse, entonces se dice que la población está en **equilibrio** o **estabilizada** (el número de nacimientos se compensa con el de muertes); la representación gráfica de este **crecimiento real** o **efectivo** es una curva en forma de "**S**", denominada **curva sigmoidal** o **logística**, que tiende asintóticamente hacia un valor determinado del número de individuos (figura 8-b).

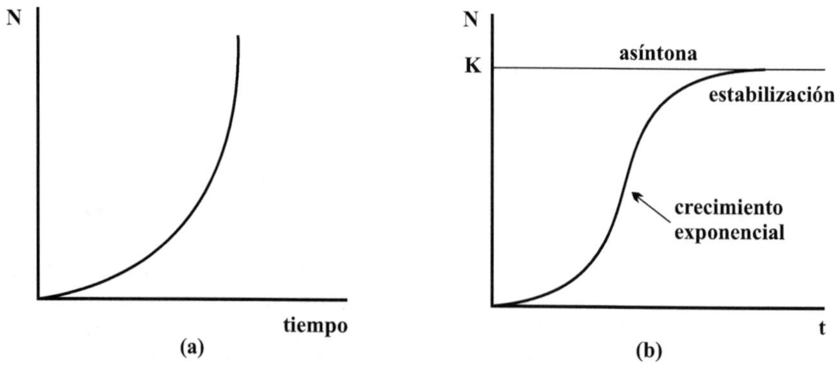

FIGURA 8. *Curvas de crecimiento: a) crecimiento potencial (curva exponencial) y b) crecimiento real (curva sigmoidal o logística).*

– **Fluctuaciones de una población**. La estabilización de una población no significa que el número de individuos permanezca constante a lo largo del tiempo, este número experimenta oscilaciones periódicas alrededor de un valor fijo, debidas al predominio alternativo de natalidad o mortalidad a lo largo del tiempo, estas **fluctuaciones** de la población se manifiestan en la gráfica de crecimiento mediante una serie de máximos y mínimos situados a un lado y otro de la recta asintótica (figura 9-a).

Algunas poblaciones experimentan un rápido crecimiento llegando a un máximo para luego caer bruscamente hasta un valor mínimo, a partir del cual se produce un nuevo ciclo (figura 9-b). En ocasiones, el valor máximo alcanzado en cada ciclo es menor que en el ciclo anterior (figura 9-c), debido a que los recursos del medio se van agotando y este puede soportar cada vez un número menor de individuos.

Las causas de las fluctuaciones de las poblaciones son muy variadas, pero fundamentalmente se deben a dos tipos de factores: climáticos y de densidad, los primeros inciden más en los animales poiquilotermos (de sangre fría) y los segundos en los homeotermos (de sangre caliente).

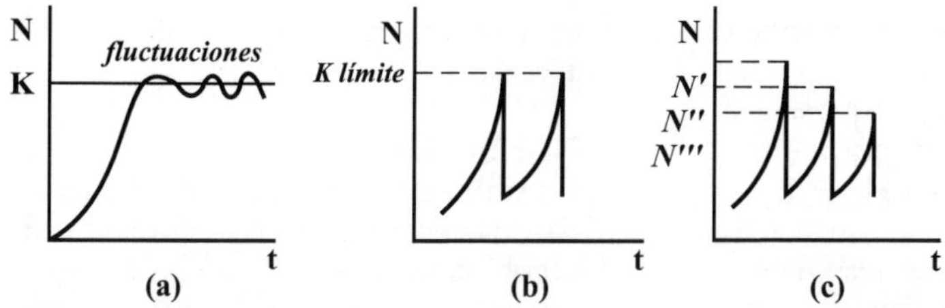

FIGURA 9. Gráficas correspondientes a distintos tipos de fluctuaciones de una población.

- **Dispersión de la población**. Es la tendencia de los individuos o de algunos elementos (como las semillas) a trasladarse del territorio que ocupan; puede adoptar dos formas: **emigración** y **migración,** en la primera los individuos abandonan el territorio para no volver, mientras que en la segunda los individuos regresan nuevamente al lugar de partida. La dispersión está condicionada por las barreras geográficas y por la capacidad de movimiento. En los animales más evolucionados la dispersión se realiza por su propio desplazamiento en direcciones características para cada especie (ejemplo: las aves migratorias), mientras que las plantas y organismos menos evolucionados se dispersan en todas las direcciones, predominando aquellas que con más frecuencia sigan los agentes que los transportan (vientos, corrientes de agua, animales, etcétera).

- **Distribución espacial de la población y territorialidad**. Los individuos de una población pueden distribuirse en el territorio que ocupan de tres formas diferentes: **al azar**, **uniforme** y **por agregados** (figura 10). La distribución al azar se da en especies que no tienen tendencias a agruparse y viven en ambientes muy favorables en los que no hay problemas de competencia. La distribución uniforme se da cuando existe una fuerte competencia, los individuos se reparten el territorio y muestran una inclinación a ocuparlo y defenderlo del intrusismo de otros de su misma especie (**territorialidad**). La distribución por agregados se produce cuando la población se reparte el territorio formando grupos de composición variable en cuanto al número de individuos de cada uno.

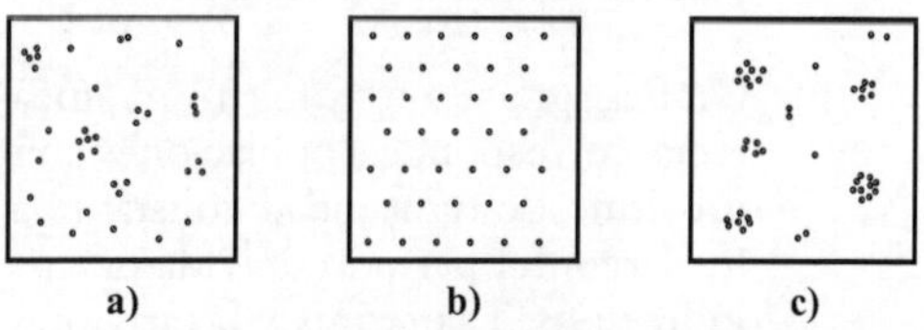

FIGURA 10. Distribución espacial de una población: a) al azar, b) uniforme y c) por agregados.

La territorialidad facilita al individuo la obtención del alimento y proporciona refugios para la anidación y las crías, mientras que la agrupación permite una mayor supervivencia de la especie en condiciones desfavorables, pues mejora la capacidad defensiva, facilita la reproducción y permite la división del trabajo, sin embargo, favorece la competencia entre los miembros del grupo. Algunas especies en ciertos períodos de su vida se agrupan y en otros se aíslan.

- **Curvas de supervivencia**. Son gráficas que representan el número de supervivientes de una población en función de la longevidad media de la especie; como ésta es muy diferente de unas especies a otras, para poder hacer comparaciones de supervivencia entre distintas especies, en el eje de abscisas la unidad representa la longevidad media de la especie, y en el de ordenadas al número de supervivientes que van quedando a partir de mil individuos iniciales, representado en escala logarítmica (obsérvese en la figura que el eje de ordenadas está dividido en tres segmentos iguales que corresponden a 10, 100 y 1.000 individuos respectivamente). En general se pueden presentar los tres tipos de curvas de supervivencia que se muestran en la figura 11:

a) Curva muy cóncava, corresponde a poblaciones que presentan una mortalidad muy elevada en las primeras etapas de la vida de sus individuos, disminuyendo considerablemente en las etapas posteriores. Es el caso de la gran mayoría de invertebrados y de algunas aves.

b) Gráfica que se aproxima a una línea recta, corresponde a poblaciones con un ritmo de mortalidad constante a los largo del período de vida de sus individuos. Las hidras y las gaviotas la presentan.

c) Curva muy convexa, se da en poblaciones en las que la mortalidad es muy escasa en las primeras etapas de la vida de sus individuos, para luego aumentar muy rápidamente en la última etapa. Este es el caso del hombre así como el de muchos mamíferos.

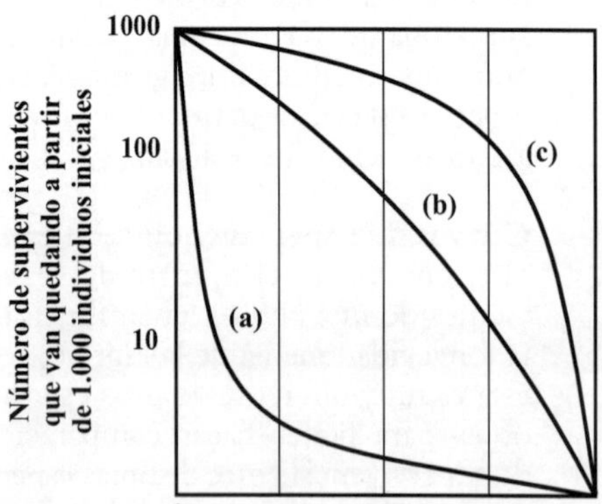

FIGURA 11. *Curvas de supervivencia.*

Las curvas de supervivencia muestran la edad en que una especie presenta mayor mortalidad, dato de gran interés para llevar a cabo acciones en la lucha contra las plagas agrícolas, regulación de reservas de caza, etc.

– **Distribución de los individuos de la población por edades**. Es una de las características más importantes de la población, pues permite conocer su evolución ya que la mortalidad y la capacidad reproductora están en función de la edad. Según su edad los individuos de la población se clasifican en tres grupos: los que se encuentran en la etapa prerreproductora, los que están en período reproductor, y los que han perdido la capacidad reproductora (etapa posreproductora); la duración de cada una de estas etapas varía considerablemente de unas especies a otras, pudiendo incluso no presentarse la etapa posreproductora, como es el caso de los insectos (que además tienen un período prerreproductor bastante largo).

La distribución de una población por edades se representa en diagramas de barras horizontales, formando una especie de polígono; cada barra, que representa un intervalo de edad, tiene una longitud proporcional al número de individuos de la población comprendido en ese intervalo. En ocasiones estas gráficas se presentan divididas en dos mitades, cada una de las cuales corresponde a un sexo.

Al representar mediante diagramas de barras la distribución por edades de una población, se pueden dar, en general, tres casos (figura 12):

a) Polígono con una base muy ancha; predominan los individuos jóvenes y la población tiende a crecer.

b) Triángulo: ligero predominio de individuos jóvenes, la población es estable.

c) Polígono con una base pequeña: predominan los individuos menos jóvenes, la población es senil o decadente.

Una característica de las poblaciones respecto a la distribución de edades, es que si se elimina un número de individuos de una determinada edad, al cabo de cierto tiempo la población recupera su distribución inicial.

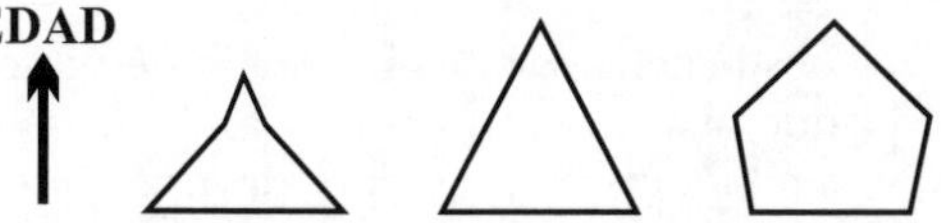

FIGURA 12. *Polígonos que se pueden obtener al representar la distribución por edades de una población.*

6. Relaciones intraespecíficas

Las relaciones entre individuos de una misma población se denominan **relaciones intraespecíficas**; como resultado de estas relaciones los individuos se agrupan formando asociaciones que pueden durar un tiempo limitado (**agrupaciones temporales**) o prácticamente toda la vida (**agrupaciones perennes**) e incluso, como es el caso de los insectos sociales, persistir sobrepasando la duración de la vida de sus individuos.

De estas agrupaciones intraespecíficas se derivan consecuencias para la población que unas veces son favorables y otras perjudiciales. Entre las favorables destacan: mayor capacidad de defensa frente a los depredadores o a los agentes climáticos adversos, mayor facilidad para la reproducción, y en muchos casos permite una división del trabajo a través de organizaciones más o menos complejas. Las consecuencias negativas derivan de la competencia que se establece entre sus individuos cuando el número de estos en la población sobrepasa los límites que puede soportar el medio; esta competencia se manifiesta principalmente en: la consecución de alimento, espacio, luz, etc., y en la reproducción.

En función de las relaciones que se establecen entre los individuos se distinguen los siguientes tipos de asociaciones intraespecíficas:

- **Asociaciones familiares**. Los individuos que las integran presentan algún vínculo de parentesco. Estas asociaciones tienen su origen en una pareja de diferente sexo (o un macho y varias hembras) que se procrean originando una familia. Las relaciones que se establecen entre sus componentes son: el apareamiento, la alimentación y cuidado de las crías, etc.

  Se distinguen diversos tipos de asociaciones familiares: **parental monógama**, formada por una pareja y sus hijos; **parental polígama**, constituida por un macho, varias hembras y su prole; **matriarcal**, integrada por la madre y sus hijos; **patriarcal**, la forma el padre y sus hijos; y **filial**, constituida únicamente por las crías.

  Cuando la agrupación familiar se extiende a descendientes originados por la reproducción entre hermanos, primos, etc., constituye lo que se denomina un **clan**.

- **Asociaciones coloniales**. Los individuos que la forma denominados **zoides**, se encuentran materialmente unidos entre sí y comunicados por una amplia red de tubos, constituyendo las denominadas **colonias**. Las colonias se originan por gemación (reproducción asexual) de un primer progenitor y de sus descendientes. Cuando los zoides son todos iguales la colonia se denomina **homomorfa** (ejemplos: corales y madréporas), cuando se diferencian varios tipos de zoides la colonia se llama **heteromorfa** (ejemplo: los sifonóforos); estas diferencias morfológicas entre los distintos tipos de zoides que forman la colonia se debe a la especialización para realizar funciones determinadas, como consecuencia de la división del trabajo en la colonia.

- **Asociaciones gregarias**. Entre los individuos que la integran, generalmente no existen vínculos de parentesco. Estas asociaciones se originan bien porque sus integrantes son transportados por el viento o el agua, que los acumula en un determinado lugar (como es el caso de plantas, mosquitos y otros insectos o de algunas algas), o bien por la propia locomoción de sus integrantes hacia un lugar, orientados por un estímulo del medio (luz, humedad, alimentos, etc.) o por atracción entre ellos, como es el caso de bancos de peces, bandadas de aves e insectos y manadas de mamíferos.

  Las asociaciones gregarias en muchos casos son temporales, formándose con algún fin determinado (defensa, búsqueda de alimentos, emigraciones o migraciones, etc.), para una vez alcanzado volverse a separar.

- **Asociaciones estatales**. Forman este tipo de asociación los denominados insectos sociales (abejas, hormigas, termes y avispas). En ellas la división del trabajo es tan acentuada que sus individuos presentan grandes diferencias morfológicas y funcionales, y no pueden sobrevivir aislados de la sociedad que forman.

7. Relaciones interespecíficas

Las interrelaciones entre individuos de distintas especies pertenecientes a una comunidad se denominan **relaciones interespecíficas**. Desde el punto de vista de que, como consecuencia de estas relaciones resulten beneficiadas, perjudicadas o indiferentes ambas, una o ninguna de las especies, se distinguen los siguientes tipos de relaciones interespecíficas:

- **Mutualismo y simbiosis**. El **mutualismo** es aquella relación en la que las dos especies resultan beneficiadas. Cuando el mutualismo se realiza de manera que los individuos unen íntimamente sus cuerpos, existiendo entre ellos una relación anatómica-funcional, se denomina **simbiosis**.

  Los beneficios que obtienen las especies que mantienen relaciones mutualistas o simbióticas son siempre de tipo nutritivo, aunque muchas veces también les proporciona otro tipo de beneficios. Así los líquenes, que resultan de la relación simbiótica de un alga y un hongo (el alga realiza la fotosíntesis y el hongo proporciona humedad), tienen una gran resistencia frente a condiciones ambientales muy adversas que no podrían soportar el alga y el hongo por separado. Otro ejemplo lo constituye el mutualismo entre los herbívoros (o los termes) y determinadas bacterias y protozoos que viven en el tubo digestivo de aquellos dirigiendo la celulosa, lo que permite a estos animales alimentarse de hierba (o madera).

  Las relaciones mutualistas o simbióticas también pueden aportar beneficios indirectos a otras especies de la comunidad. Así los líquenes, al asentarse sobre las rocas provocan su descomposición, originando tierra con contenido orgánico sobre la que posteriormente se asentarán otras especies; o la simbiosis entre las leguminosas y las bacterias, que asentadas en las raíces de aquellas fijan el nitrógeno del aire incorporándolo, de esta manera, al ciclo de este elemento en el ecosistema.

- **Comensalismo e inquilinismo**. En esta relación uno de los individuos asociados obtiene un beneficio y el otro no, pero tampoco resulta perjudicado. Si este beneficio es alimenticio la relación se denomina **comensalismo**, e **inquilinismo** si es refugio o protección.

  Ejemplos de comensalismo los tenemos en: el pez rémora que se fija con una especie de ventosa al vientre del tiburón, sin causarle ningún perjuicio, alimentándose de los residuos de alimento que dejan los tiburones; animales carroñeros, como los buitres y las hienas, que se asocian a cazadores como los leones alimentándose de los despojos que estos no aprovechan; ciertas bacterias y protozoos que se alojan en la parte final del tubo digestivo de muchos animales alimentándose de los residuos no digeridos por estos; etcétera.

Un ejemplo de inquilinismo lo constituyen algunos cangrejos marinos que se refugian en el interior de las valvas (conchas) de grandes moluscos sin provocarles ningún trastorno.

- **Parasitismo, depredación y explotación**. Son relaciones en las que una de las especies resulta beneficiada y la otra perjudicada.

En el **parasitismo** uno de los individuos (**parásito**) se alimenta a expensas del otro, de tamaño mucho mayor (**hospedador**) provocándole trastornos de mayor o menor gravedad, entre los que destacan: infecciones producidas por microorganismos que porta el parásito (ejemplo: las fiebres tifoideas provocadas por picaduras de mosquitos); expoliación de nutrientes (las tenias o solitarias); inflamaciones provocadas por productos tóxicos que segrega el parásito o por destrucción de tejidos de los que se alimenta (garrapatas, el arador de la sarna); obstrucción o compresión de conductos y órganos (como determinados parásitos que obstruyen los conductos biliares); etc.

La relación entre el parásito y el hospedador puede ser temporal (como los mosquitos) o perenne (como las tenias) Algunos parásitos necesitan dos hospedadores diferentes durante su ciclo vital; en el caso de las tenias que la fase larvaria se desarrolla en el cerdo (en los músculos) y la fase adulta en el hombre (intestino). El parásito puede alojarse en el interior del hospedador (parasitismo interno) o en el exterior (parasitismo externo).

En el mundo vegetal también se presentan casos de parasitismo, como los hongos, que parasitan plantas y animales provocándoles enfermedades (el cornezuelo del centeno, el oidio de la vid, etc.), incluso algunas plantas superiores son parásitas de otras, como por ejemplo el muérdago que introduce sus raíces en los vasos conductores de los árboles que parasita absorbiendo de ellos la savia.

Los virus y un gran número de bacterias parasitan a células pertenecientes a todo tipo de organismos, los primeros parasitan incluso a las bacterias.

En la **depredación** uno de los individuos (**depredador**) se alimenta devorando el cuerpo del otro (**presa**) causándole la muerte inmediata, o mutilando parte de su cuerpo. A diferencia con el parásito el depredador es más "fuerte" que la presa.

Los vegetales son presas de los animales herbívoros, éstos lo son de los carnívoros primarios y estos últimos de los carnívoros secundarios. Entre las plantas también se dan casos de depredación, como las plantas carnívoras que consumen insectos.

Si en una biocenosis desaparece la población de presas también desaparecerá, por falta de alimentos, la de depredadores (si éstos se alimentan únicamente de esas presas). Igualmente la desaparición de los depredadores origina un crecimiento excesivo de la población de presas, peligrando su supervivencia al aumentar la competencia entre ellos. Por ello en las biocenosis estables existe un equilibrio entre depredadores y presas que permite la supervivencia de ambas especies, de tal manera que las fluctuaciones de las poblaciones de depredadores siguen, con algo de retraso, a las de las poblaciones de las presas que depredan.

Lo anteriormente expuesto pone de manifiesto el importante papel que desempeñan los depredadores en la regulación del tamaño de las poblaciones que componen la biocenosis, así como en la selección natural de las especies (ya que los individuos más débiles son más fáciles de capturar).

En la **explotación** el beneficio que logra una de las especies no es de tipo nutritivo, pero ocasiona perjuicio a la otra. Como ejemplos de explotación podemos citar el cuclillo europeo, cuya hembra pone sus huevos en los nidos de otras especies y son incubados por sus propietarios; cuando nace el cuclillo, arroja fuera del nido a los demás polluelos, así como los huevos que aún no han eclosionado, quedándose solo en el nido y siendo alimentado por la madre adoptiva; determinadas hormigas esclavizan a otras de distinta especie robándoles las larvas que llevan a su hormiguero para utilizarlas, cuando alcanzan el estado adulto, en la realización de trabajos.

- **Antibiosis**. En esta relación una de las especies no obtiene beneficio ni se perjudica, pero perjudica indirectamente a la otra. Un ejemplo lo constituyen determinados hongos que producen sustancias (como la penicilina) que son nocivos para los microorganismos. Estas sustancias (antibióticos) son utilizadas por el hombre para combatir enfermedades microbianas.

- **Competición**. En esta relación resultan perjudicadas las dos especies. En la competición se establece una rivalidad entre los individuos por la ocupación del espacio, la adquisición de alimentos, agua, luz, etcétera.

Cuando especies que conviven juntas tienen necesidades muy afines, la lucha competitiva entre ellas es tan grande que únicamente sobrevivirá una (principio de exclusión competitiva); por el contrario, si las dos especies presentan algunas diferencias en cuanto a necesidades, sobrevivirán ambas, pero sus densidades de población serán menores que si las especies viven separadas. Este hecho condiciona la distribución geográfica de las poblaciones, ya que si en un territorio se introducen especies nuevas, las especies preexistentes en él, si tienen las mismas necesidades y son menos fuertes, acaban siendo eliminadas.

La competencia también determina la distribución de las poblaciones de la biocenosis en estratos, pues una forma de resolverse la competencia entre especies con necesidades parecidas es ocupar estratos diferentes en el ecosistema. La evolución de las especies hacia necesidades diferentes es otra forma de resolución de la competencia, ya que los individuos que no evolucionan en este sentido serán eliminados por la selección natural que provoca la competencia.

Así pues, la competición junto con la depredación son los factores que más influencia ejercen en la regulación de las biocenosis.

8. Sucesión ecológica

La biocenosis que ocupa un área determinada generalmente se encuentra estabilizada, entre sus poblaciones y el medio ambiente hay un equilibrio. Este equilibrio puede romperse por un cambio ambiental drástico, fundamentalmente de tipo climático y geológico o por la actividad de los seres vivos, entre ellos el hombre, provocando que por esa área se vayan sucediendo una serie de comunidades transitorias desequilibradas, que sucesivamente incorporan nuevas poblaciones y eliminan otras, hasta llegar a una nueva biocenosis estable denominada **comunidad clímax**. Este tránsito de comunidades por un mismo área se denomina **sucesión ecológica**; cada una de las distintas comunidades que la ocupa constituye una **etapa seral**, y el conjunto de todas ellas se llama **sere**. En las primeras etapas serales predominan las "especies oportunistas", que se caracterizan por su rápida reproducción y la corta duración de su ciclo de vida. Conforme se avanza en la sucesión ecológica el desequilibrio de las etapas serales se va haciendo paulatinamente menor.

Cuando la sucesión ecológica se inicia en un área despoblada donde no existía vida (zonas volcánicas de origen reciente, deltas, etc.), se denomina **sucesión primaria** (figura 13); cuando se inicia en un área en la que la comunidad preexistente ha sido eliminada o desplazada (por cambios climáticos, incendios, talas, etc.), se llama **sucesión secundaria** (figura 14).

1. Meteorización de la roca madre.
2. Formación del suelo y desarrollo de las primeras plantas (líquenes, musgos y plantas herbáceas).
3. Desarrollo del ecosistema clímax (con árboles, arbustos, lianas, etc.).

FIGURA 13. *Sucesión primaria.*

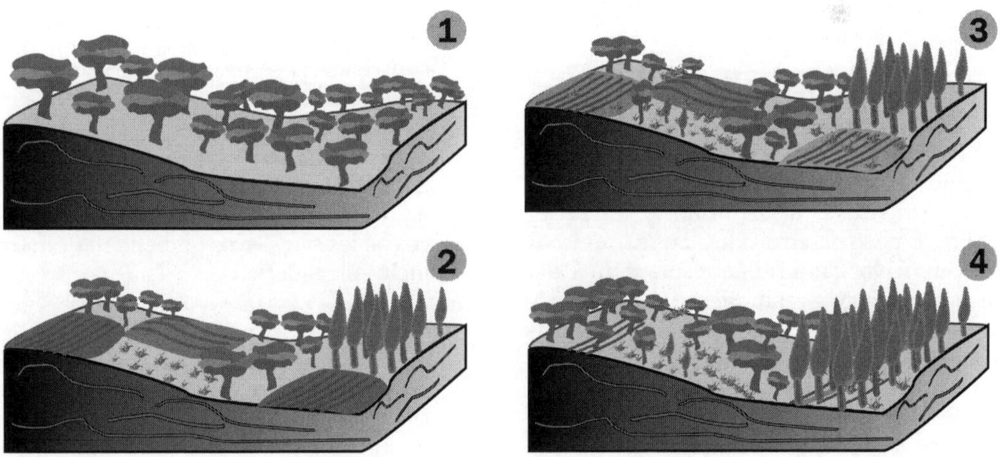

1. Bosques.
2. Bosque talado por agricultores y ganaderos.
3. Cultivos abandonados.
4. Formación del nuevo bosque.

FIGURA 14. *Sucesión secundaria.*

9. Incidencia de los seres humanos sobre la biosfera

El crecimiento de la población humana ha sido lento hasta mediado el siglo XIX debido a las enfermedades, las guerras, etc.

La revolución industrial, los descubrimientos de máquinas (las cuales permiten aumentar la productividad), la colonización de nuevas tierras, los avances médicos, etc., fueron las causas de que la población comenzara a crecer de forma exponencial.

El excesivo crecimiento de la población es acusado en los países poco desarrollados, donde a pesar de producirse una gran mortandad por hambre y enfermedades, la tasa de natalidad es alta. Mientras que en los países desarrollados el crecimiento es menor debido a los controles de natalidad.

En la Tierra hay unos recursos naturales (agua, vegetación, combustibles fósiles, etc.) limitados, es decir, con el paso del tiempo tienden a agotarse.

Los recursos naturales no se distribuyen homogéneamente entre las poblaciones, de forma que existe una gran diferencia en cuanto a la utilización de estos recursos entre los países ricos o desarrollados y los países pobres o poco desarrollados. Los países ricos poseen mayor cantidad de recursos, una alta tecnología, mayor rendimiento en la producción, etc., mientras que los países pobres carecen de tecnologías, de servicios sanitarios, poseen pocos recursos etc.

Los seres humanos causan graves daños al medio natural: explotan los recursos naturales, malgastan el agua, sobreexplotan las tierras cultivables, talan los árboles dejando el suelo desprotegido de la erosión, etc.

Por otra parte, los seres humanos generan gran cantidad de residuos de todo tipo: radiactivos, químicos, desechos domésticos, que se vierten y contaminan los mares, ríos, bosques, montañas, etc.

9.1. La contaminación y la degradación de los ecosistemas

La **contaminación** es el cambio de la composición natural del agua, aire, suelo, etc., provocado por acciones de los seres humanos. La contaminación provoca el deterioro del medio y se produce por el vertido de residuos. En función del vertido podemos considerar varios tipos de contaminación:

- **Contaminación química**. Este tipo de contaminación se produce por factores químicos como son los tensioactivos de los detergentes, los fosfatos, los insecticidas, los vertidos industriales, etc.

  Estos agentes químicos se vierten tanto a los mares, ríos, suelo, atmósfera, y como consecuencia se produce una alteración en los ecosistemas.

  El vertido de productos químicos al mar, entre los más peligrosos el plomo y el mercurio, afecta a los procesos fisiológicos de los seres vivos pudiéndoles causar incluso la muerte.

  Los productos químicos liberados a la atmósfera por la actividad de industrias y vehículos son dióxido de carbono, gases clorofluorocarbonados (CFC), óxidos de nitrógeno, que alteran el clima produciendo el llamado efecto invernadero y destruyen la capa de ozono.

- **Contaminación radiactiva**. Está producida por el vertido de productos radiactivos procedentes de actividades nucleares.

Las partículas radiactivas poseen una gran vida media, es decir, sus efectos perduran en el tiempo. Estos efectos, según su cantidad, se observan a corto y largo plazo.

– **Contaminación orgánica**. Causada por los desechos orgánicos que no pueden ser descompuestos.

La contaminación pasa de un eslabón a otro de la cadena alimentaria, es decir, los residuos tóxicos del suelo o del agua pasan a los vegetales, y cuando estos vegetales son ingeridos por los consumidores, los residuos se concentran en ellos en mayor cantidad. Este proceso se repite así cada vez que se sube a un eslabón superior. Con lo cual es el hombre, por estar situado en el eslabón superior, el que acumula una cantidad más alta de residuos tóxicos (figura 15).

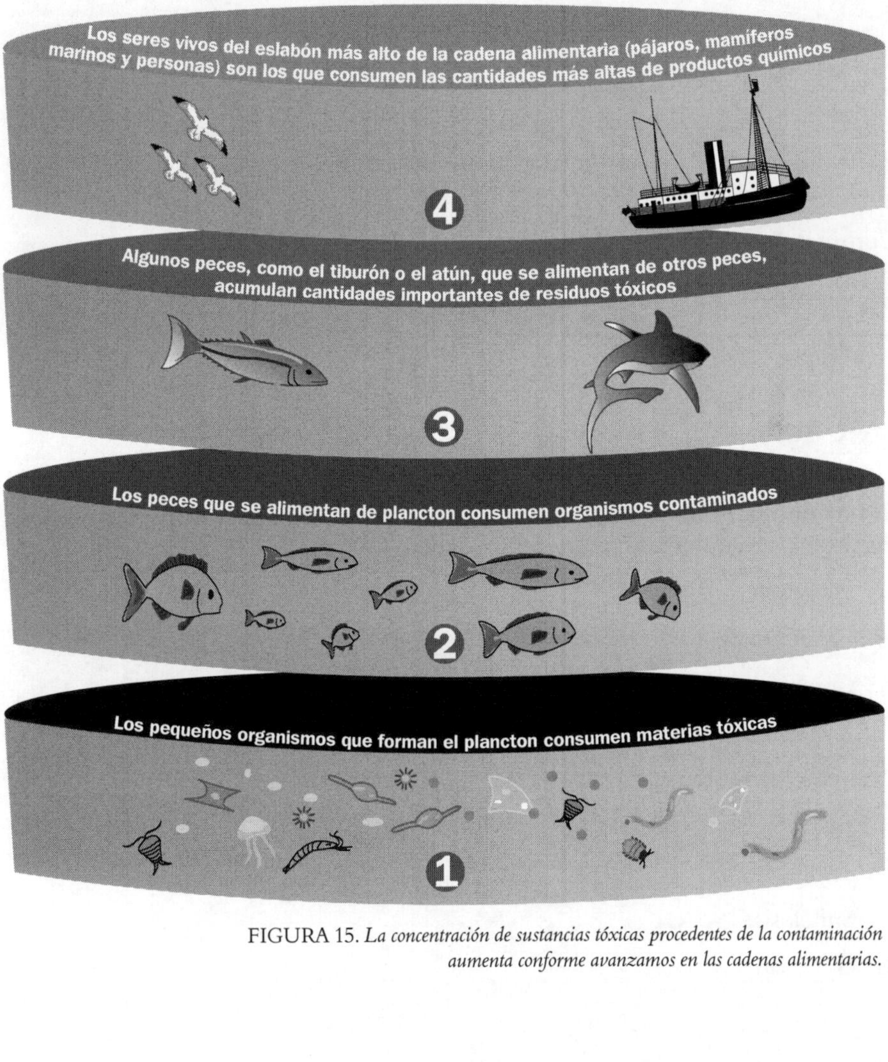

FIGURA 15. *La concentración de sustancias tóxicas procedentes de la contaminación aumenta conforme avanzamos en las cadenas alimentarias.*

CUESTIONES

1. **¿Por qué los seres vivos necesitan tomar materia y energía?**
2. **Define población y comunidad.**
3. **Define relaciones intraespecíficas e interespecíficas. Cita al menos dos ejemplos.**
4. **¿Qué es una pirámide trófica? ¿Cuántos tipos de pirámides conoces?**
5. **¿En cuál de estas dos pirámides es más eficaz el consumidor primario? ¿Por qué?**

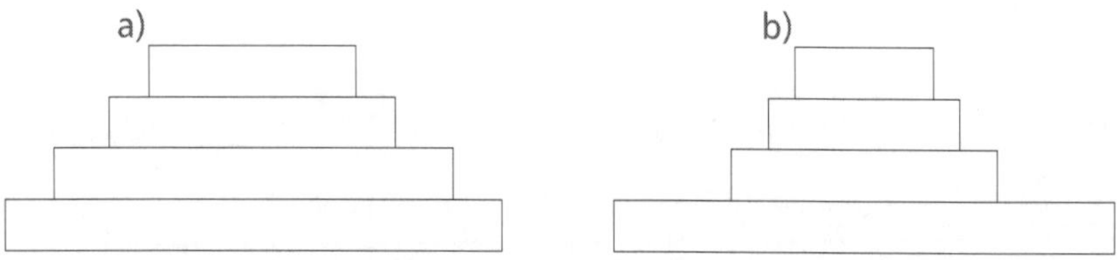

6. **¿Qué requiere más energía, el alimentar al hombre de carne o de cereales? ¿Por qué?**
7. **Completa el siguiente cuadro:**

	Alga	Encina	Sardina	Conejo	Bacteria
Fuente de energía					
Fuente de materia					
Nivel trófico					

8. **El término definido como «conjunto constituido por un medio dado y por todos los seres vivos que en él se encuentran» es:**

   a) Población.

   b) Ecosistema.

   c) Comunidad.

   d) Ecología.

9. **Es un factor biótico:**

   a) Luz.

   b) Temperatura.

   c) Simbiosis.

   d) Gravedad.

10. Al acto por el cual un organismo se nutre del alimento sobrante de otro sin causarle un efecto perjudicial se conoce como:

a) Parasitismo.

b) Comensalismo.

c) Colonia.

d) Inquilismo.

11. La liebre sería un:

a) Consumidor primario.

b) Productor.

c) Descomponedor.

d) Consumidor secundario.

12. La base de una pirámide trófica la ocupan los:

a) Descomponedores.

b) Carnívoros.

c) Productores.

d) Consumidores primarios.

13. Si hablamos en término ecológicos podemos afirmar que:

a) Una población es un conjunto de seres que viven en un lugar determinado.

b) Una comunidad es el conjunto de poblaciones de distintas especies relacionadas entre sí, que habitan en un mismo lugar.

c) Una población está formada por todas aquellas especies que ocupan un mismo nicho ecológico.

d) Biotopo y hábitat son términos sinónimos que se emplean indistintamente para designar el lugar ocupado por un ecosistema.

14. El ecosistema es:

a) El conjunto de todos los seres vivos de un medio ambiente.

b) El biotopo más la comunidad.

c) El biotopo más el hábitat.

d) El conjunto de todas las poblaciones.

15. A los consumidores primarios también se les denomina:

a) Depredadores.

b) Carnívoros.

c) Zoófagos.

d) Fitófagos.

16. Indica la opción falsa en relación con las especies oportunistas:

a) Son características del inicio de la sucesión.

b) Son especies de vida corta.

c) Tienen una reproducción muy rápida.

d) Son características del final de la sucesión.

SOLUCIÓN A LAS CUESTIONES

1. Necesitan tomar materia y energía para crecer, mantener sus estructuras, reproducirse, etc.
2. Población: es el conjunto de individuos de un ecosistema que pertenecen a una misma especie.

   Comunidad: es el conjunto de poblaciones del ecosistema.
3. Intraespecíficas: son las relaciones que se establecen entre organismos de la misma especie. Ejemplos: asociación gregaria, asociación familiar.

   Interespecíficas: son las relaciones que se dan entre individuos de distinta especie. Ejemplos: depredación, simbiosis.
4. Es la figura mediante la cual se representan los distintos niveles tróficos.
   - Pirámides de números, pirámides de biomasa, pirámides de producción.
5. La a. Porque, como se observa, hay un mayor aprovechamiento de la energía transferida desde el nivel de productores al de consumidores primarios.
6. De carne. Porque, conforme vamos avanzando en los niveles tróficos, se van produciendo pérdidas de energía, y los cereales pertenecen al nivel de los productores que está situado debajo de los niveles de los consumidores (carne).
7.

	Alga	Encina	Sardina	Conejo	Bacteria
Fuente de energía	Luz	Luz	Energía química	Energía química	Energía química
Fuente de materia	Materia inorgánica	Materia inorgánica	Materia orgánica	Materia orgánica	Materia inorgánica y orgánica
Nivel trófico	Productor	Productor	Consumidor secundario	Consumidor secundario	Descomponedor

8. b) Ecosistema.
9. c) Simbiosis.
10. b) Comensalismo.
11. a) Consumidor primario.
12. c) Productores.
13. b) Una comunidad es el conjunto de poblaciones de distintas especies relacionadas entre sí, que habitan en un mismo lugar.
14. b) El biotopo más la comunidad.
15. d) Fitófagos.
16. d) Son características del final de la sucesión.

Tema 13

El hecho biológico de la evolución

Introducción

Cuando hablamos de evolución biológica nos referimos al proceso que ha conducido a la formación de nuevas especies, y a la adquisición de niveles superiores de complejidad.

Pero, ¿fueron siempre interpretados los fenómenos biológicos desde el punto de vista de la evolución?, o por el contrario, ¿la aceptación de este hecho biológico fue un suceso relativamente reciente, y un producto de un intrincado y difícil camino de obstáculos intelectuales? Por supuesto, tenemos que responder afirmativamente a la segunda cuestión, ya que hasta el siglo XIX no fueron formuladas las teorías evolucionistas (Lamarck, Darwin y Wallace).

1. Teorías sobre el origen de las especies

En nuestro planeta la vida se manifiesta con una gran diversidad, es decir, existe un gran número de especies distintas.

Las teorías que tratan de explicar cómo aparecieron las distintas especies, cómo han evolucionado a lo largo de la historia y cómo se produjo la extinción de especies existentes en épocas pasadas, son de dos tipos: **teorías fijistas** y **teorías evolucionistas**.

1.1. Fijismo

El fijismo, también llamado **creacionismo**, consideraba a las especies como grupos que no han variado desde la creación. Como científicos que defendían esta teoría destacan:

- **Linneo** (1707-1778), autor del sistema taxonómico de las especies, mediante nomenclatura binomial, en 1758.
- **Cuvier** (1769-1832), el científico más influyente a finales del siglo XVIII, fue un firme defensor del **catastrofismo**.

Esta teoría admitía el hecho de la extinción o desaparición histórica de determinadas especies, pero ésta era explicada postulando una serie de "catástrofes". Estas catástrofes, que podían consistir en diluvios o inundaciones de lava, eran las responsables de la desaparición de especies; las que sobrevivían repoblaban el mundo. El registro fósil estaba constituido, simplemente, por los restos de aquellas especies que la violencia de la naturaleza había eliminado. El tiempo y la naturaleza actuaban, pues, destruyendo y no creando.

1.2. Teorías evolucionistas

La **evolución** considera que la diversa gama de especies actuales procede de antepasados comunes muy sencillos, a partir de los cuales ha ido surgiendo a través de numerosos cambios insensibles, producidos a lo largo de las eras geológicas.

Las teorías evolucionistas explican la diversidad de organismos a través de los cambios sufridos por las especies existentes anteriormente.

Los registros fósiles encontrados son la prueba de la existencia y desaparición de diversas formas de animales y plantas, demostrando que las especies de otras épocas eran diferentes a las especies actuales.

Desde que apareció vida en la Tierra hasta nuestros días, nuestro planeta ha sufrido muchas transformaciones que han quedado registradas. Como consecuencia de ello, han desaparecido especies que han sido reemplazadas por otras nuevas, dejando las anteriores su registro fósil.

Las teorías evolucionistas más representativas son el lamarckismo, el darvinismo y su actualización en el neodarvinismo.

1.2.1. El lamarckismo

El primer científico que desarrolló una teoría sistemática de la evolución, fue Jean Baptiste Lamarck (1744-1829). Lamarck observó que cuanto más antiguas eran las rocas, más sencillas eran las formas de vida que contenían. Este hecho fue interpretado sosteniendo que las formas superiores se habían originado a partir de las más sencillas por un proceso de progresión o evolución. Esta progresión operaba a través de dos fuerzas principales:

- La herencia de los caracteres adquiridos: la influencia del medio ambiente sobre los individuos induce en éstos adaptaciones que luego son heredadas por los descendientes.

- La presencia de un principio creador universal o esfuerzo inconsciente, en sentido ascendente en la escala natural, que impulsa a cada ser vivo a alcanzar un mayor grado de complejidad y perfeccionamiento. Las formas más sencillas de vida surgían constantemente por generación espontánea, para llenar el vacío dejado en la base de la escala.

Así, la jirafa, según Lamarck, para poder alimentarse de las hojas de los árboles tuvo que desarrollar su largo cuello. Debido al constante esfuerzo por alcanzarlas, el cuello se iría alargando un poco más en cada nueva generación (figura 1).

La teoría de Lamarck se puede resumir en los dos postulados siguientes:

- La función (en la jirafa era el estiramiento de los músculos del cuello) crea el órgano (cuello más largo).

- Los órganos o características adquiridas se transmiten a los descendientes.

El hecho de que sus postulados resultaran vagos e indemostrables, determinó que sus afirmaciones no fueran tomadas suficientemente en serio, perjudicando así a su carrera y al concepto mismo de evolución.

Hoy en día, el lamarckismo está rechazado porque se ha demostrado que los caracteres adquiridos no se heredan, ya que esos cambios no han sido producidos por modificación en el ADN, o sea, en la información que se transmite a los descendientes.

FIGURA 1. *Representación gráfica de las teorías de Lamarck.*

1.2.2. El darvinismo

Esta teoría se debe a Charles Darwin (1809-1882), que siendo joven formó parte de una expedición científica, en la cual recogió una gran cantidad de datos. Tras su estudio Darwin llegó a la conclusión de que los organismos no eran invariables, sino que evolucionaban.

Muchos años después, estimulado por la competencia de Wallace, que había llegado a las mismas conclusiones que él, Darwin publicó el libro *El origen de las especies* (1859), donde explica que la evolución se basa en dos ideas:

- La variabilidad de la descendencia.
- La selección natural.

Sobre la variabilidad de la descendencia se refiere a lo distintos que son los descendientes respecto a sus progenitores. No hay dos seres iguales. En la lucha por la supervivencia los individuos menos aptos son eliminados, quedando solamente los más aptos: es la llamada selección natural. Así, los individuos más aptos serán los que sobrevivan y transmitirán sus caracteres a la descendencia.

La explicación, según Darwin, del ejemplo de las jirafas es la siguiente: sobrevivirán y se reproducirán aquellas jirafas que tengan un cuello más largo, ya que podrán alimentarse de las hojas de los árboles. Las que tengan el cuello corto morirán porque no podrán alcanzar las ramas de esos árboles (figura 2).

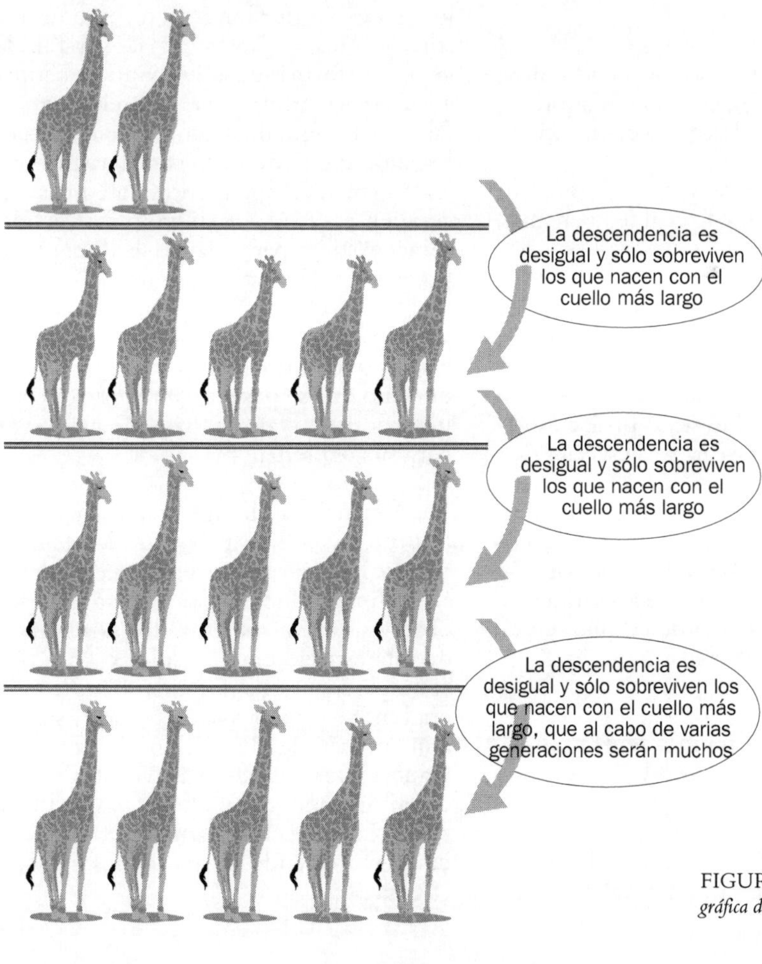

FIGURA 2. *Representación gráfica de las teorías de Darwin.*

La selección natural, como afirmaron Darwin y Wallace, es el mecanismo que mueve la evolución. Esta actúa según los siguientes pasos:

1. Se produce variación en todos los grupos de plantas y animales; los individuos no son idénticos en ninguna población.

2. Todas las poblaciones de organismos producen un excedente de descendientes.

3. La competencia se producirá entre estos descendientes por los recursos necesarios para la supervivencia.

4. Sobrevivirán los más aptos, es decir los individuos mejor dotados para obtener y utilizar tales recursos.

5. Si las características de los organismos más aptos son heredadas, estos rasgos favorecidos se transmiten a la siguiente generación.

Debido a la selección natural se pueden originar nuevas especies, lo cual requiere millones de años.

Con el tiempo, los diferentes grupos de población se pueden ir diferenciando unos de otros, al enfrentarse con ambientes diferentes, con una presión selectiva diferente. Cada uno de ellos dará lugar, al final, a especies distintas a partir de una sola especie.

El mecanismo de transmisión de los caracteres, es decir, la herencia, no ha encontrado explicación hasta la aparición de la genética, de manera que únicamente los caracteres producidos a consecuencia de cambios en el ADN (mutaciones) se heredan.

1.2.3. El neodarvinismo o teoría sintética de la evolución

La teoría sintética enriquece la teoría de Darwin de la selección natural con descubrimientos de bioquímica, y, sobre todo, de genética. Entre estos descubrimientos destacan las mutaciones y la recombinación genética, fenómenos que fueron objeto de estudio en el tema 10, y cuyos conceptos recordamos a continuación.

- Las mutaciones son los cambios producidos en los genes que alteran el material hereditario.

- La recombinación genética consiste en intercambios de genes que se producen entre cromosomas homólogos durante la meiosis, en la formación de las células sexuales o gametos.

Estos cambios que se producen en los genes (mutaciones y recombinación) son los responsables de la variabilidad genética, formándose individuos distintos a sus progenitores. La selección natural favorecerá aquellos cambios que doten a los individuos de unas características que les hagan más aptos entre los otros descendientes. Así, el individuo con mejores características para adaptarse al medio sobrevivirá, y el menos apto morirá.

Un ejemplo lo constituye la *Biston betularia*, que es una mariposa de color blanquecino que se posaba sobre los troncos de los abedules (blancos) pasando inadvertida para sus depredadores.

A principios de siglo, en la zona industrial de la ciudad inglesa de Manchester, donde los árboles se ennegrecen debido al hollín producido por las industrias, se observó que la mayoría de las mariposas de esta especie eran de color oscuro. Esto era debido a que las mariposas oscuras eran menos visibles para los pájaros que se alimentaban de ellas. Como las mariposas blancas eran presas más visibles, fueron disminuyendo en número hasta desaparecer. La selección natural actuó en este caso favoreciendo a las mariposas oscuras (figura 3).

En la actualidad, la teoría de síntesis de la evolución es considerada la teoría más unificadora de toda la biología, no existe ninguna rama de la biología en la que dicha teoría no haya servido como principio ordenador.

Forma clara y oscura de Biston betularia. En la actualidad, en la zona industrial de Manchester, con árboles ennegrecidos por el hollín, la mariposa oscura, menos visible para los pájaros, ha sustituido a la mariposa clara. Este proceso, según la hipótesis neodarvinista, se produjo así:

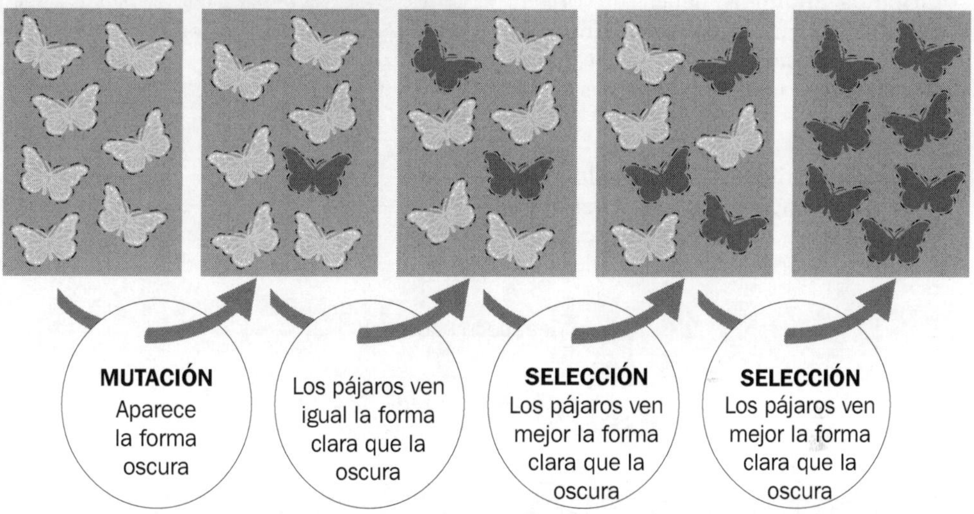

FIGURA 3. *Representación gráfica de la teoría neodarvinista.*

2. Pruebas de la evolución

El conjunto de observaciones en las cuales se apoya la teoría de la evolución de Darwin recibe el nombre de pruebas de la evolución.

La prueba más directa que llevó a Darwin a pensar en la evolución fue el registro fósil de los seres vivos que vivieron en un pasado.

Los fósiles son restos de seres vivos (animales o plantas) de épocas geológicas pasadas, que han quedado conservados.

Los fósiles han aportado información de cómo era la vida hace millones de años, de cómo han evolucionado las especies y de los parentescos que existen entre dichas especies.

Las pruebas de la evolución son muy diversas, fundamentalmente se clasifican en: pruebas anatómicas, biogeográficas, paleontológicas, embriológicas y bioquímicas.

2.1. Pruebas anatómicas

Las pruebas anatómicas se basan en la comparación entre órganos pertenecientes a distintas especies. Podemos distinguir:

- **Órganos homólogos** son los que tienen un mismo origen embriológico, pero pueden realizar funciones distintas (figura 4). Por ejemplo, son órganos homólogos los brazos del hombre y las alas de un ave (realizan funciones distintas, pero poseen una estructura esquelética parecida).

- **Órganos análogos** tienen un origen embriológico distinto, pero desempeñan la misma función (figura 5). Por ejemplo, las alas de un insecto y las alas de un pájaro.

- **Órganos vestigiales** son aquellos que no aportan ninguna función al ser vivo. Estos órganos vestigiales eran necesarios para los organismos anteriores, pero no para los actuales. Por ejemplo, el apéndice en el hombre o la muela del juicio.

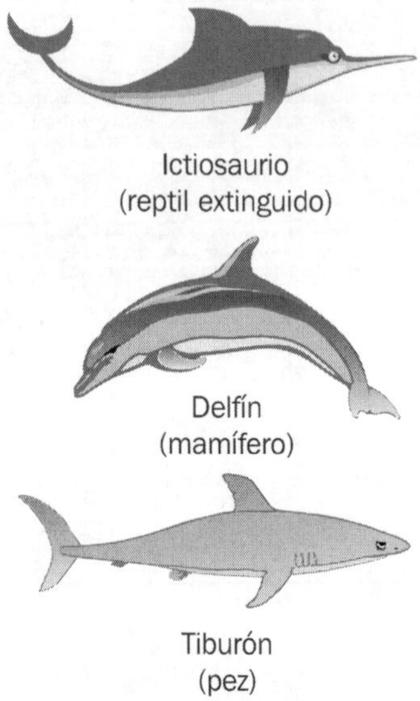

FIGURA 5. *Órganos análogos (aletas).*

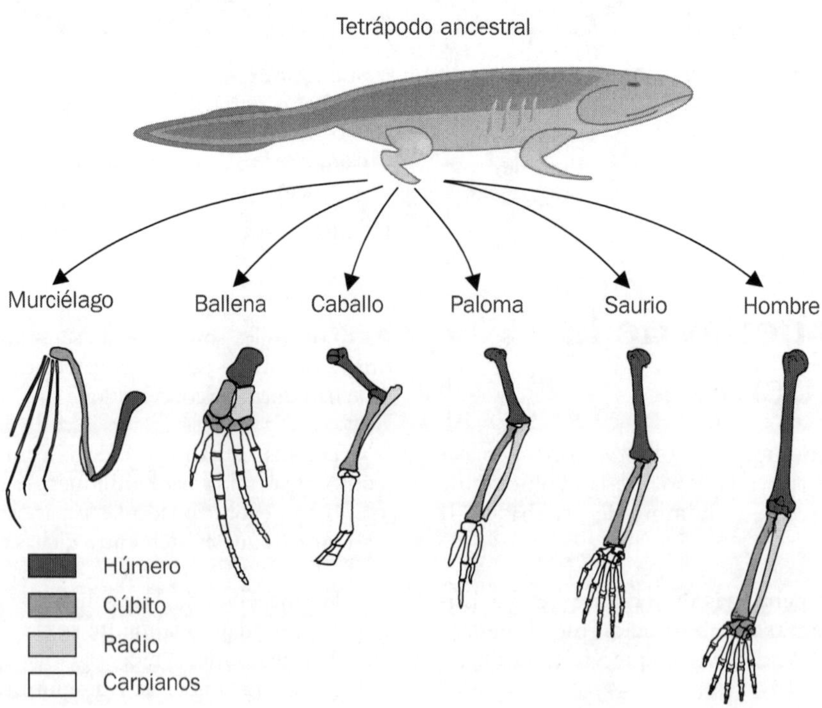

FIGURA 4. *Órganos homólogos.*

2.2. Pruebas biogeográficas

Las pruebas biogeográficas se basan en la distribución geográfica de las especies.

Cada zona tiene sus propias especies, y se observa que cuanto más distanciadas entre sí estén dos regiones, más diferencias existen entre las especies de una y otra región. Esto es debido a que cada zona tiene unas características propias y las especies que viven en ella están adaptadas a las características de la misma.

Los individuos que han vivido juntos en un mismo ambiente han evolucionado de igual forma, mientras que los individuos que han vivido en ambientes diferentes lo han hecho de forma distinta.

Un ejemplo de este tipo de pruebas son los «pinzones de Darwin» (figura 6) en las islas Galápagos. A partir de una especie que colonizó las distintas islas se originaron otras especies nuevas, cada una adaptada a un tipo distinto de alimentación, lo cual permitió que no existiese competencia entre ellas.

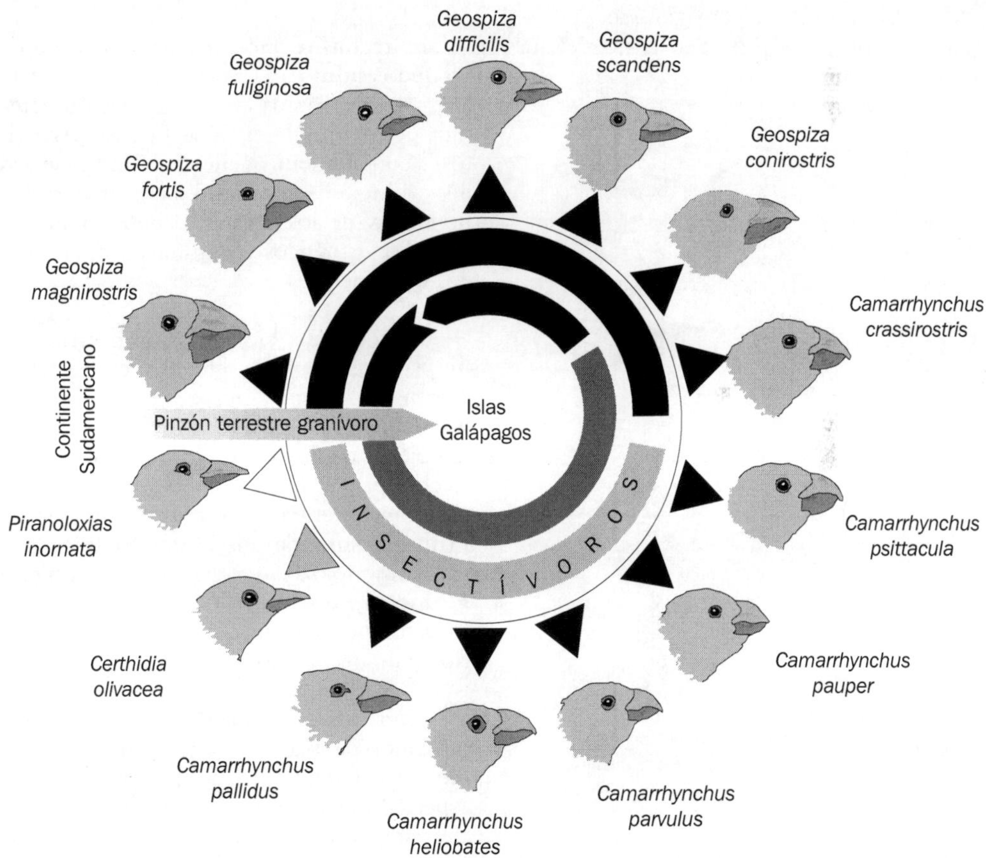

FIGURA 6. *Evolución del pinzón de Darwin en las Islas Galápagos.*

2.3. Pruebas paleontológicas

Las pruebas paleontológicas se basan en el estudio de los fósiles.

El estudio de los fósiles ha aportado conocimiento sobre la evolución y ha permitido establecer el parentesco entre distintas especies, es decir, si proceden de un antecesor común o de antecesores distintos.

Con el estudio de los fósiles, desde los más antiguos a los más modernos, se comprueba que ha habido un aumento en la diversidad y complejidad de los seres vivos que han poblado la Tierra a lo largo del tiempo.

2.4. Pruebas embriológicas

Las pruebas embriológicas estudian y comparan las distintas etapas del desarrollo embrionario de especies diferentes (figura 7). Con este estudio se consigue saber si las especies comparadas proceden o no de un antecesor común.

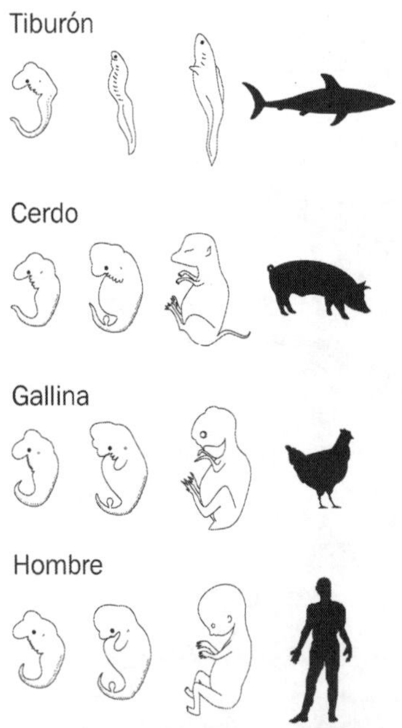

FIGURA 7. *Etapas del desarrollo embrionario de especies diferentes.*

2.5. Pruebas bioquímicas

Las pruebas bioquímicas estudian y comparan los distintos componentes químicos de los seres vivos, fundamentalmente las proteínas. Las proteínas, como sabemos, son sustancias específicas, es decir, cada especie animal o vegetal sintetiza sus propias proteínas, diferentes de las de otras especies.

Las proteínas de especies con parentesco presentan mayor semejanza que las de especies que tienen distintos antecesores.

3. Evolución humana

La reconstrucción del proceso evolutivo que condujo a la aparición de la especie humana está basada en la información obtenida por medio de distintas fuentes: registro fósil, conocimiento general de los procesos de evolución, y estudio comparativo del hombre y de los primates contemporáneos (estudios genéticos-bioquímicos, y etológicos-ecológicos).

En términos biológicos, el **hombre** es un primate que ha evolucionado a partir de organismos semejantes a los monos menos especializados, y a partir de los cuales también evolucionaron, probablemente, el chimpancé, el gorila y el orangután. Su posición sistemática es la siguiente: orden Primates, superfamilia Homonoidea, familia Homonoidae, género Homo y especie **Homo sapiens.** Se considera por tanto que la historia del hombre comenzó con la aparición de los primates.

Con los descubrimientos de restos humanos de hace millones de años se ha ido construyendo el árbol filogenético de la especie humana. Estos descubrimientos han aportado conocimientos de la forma de vida de nuestra especie a lo largo del tiempo. No obstante, el árbol filogenético de la evolución humana no se puede considerar que esté finalizado completamente, debido a la posible aparición de nuevos restos e investigaciones que puedan introducir algunos cambios.

3.1. Antepasados del hombre

El hombre no ha evolucionado del mono. Actualmente se piensa que evolucionó de un antepasado antropoide, común a los dos, el *Dryopithecus*, que era arborícola.

Hace 20 millones de años, del *Dryopithecus* surgieron dos ramas evolutivas. De una rama evolucionaron los **póngidos** (gorila, chimpancé y orangután) y de otra rama evolucionaron los **homínidos**.

De los homínidos, hace aproximadamente 4 millones de años, surgieron dos especies de homínidos separados: el *Australopithecus robustus*, que se extinguió, y el *Australopithecus africanus*, del cual deriva el hombre. El género *Australopithecus* no caminaba erguido del todo y su capacidad craneal era similar a la de un mono.

De la misma época era el *Homo habilis*, que se caracterizaba por tener una postura erguida, una mayor capacidad craneal, por la utilización de herramientas y por vivir formando familias. El *Homo habilis* se considera que es el primer hombre.

El proceso evolutivo sigue al *Homo erectus* y de éste al *Homo sapiens*, con una capacidad craneal igual a la del hombre actual.

3.2. Camino a la hominización

En este proceso evolutivo se produjeron unos cambios adaptativos que fueron favorecidos por la selección natural.

Los cambios básicos más importantes fueron los siguientes:

- Posición bípeda y erguida, dejando las manos libres para realizar otras funciones como fabricar y manejar herramientas.

- Aumento de la capacidad craneana, permitiendo así el desarrollo de su inteligencia.

El proceso de hominización va desde el *Homo habilis*, que fabricaba sus herramientas para cazar, al *Homo erectus*, con una capacidad craneal de 1000 cm^3, que utilizaba el fuego para calentarse, hasta llegar al *Homo sapiens,* con una capacidad craneal de 1500 cm^3, el cual tallaba el hueso y el marfil, tenía una forma de comunicación (el lenguaje verbal) y también desarrolló una cultura superior, siendo el autor de las pinturas rupestres.

4. La evolución prebiótica. Origen de la vida

Cuando hablamos de evolución prebiótica nos referimos a la serie de acontecimientos físico-químicos que condujeron a la aparición de las primeras formas de vida elementales.

La Tierra se formó, junto con el resto del Sistema Solar, hace 4600 millones de años, por condensación de una nebulosa constituida por enormes cantidades de polvo cósmico y gases.

Por la contracción gravitatoria, aumentó la temperatura, de modo que la Tierra recién formada era una gran masa de materiales fundidos. A medida que se fue enfriando, su superficie fue solidificándose hasta formar una corteza de roca sólida.

La atmósfera de la primitiva Tierra estaba constituida, fundamentalmente, por vapor de agua, dióxido de carbono, hidrógeno, metano y amoníaco. Carecía de oxígeno, por lo que tampoco tenía una capa de ozono que protegiese la superficie de la Tierra de la radiación ultravioleta procedente del Sol, ni de otras radiaciones cósmicas.

El vapor de agua se condensaba formando nubes y las tormentas provocaban descargas eléctricas y lluvias torrenciales.

El modo y el momento en el que apareció la vida sobre la Tierra no se conocen con exactitud (los fósiles más antiguos descubiertos datan de 3500 millones de años y corresponden a bacterias). Pero sí se tiene la certeza de que la vida se originó en el mar, como consecuencia de un proceso evolutivo de la materia que se inició con la formación de nuestro planeta. En este proceso evolutivo se pueden distinguir las siguientes etapas:

1. Formación de las primeras moléculas orgánicas simples: azúcares, aminoácidos, ácidos grasos, bases nitrogenadas, alcoholes, aldehídos, terpenos, etc., a partir de los componentes de la atmósfera primitiva.

2. Polimerización: las moléculas orgánicas simples sufrieron un proceso de polimerización, que dio lugar a la formación de polipéptidos, polisacáridos, polinucleótidos, etc.

3. Formación de **protobiontes** o precursores de los primeros organismos vivos, dotados de una química e identidad propias.

4. Aparición de la herencia genética o capacidad de replicación.

4.1. Formación de moléculas orgánicas simples

En 1952, S. Miller y H. Orey, demostraron que era posible formar compuestos simples tales como aldehídos, aminoácidos, purinas, azúcares, etc., a partir de sus precursores inorgánicos (agua, dióxido de carbono, hidrógeno, etc.), sometiendo a los mismos a descargas eléctricas). Estos compuestos o sus precursores han sido detectados en fósiles, meteoritos, y en el espacio interestelar.

Miller y Orey lograron reproducir, en el laboratorio, las condiciones de la Tierra primitiva, en las cuales apareció la vida. Por ello, eligieron como precursores inorgánicos los supuestos componentes gaseosos de la atmósfera primitiva. Debido a la ausencia de oxígeno (según esta hipótesis), la atmósfera era reductora, condición indispensable para la estabilidad de las futuras moléculas orgánicas, ya que la presencia de oxígeno las habría destruido (la oxidación podría romper los enlaces recién formados).

La ausencia de oxígeno implicaba la de la capa de ozono, que actúa como filtro de la radiación ultravioleta procedente del Sol, por lo que los diferentes gases de la atmósfera estaban desprotegidos frente al incesante bombardeo de la radiación ultravioleta, descargas eléctricas de las tormentas y rayos cósmicos.

Fueron precisamente estas formas energéticas las responsables de la ruptura de los enlaces de los precursores, que determinaron la formación de nuevas combinaciones más complejas, algunas de las cuales alcanzaron cierta estabilidad, haciéndose así más o menos permanentes.

4.2. Polimerización

Una vez formadas, por síntesis abiótica, las moléculas orgánicas simples (sillares de construcción), la etapa siguiente de su evolución química hacia sistemas biomoleculares tiene que haber consistido en la formación de enlaces covalentes entre los bloques de construcción, formando biomoléculas más complejas, tales como: nucleótidos, péptidos, y lípidos, y después polímeros como polisacáridos, polipéptidos y polinucleótidos.

Los enlaces covalentes entre los sillares se forman por reacciones de condensación, que implican la eliminación de moléculas de agua de las unidades de monómeros.

Por otro lado, los enlaces peptídicos, uniones éster y enlaces glucosídicos, son termodinámicamente inestables en sistemas acuosos diluidos, ya que tienden a hidrolizarse. Debido a esto, para que se acumularan polisacáridos, polipéptidos, y polinucleótidos, en una cantidad apreciable en el océano primordial, o en sistemas acuosos locales, la velocidad de su formación tiene que haber sido superior a la de su degradación. Esto se puede lograr mediante diferentes procedimientos, como:

- Por calentamiento de monómeros (aminoácidos, nucleótidos, etc.) a temperaturas por encima del punto de ebullición del agua.
- Por sometimiento a descargas eléctricas.
- Por tratamiento con agentes condensantes, tales como esteres polifosfóricos (que pudieron surgir a partir de minerales ortofosfatos).
- Por adsorción sobre la superficie de ciertos minerales abundantes, particularmente arcillas y apatitos.

Bajo las condiciones simuladoras de las prevalecientes en la tierra primitiva, se forman polímeros parecidos a polipéptidos, y polinucleótidos.

Estos polipéptidos primitivos o protenoides, exhiben propiedades análogas a las de las modernas proteínas, y también poseen una rudimentaria actividad catalítica. Se piensa que los primeros enzimas prebióticos, formados por alguno de los procedimientos descritos anteriormente, poseían escasa especificidad y bajo poder catalítico.

Es importante señalar que experimentos realizados por Orgel y sus colaboradores han demostrado que los polinucleótidos pueden servir como patrones para la síntesis no enzimática de polinucleótidos complementarios, bajo las condiciones abióticas de la tierra primitiva.

4.3. Formación de protobiontes

Hasta ahora hemos visto cómo pudieron producirse, durante el transcurso de la evolución química prebiótica, los primitivos polipéptidos, polisacáridos, polinucleótidos, catalizadores y patrones de replicación. Hemos llegado, pues, al momento más crítico de la evolución, es decir, aquel en el que surgió la primera apariencia de vida por la asociación fortuita de un número de componentes macromoleculares. Esta asociación produjo un sistema único, con poder de supervivencia, y capaz de desarrollarse hacia una estructura más compleja y mejor dotada para sobrevivir.

Se está de acuerdo en que el requerimiento mínimo de la vida es la existencia de macromoléculas informadoras capaces de dirigir su propia réplica. Pero hay discrepancias sobre quién tuvo la primacía de la vida, los ácidos nucleicos o las proteínas. Respecto a esta cuestión se han elaborado tres tipos de teorías:

a) Primacía de las proteínas. Las primeras protocélulas surgieron cuando los catalizadores primitivos, seguramente polipéptidos, fueron rodeados por una membrana (coacervados de Oparin, microesferas de Fox), o se incorporaron a una matriz gelificada, y la estructura resultante aprendió a mantenerse con un metabolismo rudimentario. Así pues, las primeras células funcionaron sin ácidos nucleicos y un sistema genético.

b) Los ácidos nucleicos surgieron primero y proporcionaron la información para la evolución de las proteínas. Esta hipótesis se apoya esencialmente en tres hechos:

   - Capacidad de los polinucleótidos de servir de patrones de replicación, en ausencia de enzimas o proteínas. Puede formarse un polinucleótido complementario por la acción de un agente condensante de carácter abiótico.

– Amplia gama de funciones biológicas realizadas por los actuales nucleótidos. Los nucleótidos constituyen importantes elementos funcionales en todos los aspectos del metabolismo energético (ATP, ADP, etc.), así como en el aparato genético. Aunque estos datos son muy importantes, plantean algunos interrogantes. El más decisivo se refiere al origen del código genético, ya que, hoy día, los experimentos-modelo de construcción no han proporcionado un cuadro satisfactorio de correspondencia molecular entre los aminoácidos y los tripletes de los ARN.

– La capacidad de los polinucleótidos de experimentar mutaciones, en ausencia de proteínas, como resultado de la acción física, por ejemplo, radiación ultravioleta. Esto permite que una vida basada en los ácidos nucleicos experimente modificaciones evolucionistas.

c) Los primeros precursores verdaderos de las células poseían tanto ácidos nucleicos como proteínas. Hay autores que sostienen que tanto los ácidos nucleicos como las proteínas primitivas fueron requeridos simultáneamente para el origen de un linaje celular que definitivamente sobrevivió.

Hoy día todavía no se han descubierto pruebas concluyentes que permitan pronunciarse por alguna de las tres teorías anteriores. El conocimiento más detallado de las interacciones moleculares implicadas en la función de los ribosomas durante la síntesis proteica y de las relaciones estructurales entre los aminoácidos y sus codones, puede que en un futuro no lejano permita descubrir algún indicio que sea la clave de resolución del problema planteado.

■ Coacervados de Oparin. Microesferas de Fox

Oparin desarrolló esta teoría proponiendo la hipótesis de que, a partir del caldo primitivo, pudo haber surgido una fase celular por el proceso de coacervación, fenómeno físico que suele producirse en las disoluciones acuosas de polímeros muy hidratados, y que consiste en la separación espontánea de esta disolución acuosa en dos fases, una de las cuales tiene una concentración relativamente alta, mientras que la otra la tiene relativamente baja. Por este proceso pudieron formarse gotículas microscópicas llamadas **coacervados**.

Oparin también postuló que estos coacervados, pudieron haber atrapado a un catalizador de carácter polipeptídico, así como también a moléculas sustrato tales como glucosa o aminoácidos, contando de esta forma con un sencillo metabolismo. Además, propuso que estas gotículas podían crecer y dividirse mediante la incorporación a su estructura de compuestos del medio acuoso. Una vez adquirido un tamaño limitado, por consideraciones físicas, las gotículas podrían experimentar división. Algunas de las gotículas hijas generadas podrían haber retenido moléculas de catalizador procedentes de la progenitora, pudiendo originarse por este sistema otra generación de coacervados.

Las objeciones a esta teoría se refieren a que los coacervados se produjeron a partir de moléculas formadas biológicamente, no obteniéndose bajo condiciones simuladas de la tierra primitiva. Sólo crecen y se multiplican porque se les proporciona un enzima extraído de un ser vivo. Además, carecen de información genética, por lo que no contribuyen a explicar la autorreplicación ni la evolución.

Otro investigador, Sidney Fox, orientó sus investigaciones hacia la búsqueda de una actividad catalizadora inherente a la estructura del coacervado, y que no necesitase por tanto de la incorporación de un enzima del exterior.

Fox descubrió que los protenoides, formados por alguno de los procesos de polimerización propuestos, se agrupaban para formar pequeñas esferas (**microesferas**), rodeadas de una membrana parecida a la doble capa lipídica, que crecían y se dividían por bipartición y gemación cuando se calentaban a temperaturas comprendidas entre los 130 y 180 grados Celsius. Lo más destacable de estas microesferas es que presentan actividad enzimática poco específica, es decir, son capaces de catalizar una serie de reacciones, como por ejemplo, reacciones de oxidación, hidrólisis de enlaces, etc.

La objeción que se puede hacer a esta propuesta, es que las microesferas, al igual que los coacervados de Oparin, carecen de mecanismos de transmisión genética y, consecuentemente, tampoco podrían evolucionar. No obstante, Fox ha indicado que las microesferas sí contienen información potencial, puesto que se han formado a partir de protenoides cuya composición de aminoácidos no es fortuita.

Sus trabajos más recientes han mostrado la relación selectiva entre determinados protenoides y determinados homopolinucleótidos (Poli-C, Poli-U, etc.). De esta forma la información albergada en los protenoides puede ser utilizada para seleccionar polinucleótidos. Esta posible especificidad sugiere, por tanto, los comienzos del código genético.

Cualquiera que sea la teoría que se defienda, de las tres que hemos expuesto anteriormente, se concluye que fue en el momento en que aparecieron las primitivas células, cuando la materia inerte se transformó en materia viva (autoorganización de la materia).

La vida, pues, es una propiedad más de la materia, que se manifiesta cuando las estructuras moleculares alcanzan un grado de complejidad que les permite realizar ciertas funciones, como es la de intercambiar materia y energía con su entorno y utilizarla para conseguir la información del medio en que viven, y para realizar funciones de nutrición, relación y reproducción.

Las células vivas pueden considerarse como conjuntos complejos de moléculas orgánicas, que se autoorganizan y autorreplican, que son capaces de intercambiar materia y energía con su entorno, gracias a unas reacciones consecutivas catalizadas enzimáticamente, y a que funcionan a base de una máxima economía de materiales y de procesos.

5. Especies y mecanismos de especiación

La evolución puede ser también considerada como un proceso que tiene dos dimensiones.

La primera es la llamada **evolución filética** o evolución dentro de un linaje y consiste básicamente en los cambios que se producen en una sola línea de descendientes, debidos fundamentalmente a la selección natural, y que tienen como resultado el favorecer la adaptación a los cambios físicos y bióticos de su medio.

La segunda, es la **evolución cladogenética**; ésta ocurre cuando un linaje se divide en dos o más linajes. El proceso cladogenético más importante es la **especiación**, o proceso por el cual una especie da lugar a dos o más especies nuevas. Este proceso es, por tanto, el responsable de la gran diversidad del mundo viviente.

Los pinzones de Darwin son un ejemplo de cómo se puede formar, a partir de una especie ancestral, varias especies distintas.

Durante su viaje, Darwin llegó a las Islas Galápagos y observó que existía una gran variedad de pinzones. Concretamente había trece especies distintas de pinzones y cada una tenía un pico distinto (figura 6). Cada pico estaba adaptado para una alimentación distinta. Así, una de las especies tenía un pico pequeño, parecido a unas pinzas, que le servía para comer insectos; otra especie, en cambio, se alimentaba de semillas duras y, por ello, tenía un pico grande y robusto, etc.

La explicación de Darwin fue la siguiente: en la isla existía una gran variedad de alimentos cuando llegaron los primeros pinzones.

En un principio estos pinzones no tenían mucha competencia y proliferaron rápidamente. A consecuencia de esto, apareció entre ellos la lucha por la supervivencia, dando como resultado el surgimiento de distintas adaptaciones, cada una adecuada a un tipo de alimento. Estos pinzones evolucionaron, constituyendo especies distintas cada una de las cuales se fue adaptando a una variedad de alimentos.

En los organismos que se reproducen sexualmente, una **especie** es un grupo de poblaciones naturales que se cruzan entre sí, y que están aislados reproductivamente de otros grupos.

De ahí que el aislamiento reproductor constituya el criterio de especiación en los organismos sexuales. Esto significa que, una especie ancestral se transforma en dos especies hijas cuando un conjunto de poblaciones capaces de entrecruzarse se separan en dos conjuntos aislados reproductivamente.

Las propiedades biológicas que impiden el entrecruzamiento se denominan “mecanismos de aislamiento reproductor”. Estos mecanismos tienen en común el impedir el intercambio de genes entre poblaciones y pueden ser clasificados de la siguiente manera:

- **Prezigóticos**: impiden la formación de zigotos híbridos. Pueden ser:
  - ⋆ **Aislamiento ecológico**: las poblaciones no se encuentran debido a que, aunque ocupan el mismo territorio, viven en diferentes hábitats.
  - ⋆ **Aislamiento temporal**: el apareamiento o floración suceden en momentos diferentes, en diferentes estaciones, en diferentes horas del día, etc.
  - ⋆ **Aislamiento de comportamiento**: se refiere a que la atracción sexual entre machos y hembras de las distintas poblaciones es muy débil o nula.
  - ⋆ **Aislamiento mecánico**: la copulación o transferencia de polen se ve dificultada por la diferencia de tamaño o forma de los genitales, o diferente estructura de las flores.
  - ⋆ **Aislamiento gamético**: los gametos masculinos y femeninos no son capaces de atraerse el uno al otro; o los espermatozoides o granos de polen son inviables en los conductos sexuales de las hembras, o en los estigmas respectivamente.
- **Postzigóticos**: reducen la viabilidad o fertilidad de los híbridos resultantes del cruce de las dos poblaciones. Pueden ser:
  - ⋆ **Inviabilidad de los híbridos**: los zigotos no pueden desarrollarse, o, al menos, no pueden alcanzar la madurez sexual.
  - ⋆ **Esterilidad de los híbridos**: los híbridos son incapaces de producir gametos funcionales.
  - ⋆ **Fracaso híbrido**: las progenies de los híbridos tienen una viabilidad o fertilidad reducidas.

Como hemos mencionado anteriormente, estos mecanismos tienen por objeto evitar el entrecruzamiento; sin embargo, la manera de conseguirse esto, es decir la elección de un mecanismo de aislamiento reproductor concreto, dependerá de las circunstancias ambientales y de la variabilidad genética disponible.

En el proceso de especiación pueden reconocerse dos etapas:

- **Etapa I**

  Para que se inicie el proceso de especiación es necesario, en primer lugar, que el flujo de genes entre dos poblaciones de la misma especie sea interrumpido de alguna forma (separación geográfica, generalmente), completa o parcialmente.

  Es la ausencia de este flujo génico lo que hace posible que las dos poblaciones se diferencien genéticamente, como consecuencia de su adaptación a diferentes condiciones locales o diferentes formas de vida.

  A medida que las poblaciones son más diferentes genéticamente, aparecen los mecanismos de aislamiento reproductor postzigóticos. Así pues, puede considerarse que dos poblaciones están en la primera etapa de la especiación si han aparecido estos mecanismos.

- **Etapa II**

  Esta etapa comprende la terminación del aislamiento reproductor. La selección natural favorece el desarrollo de mecanismos de aislamiento reproductor adicionales, por lo general de carácter prezigótico, que impiden el cruce entre individuos de diferentes grupos de poblaciones, aun cuando estos grupos vuelvan a estar en contacto porque hayan desaparecido las barreras geográficas que los separaban. Puede ocurrir, sin embargo, que al entrar en contacto las dos poblaciones, se fusionen de nuevo, siempre que la pérdida de eficacia de los híbridos no sea muy grande.

  La especiación queda de este modo completada, ya que los dos grupos de poblaciones están totalmente aisladas reproductivamente, pudiendo coexistir dos especies nuevas sin intercambio de genes.

En cualquier caso, la especiación puede tener lugar sin que transcurra esta etapa. Esto se debe a que las poblaciones pueden desarrollar un aislamiento reproductor completo, si los procesos de diferenciación genética continúan un tiempo suficiente; como sucede en las poblaciones que permanecen separadas en dos islas indefinidamente.

Atendiendo a la forma en que es limitado el flujo génico entre dos poblaciones de la misma especie, podemos distinguir entre especiación geográfica y alopátrida, y especiación simpátrida.

En la **especiación geográfica y alopátrida**, el flujo es limitado por la presencia de barreras geográficas. Los organismos terrestres pueden estar separados por ríos, lagos, océanos, montañas, etcétera, los marinos pueden estarlo por tierra, aguas de distinta concentración salina, de distinta profundidad, etcétera.

En la **especiación simpátrida**, la diferenciación genética produce individuos distintos a los originales, capaces de aprovechar mejor un determinado recurso, por ejemplo el alimento. Esto les reporta ciertas ventajas, de manera que evitan el acceso a ellos del resto de los individuos, mediante la eliminación de interfertilidad y la aparición de autofertilidad, lo cual limita el flujo génico. Los pinzones de Darwin son un ejemplo de este tipo de especiación.

En muchos grupos de plantas, es muy importante la interrupción del flujo génico, por medio de la poliplidía y reordenaciones cromosómicas tales como, fusiones, fisiones y traslocaciones.

En definitiva, en las poblaciones existe una gran variedad de mecanismos posibles que permiten su aislamiento, tanto fisiológico como geográfico, llevando consigo la especiación.

6. Evolución y genética de poblaciones

La Genética, en general, tiene como objeto de estudio la constitución genética de los organismos y las leyes que regulan la transmisión de esta información hereditaria de una generación a la siguiente, así como la expresión de dicha información. Pues bien, la genética de poblaciones estudia la constitución genética de las poblaciones, además de la variación de esta constitución a través del tiempo (de generación en generación). Puesto que los cambios hereditarios a través de las generaciones marcan el proceso evolutivo o evolución, la genética de poblaciones puede ser considerada como genética evolutiva.

En la evolución, por tanto, la unidad importante no es el individuo, sino la población o conjunto de individuos de la misma especie, unidos por lazos de parentesco y apareamiento (este último no siempre). La razón de ello es que la transmisión de las variaciones hereditarias tiene lugar en el seno de una población, aunque estas variaciones suceden en organismos individuales. A diferencia de los individuos, las poblaciones de una especie tienen continuidad en el tiempo, por lo que la constitución genética de la misma puede cambiar y evolucionar a través de las generaciones mediante el mecanismo de la herencia biológica.

A nivel genético, la evolución puede ser vista como un proceso que transcurre en dos etapas. En primer lugar, se dan los procesos por los que aparecen las variaciones hereditarias (mutación y recombinación), y en segundo lugar, aquellos por los que las variantes genéticas se transmiten de forma diferencial de generación en generación (selección natural y deriva genética).

Las variantes genéticas originadas por mutación y recombinación, no se transmiten igualmente una generación tras otra, pues algunas variantes pueden aumentar su frecuencia a expensas de otras. De este modo, es posible que las frecuencias de los distintos alelos cambien en las poblaciones a través de procesos de selección natural, deriva genética y migraciones (flujo de genes de una población a otra). También puede ocurrir que se modifiquen las frecuencias de los genotipos (no la de los alelos) por el proceso de apareamiento selectivo.

La **deriva genética** no es más que los cambios de las frecuencias génicas (alélicas), debidos a variaciones del muestreo de generación en generación. La deriva es un proceso azaroso que constituye un ejemplo de fenómeno de errores de muestreo o variación del muestreo. Dicho fenómeno consiste en que la magnitud de los errores debidos al muestreo, serán tanto mayores cuanto más pequeño sea el tamaño de la muestra. Es decir, cuanto más reducido sea el número de individuos reproductores en una población, mayores serán los cambios de frecuencia de alelos debidos a la deriva genética.

La **migración** o flujo génico, tiene lugar cuando los individuos se trasladan de una población a otra y se cruzan con individuos de ésta. De esta forma, el flujo génico no cambia las frecuencias alélicas de toda la especie, pero puede cambiarlas localmente si las frecuencias de los alelos de los migrantes son distintas de las de los residentes.

Mutación, migración y deriva tienen en común que todas cambian las frecuencias de los genes, independientemente de que con estos cambios aumente o disminuya la adaptación de los organismos a su ambiente. Por lo tanto, debido a su carácter aleatorio, estos procesos podrían destruir la organización y adaptación de los seres vivos. Esto no ocurre, sin embargo, ya que existe otro mecanismo encargado de promover la adaptación y de limitar los efectos desorganizadores de tales procesos, nos referimos a la selección natural.

La **selección natural** puede ser definida como la reproducción diferencial de variantes genéticas alternativas, determinada por el hecho de que algunas variantes incrementan la probabilidad de supervivencia y reproducción de sus portadores, en relación con los portadores de otras variantes. La selección puede deberse a la supervivencia diferencial, a la fertilidad diferencial, o a las dos a la vez. Es, precisamente, el proceso de la selección natural el que permite explicar la naturaleza adaptativa y altamente organizada de los seres vivos, además de la diversidad de los organismos, ya que favorece la adaptación a nuevas formas de vida.

6.1. Ley de Hardy-Neinberg

Su enunciado principal sostiene que, en ausencia de procesos evolutivos, mutación, migración, deriva y selección, las frecuencias de los genes permanecen constantes generación tras generación. Esta ley también postula que si el apareamiento es al azar, las frecuencias genotípicas están relacionadas con las frecuencias génicas por una fórmula simple (desarrollo del cuadrado). Además, si las frecuencias alélicas son inicialmente las mismas en machos y hembras, las frecuencias genotípicas de equilibrio en cualquier locus se logran en una sola generación de emparejamiento al azar.

El apareamiento al azar ocurre cuando la probabilidad de apareamiento entre individuos, es independiente de su constitución genética. Así, en una población que se aparee al azar, el apareamiento entre individuos sucede según las proporciones en las que se encuentran los genotipos. No obstante, el apareamiento al azar puede ocurrir con respecto a un locus génico, a un rasgo, aunque el apareamiento no sea al azar respecto a otros rasgos. Por ejemplo, puede suceder que una persona escoja pareja teniendo en cuenta la apariencia física (color de ojos, altura, etc.), pero sin tomar en consideración el grupo sanguíneo de su compañero/a. El apareamiento selectivo consiste, por tanto, en la selección de la pareja en función de su genotipo.

En resumen, la ley de Hardy-Neinberg afirma que el proceso de la herencia no cambia ni las frecuencias alélicas (en las poblaciones con apareamiento al azar), ni las frecuencias genotípicas de un locus dado. Además, las frecuencias genotípicas de equilibrio en cualquier locus se alcanzan en una sola generación de apareamiento al azar, siempre que las frecuencias alélicas sean las mismas en los dos sexos.

Matemáticamente, las frecuencias genotípicas de equilibrio vienen determinadas por el cuadrado de las frecuencias alélicas. Si hay dos alelos, "A" y "a", con frecuencias respectivas "p" y "q", las frecuencias de los tres genotipos posibles serán:

$$(p + q)^2 = p^2 + q^2 + 2pq$$

Genotipos: AA aa Aa

La probabilidad de que un individuo tenga el genotipo "AA", es la probabilidad de que reciba el alelo "A" del padre multiplicada por la de recibir ese mismo alelo de la madre ($p \cdot p = p^2$). La probabilidad de que tenga el genotipo "aa", es la probabilidad de que reciba el alelo "a" de la madre multiplicada por la de recibir también la del padre ($q \cdot q = q^2$). El genotipo "Aa", puede originarse de dos formas: "A" de la madre y "a" del padre, o al contrario, cada una con una probabilidad $p \cdot q$, luego, en total suman 2pq.

El desarrollo del cuadrado puede ser utilizado para calcular las frecuencias genotípicas de cualquier número de alelos, siempre teniendo en cuenta que la suma de todas las frecuencias alélicas y de todas las genotípicas debe ser siempre uno.

CUESTIONES

1. ¿Por qué los caracteres adquiridos no se heredan?

2. ¿Qué ideas explican la evolución según Darwin?

3. ¿En qué se basa la selección natural?

4. El neodarvinismo, ¿qué aportó a la idea de Darwin?

5. ¿Qué causa la variabilidad en la descendencia?

6. ¿Qué papel ejerce la selección natural en la teoría sintética?

7. Si tenemos en una placa de cultivo colonias de bacterias que crecen en un medio con nutrientes, al pasar una colonia de estas bacterias a un medio con penicilina, se observa que sólo unas pocas bacterias crecen (proliferan). Propón una explicación al respecto.

8. ¿En qué se basan las pruebas embriológicas de la evolución?

9. Cita cinco ejemplos de barreras que pueden producir la separación de una población.

10. ¿Qué habría impedido a los seres humanos vivir en las condiciones de la atmósfera primitiva?

11. ¿Cuál fue la contribución de la fotosíntesis a la evolución de los seres vivos?

12. ¿Qué es una especie?

13. Cuvier:

a) Era fijista.

b) Es considerado el padre de la paleontología.

c) Defendió la teoría de la selección natural.

d) a y b son correctas.

14. Defiende la teoría fijista:

a) Lamarck.

b) Darwin.

c) Linneo.

d) Mendel.

15. Es una idea del darvinismo:

a) Mutación.

b) Recombinación genética.

c) Selección natural.

d) La función crea al órgano.

16. En los fósiles se basan:

a) Las pruebas atómicas.

b) Las pruebas paleontológicas.

c) Las pruebas biogeográficas.

d) Las pruebas embriológicas.

17. El proceso por el cual, a partir de una especie, aparece otra nueva se conoce como:

a) Neodarvinismo.

b) Cambio de especie.

c) Selección.

d) Especiación.

18. Las pruebas bioquímicas se basan:

a) En la distribución geográfica.

b) En el estudio comparativo de los fósiles.

c) En el estudio comparativo del desarrollo embrionario.

d) En comparar las moléculas de organismos de especies diferentes.

19. Son órganos homólogos:

a) Los miembros anteriores del hombre y de las aves.

b) El fémur y los vestigios de una cintura pélvida de la ballena.

c) Son aquellos que no desempeñan ninguna función, de manera que, si se extirpan, el ser vivo subsiste.

d) Los que realizan igual función.

20. Según el neodarvinismo, la variabilidad se debe a:

a) Barreras geográficas.

b) Mutaciones.

c) Recombinación genética.

d) Las opciones b y c son ciertas.

SOLUCIÓN A LAS CUESTIONES

1. Porque la información sobre los mismos no está contenida en el material genético (ADN).

2. La selección natural y la variabilidad de los descendientes.

3. Sólo los individuos más aptos sobreviven.

4. El neodarvinismo aportó el mecanismo de transmisión de la herencia, como explicación de la herencia de los caracteres.

5. Las mutaciones y la recombinación genética.

6. Una vez producidos los distintos cambios a causa de las mutaciones o recombinaciones, sólo aquellos cambios que proporcionen a los individuos una adaptación mejor a las características del ambiente serán seleccionados.

7. Se ha producido una mutación en alguna bacteria que le permite crecer en un medio con penicilina. Esta bacteria será la única en proliferar en ese medio.

8. Se basan en el estudio comparativo del desarrollo embrionario de diferentes especies animales. De esta forma se deduce si tienen o no un parentesco común.

9. Un río, una montaña, un desierto, una grieta, el mar.

10. Fundamentalmente la ausencia de oxígeno para poder respirar.

11. La fotosíntesis proporcionó oxígeno a la atmósfera, con el que creó una capa de ozono que filtraba las radiaciones ultravioletas del Sol. Gracias a esta protección, los seres vivos pudieron abandonar el agua, que les había servido de refugio contra esa radiación, y adaptarse a la tierra firme.

12. Una especie es un grupo de poblaciones que se cruzan entre sí y que están aislados reproductivamente de otros grupos.

13. a) Era fijista.

14. c) Linneo.

15. c) Selección natural.

16. b) Las pruebas paleontológicas.

17. d) Especiación.

18. d) En comparar las moléculas de organismos de especies diferentes.

19. a) Los miembros anteriores del hombre y de las aves.

20. d) Las opciones b y c son ciertas.

Tema 14

Clasificación de los seres vivos

Introducción

Los primeros intentos de nombrar y clasificar a la inmensa variedad de organismos vivos que conocemos fueron los llevados a cabo por Aristóteles (322 a. de C.). Sabemos que Aristóteles se planteó la cuestión de cuál sería la forma más apropiada de agrupar los organismos en clases o especies. También sabemos que se dio cuenta de que para establecer grupos que tuvieran sentido no resultaba suficiente escoger o considerar un solo carácter. Pero fue aún más lejos, puesto que llegó a la conclusión de que la adscripción de un organismo a un lugar en la escala o jerarquía de la Naturaleza no era correcta si ésta no se realizaba teniendo en cuenta la organización completa de una planta o animal.

Tuvieron que transcurrir aproximadamente unos dos mil años para que de nuevo surgiera el interés por la Historia Natural y los sistemas de clasificación de los organismos.

En el siglo XVII, John Ray, clérigo inglés, en su intento de agrupar a los individuos en clases o grupos que tuvieran coherencia, y que se diferenciaran de otros grupos, utilizó el término **especie**. Con él pretendía describir una clase morfológicamente distinta (en plantas) que podía reproducirse a partir de una sola clase de semilla. De este modo, relacionó el concepto de especie con el de herencia. Por otro lado, y coincidiendo con Aristóteles, Ray también se dio cuenta de la necesidad de considerar la organización total de un animal o planta como criterio para establecer grupos o clases.

Tanto los coetáneos de Ray como otros estudiosos posteriores, utilizaron complicados términos científicos para designar a las plantas y a los animales. Dichos términos, llamados **polinomiales**, constaban generalmente de dos o más palabras. Eran frases descriptivas del animal o planta designado.

A finales del siglo XVII, fue cuando empezó a emplearse la primera palabra de los polinomiales para designar el **género**, grupo amplio que incluía especies de características similares. Así, por ejemplo, muchas mariposas fueron agrupadas en el género *Papilio*, y las rosas en el género *Rosa*. Esto contribuyó a la simplificación del sistema de clasificación.

Este tipo de designación fue modificado por Linneo tras la publicación de su obra *Species plantarum*. Sustituyó las designaciones polinomiales por una nomenclatura binomial. La mayor simplicidad de este sistema, por medio del cual cada especie de planta o animal tenía un nombre sencillo formado sólo por dos palabras, resultó tan evidente que aún persiste en la actualidad.

1. Sistemas de clasificación y nomenclatura

En la actualidad hay un gran número de especies diferentes de seres vivos. Por ello es necesario nombrarlas y clasificarlas de una forma sistemática que permita identificarlas fácilmente.

La **Taxonomía** es la ciencia que clasifica a los seres vivos.

Los **sistemas de clasificación** ordenan en grupos a los seres vivos, existiendo muchos criterios para clasificarlos.

Los seres vivos de cada grupo tienen caracteres comunes. No obstante, dentro del mismo grupo existen diferencias entre los seres vivos que los integran, de forma que podemos dividir estos grupos en subgrupos, y así sucesivamente hasta llegar a un pequeño número de seres vivos que sean muy semejantes entre sí y, por tanto, sea imposible diferenciarlos.

A los distintos grupos y subgrupos en los cuales se clasifican los seres vivos se denominan **categorías taxonómicas**.

Para clasificar los seres vivos Linneo elaboró un sistema jerárquico de clasificación, en el que los organismos se incluían en unas **categorías** o **taxones** de complejidad creciente. En orden creciente estas categorías son: *Reino*, *Filo* (en el caso de animales) o *División* (en el caso de vegetales), *Clase*, *Orden*, *Familia*, *Género* y *Especie*, siendo la especie la unidad básica de clasificación (figura 1).

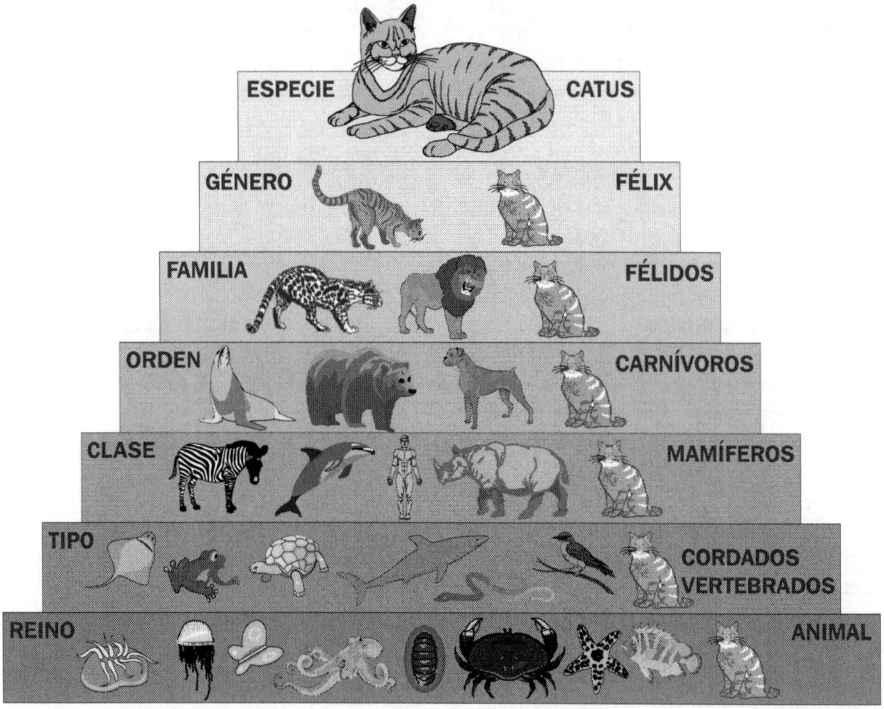

FIGURA 1. *Clasificación del gato doméstico* (Felix catus) *en categorías taxonómicas.*

Estas categorías principales pueden subdividirse en: subdivisión, subclase, suborden y subfamilia.

1.1. Nomenclatura

La **nomenclatura** asigna nombres a los seres vivos para poder diferenciarlos. En la actualidad se utiliza la **nomenclatura binomial** propuesta por Linneo en 1758.

La nomenclatura binomial denomina cada especie mediante dos nombres escritos en latín, el primero indica el género y el segundo la especie. El primer nombre se escribe siempre con mayúscula y el segundo con minúscula. Por ejemplo, el nombre científico de la lombriz de tierra es *Lumbricus terrestris*.

Algunos autores posteriores a Linneo han dividido los grupos de especies en otros que reciben el nombre de subespecies, por lo que algunos nombres constan de tres términos, siendo el último el correspondiente al de subespecie.

El uso de esta nomenclatura es universal. El nombre común de cada organismo suele variar de una región a otra. Por ello, asignando un nombre científico a cada ser vivo se evitan equívocos.

Especies distintas pueden pertenecer al mismo género. Por ejemplo, el gato doméstico –*Felix catus*– y el lince –*Felix lynx*–, pertenecen al mismo género: –Felix–.

2. Los cinco grandes reinos

Al principio, en la época aristotélica, se clasificaban los seres vivos en dos grandes Reinos: Animal y Vegetal.

El descubrimiento de organismos microscópicos, con características intermedias de uno y otro reino, hacía imposible su clasificación. Por ejemplo, la *Euglena* que es un organismo que realiza la fotosíntesis como los vegetales y tiene movilidad como los animales.

Para poder resolver este problema Haecke, en 1866, introdujo un nuevo reino, el Reino Protista, en el cual se incluían los organismos unicelulares.

No obstante, las diferencias entre células procariotas (sin un núcleo diferenciado rodeado de membrana) y células eucariotas (con núcleo rodeado por membrana), hizo que fuera necesario otro tipo de clasificación.

En 1969 R.H. Whittaker propuso un sistema de cinco reinos, en el cual se distinguía entre procariotas y eucariotas (figura 2).

Los procariotas quedaban incluidos en el **Reino Monera** (bacterias y algas cianofíceas) y los eucariotas en los otros cuatro reinos.

El **Reino Protista** incluía los organismos eucariotas unicelulares (protozoos y algas eucariotas unicelulares). Los organismos pluricelulares quedarían comprendidos en los otros tres reinos.

En el **Reino Planta** estarían los seres vivos que usan la energía de la luz solar, es decir, los organismos fotosintéticos.

En el **Reino Animal** estarían los seres vivos que usan la energía química como fuente de energía.

El **Reino Fungi** o **Reino Hongos** comprende los mohos, levaduras y los hongos, los cuales presentan características intermedias entre el Reino Animal y el Vegetal.

3. Reino Monera

Este reino está constituido por las bacterias y por las algas verdiazules o cianoficeas.

Son los organismos unicelulares de organización más sencilla, por lo que probablemente son el grupo evolutivo más antiguo, y por consiguiente más parecido a las primeras formas de vida.

Son procarióticos, por lo que carecen de auténtico núcleo protegido por una membrana; tampoco tienen mitocondrias, aparato de Golgi, retículo endoplásmico, etc. No se dividen por mitosis, sino por división simple, y pueden presentar estructuras motoras, como cilios y flagelos.

3.1. Bacterias

Son los organismos celulares de menor tamaño (menor de 8 micras), y su aspecto más destacable es la gran diversidad que presentan respecto a su morfología externa (forma), y a su forma de obtención de la energía. Pueden tener forma esférica (cocos), de bastón (bacilos), espirilada (espirilos), etc.

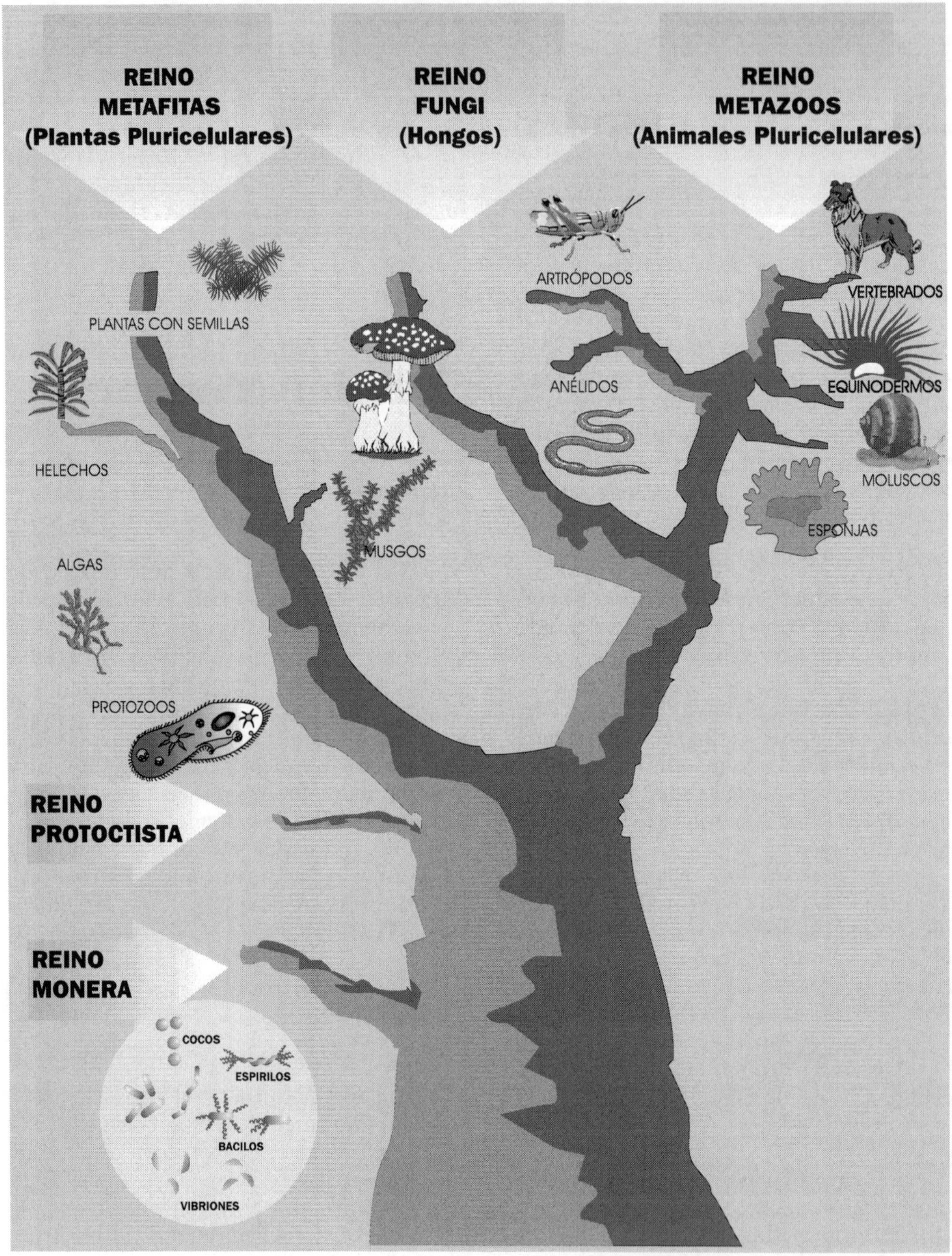

FIGURA 2. *Los cinco grandes reinos.*

También es importante el hecho de que poseen un potencial reproductor muy elevado, ya que son capaces de sufrir sucesivas divisiones con intervalos de reposo de tan sólo veinte minutos.

En cuanto a las formas de obtención energética, las bacterias pueden ser clasificadas en autótrofas y heterótrofas. Son bacterias autótrofas las bacterias fotosintéticas (son capaces de llevar a cabo la fotosíntesis) que poseen pigmentos del tipo de las bacterioclorofilas y clorobioclorofilas, y las quimiosintéticas.

Estas últimas son capaces de oxidar sustancias inorgánicas para obtener la energía necesaria para sintetizar su propia materia orgánica (alimento). Son, por tanto, las responsables de la mineralización de la materia orgánica, de ahí que jueguen un papel decisivo en los ciclos biogeoquímicos. Entre ellas se encuentran las:

- **Nitrobacterias**: oxidan el amonio procedente de la descomposición de los cadáveres hasta nitrato.
- **Sulfobacterias**: oxidan el azufre o alguno de sus derivados hasta sulfato.
- **Ferrobacterias**: oxidan los iones ferrosos a iones férricos.
- **Bacterias del hidrógeno y del metano**: utilizan estos compuestos como fuente de electrones.

Las bacterias heterótrofas no son capaces de sintetizar su propio alimento, por lo que viven de sustancias orgánicas sintetizadas previamente por otros organismos. Estas sustancias son descompuestas por medio de la hidrólisis llevada a cabo por enzimas específicos que la bacteria libera por un proceso de exocitosis.

Estas bacterias (heterótrofas) pueden llevar distintos tipos de vida; así, encontramos:

- **Saprófitas**, descomponen la materia orgánica por medio de fermentaciones.
- **Simbióticas**, viven con otros organismos, vegetales o animales, sin perjuicio de sus huéspedes, dado que generalmente aportan algún tipo de beneficio.
- **Parásitas**, viven sobre otros organismos, pero causándoles daños de diversa índole; son por supuesto las más conocidas, ya que aquí se incluyen las bacterias responsables de muchas enfermedades vegetales y animales.

Otro de los aspectos interesantes de las bacterias es el relacionado con su reproducción. Aunque el mecanismo reproductor escogido es casi siempre la bipartición o escisión binaria, y en algunos casos la formación de esporas (endosporas), las bacterias poseen diversos mecanismos llamados **parasexuales**, por medio de los cuales intercambian fragmentos de ADN. Estos son:

- La **transformación**, una bacteria es capaz de captar fragmentos de ADN de otra bacteria que se encuentran dispersos en el medio donde vive.
- La **transducción**, la transferencia de una bacteria a otra se realiza utilizando como vehículo de transporte un virus.
- La **conjugación**, una bacteria llamada donadora transfiere un fragmento de su ADN a otra llamada receptora a través de sus fimbrias o filamentos.

3.2. Cianofíceas

Son algas unicelulares o coloniales de estructura filamentosa y, al igual que las bacterias, de organización procariótica.

Generalmente son autótrofas. Poseen pigmentos fotosintéticos que se encuentran en gránulos dispersos por todo el citoplasma. Entre estos pigmentos están: clorofila a, beta-caroteno, y ficobilinas (ficoeritrina y ficocianina).

Presentan pared celular, constituida por pectina, hemicelulosa y celulosa.

No poseen flagelos, pero sí son capaces de realizar ciertos movimientos; la célula segrega por un extremo mayor cantidad de mucina que por el otro extremo, lo cual le permite deslizarse.

El alimento es almacenado en forma de los llamados **gránulos de cianoficina**. Se trata de una sustancia de reserva, más parecida al glucógeno animal que al almidón vegetal.

Las principales formas de reproducción entre las algas verdiazules son:

- La simple división.
- La producción de esporas.

Intervienen a veces en asociaciones de carácter simbiótico, cuyo ejemplo más notable es su asociación con determinados hongos para formar líquenes.

3.3. Virus

Los virus son incluidos en este reino, aunque de hecho no poseen las propiedades características del mismo. No obstante, consideramos que sus componentes son los organismos más cercanos evolutivamente a ellos.

Los virus son las entidades biológicas más sencillas compuestas únicamente por una molécula de ácido nucleico (ADN o ARN), rodeada por una cubierta exterior proteica. Su nivel de organización se encuentra en la frontera entre lo vivo y lo inerte (muchos de ellos pueden incluso cristalizarse). No tienen núcleo, ni citoplasma, ni ribosomas, ni ATP.

No se nutren; carecen de metabolismo propio, y para reproducirse utilizan la maquinaria metabólica de las células huéspedes. Así pues, los virus sólo proporcionan la información genética para la reproducción de nuevos virus; para la síntesis y ensamblaje de los componentes víricos se requieren células vivas. Son, por tanto, parásitos obligados de bacterias (bacteriófagos), de células animales y vegetales. Esta interferencia en el funcionamiento normal de las células que parasita, es lo que determina su carácter patógeno (virus de la hepatitis, virus del SIDA, virus de la gripe, etc.).

Hoy día, la mayoría de los biólogos consideran que los virus evolucionaron a partir de organismos procarióticos o incluso eucarióticos. Sostienen que los virus podrían haber surgido a partir de uno o más grupos de parásitos intracelulares que perdieron eventualmente todas sus estructuras exceptuando las necesarias para la infección y reproducción.

Hay autores que proponen una revisión de la función desempeñada por los virus a escala planetaria (en la Tierra). Esta nueva visión se refiere a que los virus podrían actuar como vectores de transmisión de mensajes genéticos, necesarios para mantener comunicadas todas las células de la Tierra.

4. Reino Protista

En este reino se incluyen organismos unicelulares con estructura celular eucariótica: algas microscópicas (son todas acuáticas y la mayoría unicelulares) y protozoos.

Presentan verdadero núcleo con membrana nuclear diferenciada, se dividen por mitosis, y tienen un tamaño superior al de las móneras. Poseen vacuolas en su citoplasma, cilios y flagelos, pero de estructura diferente a las de las moneras.

Las algas microscópicas son fotosintéticas, con pigmentos almacenados en plastos.

4.1. Protozoos

Así como las algas son los protistas más próximos a los vegetales, los protozoos son los más cercanos a los animales, de ahí que algunos autores los consideren como los miembros unicelulares del reino animal. En ambos casos, se comparten propiedades comunes a los dos reinos respectivos.

Todos los protozoos son unicelulares, aunque algunos pueden formar colonias. No poseen ningún pigmento fotosintético; no presentan pared celulósica; si bien, a veces poseen una cutícula flexible compuesta por unas sustancias córneas. Almacenan su alimento en forma de glucógeno y grasas. Pueden presentar uno o varios núcleos. La mayoría son de vida libre, sólo unos pocos son parásitos (*Plasmodium*, causa la malaria).

Los protozoos se clasifican en tres grupos, dependiendo del medio de locomoción que empleen:

- **Flagelados**: movimiento por flagelos. Ejemplo: *Trypanosoma*. Este protozoo produce la enfermedad del sueño utilizando como vehículo a la mosca tsetse. Cuando la mosca pica a su víctima, deposita el flagelado en el torrente sanguíneo de ésta.

- **Rizópodos**: se desplazan mediante la emisión de pseudópodos (también lo utilizan para alimentarse). El miembro más conocido de este grupo es la ameba común, *Amoeba proteus*.

- **Ciliados**: estos organismos son plurinucleados, y se mueven y capturan el alimento por medio de sus cilios, que en la mayoría de los casos están dispuestos formando filas ordenadas. Ejemplo, *Paramecium*.

Existe otro grupo de protozoos, caracterizado por la inmovilidad; son los "esporozoos". El mejor conocido es *Plasmodium*, agente responsable de la malaria en mamíferos y aves. Los esporozoos pasan por un ciclo vital complejo, que incluye etapas productoras de esporas y etapas de escisión múltiple.

5. Reino Hongos

Bajo la categoría sistemática del Reino Hongos o Reino Fungi, o para algunos autores División Micota, quedan agrupados un conjunto muy heterogéneo de organismos heterótrofos llamados comúnmente **hongos**. Las características comunes son:

- Acumulación de glucógeno como sustancia de reserva.

- Ausencia de pigmentos fotosintéticos.

- Ausencia de almidón.

En total se incluyen diez grupos con categoría de clase, y bastante diferentes entre sí. Hay organismos unicelulares, plasmodiales, filamentosos, etc.; hongos parásitos (endo y ecto parásito), saprófitos (descomponedores), y simbiontes (micorrizas, líquenes).

Además, poseen generalmente pared celular definida, y se reproducen por esporas. Las esporas pueden formarse aisladamente, en cadenas, en racimos, dentro de receptáculos de esporas o esporangios, en sacos (ascas) o en células especiales de las hifas con forma de bastón (basidios). Las esporas se forman tanto asexualmente como sexualmente (meiosporas).

Entre los diferentes grupos y clases en los que se divide este reino destacamos los siguientes:

- **Grupo Ficomicetos**. Por ejemplo el moho del pan, mildiu de la vid.

- **Clase Ascomicetos**. Ejemplo: cornezuelo del centeno.

- **Clase Basidiomicetos**. Ejemplo: champiñón.

5.1. Líquenes

Son asociaciones simbióticas específicas entre algas y hongos. Generalmente el hongo es un ascomiceto, y con menor frecuencia un basidiomiceto; el alga suele ser una clorofita unicelular o filamentosa, y a veces una cianofita (unicelular o filamentosa).

La forma estructural de liquen la aporta el micelio del hongo. Las células del alga ocupan los espacios existentes entre los filamentos del hongo, estando así protegidas de la deshidratación.

La actividad fotosintética de las algas produce un exceso de alimentos orgánicos que sirve para sostener al hongo asociado.

La reproducción se realiza mediante las esporas del hongo, las cuales se dispersan utilizando el viento. Sólo germinan si están presentes las esporas de alga adecuadas.

Desde el punto de vista ecológico los líquenes son bastante importantes, ya que son la base alimenticia en determinados ecosistemas (tundra); son también, a veces, los primeros colonizadores, y pueden ser utilizados como indicadores de contaminación.

6. Reino Planta

El Reino Planta, o Reino Plantae, o Reino Metafitas, comprende los organismos pluricelulares que tienen paredes celulósicas, reservas energéticas en forma de almidón y grasas fundamentalmente, y autótrofas. Presentan clorofilas y otros pigmentos fotosintéticos.

En su ciclo biológico alternan el gametofito haploide (productor de gametos) y el esporofito diploide (productor de esporas). La evolución vegetal ha tendido a aumentar la importancia de la generación esporofítica con la consiguiente reducción de la generación gametofítica. De ahí que en los organismos incluidos en este grupo podamos ver ejemplos de la supremacía del gametofito, incluso de su exclusividad (algas verdes), y representantes de la supremacía del esporofito sobre el gametofito.

Dentro de este reino distinguimos dos subreinos: Subreino Talofitos, que comprende las algas macroscópicas y Subreino Embriofitos o plantas terrestres.

El Subreino Talofitos está formado por tres divisiones:

- División Clorofitas (algas verdes).
- División Feofitas (algas pardas).
- División Rodofitas (algas rojas).

El Subreino Embriofitos agrupa dos divisiones:

- División Briofitas.
- División Traqueofitas o plantas vasculares.

6.1. Briofitas

Su diferenciación tisular es ligera o moderada; carecen de verdaderas hojas, tallos o raíces. La fase gametofítica predomina sobre la esporofítica; el esporofito depende nutritivamente del gametofito, el cual consta generalmente de un talo o vástago foliado erecto.

Son briofitas los musgos y las hepáticas; ambas con categoría de clase.

6.2. Traqueofitas

Presentan tejidos diferenciados entre los que se encuentran los tejidos vasculares, floema y xilema. La fase dominante en su ciclo vital es el esporifito; éste tiene verdaderas hojas, raíces y tallos. El gametofito, que está reducido, puede tener una existencia independiente, o por el contrario dependiente, estando incluido en los tejidos del esporofito. Además, las traqueofitas presentan una adaptación especial a la vida terrestre, esto es, la presencia de una cutícula bien desarrollada que las protege de la deshidratación.

Entre las diferentes clases que abarcan las traqueofitas, destacamos los siguientes:

- **Helechos**: sus esporófilos son similares a otras hojas; producen gametofitos independientes que forman óvulos y espermatozoides (éstos nadan libremente), y que alimentan a los embriones esporofíticos. El esporofito produce esporas, asexualmente, en los esporangios que están agrupados en la parte interior de las hojas. Este esporofito puede subsistir indefinidamente, sin pasar por la fase sexual del ciclo vital.

- **Gimnospermas**: los esporófilos adoptan una estructura en escamas o bracteas, que se agrupan formando conos. Desarrollan dos tipos de esporas; microesporas, las cuales se desarrollan dando gametofitos masculinos, y megaesporas, que se desarrollan dando lugar a los gametofitos femeninos. El gameto masculino no nada libremente, sino que se dispersa como grano de polen. El gametofito femenino permanece dentro de un primordio seminal o esporofito. El embrión se desarrolla también en el interior de este primordio seminal formando una **semilla**. Las semillas no están encerradas dentro de frutos, sino que se disponen en la superficie de las escamas (esporófilos) de los conos o piñas. Son gimnospermas las coníferas (pinos, abetos, etc.), cicadales (*Cyca revoluta*), y ginkgos (*Ginkgo biloba*).

- **Angiospermas**: plantas con flores; los esporófilos forman estambres y pistilos (flor). Las flores producen dos tipos de esporas: microesporas o granos de polen, dentro de los estambres, y macroesporas dentro del ovario del pistilo. El gametofito masculino es el grano de polen. El embrión del esporofito se desarrolla dentro del ovario formando la semilla. Los tejidos del ovario se modifican formando el fruto, estructura que engloba a las semillas. Aunque las flores están adaptadas para la atracción de los insectos polinizadores, los mecanismos de polinización son bastante diversos. Dentro de las angiospermas podemos encontrar dos subclases:

  * **Dicotiledóneas**: los embriones tienen dos hojas seminales o cotiledones; las partes florales se disponen casi siempre en grupos de cuatro o cinco; el tejido vascular de tallo forma un cilindro; existen anillos de crecimiento anual; la nerviación de las hojas es en forma de retículo. Esta subclase incluye unos cincuenta órdenes, entre los que se encuentran las compuestas.

  * **Monocotiledóneas**: los embriones presentan un solo cotiledón; sus partes florales están colocadas en grupos de tres; los tejidos vasculares se hallan dispersos por el tallo, y no tienen anillos de crecimiento; la nerviación de sus hojas es de tipo paralelo. Se incluyen unos catorce órdenes, entre los que encontramos, las gramíneas (cereales), las orquídeas, los lirios, los juncos, etc.

7. Reino Animal

El Reino Animal o Reino Animalia, o Reino Metazoos, está formado por los animales.

Se consideran animales los organismos pluricelulares, con estructura celular eucariótica, que no pueden formar compuestos orgánicos mediante la utilización de la energía lumínica (son heterótrofos), cuyas células no están envueltas por una pared celular celulósica, y con reservas energéticas en forma de glucógeno o grasas, nunca almidón. Para algunos autores los protozoos son animales unicelulares, por lo que son incluidos en el reino animal con la categoría de subreino (el otro subreino es el de los metazoos o animales pluricelulares).

7.1. Fílum mesozoos

Aquí podemos encontrar organismos pluricelulares, constituidos por una capa externa de células somáticas que rodean a un grupo de células reproductoras. Son parásitos de invertebrados marinos.

7.2. Fílum placozoos

Los placozoos presentan cuerpo laminar aplanado en hojas de dos a tres milímetros. Carecen de simetría, y los bordes del cuerpo son irregulares, cambiando de manera similar a como lo hace una ameba.

7.3. Fílum poríferos: parazoos

Son metazoos diblásticos (dos hojas blastodérmicas), sin simetría definida, sin tejidos y sin órganos diferenciados. Están provistos de varias clases de células; su cavidad está tapizada, al menos originariamente, con células con collar o **coanocitos**. Se distinguen fisiológicamente de todos los demás metazoos, por lo que la corriente alimenticia los atraviesa de parte a parte. Poseen un esqueleto de fibras de espongina y/o espículas minerales. A este grupo pertenecen las conocidas vulgarmente como esponjas.

7.4. Eumetazoos

Presentan diferenciación tisular; tejido epitelial, contráctil, nervioso, y conjuntivo o de sostén; son triblásticos. Dependiendo del tipo de simetría, podemos distinguir eumetazoos radiados y eumetazoos con simetría bilateral.

7.4.1. Radiados

- Fílum cnidarios.
- Fílum ctenóforos.

■ Fílum cnidarios

Son todos acuáticos; carecen de órganos verdaderos; la digestión es intracelular y extracelular en la cavidad gastrovascular que tiene una sola abertura (boca). Alternan típicamente las generaciones de pólipo y medusa en su ciclo biológico. Entre los cnidarios encontramos: los hidrozoos (Hydra), los escifozoos o medusas (Aurelia), los antozoos (anémonas de mar y corales). Estos grupos se diferencian principalmente en la preponderancia de una de las generaciones (pólipo o medusa).

■ Fílum ctenóforos

Son marinos y la mayoría presenta pares de tentáculos retráctiles dispuestos bilateralmente. Estos tienen una células especiales llamadas **coloblastos** que utilizan para la captura de presas.

7.4.2. Bilaterales

Los eumetazoos de simetría bilateral son clasificados en dos grandes grupos: los protóstomos y los deutoróstomos. Los protóstomos presentan una boca formada a partir del blastóporo, y la segmentación de huevo es principalmente espiral; los deutoróstomos tienen una boca de neoformación, situada a una distancia considerable del blastóporo; es el ano el que se forma a partir del blastóporo o en sus proximidades; la segmentación huevo es de tipo radial. Todos son triblásticos.

■ PROTOSTOMOS

- **Fílum platelmintos**. Son animales triblásticos; la única cavidad que poseen es la del tubo digestivo (enterón), son por tanto acelomados; alcanzan el nivel de órganos y sistemas y el comienzo de la cefalización es patente. Presentan un solo orificio en el digestivo, la boca, situada ventralmente. La epidermis tiende a ser celular o sincitial. Aquí se incluyen los conocidos como gusanos planos marinos y de agua dulce. Muchos son parásitos (tenias y duelas).

- **Fílum rincoceles**. Son también triblásticos y acelomados (sin cavidad celómica). Se caracterizan fundamentalmente porque poseen una probóscide evaginable que le sirve para capturar presas y para defenderse (son depredadores). La probóscide está situada en el interior de una cavidad denominada **rincocele**, de ahí su nombre.

- **Tipo asquelmintos**. Aquí incluimos animales pseudocelomados, es decir, animales en los que la cavidad del cuerpo no está revestida por una capa de epitelio mesodérmico, por tanto la cavidad del cuerpo es un pseudocele, y no una verdadera cavidad celómica. El pseudocele contiene el tracto digestivo y los órganos sexuales.

El cuerpo de la mayoría de asquelmintos es cilíndrico, no segmentado y afilado por los extremos. Los grupos principales son los nematodos (Néctor), los rotíferos, los gastrótricos, nematomorfos, cada uno de ellos con categoría de fílum.

- **Fílum ectoproctos briozoos**. Son acuáticos, con formas coloniales diminutas con larvas trocóforas; las colonias se sitúan sobre cualquier superficie sólida en las aguas dulces y en las saladas, aunque la mayor parte de las especies son marinas. Cada individuo ocupa una cavidad rectangular dentro de la estructura caliza o quitinosa que sostiene a la colonia. Los briozoos y todos los demás tipos que vamos a tratar a partir de ahora son celomados, es decir, tienen una verdadera cavidad corporal o celoma.

- **Tipo braquiópodos**. Constituyen un grupo de celomados muy afín a los briozoos. Lo más característico es, quizás, que su cuerpo está encerrado en dos valvas móviles, lo que hace que se parezcan a los moluscos. En la mayoría de los braquiópodos existe un orificio en el ápice de la valva ventral, a través del cual pasa un pie muscular con el que el braquiópodo se fija al sustrato. Los braquiópodos fueron muy abundantes durante la Era Paleozoica; algunos de sus representantes actuales son Terenbrantulina y Língula.

- **Fílum anélidos**. Constituyen los llamados gusanos segmentados. Su cuerpo es alargado y con organización metamérica (novedad evolutiva), es decir, constando de segmentos más o menos similares. Presentan generalmente cerdas quitinosas; el tracto digestivo está regionalizado y es más completo; su sistema nervioso tiene troncos nerviosos ventrales pares, y ganglios segmentarios; sistema cerrado de vasos sanguíneos con corazón tubular dorsal; excreción por unos túbulos especiales llamados **metanefridios**. Los anélidos pueden vivir tanto en el agua, dulce o salada, como en ambientes terrestres. Dentro de este Fílum se encuentran las clases siguientes: oligoquetos (gusanos terrestres y de agua dulce, *Lumbricus*), poliquetos (anélidos marinos, *Nereis*), e hirudíneos (sanguijuelas, marinas y de agua dulce).

- **Fílum moluscos**. El cuerpo de los moluscos consta de una masa visceral, un pie, un manto, en algunos grupos una, dos u ocho valvas calcáreas.

Presentan tracto digestivo regionalizado y con glándulas accesorias; corazón; monoicos y dioicos; el sistema nervioso contiene ganglios pares cerebrales, pedeos y viscerales. Este Fílum está muy diversificado; cuenta con representantes marinos y de agua dulce, y terrestres. Son moluscos los: gasterópodos (babosas y caracoles), los escafópodos (dientes de elefante), anfineuros (quitones), pelecípedos o bivalvos (almejas, ostras, mejillones), y cefalópodos (pulpos, calamares, sepias).

– **Fílum artrópodos**. Celomados metamerizados, con segmentos a menudo fusionados o especializados. Lo más destacable es la presencia de apéndices articulados. Por ese motivo reciben precisamente el nombre de artrópodos (patas articuladas). Presentan un exoesqueleto (esqueleto externo) quitinoso articulado, que sirve para la protección, soporte e inserción muscular. La cavidad celómica está reducida y su sistema circulatorio es abierto. Presenta sexos separados y su desarrollo puede ser directo, o bien mediante estadios larvarios.

El Fílum artrópodos engloba a tres subfilum:

* Subfilum **Trilobites**: todos sus representantes son fósiles.

* Subfilum **Quelicerados**: *Xyphosuras* (cacerola de Molucas), picnogónidos (arañas de mar), y arácnidos (arañas, escorpiones, ácaros, etc.).

* Subfilum **Mandibulata**: crustáceos (cangrejos, langostas, gambas, percebes, pulgas de agua, etc.); miriápodos (ciempiés, milpiés, etc.); e insectos. Los órdenes más importantes de insectos son: los ortópteros (saltamontes y grillos), dípteros (moscas y mosquitos), himenópteros (abejas, avispas, hormigas, etc.), lepidópteros (mariposas diurnas y nocturnas), hemípteros (chinches), odonatos (libélulas), coleópteros (escarabajos), y homópteros (afidios y coccidios).

■ DEUTEROSTOMOS

– **Fílum equinodermos**. Son exclusivamente marinos; sus larvas presentan simetría bilateral; los adultos, sin embargo, abandonan la simetría bilateral adoptando una simetría radial secundaria especial en cinco partes, observables fácilmente en estrellas de mar; los adultos pueden ser sésiles, o bien pueden arrastrarse un poco; presentan endoesqueleto calcáreo y espinas dérmicas. La característica más especial de los equinodermos es, quizá, la presencia de un sistema vascular acuífero, que termina en una serie de pedicelos o **pies ambulacrales**. A este Fílum pertenecen las estrellas de mar, erizos de mar, lirios y clavellinas de mar.

– **Fílum quetognatos**. Son los llamados gusanos saeta, son planctónicos y marinos.

– **Fílum hemicordados**. Son los conocidos como gusanos bellota; son marinos, pero de vida subterránea. Sólo se conocen unas cien especies.

– **Fílum cordados**. Son metazoos celomados de simetría bilateral; deuteróstomos; siendo lo que realmente les distingue de otros animales el poseer durante parte de su vida las siguientes características: tubo nervioso o tubo neural hueco, por lo que reciben este nombre, el **notocordio**, que se extiende a lo largo del eje longitudinal del cuerpo. Atendiendo a la persistencia del notocordio, encontramos tres subfilum:

* Subfilum **urocordados o tunicados**: el notocordio se halla limitado a la región caudal de la larva; desaparece en el adulto. Presenta formas adultas acéfalas, no segmentadas, y generalmente sedentarias; el adulto está recubierto por una especie de túnica que engloba a la boca y el cestillo faríngeo utilizado para la recolección del alimento. Son marinos, sedentarios o planctónicos. Ejemplos: ascidias y salpas.

* Subfilum **cefalocordados**: el notocordio persiste en el estado adulto, y se extiende de un extremo a otro del

cuerpo; carecen de encéfalo. La única forma conocida es el anfioxus.

★ Subfilum **vertebrados**: en el embrión el notocordio es el eje esquelético, pero en el adulto es sustituido por la columna vertebral. Estos cordados presentan un cráneo, parte esquelética protectora del encéfalo. La tendencia a concentrarse en el encéfalo los principales órganos de los sentidos es más pronunciada en vertebrados que en ningún otro grupo animal. Los vertebrados se dividen en dos superclases:

1. **Agnatos**: son vertebrados sin mandíbulas. Su endoesqueleto está limitado al cráneo y a la columna vertebral; no presentan apéndices. Los únicos representantes vivos que conocemos son las lampreas y mixines.

2. **Gnatostomos**: son vertebrados con mandíbulas. Se dividen en dos grupos que no tienen categoría taxonómica:

   - **Peces**: éstos se dividen a su vez en varias clases:

     ¤ Clase **placodermos**: son peces fósiles recubiertos de escamas duras.

     ¤ Clase **acantodios**: peces con dos filas de espinas a lo largo de líneas subventrales. Son fósiles.

     ¤ Clase **condrictios**: son los peces cartilaginosos; carecen de huesos; sus hendiduras branquiales no están recubiertas por el opérculo; incluye a los tiburones y rayas.

     ¤ Clase **osteictios**: o peces óseos; presentan endoesqueleto de huesos y cartílagos; escamas dérmicas nunca en forma de dientes planos.

   - **Tetrápodos**: se caracterizan por presentar el miembro **quiridio o tetrápodo** (dos pares). Este miembro es poliarticulado, con un elemento proximal, dos elementos intermedios, y uno pentadáctilo (cinco dedos, más o menos modificados o fusionados). Incluye las siguientes clases:

     ¤ Clase **anfibios**: endoesqueleto óseo; larva acuática con branquias; adulto pulmonado; dedos de los pies con membrana interdigital y sin uñas; piel blanda y húmeda. Existen representantes ápodos; con cola (salamandras); y sin cola (Anuros: sapos y ranas). La mayoría de los órdenes están extinguidos.

     ¤ Clase **reptiles**: endoesqueleto óseo y exoesqueleto de escamas o placas córneas (a veces escamas óseas); extremidades con garras adaptadas a la vida terrestre; sin estadio larvario acuático; son amniotas, es decir sus embriones están protegidos del medio externo mediante estructuras especiales, que consisten fundamentalmente en una membrana y una cavidad amniótica; esto supone una gran ventaja evolutiva, ya que hizo posible la extensa colonización del medio terrestre; muchos de sus órdenes más importantes están ya extinguidos, *Ornithidchida* (dinosaurios con pelvis de ave), *Pterosaurios* (reptiles voladores), *Ictiosaurios* y *Plesiosarios* (marinos), etc.; los órdenes vivientes incluyen a las tortugas y galápagos, lagartos y serpientes, cocodrilos y caimanes.

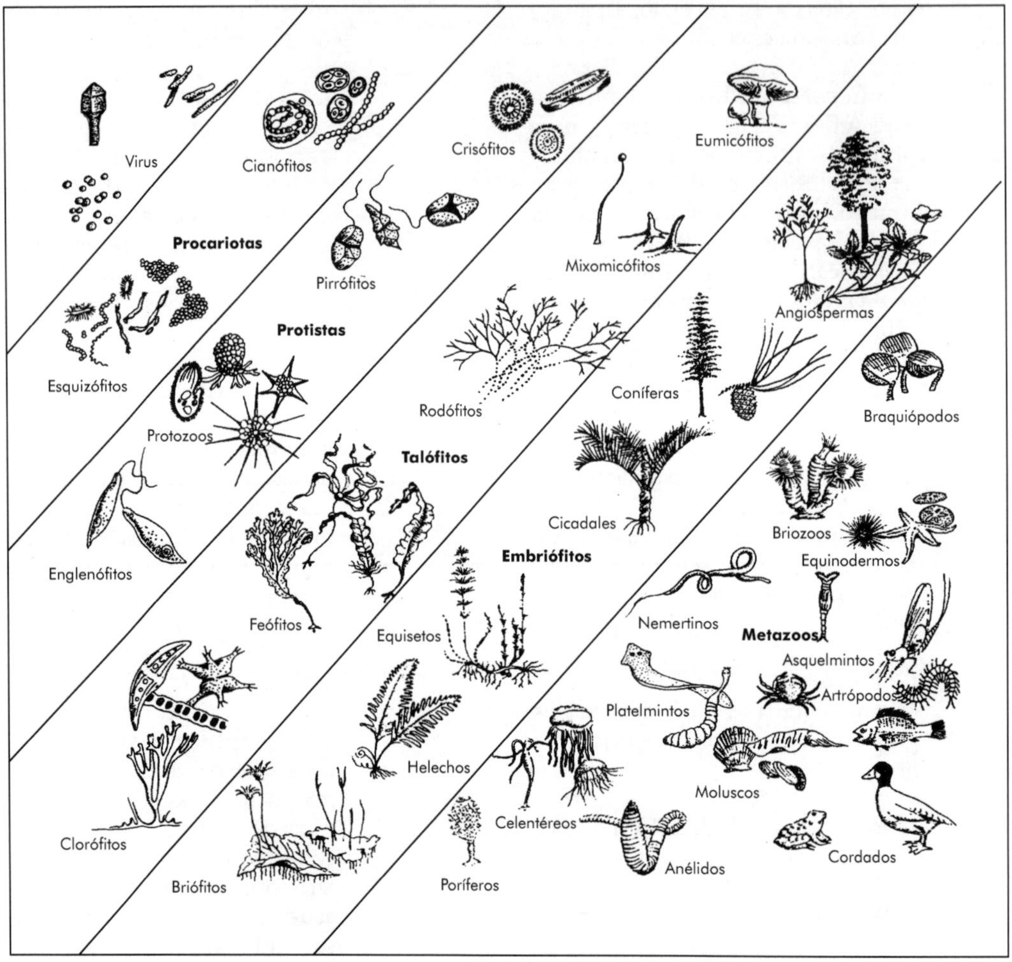

¤ Clase **aves**: presentan un endoesqueleto óseo muy modificado para el vuelo, con las vértebras del tronco fusionadas; extremidades anteriores transformadas en alas; posición bípeda; boca con pico sin dientes; exoesqueleto de plumas epidérmicas y escamas en las patas; endotermos (regulan la temperatura corporal mediante su metabolismo interno); amniotas. En la actualidad engloba alrededor de veintisiete órdenes: *Paseriformes* (pájaros), *Ciconiformes* (cigüeñas), *Anseriformes* (patos y gansos), Caradriiformes (gaviotas), etc.

¤ Clase **mamíferos**: endoesqueleto óseo, y exoesqueleto de pelo epidérmico y algunas escamas; tórax separado del abdomen por un diafragma muscular; amniotas y endotermos; dientes diversificados según el tipo de dieta; presencia de glándulas mamarias en las hembras para alimentar a las crías. Incluye dos subclases:

- ✓ Subclase **prototerios**: mamíferos ponedores de huevos: equidna y ornitorrinco.

- ✓ Subclase **terios**: mamíferos vivíparos (la hembra retiene los embriones en su útero durante el principio del desarrollo). Además se pueden distinguir:

  - ~ **Metaterios**: mamíferos con marsupio (orden Marsupiales), canguros, koalas, zarigüeyas.

  - ~ **Euterios**: son los mamíferos placentarios; desarrollan un órgano complejo formado por tejidos maternos y por tejidos embrionarios, que permite poner en contacto las corrientes sanguíneas del embrión y de la madre, por lo que se facilita el intercambio de nutrientes y productos metabólicos de desecho. Entre sus órdenes se encuentran: insectívoros (topos, erizos, musarañas), quirópteros (murciélagos), roedores (ratas, castores, ardillas, marmotas), artiodáctilos (vacas, ciervos, camellos), lagomorfos (liebres, conejos), carnívoros (tigres, leones, osos), cetáceos (ballenas, delfines), primates (chimpancés, colobos, gorilas, hombre).

CUESTIONES

1. **Completa la siguiente tabla:**

	Tipo de célula	Núm. de células (unicelular o pluricelular)	Fuente de energía que utiliza
Alga cianofícea			
Plasmodio (protozoo)			
Pino			
Rana			
Moho del pan			

2. **¿Qué son los líquenes?**
3. **Enumera los subreinos de las metafitas.**
4. **Diferencias entre Gimnosperma y Angiosperma.**
5. **Enumera las características de los Metazoos.**
6. **¿De dónde viene el nombre de Cordados?**
7. **Haz un esquema en el cual se indique el tipo y el número de células (unicelulares o pluricelulares) de los seres vivos que forman cada uno de los cinco reinos.**
8. **La unidad natural de clasificación de los seres vivos es:**
   a) El reino.
   b) La especie.
   c) La clase.
   d) El género.
9. **El primer nombre que se escribe en la nomenclatura binomial indica:**
   a) El género.
   b) La especie.
   c) La orden.
   d) La clase.
10. **Es falso:**
    a) Especies distintas pueden pertenecer al mismo género.
    b) Una misma especie puede incluirse en dos géneros.

c) El nombre vulgar de *Felix catus* es gato doméstico.

d) Cada especie se denomina con dos nombres en latín.

11. Su organización celular es procariota:

a) Reino Protista.

b) Reino Vegetal.

c) Reino Animal.

d) Reino Monera.

12. Pertenecen al Reino Vegetal:

a) Las bacterias.

b) Los líquenes.

c) Las algas cianofíceas.

d) Las briofitas.

13. Son pluricelulares:

a) Los protozoos.

b) Los hongos.

c) Las algas cianofíceas.

d) Las bacterias.

14. No pertenecen a las metafitas:

a) Las pteridofitas.

b) Las gimnospermas.

c) Los poríferos.

d) Las briofitas.

15. No son cordados:

a) Los peces.

b) Los anfibios.

c) Los reptiles.

d) Los equinodermos.

16. Las bacterias son organismos procariotas con una organización interna más simple que las células eucariotas, y además:

a) Son siempre organismos parásitos de distintos grupos de seres vivos.

b) Son todas autótrofas.

c) Pertenecen al Reino Protista.

d) Carecen de membrana nuclear.

17. Los virus son organismos que:

a) Poseen una estructura compleja derivada de las bacterias que infectan.

b) Utilizan la maquinaria bioquímica de su hospedador para multiplicarse.

c) Mantienen en su núcleo las enzimas necesarias para vivir.

d) Su organización es procariota.

18. Por sus necesidades metabólicas los virus son:

a) Muy pequeños.

b) Anaerobios.

c) Parásitos obligados.

d) Organismos eucariotas.

19. La cesión de material genético de una bacteria a otra a través de sus fimbrias o filamentos, se denomina:

a) Conjugación.

b) Transformación.

c) Transducción.

d) Transcripción.

20. Las bacterias se diferencian de los protozoos:

a) En que son más grandes que los protozoos.

b) En que las bacterias son moneras y los protozoos protistas.

c) En que las bacterias son protistas y los protozoos son moneras.

d) En que los protozoos son animales y las bacterias no.

21. Un protozoo y una bacteria se diferencian esencialmente por:

a) Tener pigmentos fotosintéticos o no, respectivamente.

b) Tener un núcleo bien definido o no, respectivamente.

c) Por su tamaño.

d) Por su tipo de nutrición.

SOLUCIÓN A LAS CUESTIONES

1.

	Tipo de célula	Núm. de células (unicelular o pluricelular)	Fuente de energía que utiliza
Alga cianofícea	Procariota	Unicelular	Luminosa
Plasmodio (protozoo)	Eucariota	Unicelular	Química
Pino	Eucariota	Pluricelular	Luminosa
Rana	Eucariota	Pluricelular	Química
Moho del pan	Eucariota	Pluricelular	Química

2. Son asociaciones simbióticas entre un alga y un hongo. El hongo generalmente es un ascomiceto y el alga una clorofita o una cianofícea.

3. Subreinos: talofitos y embriofitos.

4.

- Gimnospermas: tienen óvulo desnudo, no tienen fruto. Las flores no tienen cáliz ni corola y son unisexuales.
- Angiospermas: tienen óvulos encerrados en una cavidad denominada ovario, tienen fruto. Las flores tienen cáliz y corola, y son unisexuales, aunque también pueden ser hermafroditas.

5. Son animales pluricelulares, con nutrición heterótrofa. Sus células utilizan como sustancias de reserva el glucógeno y las grasas.

6. Porque el embrión de los animales de este grupo tiene un tubo neural llamado notocordio.

7.

REINO	TIPO DE CÉLULA	NÚM. DE CÉLULAS (UNICELULARES O PLURICELULARES)
Monera	Procariota	Unicelulares
Protista	Eucariota	Unicelulares y pluricelulares
Fungi	Eucariota	Unicelulares y pluricelulares
Vegetal	Eucariota	Pluricelulares
Animal	Eucariota	Pluricelulares

8. b) La especie.

9. a) El género.

10. b) Una misma especie puede incluirse en dos géneros.

11. d) Reino Monera.

12. d) Las briofitas.

13. b) Los hongos.

14. c) Los poríferos.

15. d) Los equinodermos.

16. d) Carecen de membrana nuclear.

17. b) Utilizan la maquinaria bioquímica de su hospedador para multiplicarse.

18. c) Parásitos obligados.

19. a) Conjugación.

20. b) En que las bacterias son moneras y los protozoos protistas.

21. b) Tener un núcleo bien definido o no, respectivamente.